UG NX7.0 产品造型

主　编　周敬春　刘高君　代艳霞

副主编　兰　芳　张安民　符纯华

陈虹均　郑　舸

西南交通大学出版社

·成 都·

内容提要

本书根据教育部面向21世纪高等教育教学内容和课程体系改革的总体要求，结合作者多年CAD / CAM的教学、科研实践经验编写而成。以“工学结合，理实一体化”的教学模式贯穿全书，把UG NX7.0的基础知识与操作技能有机地结合，再以典型范例巩固提高，重点在于突出培养学员应用所学知识分析和解决实际问题的能力。

本书实例讲解详细、范例典型、内容丰富、图文并茂，可用作大专、本科院校机械设计制造及其自动化、模具设计与制造、数控技术、机电一体化等专业的教材，也可作为工程技术人员学习的参考书。

附书光盘包含书中所有驱动任务图形的源文件，图形文件的编号与书中图号相一致，便于读者调用。

图书在版编目（CIP）数据

UG NX7.0产品造型 / 周敬春，刘高君，代艳霞主编. —成都：西南交通大学出版社，2010.8
ISBN 978-7-5643-0823-0

Ⅰ. ①U… Ⅱ. ①周…②刘…③代… Ⅲ. ①机械设计：计算机辅助设计－应用软件，UG NX 7.0 Ⅳ. ①TH122

中国版本图书馆CIP数据核字（2010）第164717号

UG NX7.0 产品造型
主编 周敬春 刘高君 代艳霞

*

责任编辑 张 波
特邀编辑 刘书玉
封面设计 墨创文化
西南交通大学出版社出版发行
(成都二环路北一段111号 邮政编码：610031 发行部电话：028-87600564)
http: //press.swjtu.edu.cn
四川锦祝印务有限公司印刷

*

成品尺寸：185 mm × 260 mm 印张：16.25
字数：404千字
2010年8月第1版 2010年8月第1次印刷
ISBN 978-7-5643-0823-0
定价（含光盘）：36.00元

前　言

UG 是由美国 Unigraphics Solutions 公司开发的集 CAD/CAE/CAM 于一体的多功能软件，已广泛用于机械设计制造、汽车、航空、家电产品和医疗器械等行业。UG 作为设计制造的主流软件，在三维实体建模、曲面造型、模具设计及数控加工等方面有独特优势。

本书以最新版本 UG NX7.0 为平台，以“工学结合，理实一体化”的教学模式为编写思路，由浅入深、图文并茂，全面地介绍了 UG NX7.0 中文版的使用方法和操作技巧。

本书的编者都是长期从事模具设计的工程技术人员，都在模具制造企业使用 UG 软件从事过产品设计、模具设计及数控编程加工，且都具有 5 年以上 UG 软件及模具设计教学经验，一些老师曾经在美国、日本和中国台湾地区进行过一定时间的学术交流。结合教育部面向 21 世纪高等教育教学内容和课程体系改革的精神，在企业要求的基础上总结出“工学结合，理实一体化”的教学方法，编写了本教材。本教材着重强调对所学知识的实际运用，有助于培养“工学结合”的应用型人才。书中的多数范例选自工厂实际加工案例，可以提高学员 UG NX7.0 产品造型的能力。

全书共分 6 章，各章内容简要介绍如下：

第 1 章 UG NX7.0 基本操作。主要介绍 UG NX7.0 的功能、工作环境的设置与操作方法。

第 2 章 UG NX7.0 实体造型。结合项目介绍了创建基本特征、草图、扫描特征和特征编辑的方法。

第 3 章 UG NX7.0 曲线操作。结合项目介绍了曲线创建和编辑方法。

第 4 章 UG NX7.0 曲面造型。结合项目介绍曲面的创建和编辑方法。

第 5 章 UG NX7.0 零件装配。结合项目介绍装配设计和创建装配爆炸图的方法。

第 6 章 UG NX7.0 零件工程图。结合项目介绍工程图的创建、管理、编辑和标注的方法。

本书由周敬春、刘高君、代艳霞担任主编。第 1 章由四川理工学院兰芳编写，第 2 章由四川理工学院刘高君编写，第 3 章由泸州职业技术学院张安民、陈虹均编写，第 4 章由泸州职业技术学院周敬春编写，第 5 章由宜宾职业技术学院代艳霞编写，第 6 章由四川理工学院符纯华、郑舸编写。

本书在编写期间，得到了泸州职业技术学院、宜宾职业技术学院、四川理工学院领导的关心和支持。同时东浦精密光电股份有限公司、新勤国际有限公司、蓝光精密(香港) 有限公司、长江液压股份有限责任公司、泸州三鑫模具有限公司等公司提供了大量资料。在此表示衷心感谢。

由于编者水平有限，加之编写时间仓促，书中难免存在疏漏之处，敬请广大读者批评指正。

编　者

2010 年 6 月

目　录

第 1 章　UG NX7.0 基本操作

1.1　UG NX7.0 特点

Unigraphics（简称 UG）是一套功能强大的 CAD/CAE/CAM 应用软件，UG NX7.0 新增了"HD3D"、同步建模技术、装配关联中的设计等功能，大大地提高了生产效率。

1.2　UG NX7.0 的操作界面

1.2.1　启动 UG NX7.0

在 Windows 界面环境下，选择【开始】/【程序】/【UGSNX7.0】/【NX7.0】或双击桌面上的【NX7.0】系统快捷图标，可以启动 UG NX7.0，如图 1-1 所示。

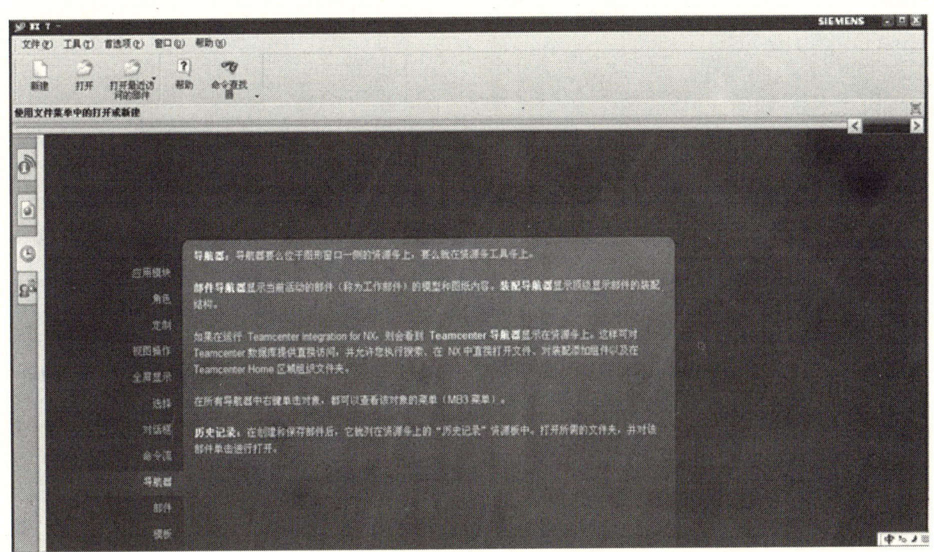

图 1–1　UG NX7.0 启动界面

1.2.2　文件操作

1. 新建文件

选择【文件】/【新建】或单击标准工具条上的【新建】按钮【 】，弹出如图 1-2 所示的【新建】对话框/在【名称】文本框中输入文件的名称（非中文或 UG 的名称）/在【文件夹】中文本框中选定储存的路径/单击【确定】，弹出如图 1-3 所示的界面。

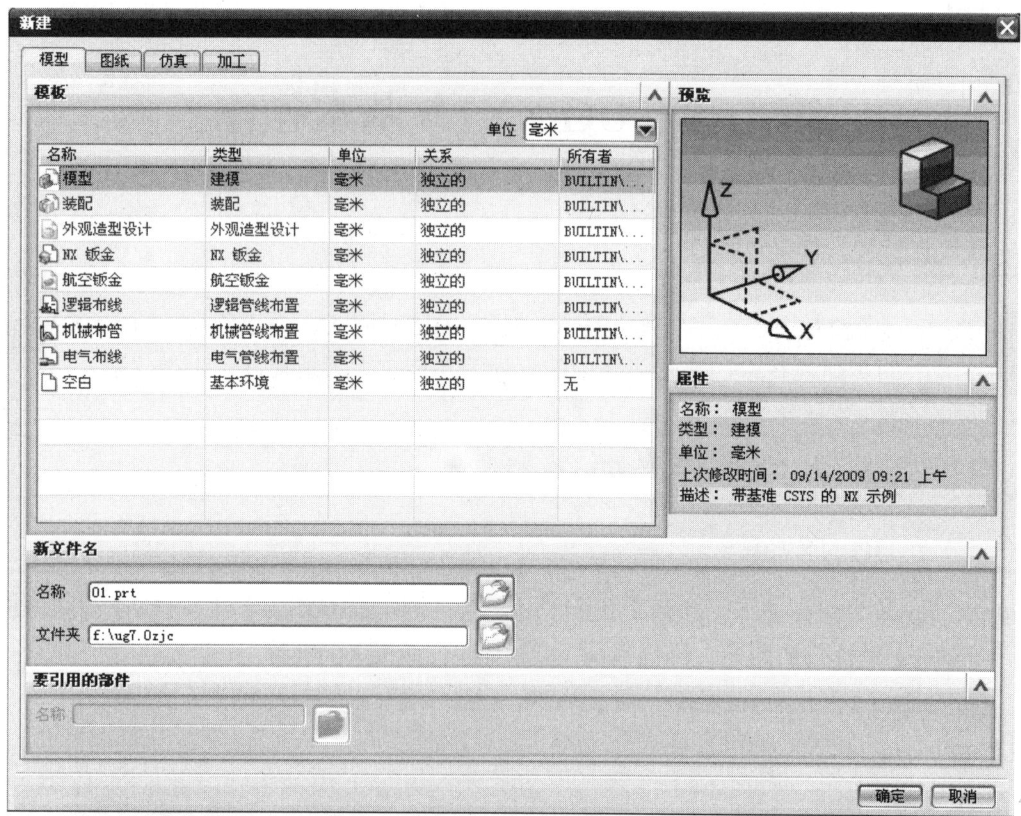

图 1-2 【新建】对话框

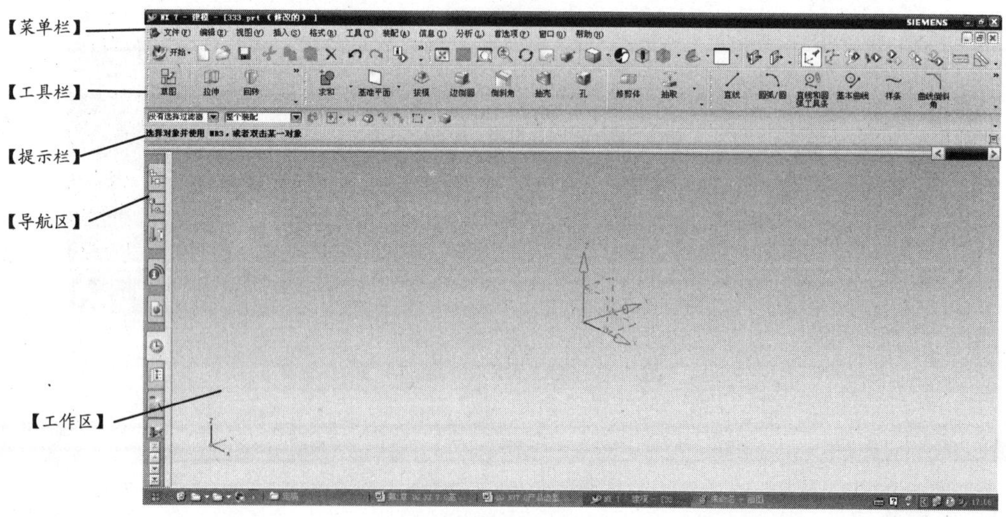

图 1-3 UG NX7.0 界面

2. 打开文件

选择【文件】/【打开】或单击标准工具条上的【 】按钮，弹出如图 1-4 所示的【打开】对话框/选择【文件储存的位置】/单击文件【01】/单击【OK】按钮。

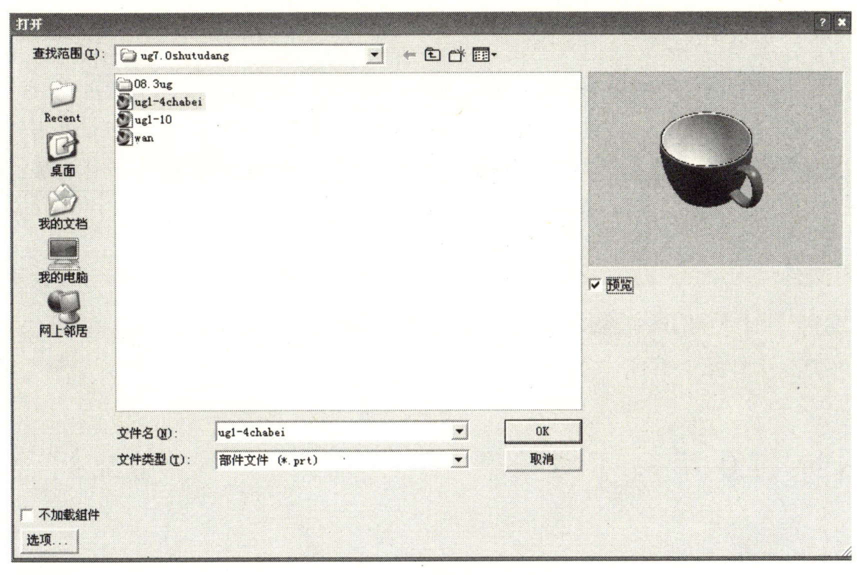

图 1–4　【打开】对话框

3. 保存或另存文件

选择【文件】/【保存】或单击标准工具条上的【 】按钮。将当前图形保存为另一个文件或其他目录，可选择【文件】/【另存为】选项，弹出如图 1-5 所示的【另存为】对话框/在【文件名】下拉列表框中输入保存的名称/单击【OK】按钮即可。如果需要保存为其他类型，可以在【保存类型】下拉列表中选择【保存类型】。如果需要更改保存方式，可选择【文件】/【选项】/【保存选项】选项，在打开的【保存选项】对话框进行保存设置\单击【确定】。

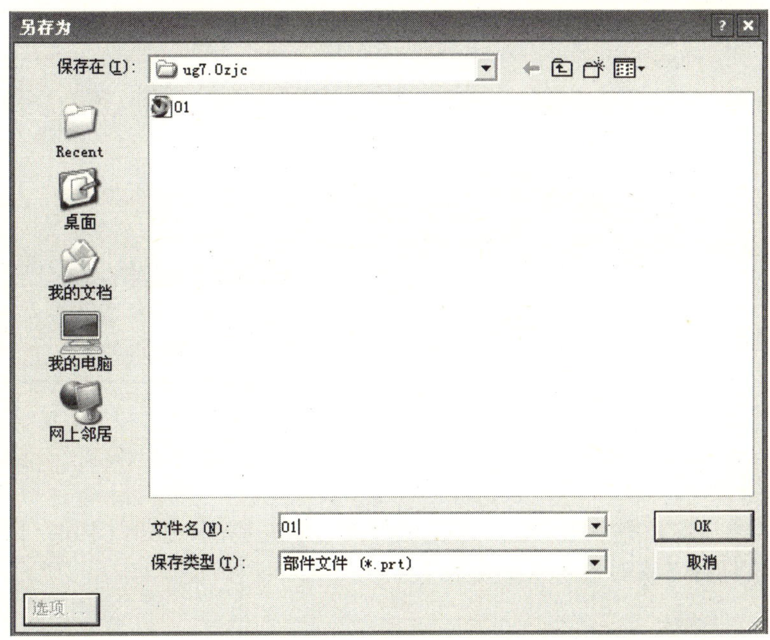

图 1–5　【另存为】对话框

4. 导入和导出文件

导入文件功能用于与其他软件进行数据交换。其方法为，选择【文件】/【导入】/【IGES】，弹出【导入自 IGES 选项】对话框/单击【 】/在打开的【IGES 文件】对话框中指定路径并选择 IGES 文件/单击【确定】。导出文件操作的方法是选择【文件】/【导出】/【IGES】，弹出【导出至 DXF/DWG】对话框/单击【DWG】/ 单击【确定】。

5. 关闭文件

选择【文件】/【关闭】/选择【选定的部件】，弹出【关闭部件】对话框/单击【关闭所有打开的部件】/单击【否 – 关闭】。

1.3 UG NX7.0 用户环境设置

1.3.1 工作界面定制

1. 定制方法

定制方法是把工作界面化。选择【工具】/【定制】，弹出如图 1-6 所示的【定制】对话框/勾选【视图】/出现如图 1-7 所示【视图】工具栏/把它拖到图形界面的工具栏上即可。

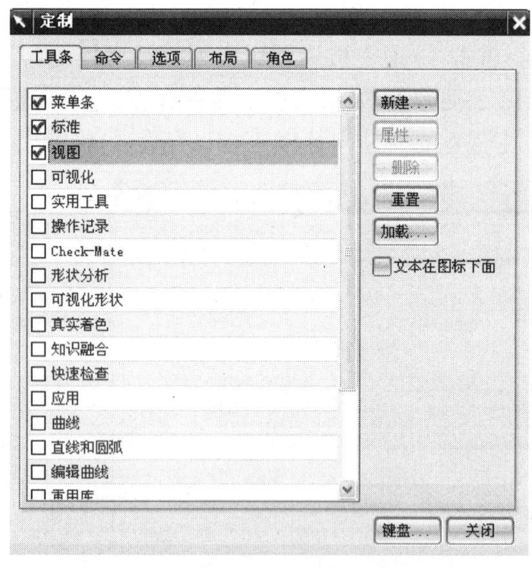

图 1-6 【定制】对话框

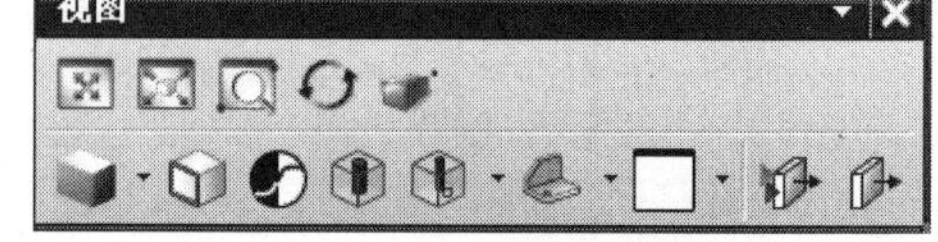

图 1-7 【定制】工具栏

2. 角色方法

角色方法可通过隐藏不常用的工具来调整界面。单击【 】，弹出【Roles】列表/选择【系统默认】/选择【具有完整菜单的基本功能】。

1.3.2 基本环境参数设置

基本环境参数设置包括常规选项、界面、对象、对象显示、工作平面、导航器、基本光源等的设定。选择【文件】/【实用工具】/【默认设置】，弹出【默认设置】对话框/在该对话框中可设置所需要的环境参数。

1.3.3　首选项设置

首选项设置是改变默认设置的一种方法，它只能在当前文件下有效。选择【首选项】/【对象】，弹出【对象首选项】对话框/在该对话框中可设置所需要的环境参数。

1.4　图层操作

1.4.1　图层的设置

UG NX7.0 提供了 256 个图层供用户使用，它可分为工作图层、可见图层和不可见图层。只有工作图层中的对象可以被编辑和修改，其他的图层只能进行可见性、可选择性的操作。在一个部件的所有图层中，只有一个图层是当前工作图层。要对指定层进行设置和编辑操作，首先要将其设置为工作图层。单击【格式】/【图层设置】/弹出如图 1-8 所示【图层设置】对话框，选中所需的图层/单击【确定】。

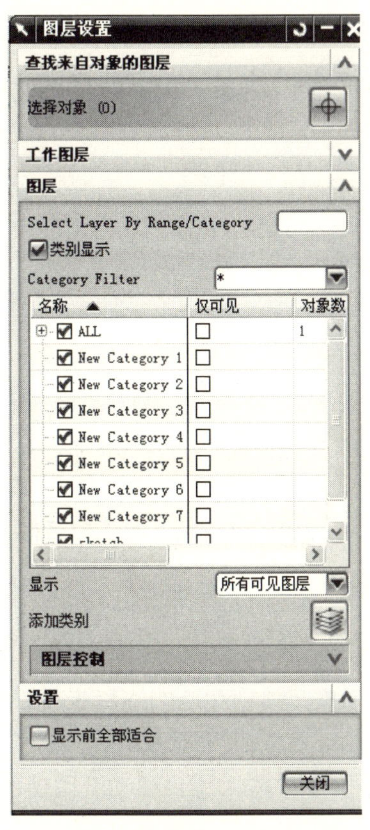

图 1-8　【图层设置】对话框

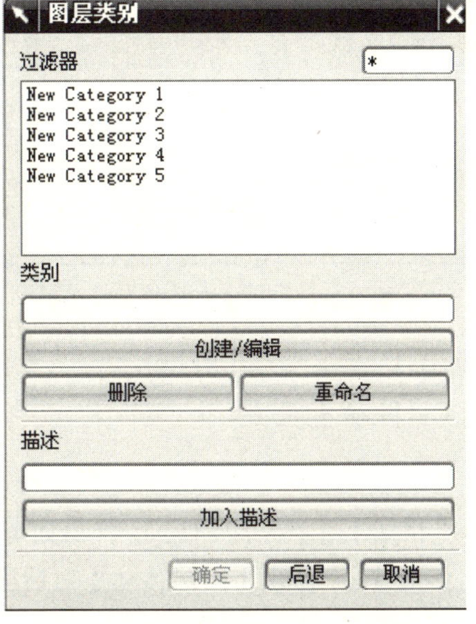

图 1-9　【图层类别】对话框

一般图层分类为：1～20 层：实体；21～40 层：草图；41～60 层：曲线；61～80 层：参

考对象；81～100 层：片体；101～120 层：工程制图对象。单击【格式】/【图层类别】/弹出如图 1-9 所示【图层类别】对话框，在【类别】文本框内输入新类别的名称/单击【创建/编辑】按钮，弹出如图 1-10 所示【图层类别】对话框/在【图层】中选中所需的图层/单击【添加】/单击【确定】。

1.4.2　图层中的可见图层

设置可见图层便于绘图区中图层的显示和隐藏，有利用图层的元素定位等操作，提高工作效率。选择【格式】/【在视图中可见】，弹出如图 1-11 所示【视图中的可见图层】对话框/在【图层】下拉列表中选中适合的图层/单击【可见】/单击【确定】。

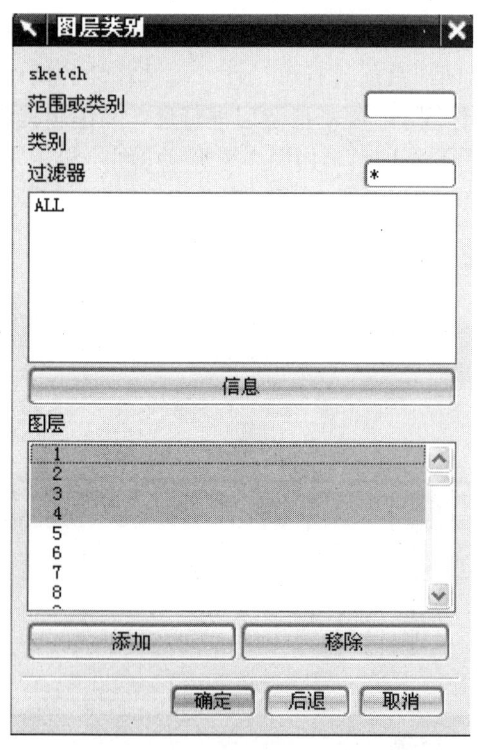

图 1-10　【图层类别】对话框

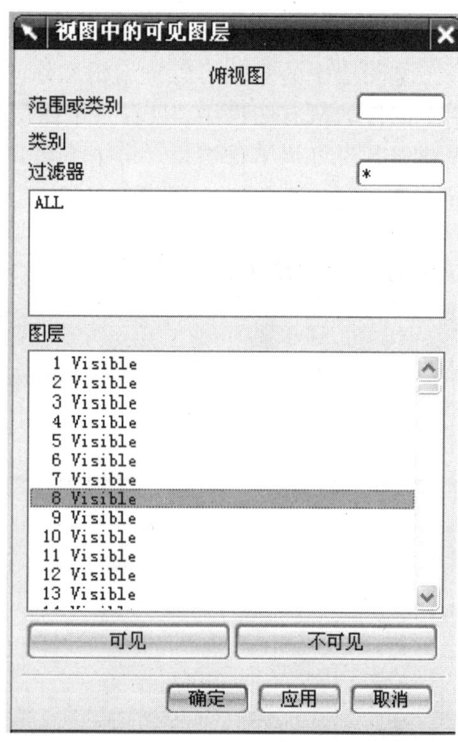

图 1-11　【视图中的可见图层】对话框

1.4.3　移动至图层

移动至图层用于改变图素或特征所在图层的位置，便于对象归类到相应的图层进行管理。选择【格式】/【移动至图层】，弹出如图 1-12 所示【类选择】对话框/选中对象/单击【确定】，弹出如图 1-13 所示【图层移动】对话框/在【目标图层或类别】中输入想要移动至图层的名称/单击【确定】。

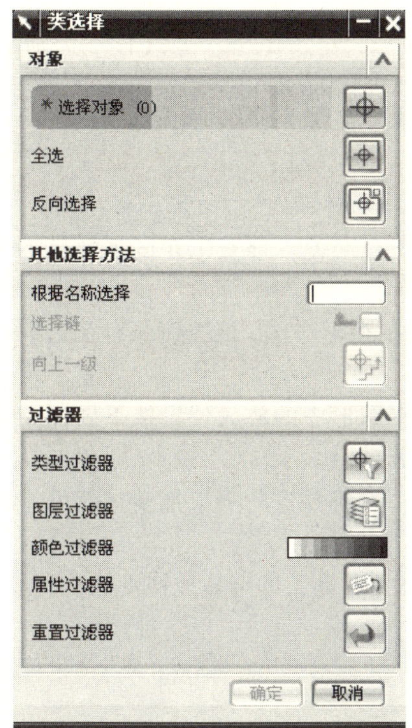

图 1-12　【类选择】对话框

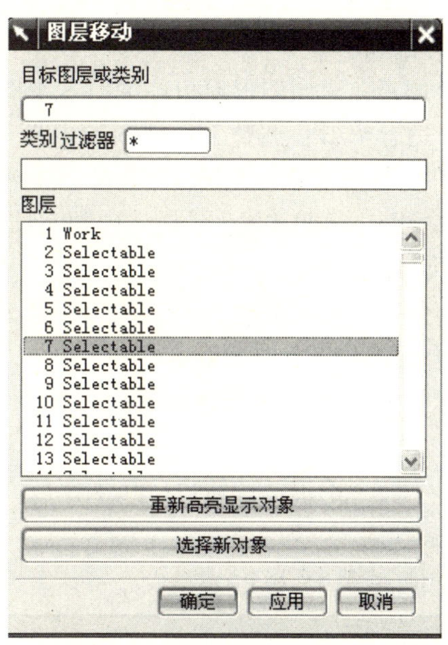

图 1-13　【图层移动】对话框

1.4.4　复制至图层

复制至图层用于将对象复制到指定的图层中。选择【格式】/【复制至图层】，弹出【类选择】对话框/选中对象/单击【确定】，弹出如图 1-14 所示【图层复制】对话框/在【目标图层或类别】中输入想要复制至图层的名称/单击【确定】。

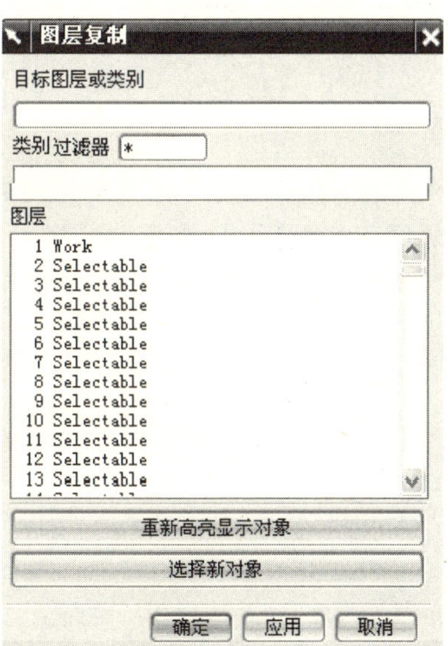

图 1-14　【图层复制】对话框

1.5　零件显示操作

在创建模型的过程中，改变零件对象的显示使特征操作更加方便。【视图】工具栏的含义及操作方法如下：

刷新：重画图形窗口中的所有视图，擦除临时显示的对象。

适合窗口：调整工作视图的中心和比例以显示所有对象，即在工作区全屏显示全部视图。

根据选择调整视图：把选中的实体最大限度地显示在工作区，该按钮只有在选中对象的情况下才被激活。

缩放：对视图进行局部放大。单击该按钮后，在图形中的放大位置按下鼠标左键并拖动到合适的位置后松开鼠标左键，则矩形线框内的图形将被放大。

放大/缩小：单击该按钮后，在工作区中单击鼠标左键并进行上下拖动，即可完成视图的放大缩小操作。

旋转：单击该按钮后，在工作区中按下鼠标左键并移动，即可完成视图的旋转操作。

1.5.1　使用鼠标和键盘

1. 鼠标操作

在工作区单击右键，打开右键快捷菜单，从中选择相应的选项，对视图进行观察。

缩放视图：将鼠标置于工作区中，滚动鼠标滚轮；同时按下鼠标左键和鼠标滚轮并任意拖动；或者按下 Ctrl 键的同时按下鼠标滚轮并上下拖动鼠标。

平移视图：在工作区中同时按下鼠标滚轮和右键；或者按下 Shift 键的同时按下鼠标滚轮，并在任意方向拖动鼠标，此时视图将随鼠标移动的方向进行平移。

旋转视图：在绘图区中按下鼠标滚轮，并在各个方向拖动鼠标，即可旋转对象到任意角度和位置。

2. 使用键盘快捷键

Tab：在对话框中的不同控件上切换，被选中的对象将高亮显示。

Shift + Tab：同 Tab 操作的顺序正好相反，用来反向选择对象，被选中的对象将高亮显示。

方向键：在同一控件内的不同元素间切换。

回车键：确认操作。

空格键：在对应的对话框中激活【接受】按钮。

Ctrl+T：变换操作。

Shift+Ctrl+K：显示。

Shift+Ctrl+B：显示/隐藏。

1.5.2　视图显示方式

为了达到不同的观察效果，需要改变视图的显示方式。单击【 】侧的【 】，弹出下拉列表/选择理想的显示方式（带边着色、着色、带有淡化边的线框、带有隐藏边的线框、静态线框、艺术外观、局部着色、小平面的边）即可，如图 1-15 所示。

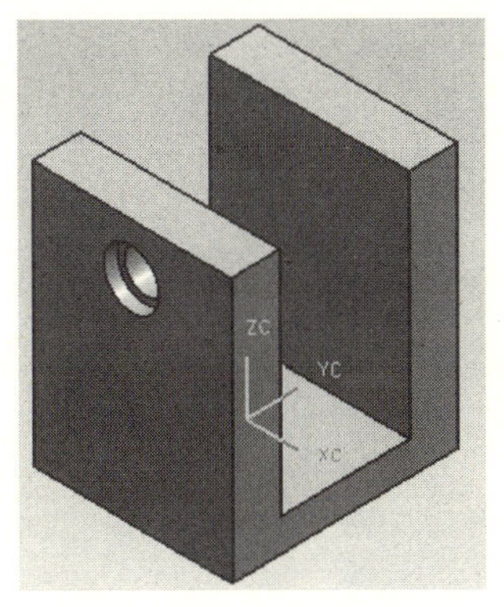

（a）带边着色

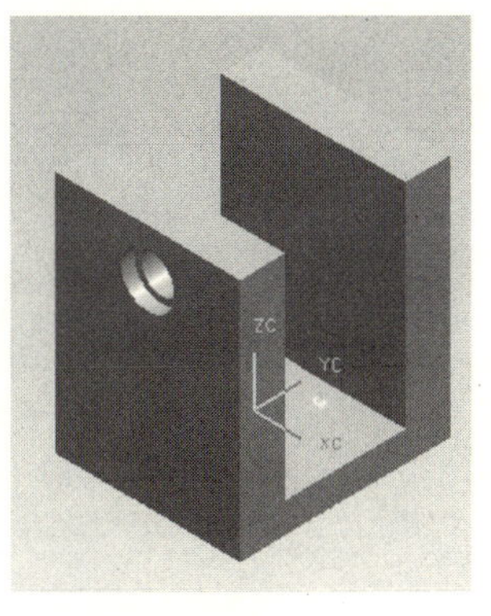

（b）着色

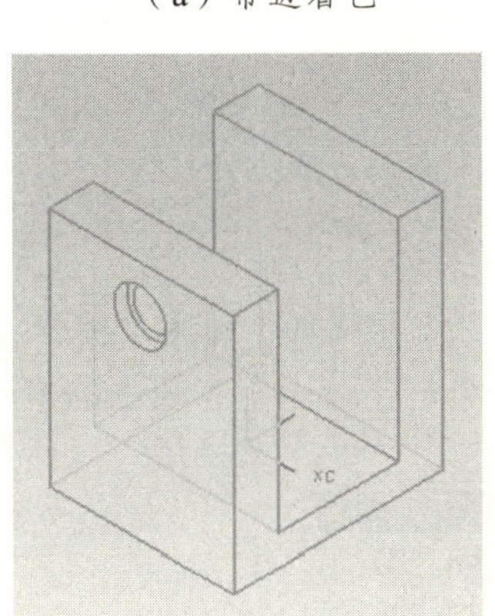

（c）带有淡化边的线框

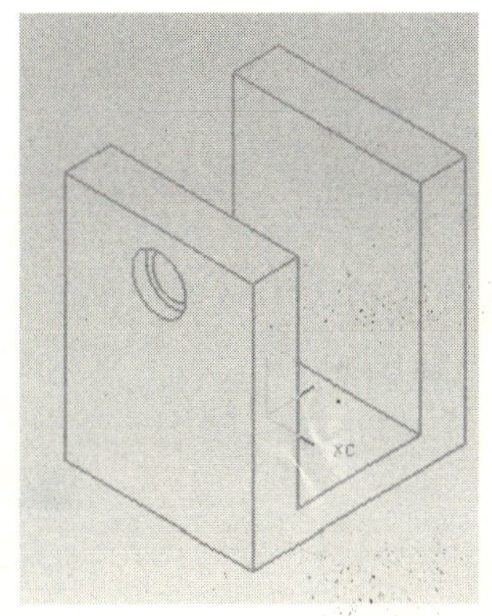

（d）带有隐藏边的线框

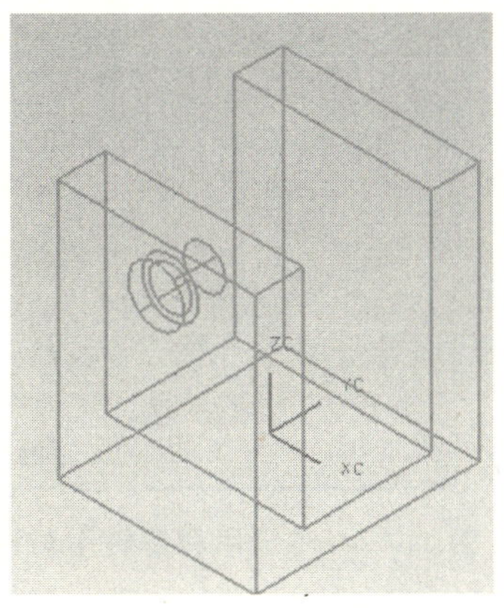

（e）静态线框

图 1-15　视图的显示方式

1.5.3　调整视图方位

调整视图方位方便观察模型对象的各个方向的视图。单击【 】侧的【 】，弹出下拉列表/选择理想的视图（前视图、顶视图、底视图、背景色、左视图、右视图、正二测视图、正等测视图）即可，如图 1-16 所示。

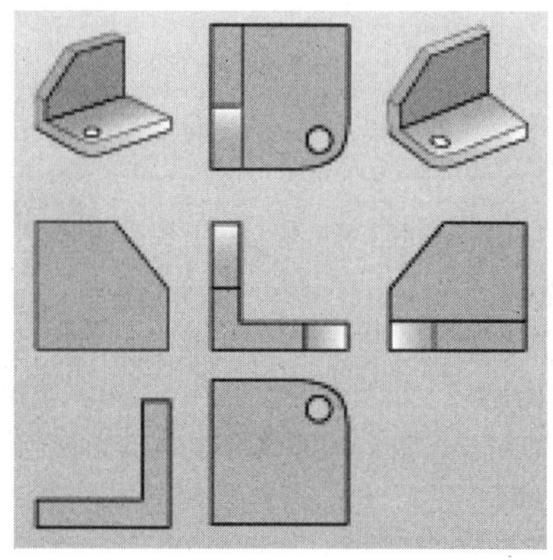

图 1–16　视图

1.5.4　显示和隐藏

1. 隐　藏

隐藏是把复杂模型中被遮挡的实体隐藏起来，便于方便操作。单击【编辑】/选择【显示和隐藏】，弹出如图 1-17 所示【显示和隐藏】对话框/单击【显示】列表中的【+】或【隐藏】列表中的【－】/单击【关闭】。

图 1–17　【显示和隐藏】对话框

2. 编辑对象显示

编辑对象显示，可以修改对象的颜色、线型、透明度等属性，便于复杂实体模型的操作。单击【编辑】/选择【对象显示】，弹出【类选择】对话框/从工作区中选取所需对象/单击【确定】，弹出如图 1-18 所示【编辑对象显示】对话框/选择【常规】选项卡，设置选项卡中的各选项参数/单击【确定】。

1.5.5 布局操作

视图布局是在绘图窗口同时显示多个视图，便于更好地观察和操作模型。单击【视图】/选择【布局】/选择【新建】，弹出如图 1-19 所示【新建布局】对话框/在【名称】文本框中输入布局名称/单击【布置】侧的【▼】按钮，在下拉列表中选择布局形式/单击【应用】，如图 1-20 所示。

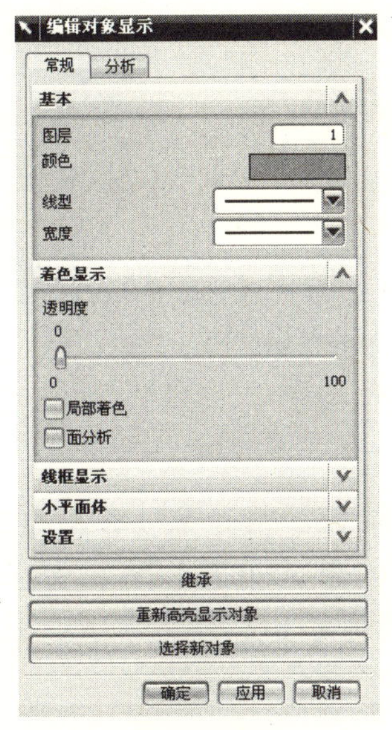

图 1-18 【编辑对象显示】对话框

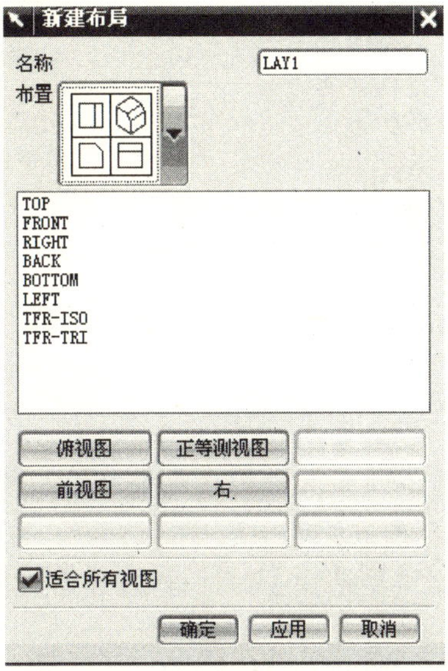

新建布局
名称 LAY1
布置
TOP
FRONT
RIGHT
BACK
BOTTOM
LEFT
TFR-ISO
TFR-TRI
俯视图 正等测视图
前视图 右
适合所有视图
确定 应用 取消

图 1-19 【新建布局】对话框

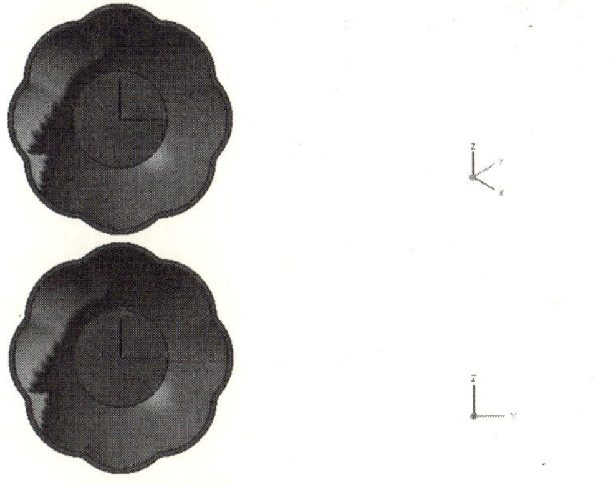

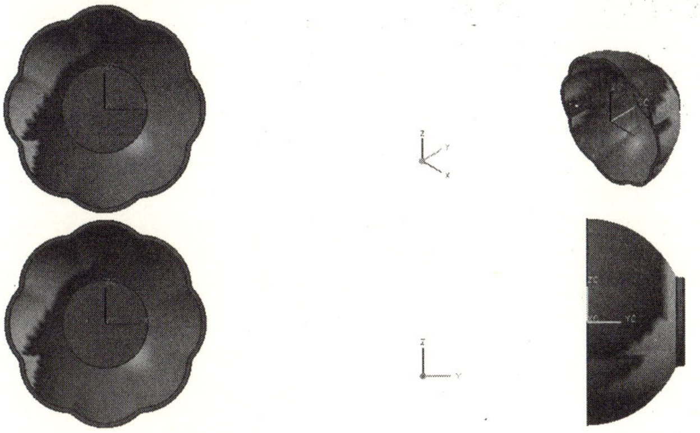

图 1-20 设置视图布局

1.6 零件选择操作

1.6.1 快速选择对象

在选择区域单击鼠标右，弹出如图 1-21 所示【快捷菜单】/单击【从列表中选择】，弹出如图 1-22 所示【快速拾取】对话框/单击【壳】。

1.6.2　鼠标直接选择

单击【选择的特征】/对象将改变颜色（系统默认选取对象为红色），如图 1-23 所示。

图 1-21　快捷菜单

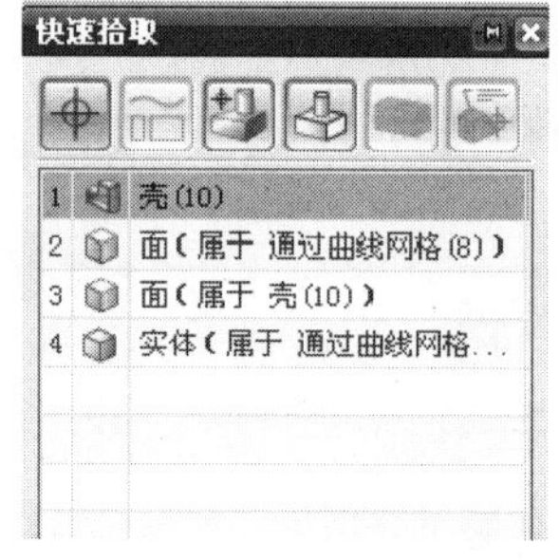

图 1-22　【快速拾取】对话框

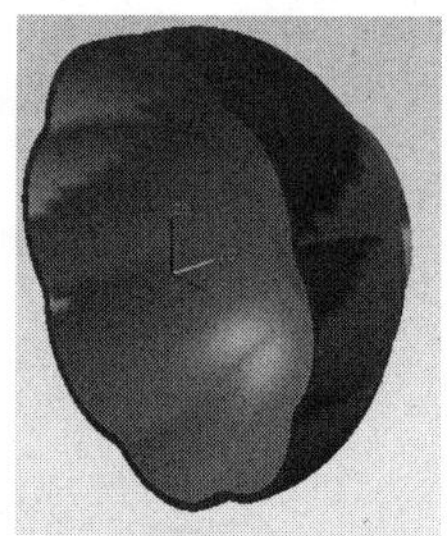

图 1-23　预选加亮

1.6.3　类选择器选择

类选择器选择是通过选择器选择对象。单击【信息】/选择【对象】，弹出【类选择】对话框（在 5 种过滤器中选择合适的选择方式来选择对象）/单击【】，弹出如图 1-24（a）所示【根据类型选择】对话框/选择【实体】/单击【确定】。

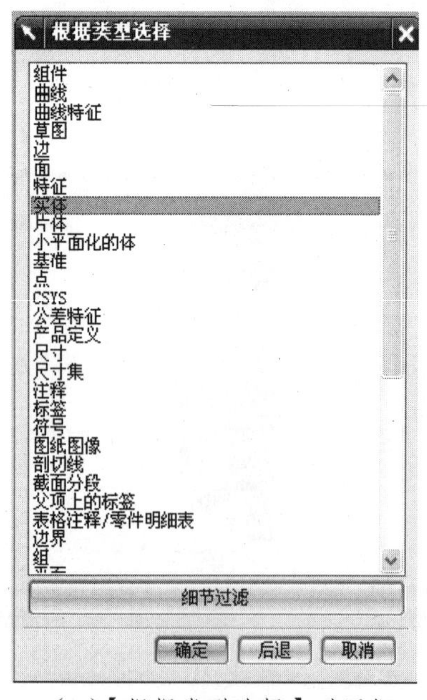

（a）【根据类型选择】对话框

（b）【选择过滤器】下拉菜单

图 1-24　类型的选择

1.6.4　优先级选择对象

单击【编辑】/选择【选择】，弹出子菜单（在 5 个子菜单中选择一个合适的选择方式来选择对象）/单击【最高选择优先级一特征】/选择【实体】/单击【确定】。

1.6.5　过滤器选择对象

对实体进行编辑时，采用【快速拾取】方法效率低，使用【选择过滤器】方法效率高。单击【选择过滤器】文本框右边的【▼】图标/打开如图 1-24（b）所示【选择过滤器】下拉菜单，选择【边】/用光标选择边特征。

1.7　创建工具对象操作

1.7.1　创建点

1. 通过坐标创建点

单击【插入】/选择【基准/点】/选择【点】，弹出如图 1-25 所示【点】对话框/选择【绝对】/在【X】中输入 20、【Y】中输入 60、【Z】中输入 80/单击【确定】。

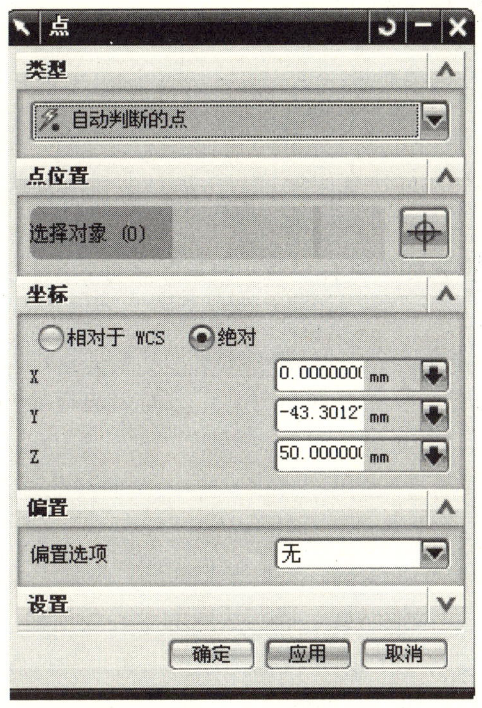

图 1-25　【点】对话框

2. 利用点选取功能创建点

单击【插入】/选择【基准/点】/选择【点】，弹出如图 1-26 所示【点】对话框/在【类型】中选择【交点】/选择线 1/选择线 2/单击【确定】，如图 1-27 所示。

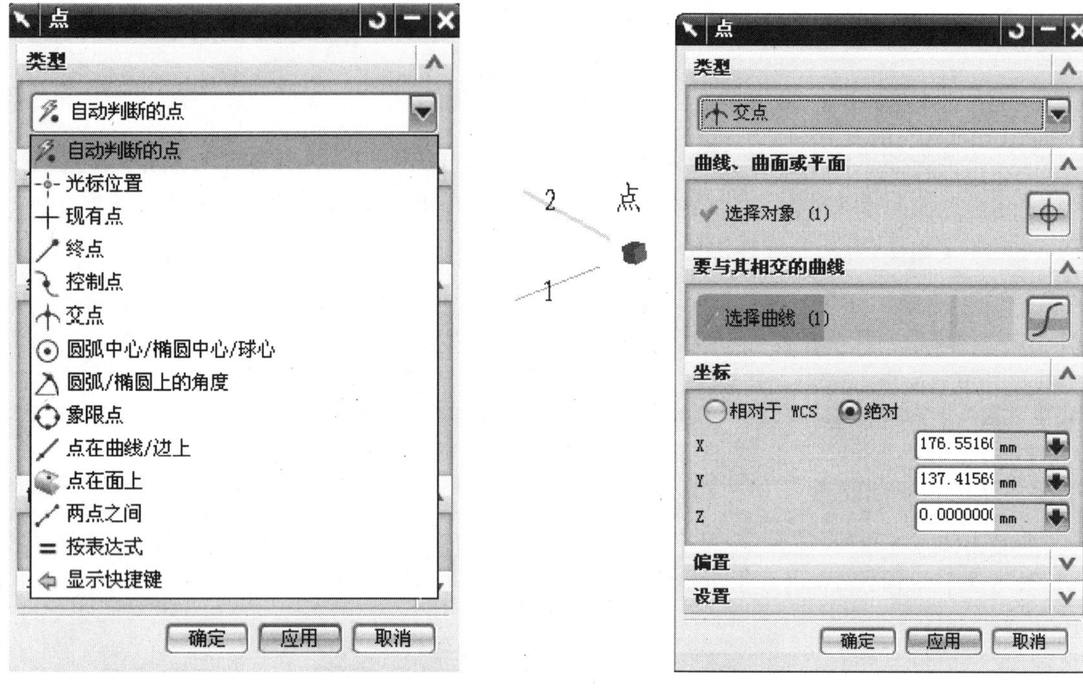

图 1-26　创建【点】的类型　　　　图 1-27　【交点】对话框

点的类型和创建方法：

自动判断的点：根据光标所在的位置，系统自动捕捉对象上现有的关键点（如端点、交点和控制点等），它涵盖了所有点的选取方式。

光标位置：通过定位光标的坐标位置，使系统在屏幕上任意创建一个点，该点将位于工作平面上。

现有点：在某个已存在的点上创建新的点，或通过某个已存在点来规定新点的位置。

终点：选取特征的终点位置上创建一个点，如果选择的特征为圆，那么终点为零象限点。

控制点：以所有存在的直线的中点和端点，二次曲线的端点，圆弧的中点、端点和圆心或者样条曲线的端点、极点为基点，创建新的点。

交点：以曲线与曲线或者线与面的交点为基点，创建一个点。

圆弧中心/椭圆/球心：选取圆弧、椭圆或球的中心处创建一个点。

圆弧/椭圆上的角度：沿选取圆弧或椭圆成指定角度的位置上创建一个点。

象限点：在圆或椭圆的四分点处创建一个点。

点在曲线/边上：通过在特征曲线或边缘上设置 U=a/b 参数来创建一个点。【U 向参数】是指想要创建的点到选中边缘起始点长度 a 和被选中的曲线或边缘的长度 b 的比值。

面上的点：通过在特征面上设置 U 参数和 V 参数来创建点。【U 向参数】就是指定点的 U 坐标值和平面长度的比值，U=a/c；【V 向参数】是指定的 V 坐标值和平面宽度的比值，V=b/d。

3. 利用偏置方式创建点

通过指定【点】对话框中的偏置参数来确定点的位置。单击【插入】/选择【基准/点】/选择【点】，弹出【点】对话框/在【偏置选项】下拉列表中选择【矩形】，弹出如图 1-28 所示【矩形】对话框/分别输入【X 增量】、【Y 增量】、【Z 增量】的值 20、30、50/单击【确定】。

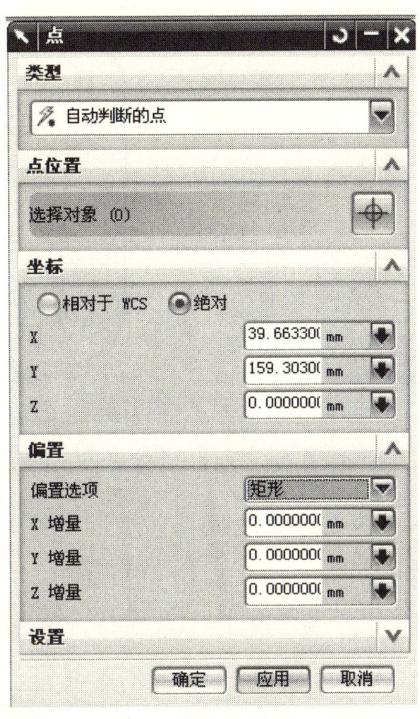

图 1-28　【矩形】偏置对话框

（1）矩形偏置方式：利用直角坐标系进行偏置参数的设置，偏置点的位置相对于所选参考点的偏置参数由直角坐标值确定。用户在指定参考点后，在【点】对话框中输入偏置点在 X、Y、Z 方向上相对于参考点的偏置值，系统就会创建一个偏置点，如图 1-29 所示。

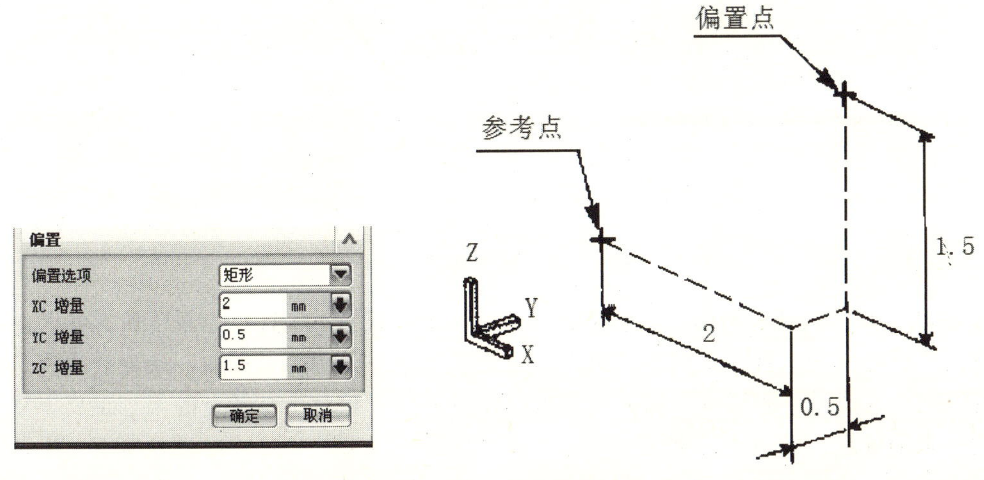

图 1-29　矩形偏置方式

（2）圆柱形偏置方式：利用圆柱坐标系进行偏置参数的设置，偏置点的位置相对于所选参考点的偏置参数由圆柱坐标值确定。用户在指定参考点后，在【点】对话框中输入偏置点在半径、角度和 Z 增量方向上相对于参考点的偏置值，系统就会创建一个偏置点，如图 1-30 所示。

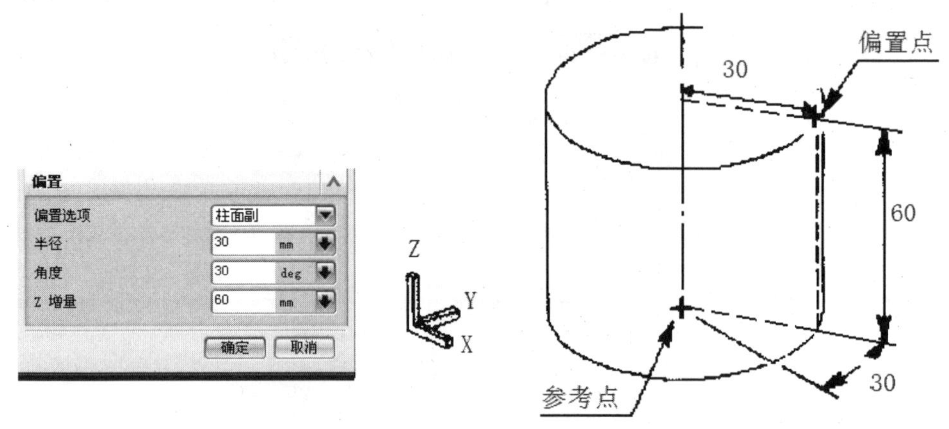

图 1-30　圆柱形偏置方式

（3）球形偏置方式：利用球坐标系进行偏置参数的设置，偏置点的位置相对于所选参考点的偏置参数由球坐标值确定。用户在指定参考点后，在【点】对话框中输入偏置点在半径、角度 1、角度 2 方向上相对于参考点的偏置值，系统就会创建一个偏置点，如图 1-31 所示。

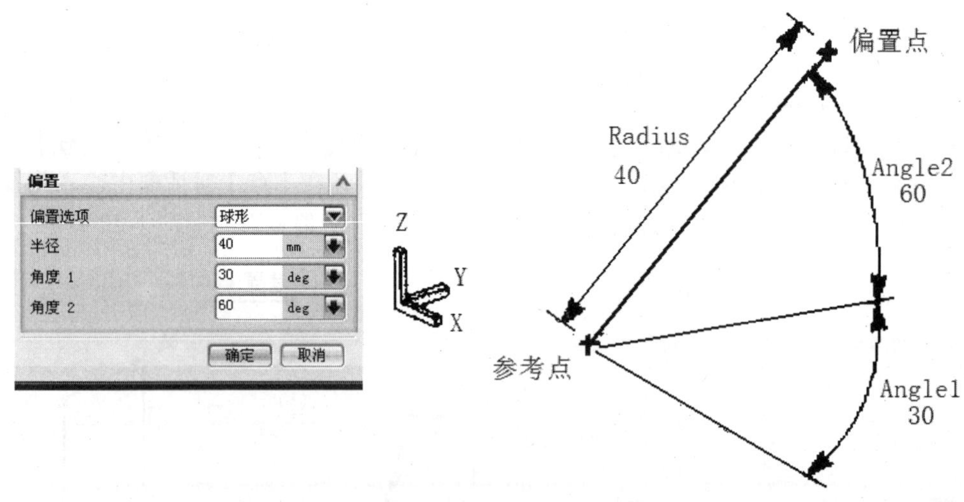

图 1-31　球形偏置方式

（4）矢量偏置方式：利用矢量法则进行偏置参数的设置，偏置点相对于所选参考点的偏置参数由矢量方向和偏置距离确定。用户在指定参考点后，还需要选取一条直线来确定偏置矢量的方向，在【点】对话框中输入偏置点在矢量方向上相对于参考点的偏置距离，系统就会创建一个偏置点，如图 1-32 所示。

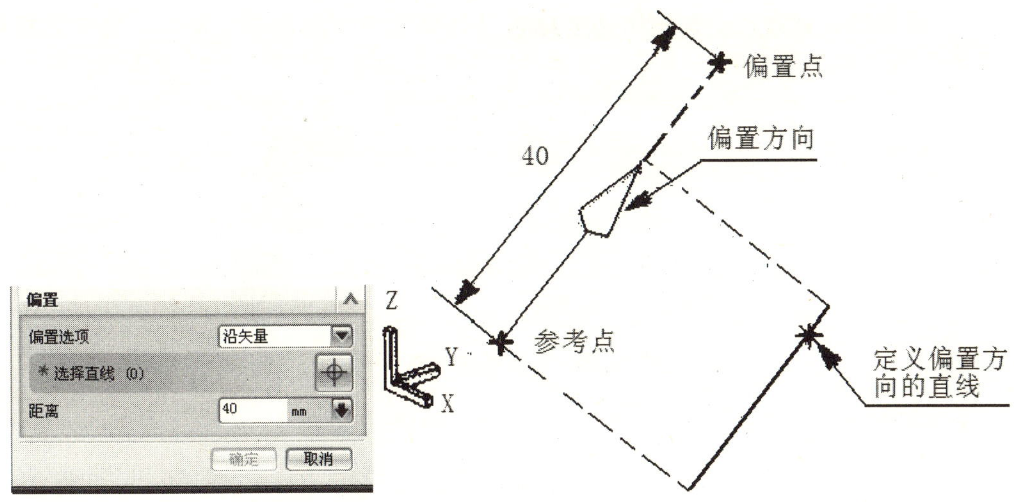

图 1-32　矢量偏置方式

（5）沿曲线偏置方式：沿所选取曲线进行偏置参数的设置，偏置点相对于所选参考点的偏置参数由偏置弧长或曲线总长的百分比来确定。用户在指定参考点后，还需要再选取曲线上的另一点，这样参考点至后一点的曲线路径方向就是偏置方向。在设置完偏置方向后，系统提供了两种方式来确定偏置距离。当选取了【圆弧长】单选项时，用户可以在文本框中输入偏置点沿曲线的偏置弧长；当选取了【百分比】单选项时，用户可以在文本框中输入偏置点的偏置弧长占曲线总长的百分比，如图 1-33 所示。

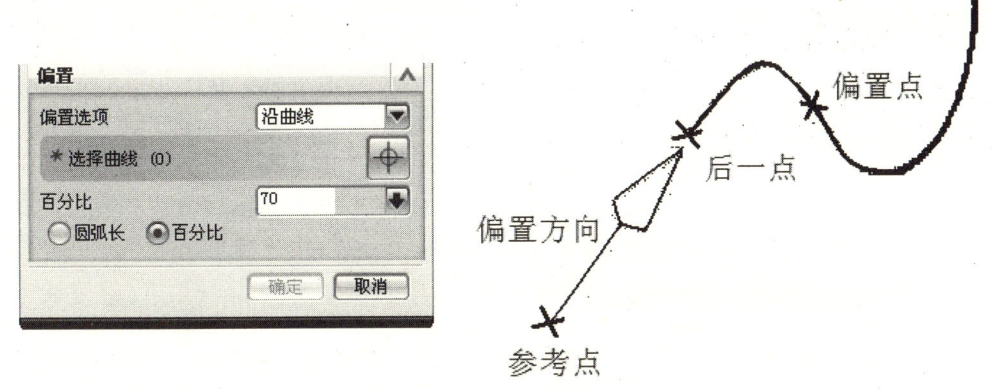

图 1-33　沿曲线偏置方式

1.7.2　创建矢量

矢量用以确定对象或特征的方向，如圆柱轴线方向、拉伸特征的拉伸方向等。单击【插入】/选择【基准/点】/选择【基准轴】，弹出如图 1-34 所示的【基准轴】对话框/单击【类型】文本框右边的【 】图标/在下拉列表中选择【 曲线/面轴 】/单击【 】/在模型中选择弧线/在【反向】栏中单击【 】，调整矢量的方向/单击【确定】。

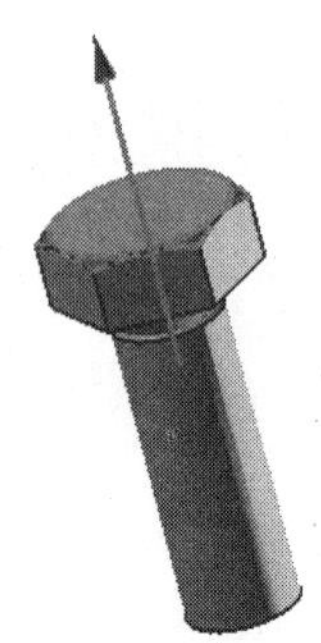

图 1-34　【基准轴】对话框

常用的创建矢量方法：

自动判断：系统根据选择的对象自动确定最佳基准轴类型。

交点：在两个平的面、基准平面或平面的相交处创建基准轴。

两个点：经过两个点创建基准轴。

点和方向：从一点沿指定方向创建基准轴。

曲线上矢量：确定曲线上任意指定点的切向矢量、法向矢量和面法向矢量的方向。

曲线/面轴：沿线性曲线或线性边，或者圆柱面、圆锥面，或环的轴创建基准轴。

XC 轴：沿 XC 轴正方向创建基准轴。

YC 轴：沿 YC 轴正方向创建基准轴。

ZC 轴：沿 ZC 轴正方向创建基准轴。

1.7.3　创建平面的方法

基准平面是建模的辅助平面。相对基准平面与模型中其他对象关联，并受其关联对象的约束；固定基准平面没有关联对象，不受其他对象约束。单击【插入】/选择【基准/点】/选择【基准平面】，弹出如图 1-35 所示【基准平面】对话框/单击【类型】文本框右边的【 】图标/在下拉列表中选择【成一角度】/在【平面参考】中单击【 】/在模型中选择平面 1/在【通过轴】中单击【 】/在模型中选择轴 A/在【角度】输入 60/单击【确定】。

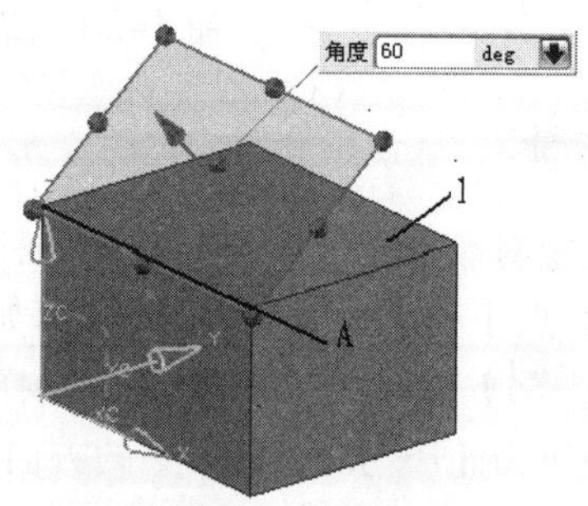

图 1-35　【基准平面】对话框

常用的创建平面方法：

自动判断：根据选择对象的构造属性，系统自动判断由哪种方式创建基准平面。

成一角度：用于创建一个与选取平面成指定角度的基准平面。

按某一距离：按设置的距离值，创建一个与指定平面平行且相距一定距离的基准平面。

二等分：选取两个平行平面之间的中点位置创建一个与它们平行的基准平面。

曲线和点：选取的点和曲线或点和平面来创建基准平面。

两直线：选取两条边、直线或轴线来创建基准平面。

相切：选取点、线和平面为参考来创建基准平面。

通过对象：指以指定的对象作为参考来创建基准平面。

系数：用户设置的平面方程式的系数（aX+bY+cZ=d）来创建基准平面。

点和方向：用户设置的一个点和平面矢量方向来创建基准平面。

在曲线上：根据用户所选的曲线和指定曲线上的点，创建通过该点与曲线相切或垂直的基准平面。

YC-ZC 平面：创建与 YC-ZC 平面平行且重合的基准平面。

XC-ZC 平面：创建与 XC-ZC 平面平行且重合的基准平面。

XC-YC 平面：创建与 XC-YC 平面平行且重合的基准平面。

视图平面：是指创建的平面与视图平面平行且重合或相隔一定的距离。

1.7.4　创建坐标的方法

在 UG NX 系统中包括 3 种坐标系，分别是绝对坐标系（ACS）、工作坐标系（WCS）、特征坐标系（FCS），而可用来操作和改变的只有工作坐标系（WCS）。使用工作坐标系可根据实际需要进行构造、偏置、变换方向或对坐标系本身保存、显示和隐藏。

1. 创建坐标

单击【插入】/选择【基准/点】/选择【基准 CSYS】，弹出如图 1-36 所示【基准 CSYS】对话框/单击【类型】文本框右边的【▼】图标/在下拉列表中选择【原点，X 点，Y 点】/在【原点】选项中，选择模型上的【0】点/在【X 轴】选项中，选择模型上的【线 1】/在【Y 轴】选项中，选择模型上的【线 2】/单击【确定】。

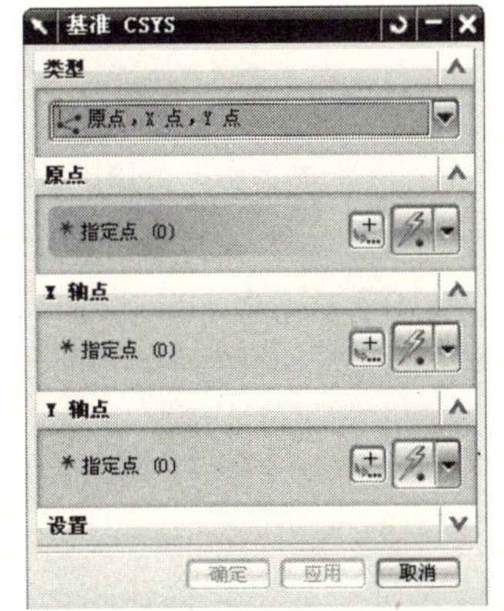

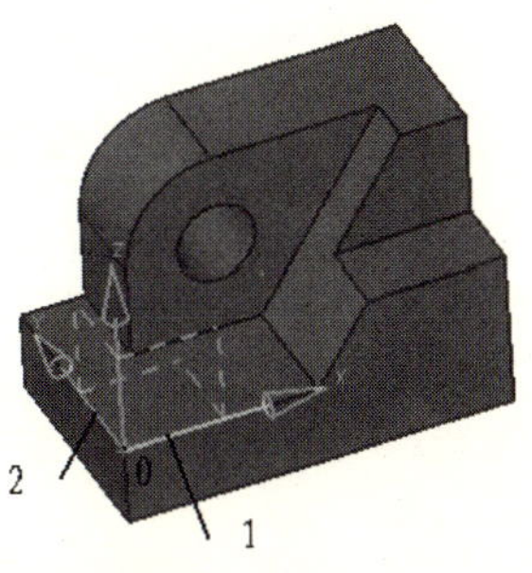

图 1-36　【基准 CSYS】对话框

2. 平移坐标

将坐标从 O 点移到 A 点的步骤为：单击【格式】/【WCS】/选择【定向】选项，弹出如图 1-37 所示【CSYS】对话框/单击【类型】文本框右边的【 】图标/在下拉列表中选择【 X 轴，Y 轴 】/在【X 轴】中单击【线 1】/在【Y 轴】中单击【线 2】/单击【确定】。

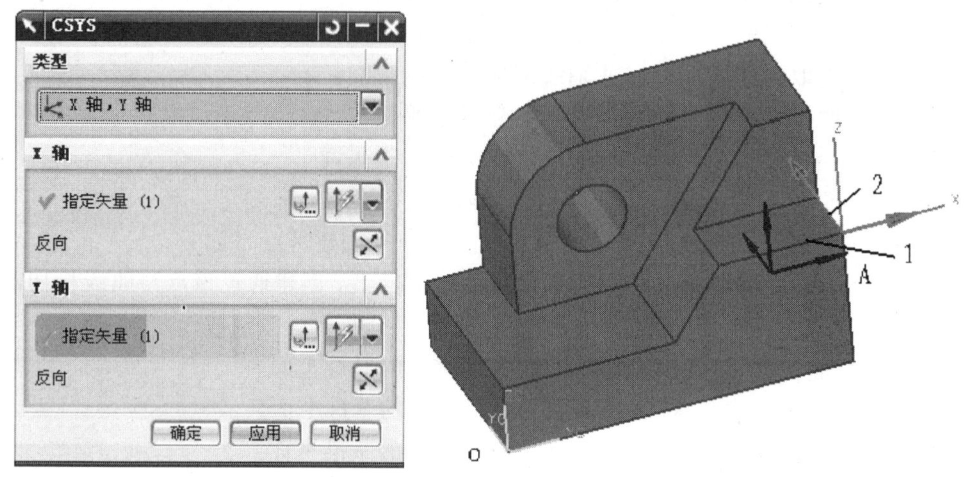

图 1-37 【CSYS】对话框

3. 旋转坐标

单击【格式】/【WCS】/选择【旋转】选项，弹出如图 1-38 所示【旋转 WCS】对话框/选择【 + ZC 轴：XC --> YC 】/在【角度】中输入【180】/单击【确定】。

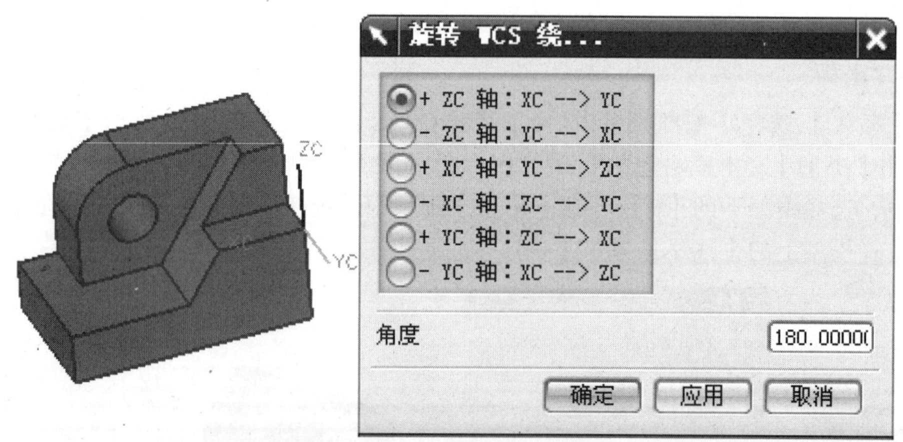

图 1-38 【旋转 WCS】对话框

常用的创建坐标方法：

自动判断：通过选取的对象或通过输入沿 X、Y、Z 坐标轴方向的偏置值来定义一个坐标系。

动态：用于对现有的坐标系进行任意的移动和旋转，选择该类型坐标系将处于激活状

态。此时推动方块形手柄可任意移动，拖动极轴圆锥手柄可沿轴移动，拖动球形手柄可旋转坐标系

原点、X 点、Y 点：用于在视图区中确定 3 个点来定义一个坐标系。第一点为原点，第一点指向第二点的方向为 X 轴的正向，从第二点到第三点按右手定则来确定 Y 轴正方向。

X 轴、Y 轴：用于在视图区中确定 2 个矢量来定义一个坐标系，X 轴、Y 轴正负方向可以通过【】变换。

X 轴、Y 轴、原点：用于在视图区中确定 3 个点来定义一个坐标系。第一点为 x 轴的正向，第一点指向第二点的方向为 Y 轴的正向，从第二点到第三点按右手定则来确定原点。

Z 轴、X 轴、原点：方法同上。

Z 轴、Y 轴、原点：方法同上。

三平面：通过制定的 3 个平面来定义一个坐标系。第一个面的法向为 X 轴，第一个面与第二个面的交线为 Z 轴，三个平面的交点为坐标系的原点。

Z 轴、X 点：通过制定 X 轴正方向和 X 轴的一个点来定义坐标系位置，Y 轴正向按右手定则确定。

对象的 CSYS：通过在视图中选取一个对象，将该对象自身的坐标系定义为当前的工作坐标系。该方法在进行复杂形体建模时很实用，它可以保证快速准确地定义坐标系。

点、垂直于曲线：直接在绘图区中选取现有曲线并选择或新建点，进行坐标系定义。所选取的曲线方向为 z 轴方向，点所在的轴为 x 轴，根据右手定则得到 z 轴方向。

平面和矢量：选择一个平面和构造一个通过该平面的矢量来定义一个坐标系。

绝对 CSYS：可以在绝对坐标（0，0，0）处，定义一个新的工作坐标系。

当前视图的 CSYS：利用当前视图的方位定义一个新的工作坐标系。其中 XOY 平面为当前视图所在的平面，X 轴为水平方向向右，Y 轴为垂直方向向上，Z 轴为视图的法向方向向外。

偏置 CSYS：通过输入 X、Y、Z 坐标轴方向相对于原坐标系的偏置距离和旋转角度来定义坐标系。

1.8 对象操作

1.8.1 对象变换

1. 比　例

是对所选对象进行比例变换，即施加一个比例因子作用于对象上，如图 1-39 所示是均匀比例；如图 1-40 所示是非均匀比例。同时按下 Ctrl+T 键，弹出如图 1-41 所示【选择变换对象】对话框/选中对象/单击【确定】，弹出如图 1-42 所示【变换方式】对话框/选择【比例】，弹出如图 1-43 所示【参考点】对话框/在【坐标】中【X】、【Y】、【Z】分别输入【100】、【100】、【0】/单击【确定】，弹出如图 1-44 所示【输入比例】对话框/【比例】输入【2】/单击【确定】，弹出如图 1-45 所示【选择操作】对话框/选择【复制】/单击【确定】，如图 1-46 所示。

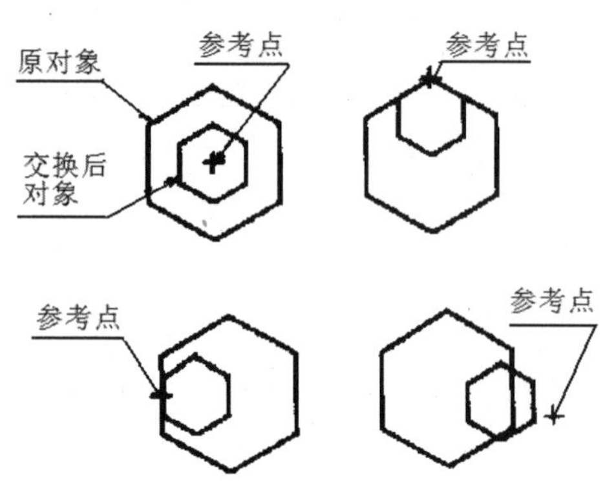

图 1-39　比例因子相同

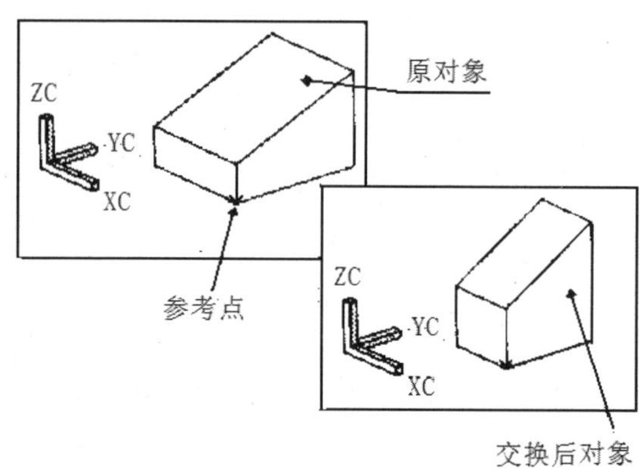

图 1-40　比例因子不相同

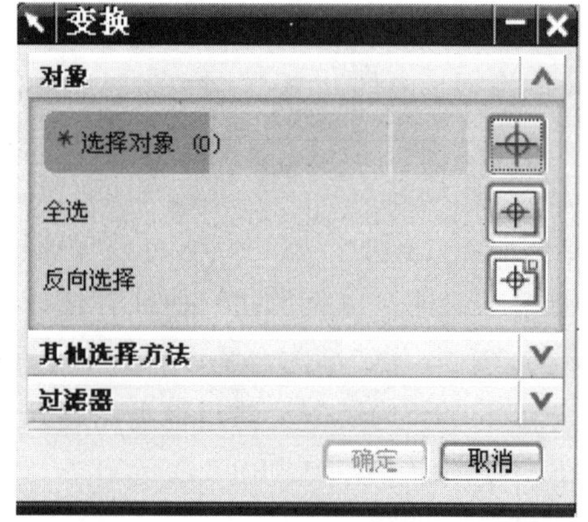

图 1-41　【选择变换对象】对话框

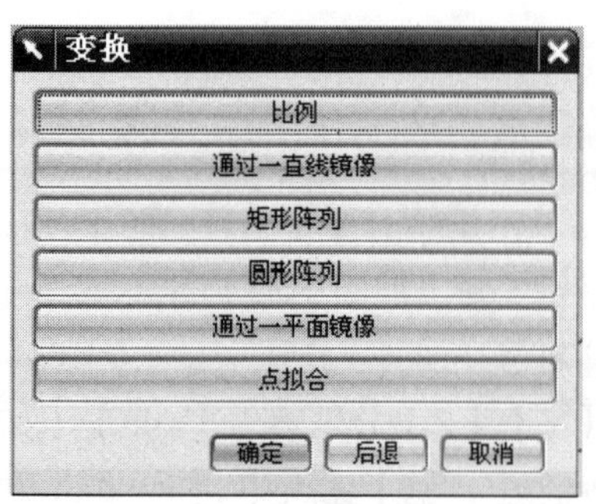

图 1-42　【变换方式】对话框

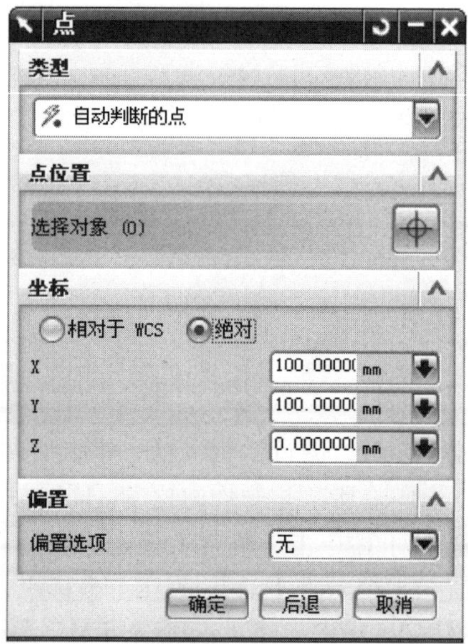

图 1-43　【参考点】对话框

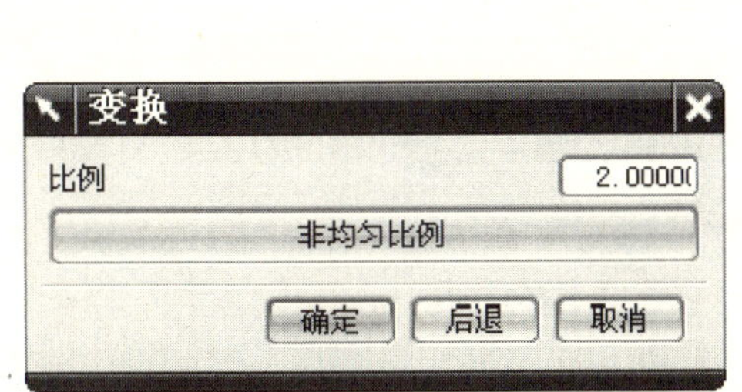

图 1-44　【输入比例】对话框

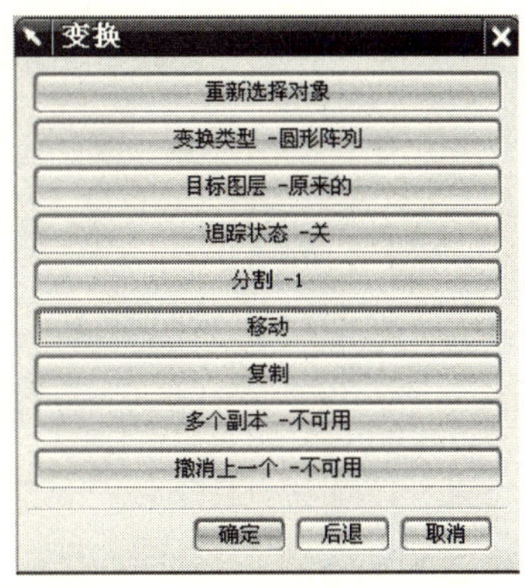

图 1-45　【选择操作】对话框

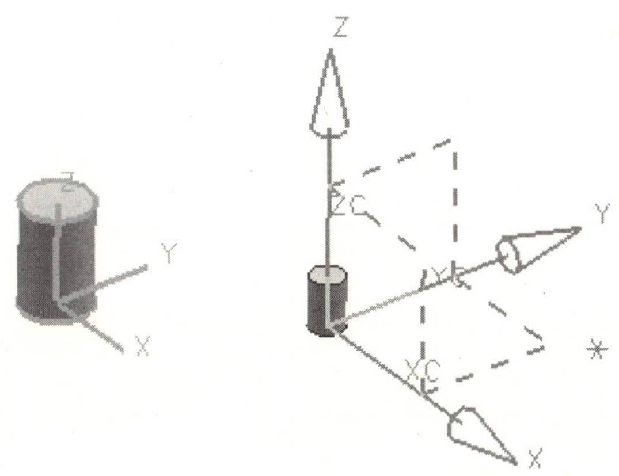

图 1-46　比　例

2. 通过一直线镜像

将所选对象相对于设置的镜像线进行镜像变换，如图 1-47 所示。同时按下 Ctrl+T 键，弹出如图 1-41 所示【选择变换对象】对话框/选中对象/单击【确定】，弹出如图 1-42 所示【变换方式】对话框/选择【通过一直线镜像】，弹出如图 1-48 所示【镜像对称线】对话框/选择【现有的直线】/在模型中选中【直线】/【确定】，弹出如图 1-45 所示【选择操作】对话框/选择【复制】/单击【确定】。

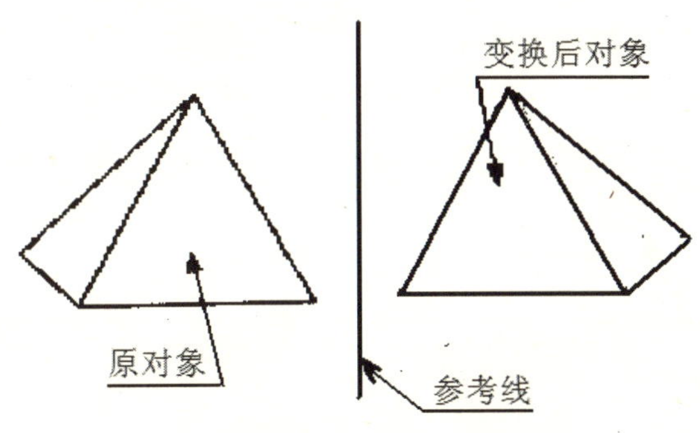

图 1-47　通过一直线镜像

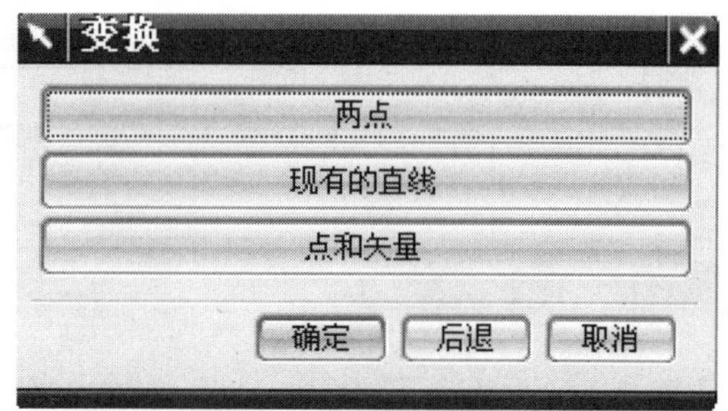

图 1-48　【镜像对称线】对话框

3. 矩形阵列

对所选对象进行矩形阵列变换。选取对象会按照水平（平行 XC 轴）和垂直（平行 YC 轴）的排列进行阵列，如图 1-49 所示。用户指定一个参考点和一个目标点，系统就会把第一个对象确定在目标点，并根据设置的阵列参数来排列其他对象。如果操作选取的是复制方式，则原对象会保留；如果操作选取的是移动方式，则原对象会删除。同时按下 Ctrl+T 键，弹出如图 1-41 所示【选择变换对象】对话框/选中对象/单击【确定】，弹出如图 1-42 所示【变换方式】对话框/选择【矩形阵列】，弹出如图 1-50 所示【参考点】对话框/选择原对象的【原点】/单击【确定】，弹出如图 1-51 所示【目标点】对话框/在【XC】中输入【100】、【YC】中输入【100】、【ZC】中输入【0】/单击【确定】/弹出如图 1-52 所示【矩形阵列大小】对话框/在【DXC】中输入【100】、【DYC】中输入【80】、【阵列角色】中输入【0】、【列】中输入【3】、【行】中输入【4】/单击【确定】/选择【复制】/单击【确定】，如图 1-53 所示。

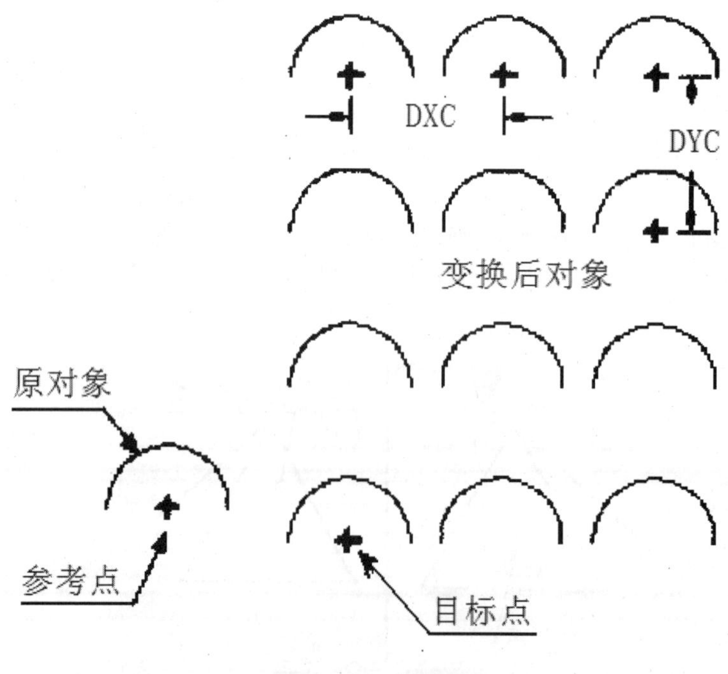

图 1-49　矩形阵列

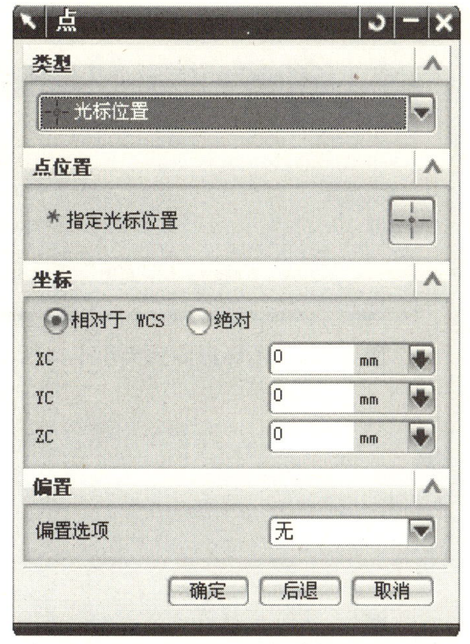

图 1–50　【参考点】对话框

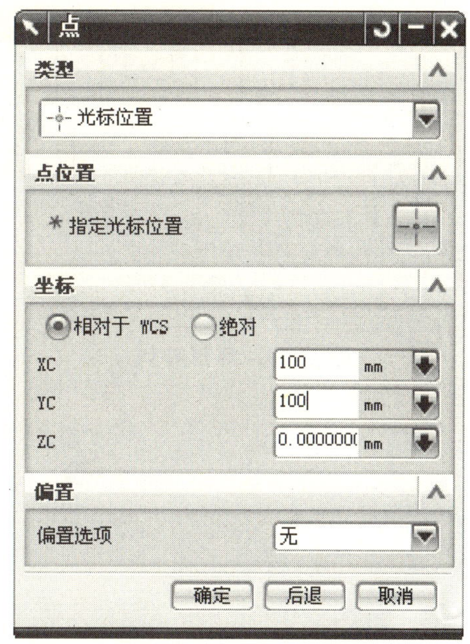

图 1–51　【目标点】对话框

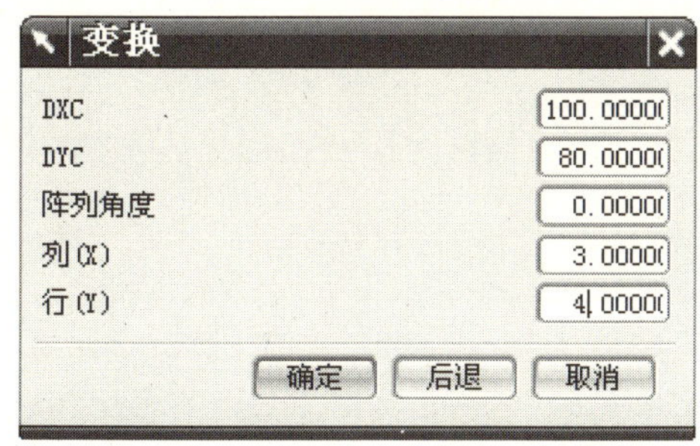

图 1–52　【矩形阵列大小】对话框

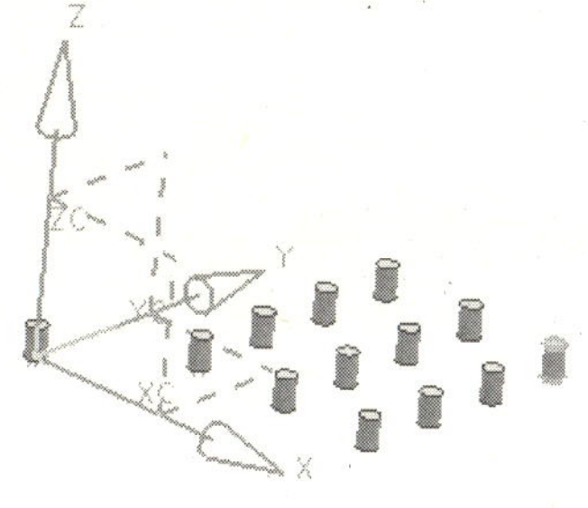

图 1–53　矩形阵列

4. 环形阵列

对所选对象进行圆周阵列变换。如图 1-54 所示选取对象会按照圆形分布进行阵列。用户指定一个参考点和一个目标点，系统就会把第一个对象确定在目标点，并根据设置的阵列参数来排列其他对象。如果操作选取的是复制方式，则原对象会保留；如果操作选取的是移动方式，则原对象会删除。同时按下 Ctrl+T 键，弹出如图 1-41 所示【选择变换对象】对话框/选中对象/单击【确定】，弹出如图 1-42 所示【变换方式】对话框/选择【矩形阵列】，弹出如图 1-50 所示【参考点】对话框/选择原对象的【原点】/单击【确定】/在【XC】中输入【0】、【YC】中输入【0】、【ZC】中输入【0】/单击【确定】/弹出如图 1-55 所示【环形阵列大小】对话框/在【半径】中输入【100】、【起始角】中输入【0】、【角度增量】中输入【72】、【数量】中输入【5】/单击【确定】/选择【复制】/单击【确定】，如图 1-56 所示。

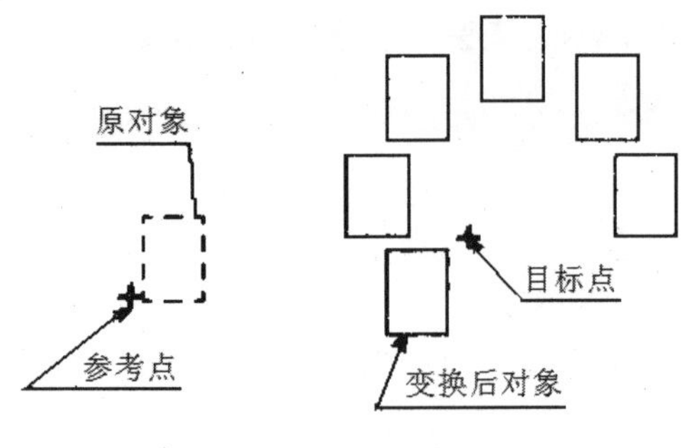

图 1-54　环形阵列

图 1-55　【环形阵列大小】对话框

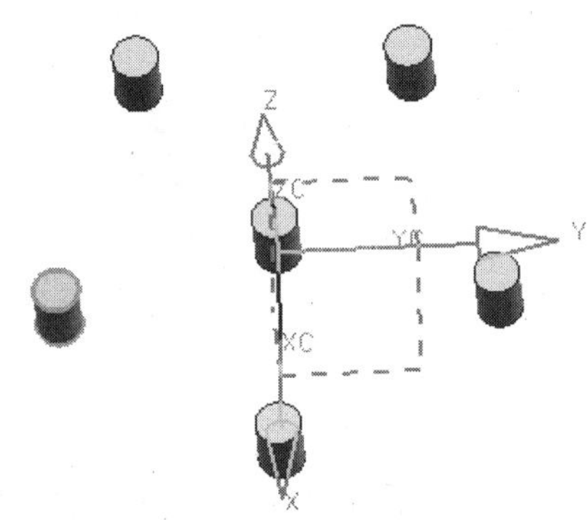

图 1-56　环形阵列

5. 通过一平面镜像

将所选对象相对于设置的镜像平面进行镜像变换。

6. 点拟合

将所选对象由一组参考点变换至相应的一组目标点（两组点一一对应），实现对选定对象的比例变换、重定位或修剪。

1.8.2　对象布尔操作

布尔操作是将两个或两个以上的实体进行求和、求差、求交的一种操作手段。进行布尔运算的第一个实体称为目标体；在目标体上执行布尔运算的操作实体称为工具体。

1. 求　和

将两个或两个以上的实体合成一个新的实体称为求和操作。单击【 】，弹出如图 1-57 所示【求和】对话框/【目标】选择【1】/【刀具】选择【2】/单击【确定】，如图 1-59 所示。

2. 求　差

将工具体与目标体相交的部分去除而生成一个新的实体称为求差操作。单击【 】，弹出如图 1-60 所示【求差】对话框/【目标】选择【1】/【刀具】选择【2】/单击【确定】，如图 1-61 所示。

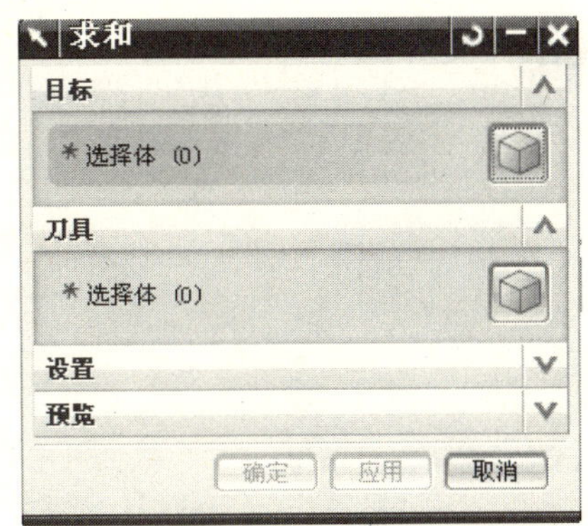

图 1-57　【求和】对话框

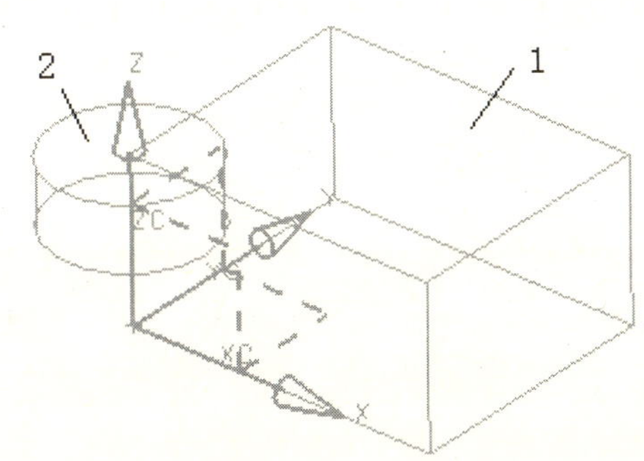

图 1-58　实　体

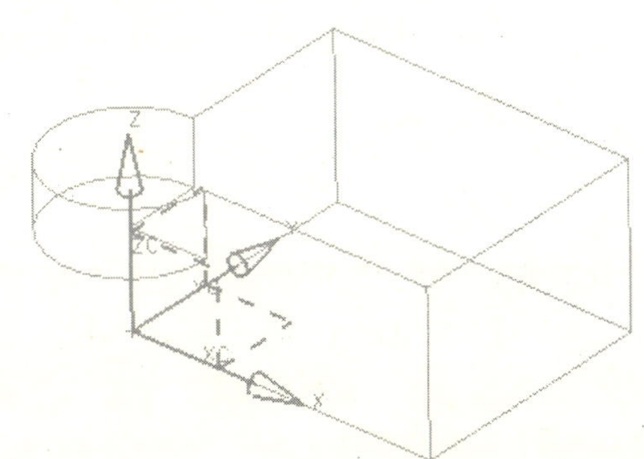

图 1-59　求和实体

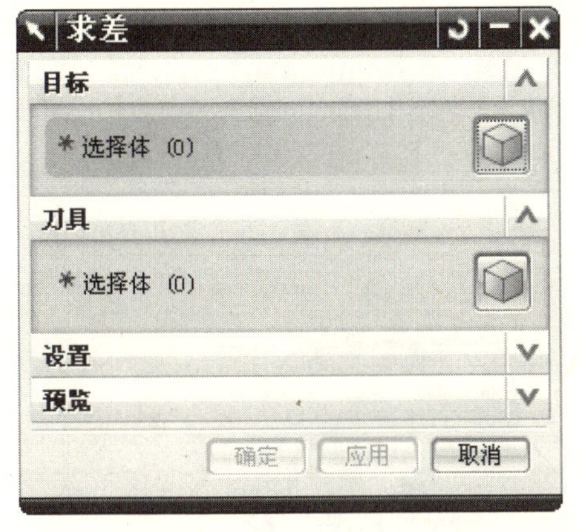

图 1-60　【求差】对话框

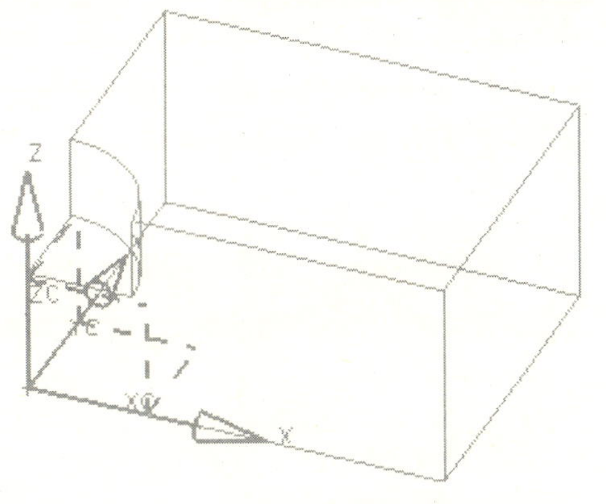

图 1-61　求差实体

3. 求　交

截取工具体与目标体之间的公共部分而生成一个新的实体称为求交操作。单击【 】，弹出如图 1-62 所示【求交】对话框/【目标】选择【1】/【刀具】选择【2】/单击【确定】，如图 1-63 所示。

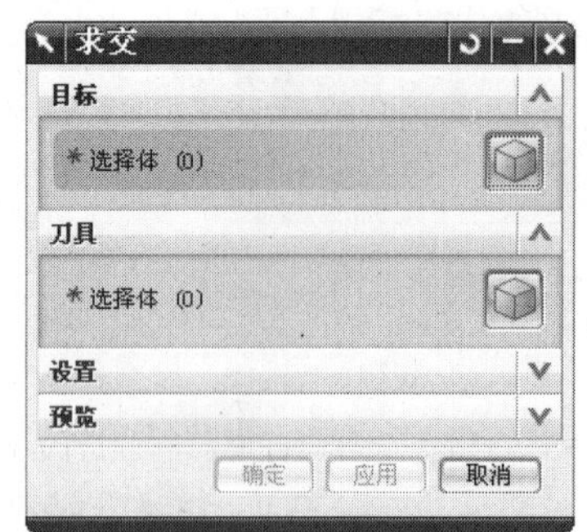

图 1-62　【求交】对话框

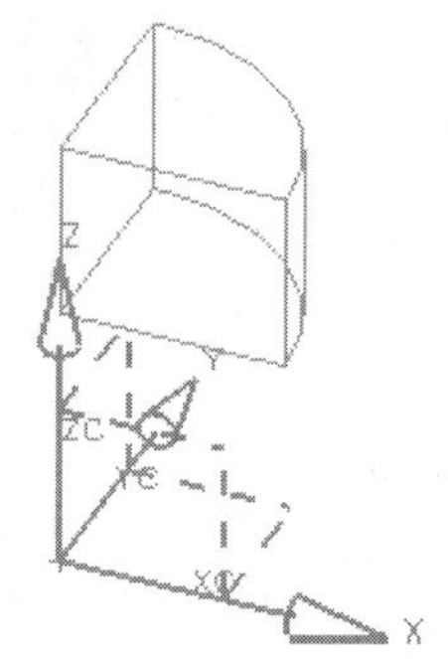

图 1-63　求交实体

1.9　对象分析工具

1.9.1　距离分析

1. 距　离

表示测量两指定点、两指定平面或者一指定点和一指定平面之间的距离。单击【分析】/【测量距离】，弹出如图 1-64 所示【测量距离】对话框/单击【类型】文本框右边的【▼】图标/在下拉列表中选择【距离】/【起点】在模型上选取【A 点】/【终点】在模型上选取【B 点】/单击【结果显示】栏里【注释】最右边的【▼】按钮，在下拉列表中选择【创建直线】/单击【确定】，如图 1-65 所示。

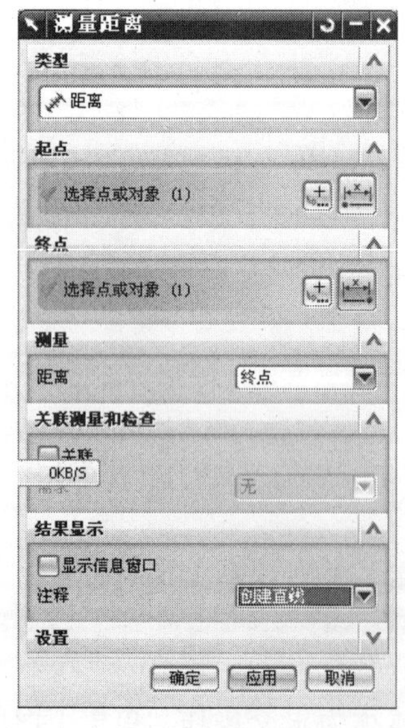

图 1-64　【测量距离】对话框

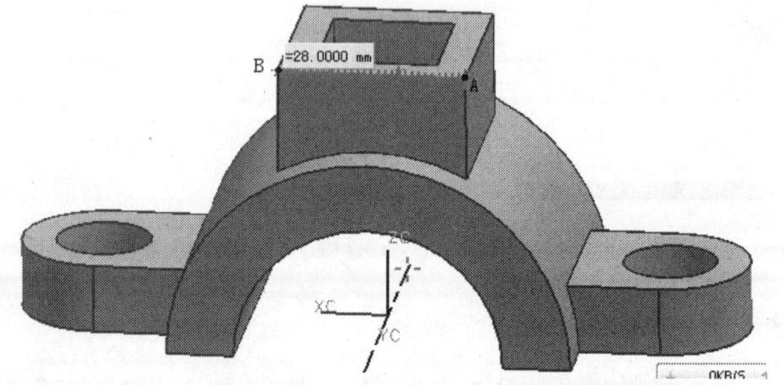

图 1-65　距离测量示意图

2. 投影距离

表示两指定点、两指定平面或者一指定点和一指定平面在指定矢量方向上的投影距离。单击【分析】/【测量距离】，弹出如图 1-66 所示【测量距离】对话框/单击【类型】文本框右边的【 】图标/在下拉列表中选择【 投影距离 】/在【矢量】栏里选择【指定矢量】，在模型中选择【 XC 】/在【起点】在模型上选取【X 面】/【终点】在模型上选取【Y 面】/单击【结果显示】栏里【注释】最右边的【 】按钮，在下拉列表中选择【创建直线】/单击【确定】，如图 1-67 所示。

3. 屏幕距离

表示测量两指定点、两指定平面或者一指定点和一指定平面之间的屏幕距离。单击【分析】/【测量距离】，弹出如图 1-68 所示【测量距离】对话框/在【类型】文本框右边的【 】图标/在下拉列表中选择【 屏幕距离 】/在【起点】在模型上选取【M 点】/【终点】在模型上选取【N 点】/单击【确定】，如图 1-69 所示。

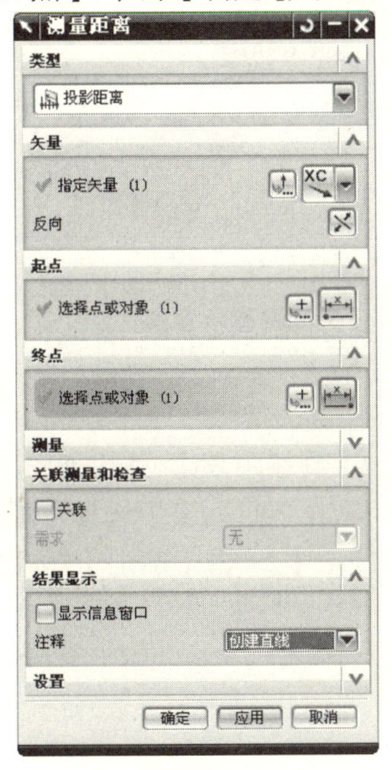

图 1-66 【测量距离】对话框

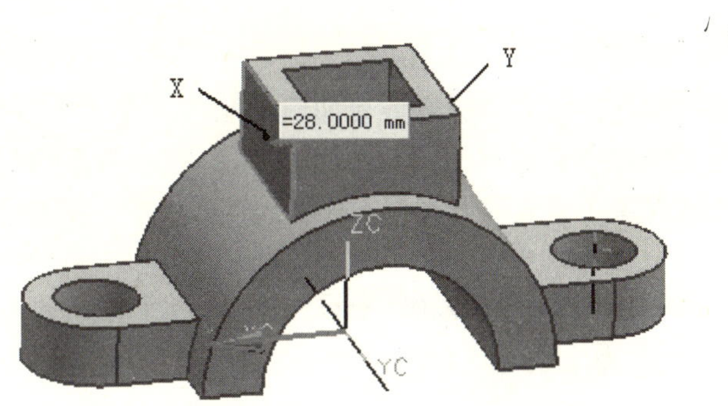

图 1-67　投影距离测量示意图

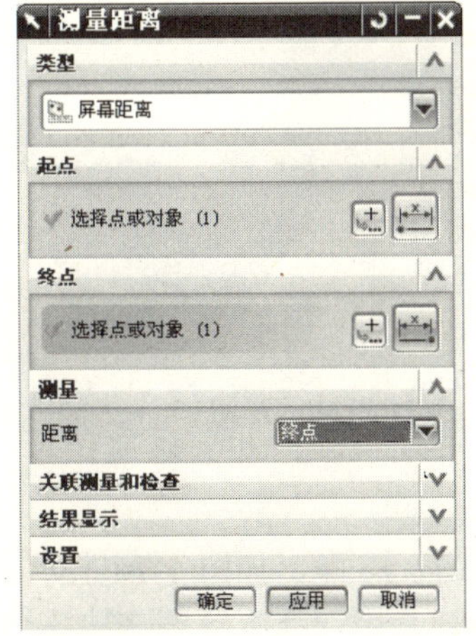

图 1-68 【测量距离】对话框

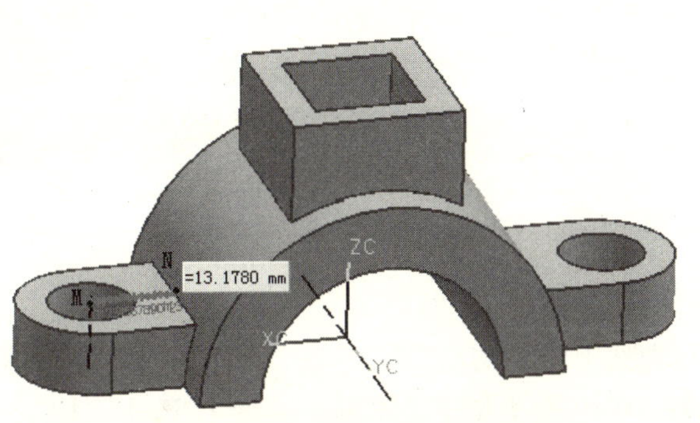

图 1-69　屏幕距离测量示意图

4. 长　度

表示测量指定边缘或者曲线的长度。单击【分析】/【测量距离】，弹出如图 1-70 所示【测量距离】对话框/在【类型】文本框右边的【 】图标/在下拉列表中选择【长度】/在【曲线】栏里【选择曲线】，在模型上选取【曲线 1】/单击【确定】，如图 1-71 所示。

图 1-70　【测量距离】对话框

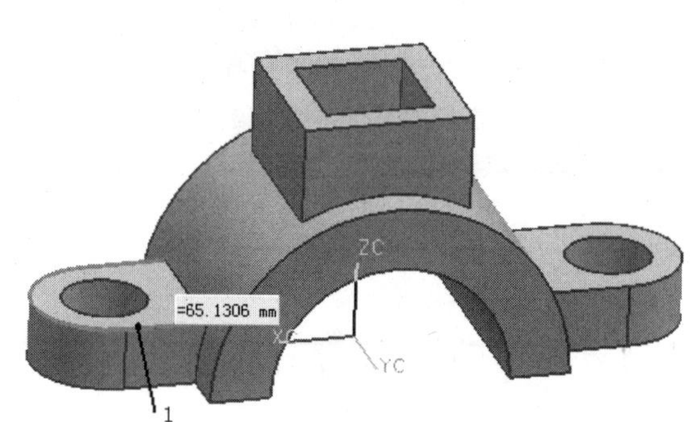

图 1-71　长度测量示意图

5. 半　径

表示测量指定圆形边缘或者曲线的半径。单击【分析】/【测量距离】，弹出如图 1-72 所示【测量距离】对话框/在【类型】文本框右边的【 】图标/在下拉列表中选择【半径】/在【径向对象】栏里选择【选择对象】，在模型上选取【曲线 1】/单击【确定】，如图 1-73 所示。

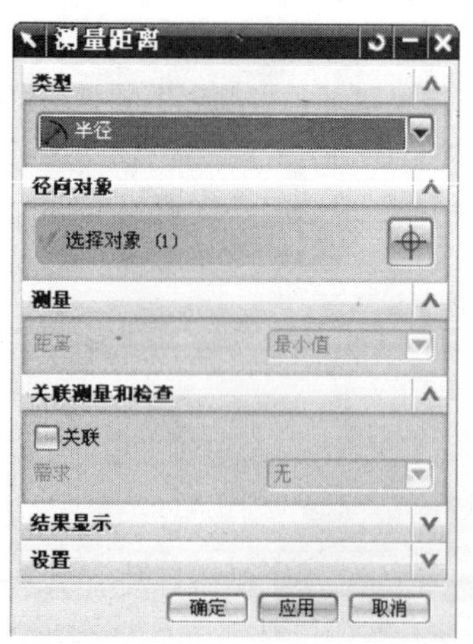

图 1-72　【半径】对话框

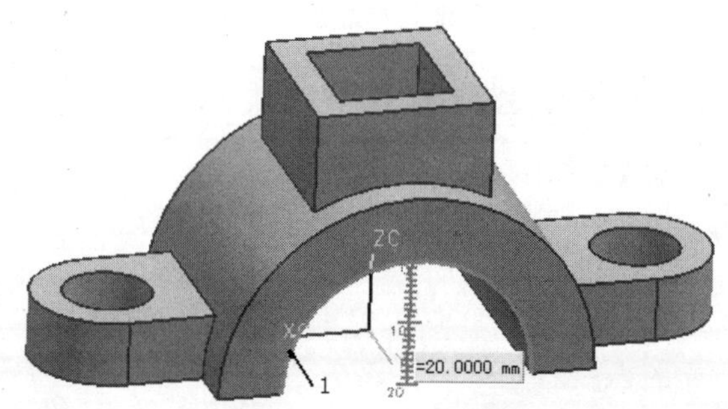

图 1-73　半径测量示意图

6. 点在曲线上

表示曲线上指定的两点的距离。单击【分析】/【测量距离】，弹出如图 1-74 所示【测量距离】对话框/在【类型】文本框右边的【 】图标/在下拉列表中选择【点在曲线上】/在【起点】栏里选择【1 点】/在【终点】栏里选择【2 点】/单击【确定】，如图 1-75 所示。

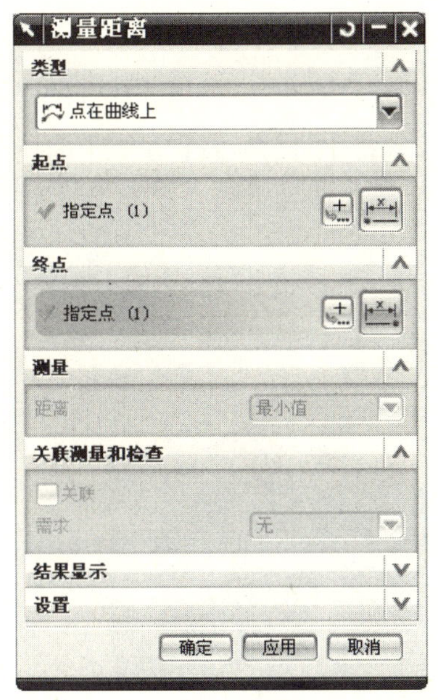

图 1-74　【测量距离】对话框

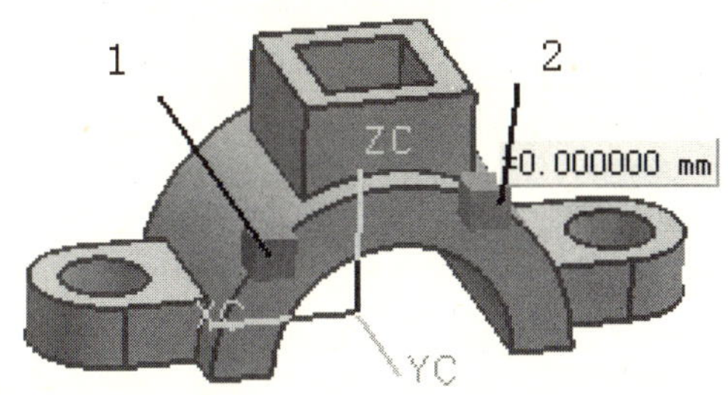

图 1-75　点在曲线上测量示意图

1.9.2　角度分析

角度分析方式可精确计算两对象之间（两曲线间、两平面间、直线和平面间）的角度参数。

1．按对象

表示测量两指定对象之间的角度，对象可以是两直线、两平面、两矢量或者它们的组合。单击【分析】/【测量角度】，弹出如图 1-76 所示【测量角度】对话框/【类型】选择【按对象】/【评估平面】选择【真实角度】/【方位】选择【内角】/为角度测量选择第一个对象 1/为角度测量选择第二个对象 2/单击【确定】，如图 1-77 所示。

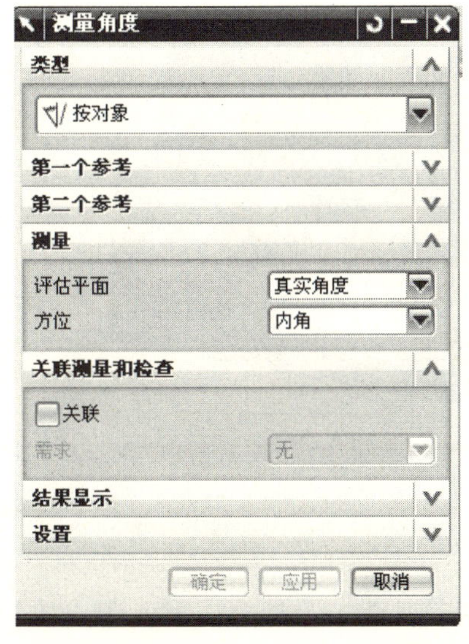

图 1-76　【测量角度】对话框

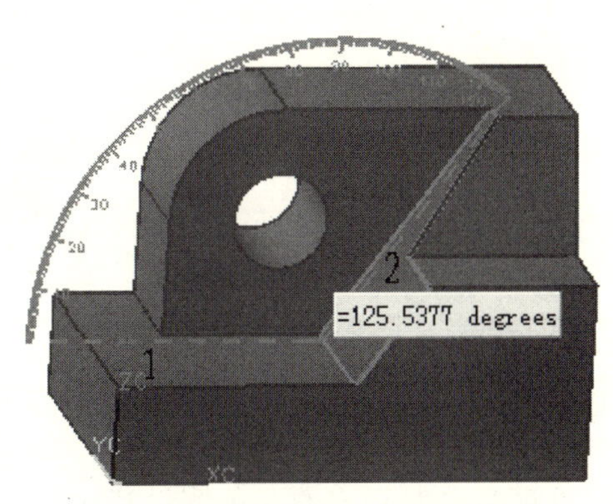

图 1-77　测量角度

2. 按 3 点

表示测量指定三点之间连线的角度。单击【分析】/【测量角度】，弹出如图 1-78 所示【测量角度】对话框/【类型】选择【按 3 点】/【评估平面】选择【3D 角】/【方位】选择【内角】/为角度测量选择起点 1/为角度基准选择第二点 2/为角度基准选择第三点 3/单击【确定】，如图 1-79 所示。

图 1-78　【测量角度】对话框

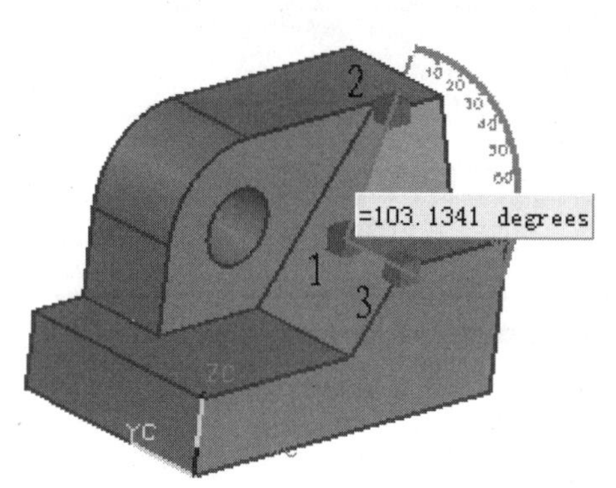

图 1-79　测量角度

3. 按屏幕点

表示测量指定三点之间连线的屏幕角度。单击【分析】/【测量角度】，弹出如图 1-80 所示【测量角度】对话框/【类型】选择【按屏幕点】/【方位】选择【内角】/为角度测量选择起点 1/为角度基准选择第二点 2/为角度基准选择第三点 3/单击【确定】，如图 1-81 所示。

图 1-80　【测量角度】对话框

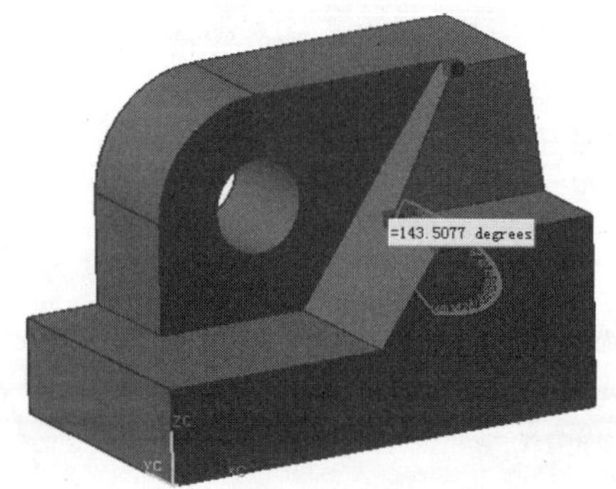

图 1-81　测量角度

1.9.3　计算属性测量

计算属性测量是对指定的对象测量其体积、质量、惯性矩等计算属性。单击【分析】/【测量体】，弹出如图 1-82 所示【测量体】对话框/选择要测量质量属性的体/单击【确定】，如图 1-83 所示。

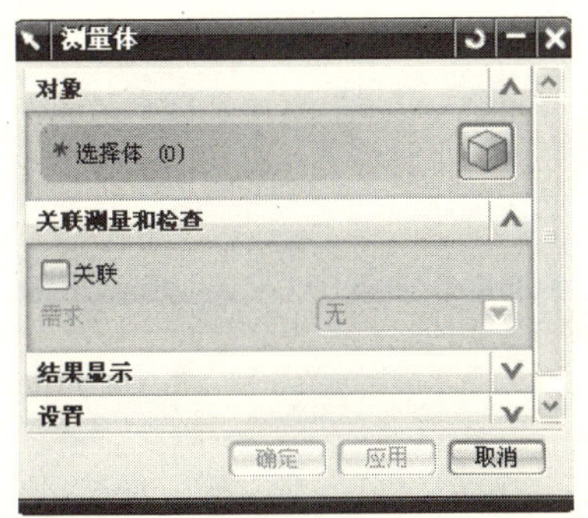

图 1-82　【测量体】对话框

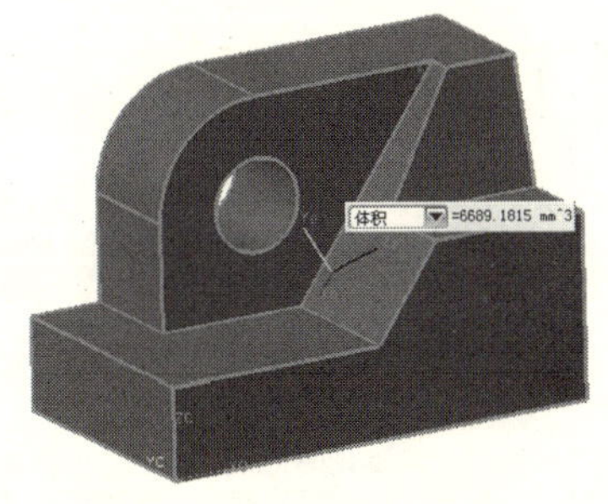

图 1-83　测量体

1.9.4　信息查询工具

信息查询主要查询几何对象和零件信息，便于用户在产品设计中快速收集当前设计信息，提高产品设计的准确性和有效性。单击【信息】/【对象】，弹出【类选择】对话框/选择要显示信息的对象/单击【确定】，弹出如图 1-84 所示【信息】显示窗口。

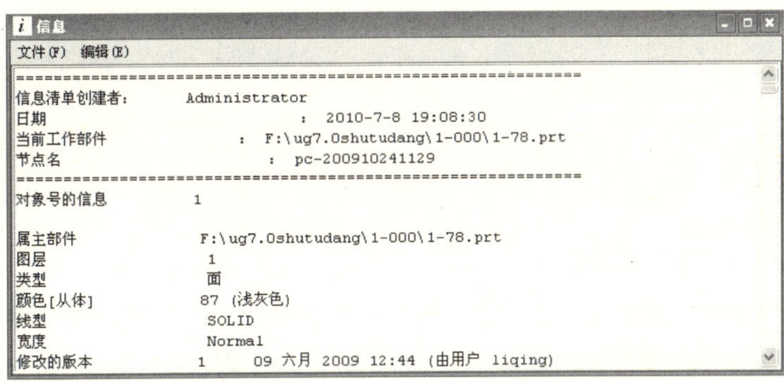

图 1-84　【信息】显示窗口

1.10　综合范例（将杯子转成 IGES 文件）

单击【文件】/【导出】/【IGES】，弹出如图 1-86 所示【导出至 IGES 选项】对话框，单击【确定】。

图 1-85　杯　子

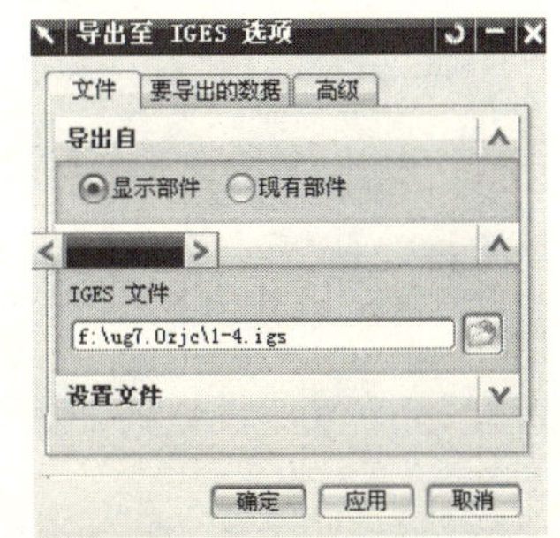

图 1-86　【导出至 IGES 选项】对话框

习　　题

【练习 1-1】如练习 1-1 图所示，将工具栏设置为“大图标”，【特征】工具栏中只显示 9 个功能图标，放置在绘图区。

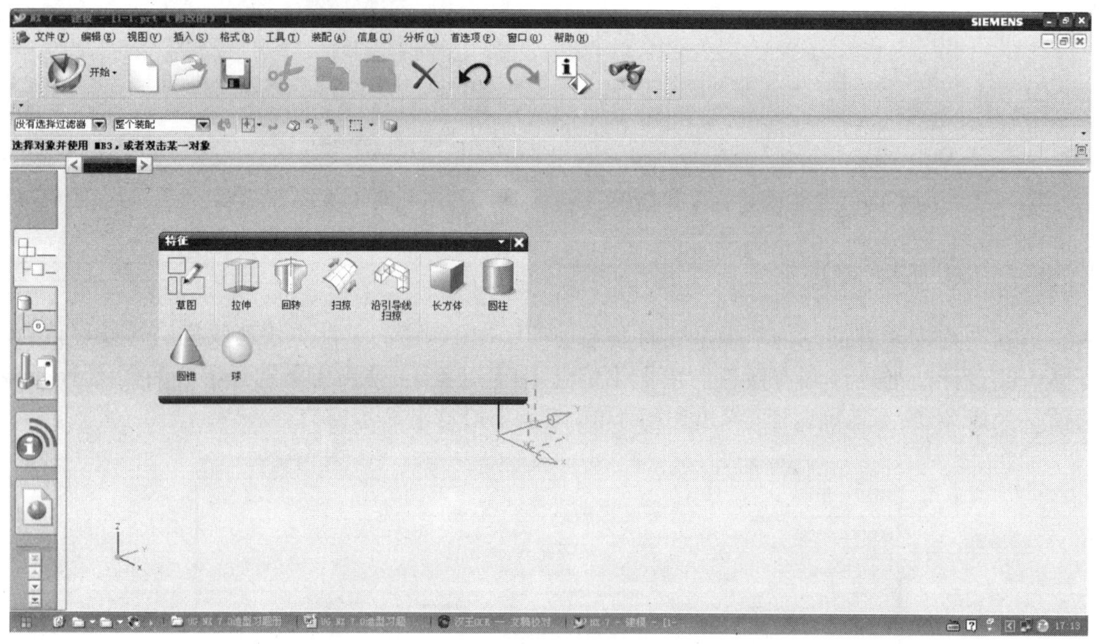

练习 1-1 图

【练习 1-2】如练习 1-2 图所示，打开文件【LX1-2a】，将系统的背景颜色设置为红色。

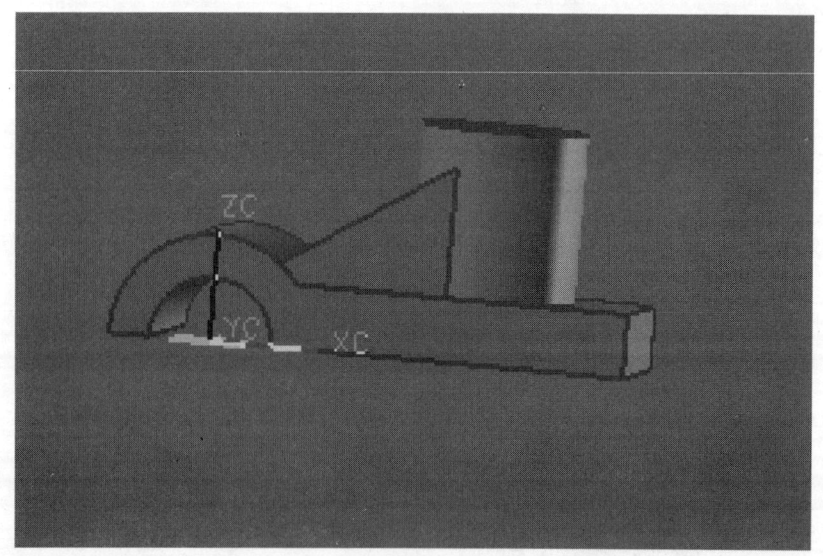

练习 1-2 图

【练习 1-3】如练习 1-3 图所示，打开文件【LX1-3a】，将系统创建对象的线型设置为虚线。

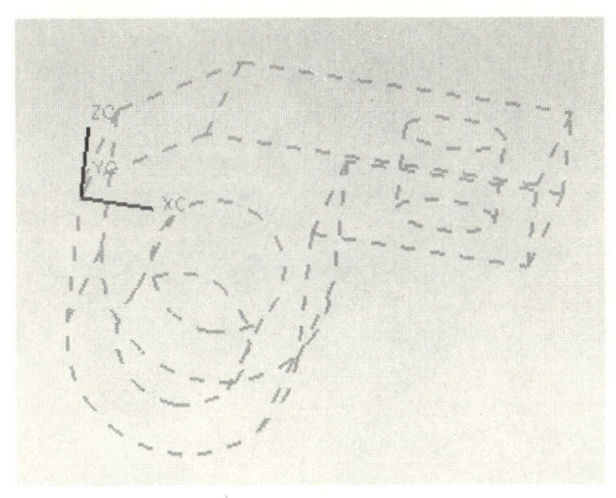

练习 1-3 图

【练习 1-4】如练习 1-4 图所示，打开文件【LX1-4a】，将零件颜色设置为蓝色。

【练习 1-5】如练习 1-5 图所示，通过文件操作导入光盘文件【LX1-5a】。

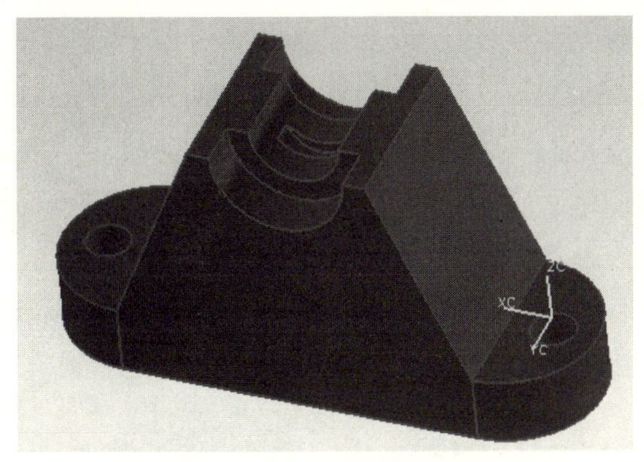

练习 1-4 图

练习 1-5 图

【练习 1-6】如练习 1-6 图所示，将实体对象保存为【IGES】文件格式。

【练习 1-7】如练习 1-7 图所示，用【UG】打开【IGES】文件格式的实体。

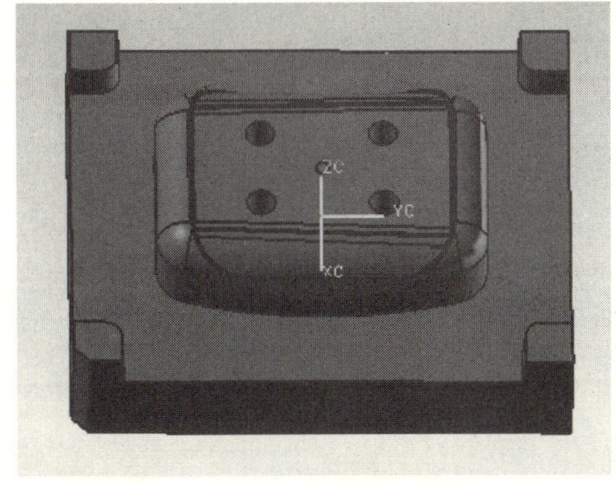

练习 1-6 图

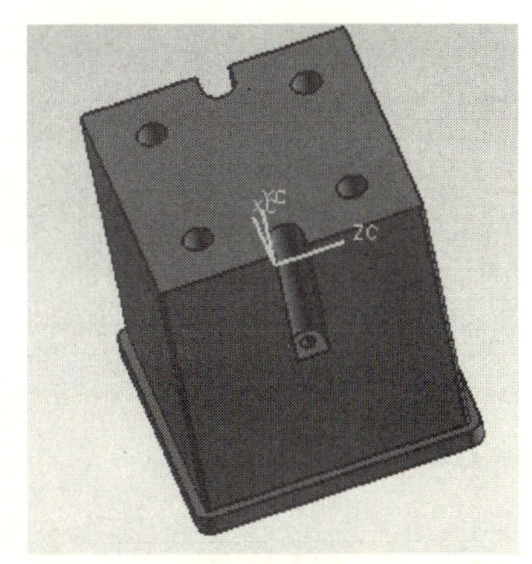

练习 1-7 图

【练习 1-8】如练习 1-8 图所示，输出【BMP】图片格式文件。

练习 1-8 图

【练习 1-9】如练习 1-9 图所示，打开文件【LX1-9a】，将毛坯实体保存在 20 层，透明度设置为 85%。

【练习 1-10】如练习 1-10 图所示，打开文件【LX1-10a】，将毛坯实体隐藏。

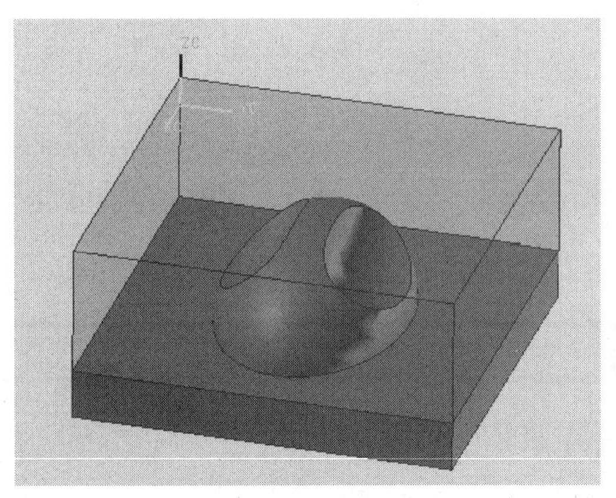

练习 1-9 图

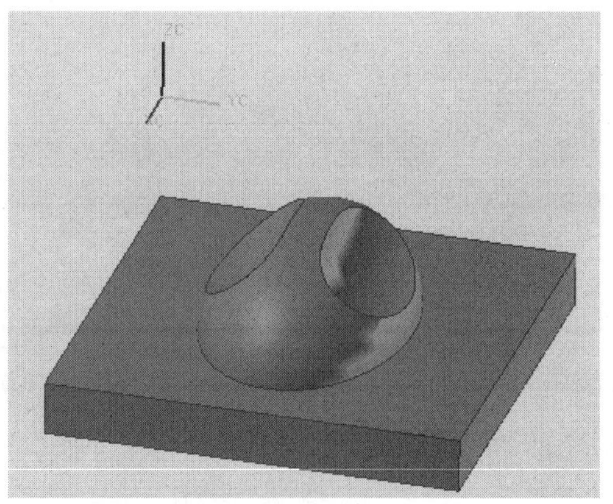

练习 1-10 图

【练习 1-11】如练习 1-11 图所示，打开文件【LX1-11a】，创建新布局。

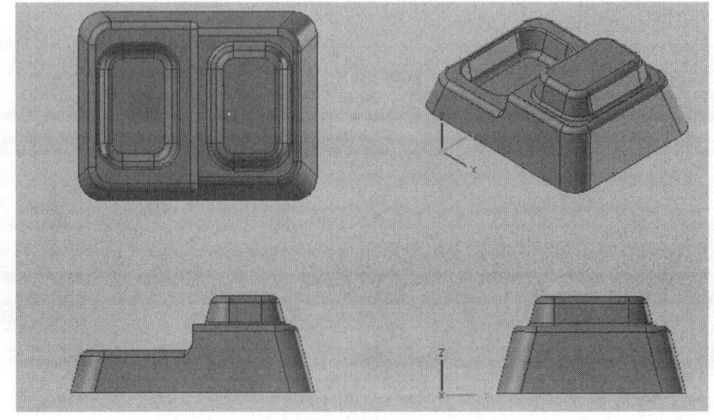

练习 1-11 图

【练习 1-12】如练习 1-12 图所示，打开文件【LX1-12a】，创建圆上的 4 个四分点。

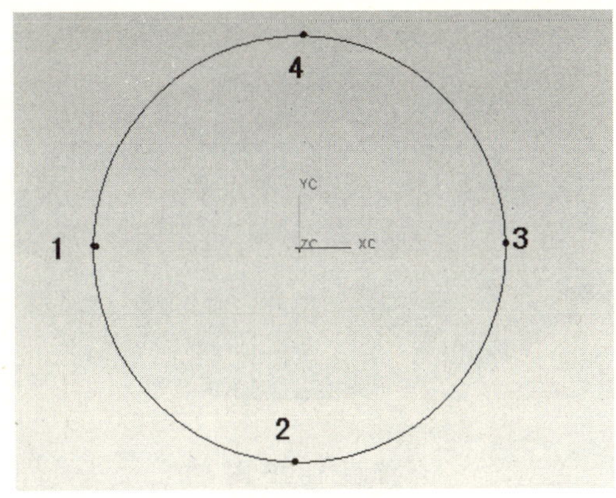

练习 1–12 图

【练习 1-13】按照练习 1-13 图，打开文件【LX1-13a】，移动和旋转坐标。

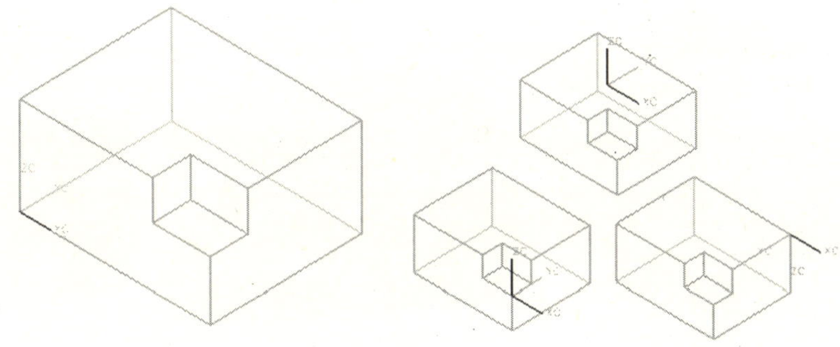

练习 1–13 图

【练习 1-14】按照练习 1-14 图，打开文件【LX1-14a】，创建矢量。

【练习 1-15】按照练习 1-15 图，打开文件【LX1-15a】，分别创建相切、按某一距离、成一角度的平面。

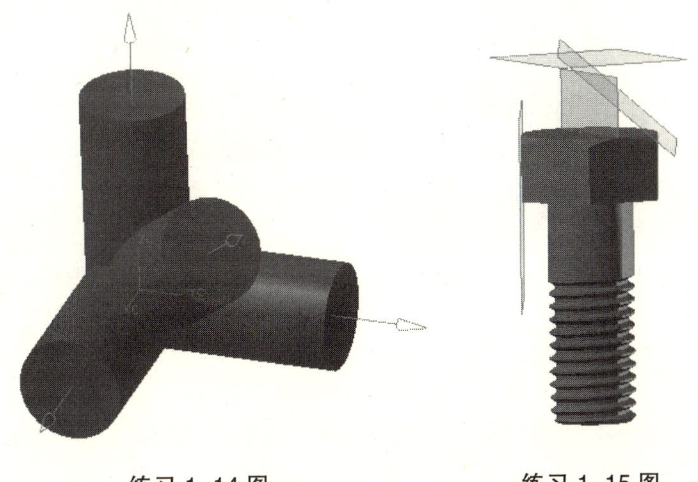

练习 1–14 图　　练习 1–15 图

【练习 1-16】按照练习 1-16 图，打开文件【LX1-16a】，进行圆周阵列操作。

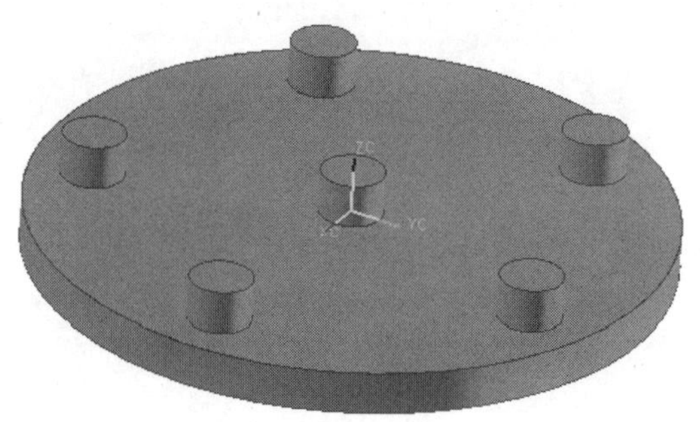

练习 1–16 图

【练习 1-17】按照练习 1-17 图，打开文件【LX1-17a】，进行布尔操作。

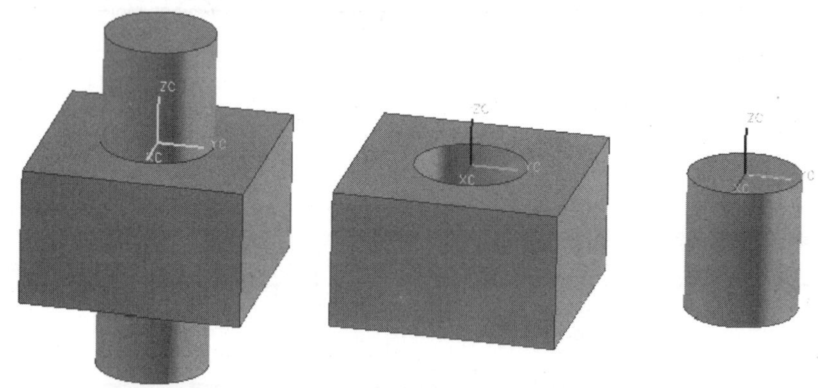

练习 1–17 图

【练习 1-18】按照练习 1-18 图，进行距离和角度测量。

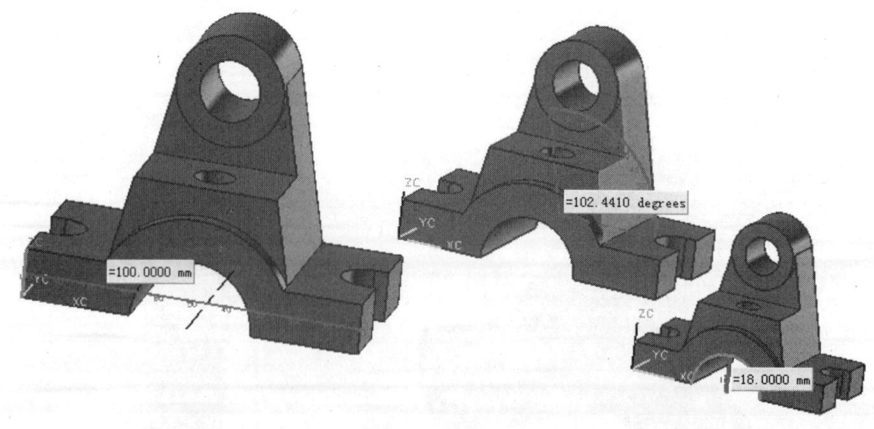

练习 1–18 图

第 2 章　UG NX7.0 实体造型

2.1　创建基本特征

2.1.1　长方体

1. 原点和边长

指定长方体的左下角作为原点和长方体的长、宽、高的数值创建长方体。单击【 】，弹出如图 2-1 所示【长方体】对话框/在【类型】面板中选择【原点和边长】/单击【原点】栏中的【指定点】右侧的【 】，弹出【点】构造器/在【坐标】中，输入【XC】的坐标【0】、【YC】的坐标【0】、【ZC】的坐标【0】/单击【确定】/返回【长方体】对话框，【长度】输入【100】、【宽度】输入【80】、【高度】输入【30】/单击【确定】，如图 2-2 所示。

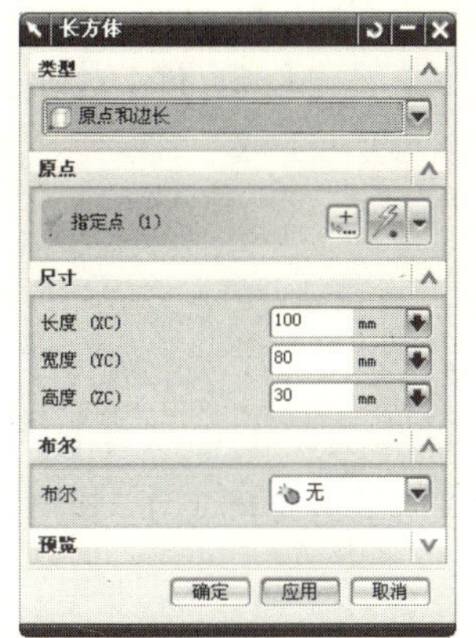

图 2-1　【长方体】对话框

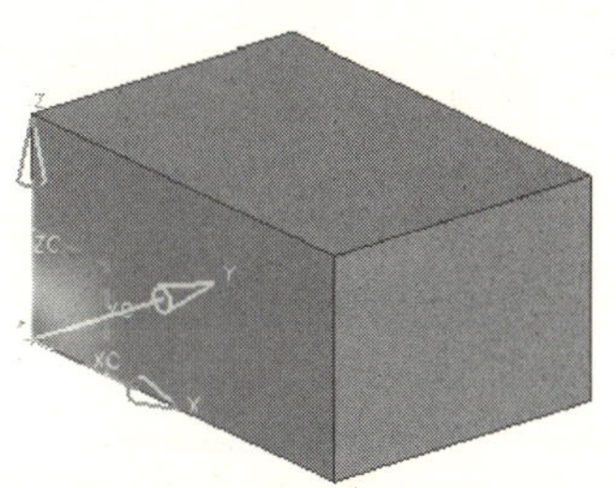

图 2-2　长方体

2. 二点和高度

指定长方体的一个面上的两个对角点和长方体的高度的数值创建长方体。单击【 】，弹出如图 2-3 所示【长方体】对话框/在【类型】面板中选择【两点和高度】/单击【原点】栏中的【指定点】右侧的【 】，弹出【点】构造器/在【坐标】栏中输入【XC】的坐标【0】、【YC】的坐标【0】、【ZC】的坐标【0】/单击【确定】/返回【长方体】对话框，单击【从原点出发的点 XC、YC】栏中的【指定点】右侧的【 】，弹出【点】构造器/在【坐标】栏中输入【XC】的坐标【100】、【YC】的坐标【60】、【ZC】的坐标【0】/单击【确定】/返回【长方体】对话框，在【尺寸】栏中的【高度】输入【30】/单击【确定】。

3. 两个对角点

指定长方体的两个对角点创建长方体。单击【 】，弹出如图 2-4 所示【长方体】对话框

/在【类型】面板中选择【两个对角点】/单击【原点】栏中的【指定点】右侧的【】，弹出【点】构造器/在【坐标】栏中输入【XC】的坐标【0】、【YC】的坐标【0】、【ZC】的坐标【0】/单击【确定】/返回【长方体】对话框，单击【从原点出发的点 XC、YC、ZC】栏中的【指定点】右侧的【】，弹出【点】构造器/在【坐标】栏中输入【XC】的坐标【100】、【YC】的坐标【70】、【ZC】的坐标【50】/单击【确定】。

图 2-3　【长方体】对话框

图 2-4　【长方体】对话框

2.1.2　圆柱体

1. 轴、直径和高度

定义轴、直径和高度创建圆柱体。单击【】，弹出如图 2-5 所示【圆柱】对话框/在【类型】面板中选择【轴、直径和高度】/单击【轴】栏中的【指定矢量】右侧的【】选择【ZC】/在【尺寸】栏中输入【直径】值【30】、【高度】值【60】/单击【确定】，如图 2-6 所示。

图 2-5　【圆柱】对话框

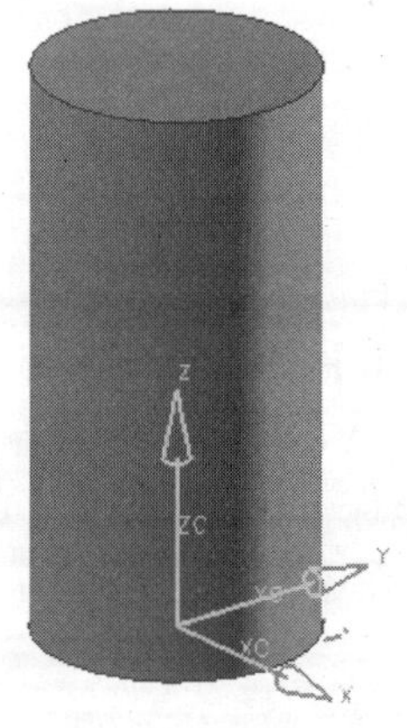

图 2-6　圆柱体

2. 圆弧和高度

根据已有的圆弧或圆，输入高度创建圆柱体。单击【 】，弹出如图 2-7 所示【圆柱】对话框/在【类型】面板中选择【 圆弧和高度 】/单击【圆弧】栏中的【选择圆弧】，选中模型中圆弧【1】，如图 2-8 所示/在【尺寸】栏中输入【高度】值【60】/单击【确定】。

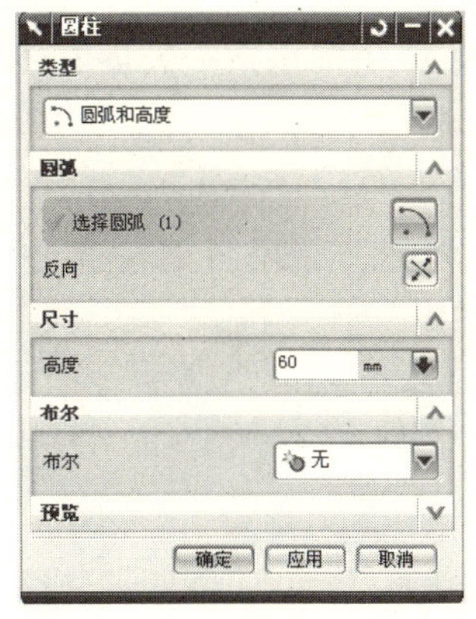

图 2-7　【圆柱】对话框

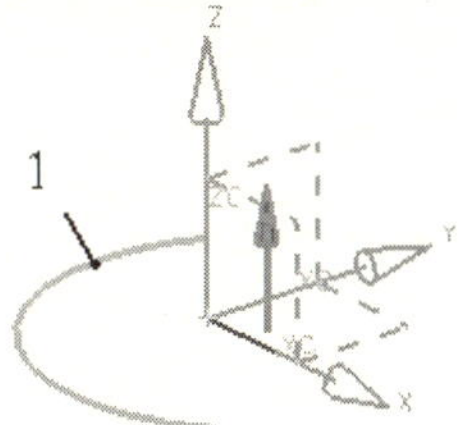

图 2-8　圆弧

2.1.3　圆　锥

1. 直径和高度

直径和高度方式创建圆锥。单击【 】，弹出如图 2-9 所示【圆锥】对话框/在【类型】面板中选择【 直径和高度 】/单击【轴】栏中的【指定矢量】右侧的【 】选择【 】/在【尺寸】栏中输入【底部直径】值【80】、【顶部直径】值【30】、【高度】值【50】/单击【确定】，如图 2-10 所示。

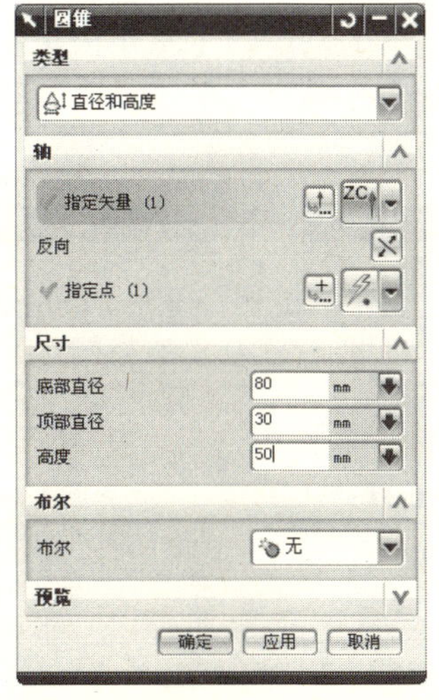

图 2-9　【圆锥】对话框

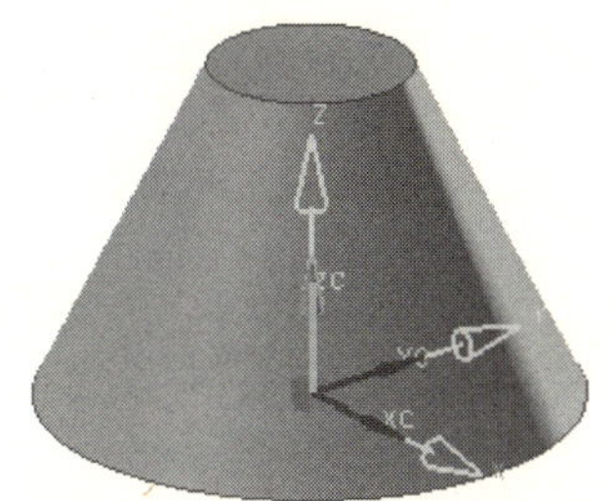

图 2-10　圆锥

2. 直径和半角

直径和半角方式创建圆锥。单击【 】，弹出如图 2-11 所示【圆锥】对话框/在【类型】

面板中选择【直径和半角】/单击【轴】栏中的【指定矢量】右侧的【▼】选择【ZC】/在【尺寸】栏中输入【底部直径】值【80】、【顶部直径】值【30】、【半角】值【25】/单击【确定】。

3. 底部直径，高度和半角

底部直径，高度和半角方式创建圆锥。单击【△】，弹出图 2-12 所示【圆锥】对话框/在【类型】面板中选择【底部直径，高度和半角】/单击【轴】栏中的【指定矢量】右侧的【▼】选择【ZC】/在【尺寸】栏中输入【底部直径】值【80】、【高度】值【60】、【半角】值【30】/单击【确定】。

图 2-11　【圆锥】对话框（1）

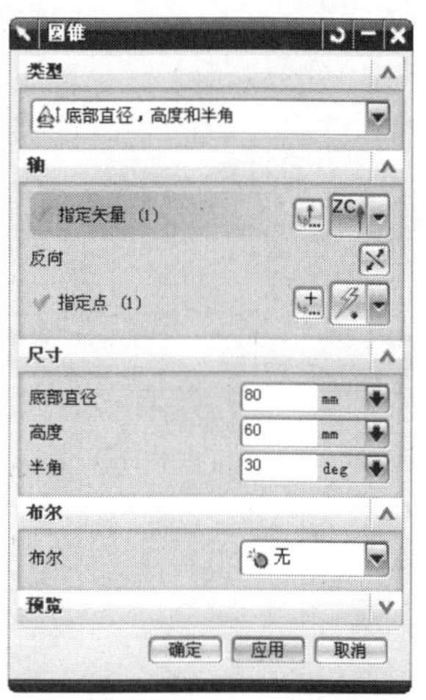

图 2-12　【圆锥】对话框（2）

4. 顶部直径，高度和半角

顶部直径，高度和半角方式创建圆锥。单击【△】，弹出如图 2-13 所示【圆锥】对话框/在【类型】面板中选择【顶部直径，高度和半角】/单击【轴】栏中的【指定矢量】右侧的【▼】选择【ZC】/在【尺寸】栏中输入【顶部直径】值【30】、【高度】值【50】、【半角】值【20】/单击【确定】。

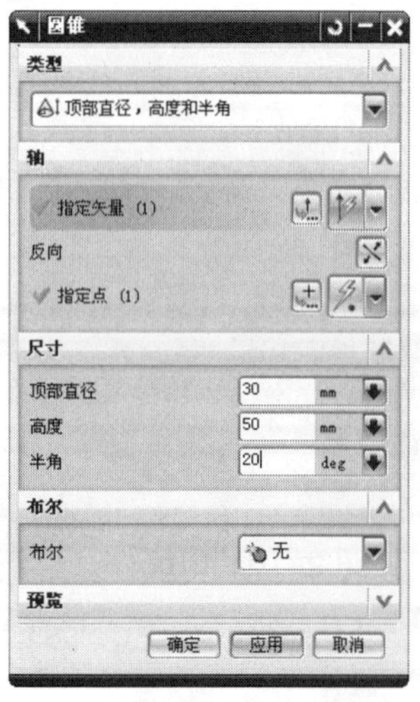

图 2-13　【圆锥】对话框（3）

图 2-14　【圆锥】对话框（4）

5. 两个共轴的圆弧

两个共轴的圆弧方式创建圆锥。单击【 】，弹出如图 2-14 所示【圆锥】对话框/在【类型】面板中选择【两个共轴的圆弧】/单击【底部圆弧】栏中的【选择圆弧】，选中模型中圆弧【1】，如图 2-15 所示/单击【顶部圆弧】栏中的【选择圆弧】，选中模型中圆弧【2】/单击【确定】，如图 2-16 所示（两圆弧不需要同轴，且两个圆弧的轴线则为圆锥的轴线方向）。

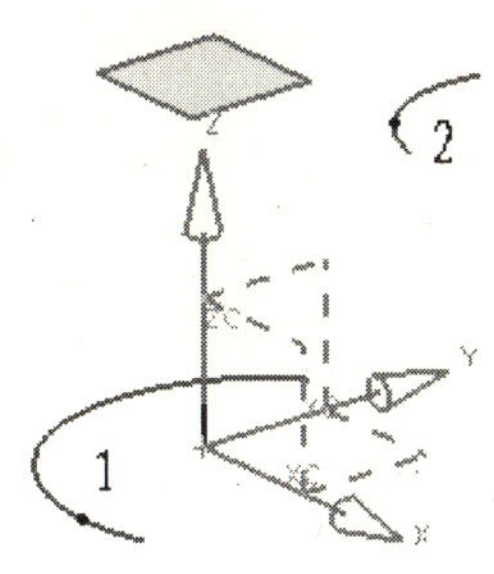

图 2–15　圆弧

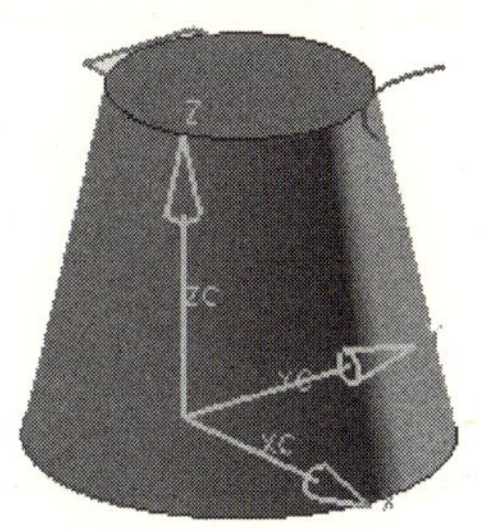

图 2–16　圆锥

2.1.4　球

1. 中心点和直径

定义球心和直径方式创建球。单击【 】，弹出如图 2-17 所示【球】对话框/在【类型】面板中选择【中心点和直径】/单击【中心点】栏中的【指定点】右侧的【 】，弹出【点】构造器/在【坐标】栏中输入【X】的坐标【0】、【Y】的坐标【0】、【Z】的坐标【0】/单击【确定】/返回【球】对话框，在【尺寸】栏中输入【直径】值【100】/单击【确定】，如图 2-18 所示。

图 2–17　【球】对话框

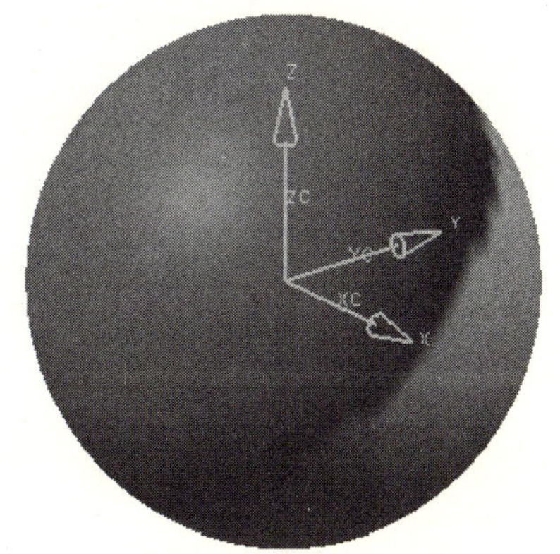

图 2–18　球

2. 圆　弧

由已经圆弧方式创建球。单击【 】，弹出如图 2-19 所示【球】对话框/在【类型】面板中选择【圆弧】/单击【圆弧】栏中的【选择圆弧】，在如图 2-20 所示模型上选择圆弧【1】/

单击【确定】。

图 2-19　【球】对话框

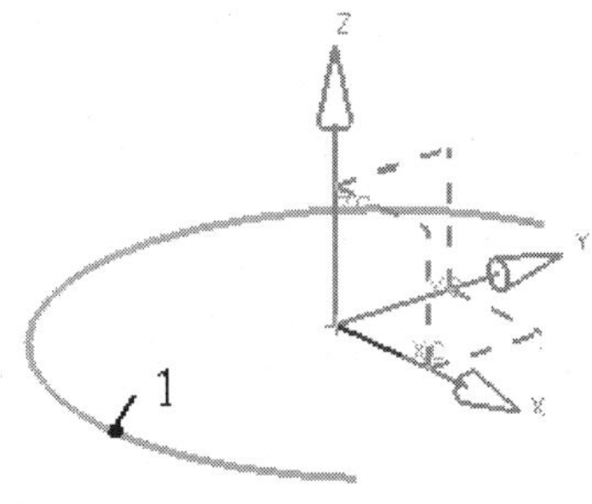

图 2-20　圆弧

2.1.5　综合范例 2（用创建基本特征的方法，创建底座）

操作步骤：

1. 用【原点和边长】创建长方体

单击【 】，弹出【长方体】对话框/在【类型】面板中选择【 原点和边长】/单击【原点】栏中的【指定点】右侧的【 】，弹出【点】构造器/在【坐标】中，输入【XC】的坐标【0】、【YC】的坐标【0】、【ZC】的坐标【0】/单击【确定】/返回【长方体】对话框，【长度】输入【100】、【宽度】输入【90】、【高度】输入【30】/单击【确定】，如图 2-22 所示。

2. 移动坐标

单击【 】/弹出【CSYS】对话框/在【类型】面板中选择【 自动判断】/单击【定义 CSYS 的对象】栏中的【选择对象】，选择模型的表面【1】/单击【确定】，如图 2-23 所示。

3. 用【直径和高度】创建圆锥

单击【 】，弹出【圆锥】对话框/在【类型】面板中选择【 直径和高度】/单击【轴】栏中的【指定矢量】右侧的【 】选择【 】/在【尺寸】栏中输入【底部直径】值【70】、【顶部直径】值【36】、【高度】值【55】/单击【布尔】栏中的【布尔】右侧的【 】选择【 求和】/单击【确定】，如图 2-24 所示。

4. 用【中心点和直径】创建球

单击【 】，弹出【球】对话框/在【类型】面板中选择【 中心点和直径】/单击【中心点】栏中的【指定点】右侧的【 】，弹出【点】构造器/在【坐标】栏中输入【X】的坐标【0】、【Y】的坐标【0】、【Z】的坐标【55】/单击【确定】/返回【球】对话框，在【尺寸】栏中输入【直径】值【20】/单击【布尔】栏中的【布尔】右侧的【 】选择【 求差】/单击【确定】，如图 2-21 所示。

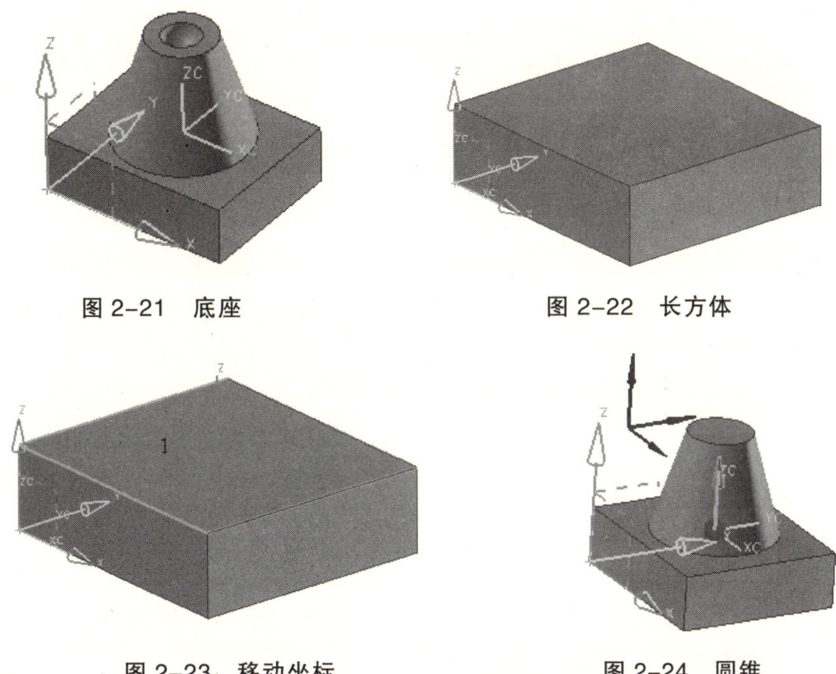

图 2-21 底座　　图 2-22 长方体

图 2-23 移动坐标　　图 2-24 圆锥

2.2 UG NX7.0 草图

2.2.1 草图的工作平面

1. 在平面上

指定一平面作为草图的工作平面。单击【 】，弹出如图 2-25 所示【创建草图】对话框/单击【类型】面板框中右侧的【 】选择【在平面上】/单击【草图平面】选项的【平面选项】框右侧的【 】选择【现有平面】，在如图 2-26 所示模型上选中现有平面【1】/单击【确定】，如图 2-27 所示。

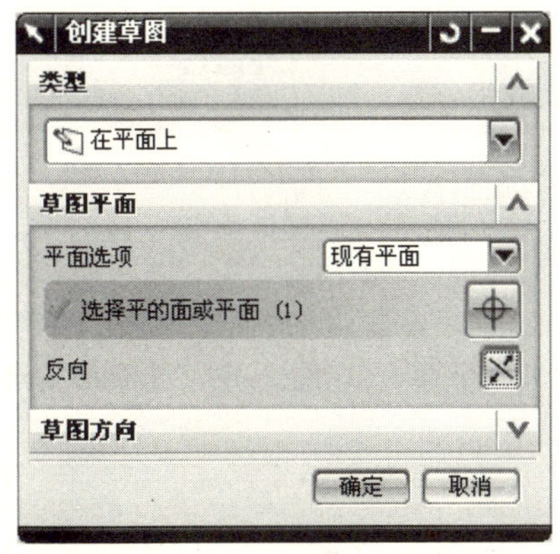

图 2-25 【创建草图】对话框

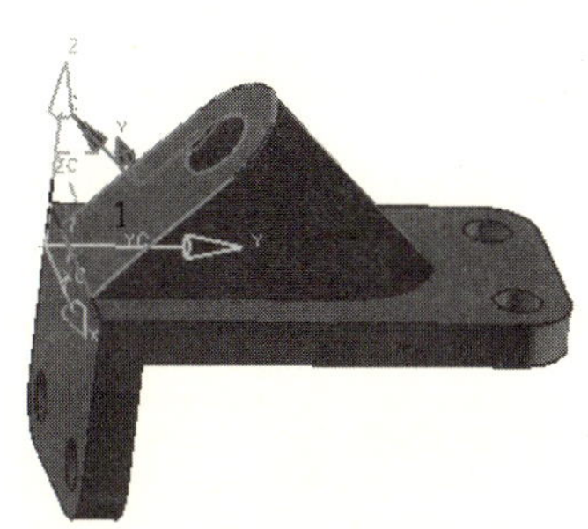

图 2-26 现有平面

指定草图工作平面的方式：

现有平面：指定基准平面或三维实体模型中的任意平面作为草图工作平面。

创建平面：通过平面构造器创建一个平面作为草绘平面。

创建基准坐标系：通过坐标系构造器来创建一个坐标系。

2. 在轨迹上

通过一个轨迹来确定一个平面作为草图的工作平面。单击【 】，弹出如图 2-28 所示【创建草图】对话框/单击【类型】面板框中右侧的【 】选择【在轨迹上】/单击【路径】选项的【选择路径】，在如图 2-29 所示模型上选中一个轨迹【1】/【位置】选择【圆弧长】，输入【圆弧长】值【38】/【方位】选择【垂直于轨迹】/单击【确定】，如图 2-30 所示。

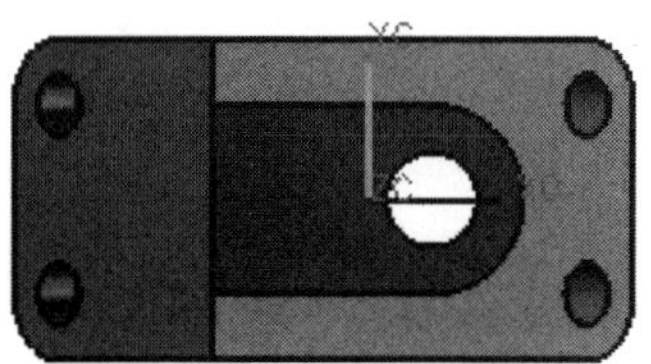

图 2-27　草图工作平面

图 2-28　【创建草图】对话框

图 2-29　轨迹

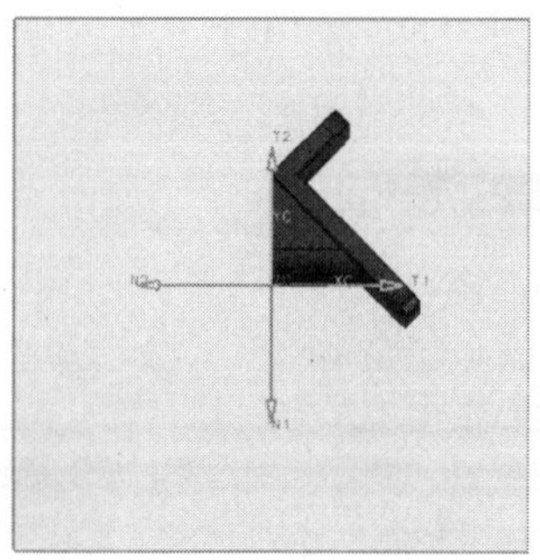

图 2-30　草图工作平面

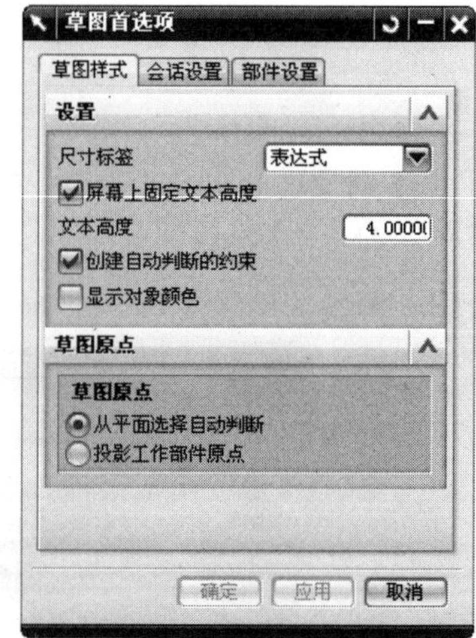

图 2-31　【草图首选项】对话框

2.2.2　草图首选项设置

单击【首选项】，弹出如图 2-31 所示【草图首选项】对话框/单击【草图样式】/输入【文本高度】值【4】/单击【确定】。

2.2.3　草图曲线的绘制和编制

1. 直　线

单击【 】，弹出如图 2-32 所示【直线】对话框/单击【XY】/输入【XC】的值【0】、【YC】的值【0】/输入【长度】的值【280】、【角度】的值【30】/单击【确定】，如图 2-33 所示。

图 2-32　【直线】对话框

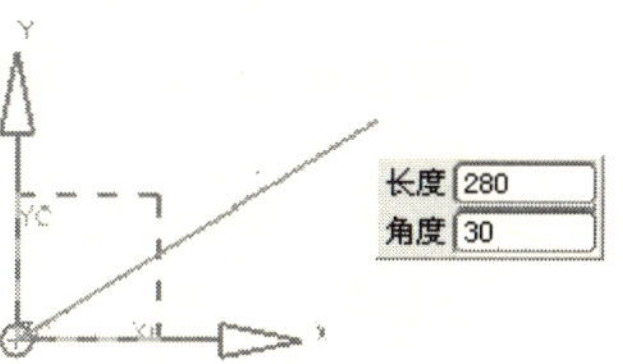

图 2-33　直线

2. 圆　弧

（1）三点方式创建圆弧。单击【 】，弹出如图 2-34 所示【圆弧】对话框/单击【 】/单击【XY】/输入起点【1】的坐标【XC】的值【0】、【YC】的值【0】/输入终点【2】的坐标【XC】的值【200】、【YC】的值【160】/输入圆弧上的一点【3】的坐标【XC】的值【60】、【YC】的值【120】/单击【确定】，如图 2-35 所示。

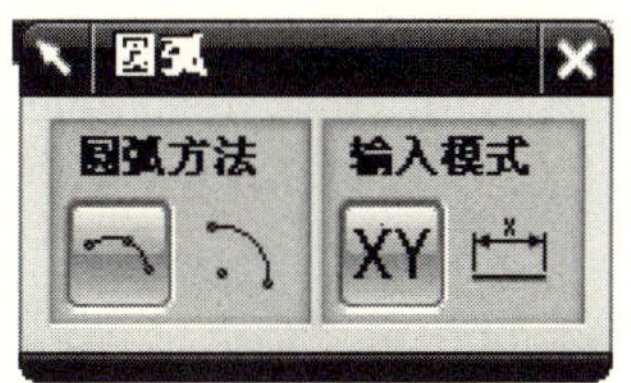

图 2-34　【圆弧】对话框

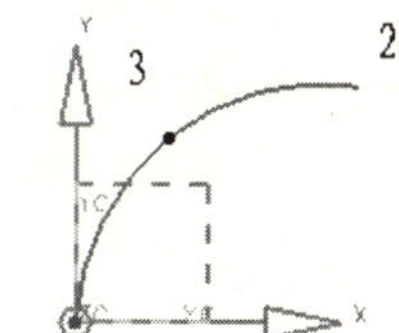

图 2-35　圆弧

（2）中心和端点方式创建圆弧。单击【 】，弹出如图 2-36 所示【圆弧】对话框/单击【 】/单击【 】/输入圆心【1】的坐标【XC】的值【0】、【YC】的值【0】/输入起点【2】的坐标【半径】的值【280】、【扫掠角度】的值【0】/输入终点【3】的坐标【半径】的值【280】、【扫掠角度】的值【160】/单击【确定】，如图 2-37 所示。

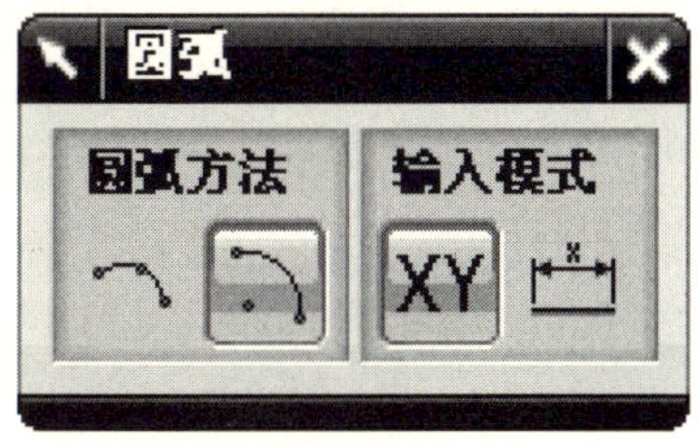

图 2-36　【圆弧】对话框

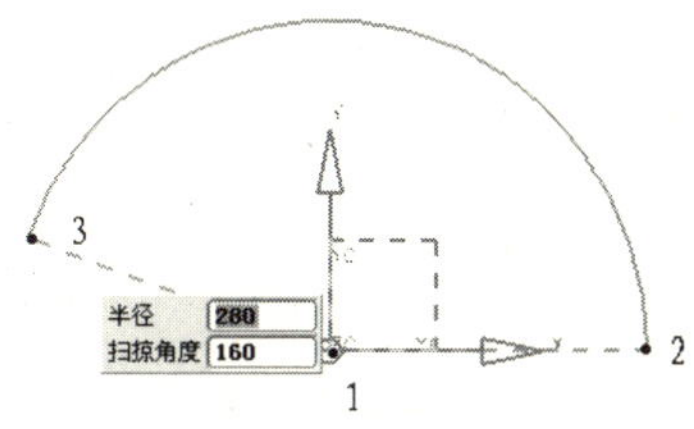

图 2-37　圆弧

3. 圆

（1）圆心和直径方式创建圆。单击【 】，弹出如图 2-38 所示【圆】对话框/单击【 】/单击【XY】/输入圆心的坐标【XC】的值【0】、【YC】的值【0】/输入【半径】的值【160】/单击【确定】，如图 2-39 所示。

图 2-38 【圆】对话框

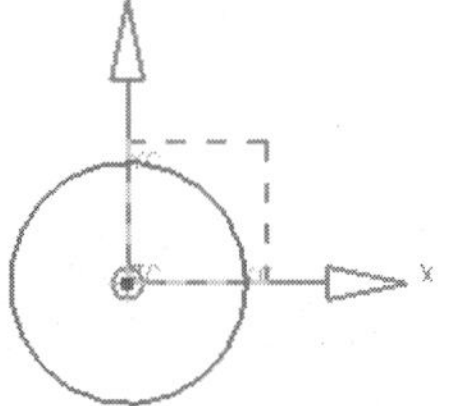

图 2-39 圆

（2）三点方式创建圆。单击【 】，弹出如图 2-40 所示【圆】对话框/单击【 】/依次选取【第一点】、【第二点】和【第三点】/单击【确定】，如图 2-41 所示。

图 2-40 【圆】对话框

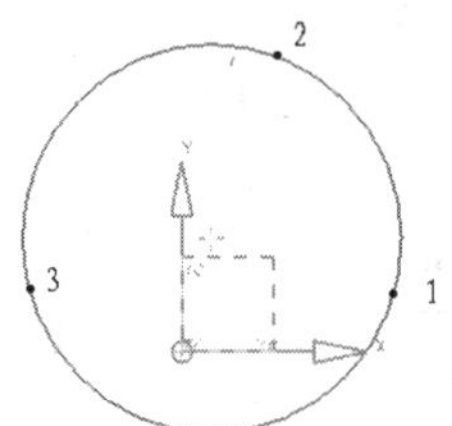

图 2-41 圆

4. 矩 形

（1）以矩形的对角线上的两点创建矩形。单击【 】，弹出如图 2-42 所示【矩形】对话框/单击【 】/单击【XY】/输入第一点的坐标【XC】的值【0】、【YC】的值【0】/输入第二点的【宽度】值【260】、【高度】值【150】/单击【确定】，如图 2-43 所示。

图 2-42 【矩形】对话框

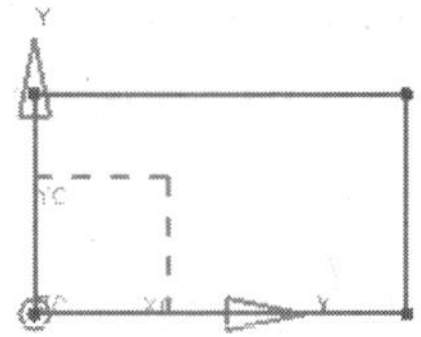

图 2-43 矩形

（2）用 3 点方式创建矩形。单击【 】，弹出如图 2-44 所示【矩形】对话框/单击【 】/单击【XY】/输入第一点的坐标【XC】的值【0】、【YC】的值【0】/输入第二点的【宽度】值【120】、【高度】值【80】、【角度】值【30】/单击【确定】，如图 2-45 所示。

图 2-44 【矩形】对话框

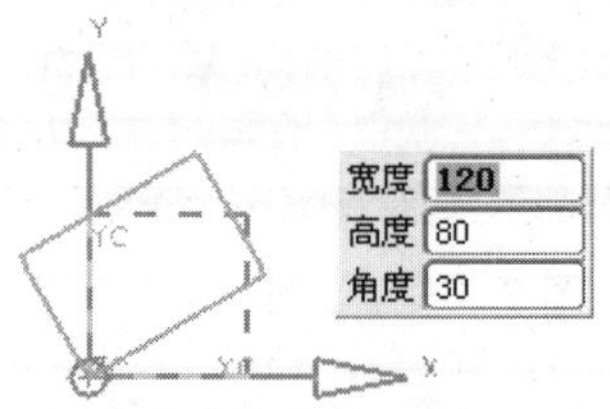

图 2-45 矩形

（3）用从中心方式创建矩形。单击【 】，弹出如图 2-46 所示【矩形】对话框/单击【 】/输入中心点的坐标【XC】的值【0】、【YC】的值【0】/输入第二点的【宽度】值【100】、【高度】值【60】、【角度】值【40】/单击【确定】，如图 2-47 所示。

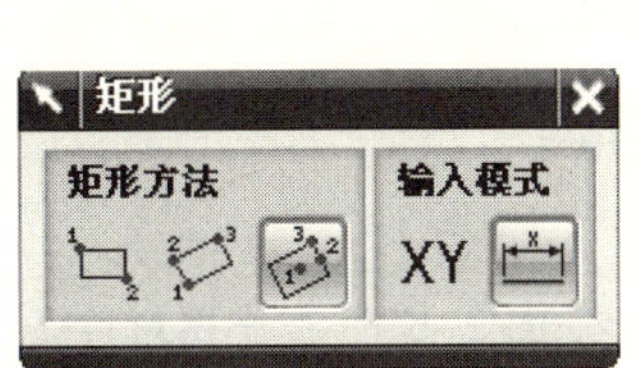

图 2-46　【矩形】对话框

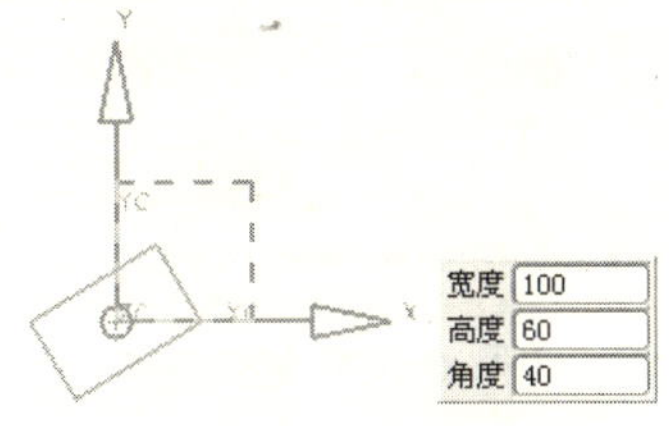

图 2-47　矩形

5. 艺术样条

（1）通过点方式创建艺术样条。单击【 】，弹出如图 2-48 所示【艺术样条】对话框/单击【 】/设置【阶次】为【3】/依次指定样条曲线通过的点/单击【确定】，如图 2-49 所示。

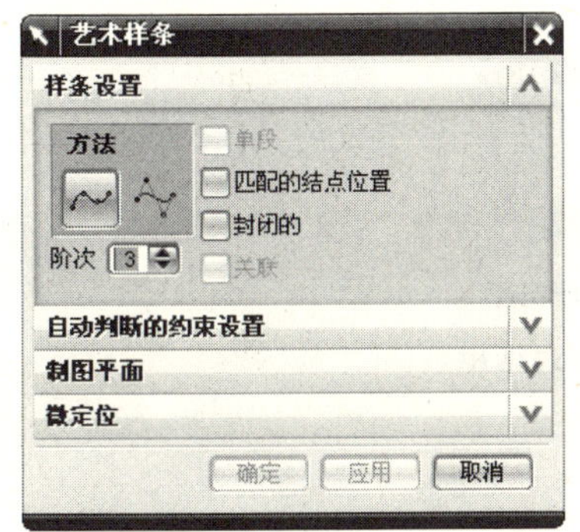

图 2-48　【艺术样条】对话框

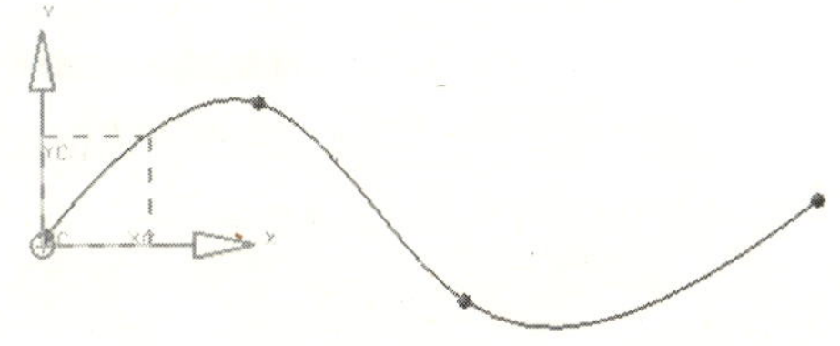

图 2-49　艺术样条

（2）通过极点方式创建艺术样条。单击【 】，弹出如图 2-50 所示【艺术样条】对话框/单击【 】/设置【阶次】为【4】/依次指定样条曲线通过的点/单击【确定】，如图 2-51 所示。

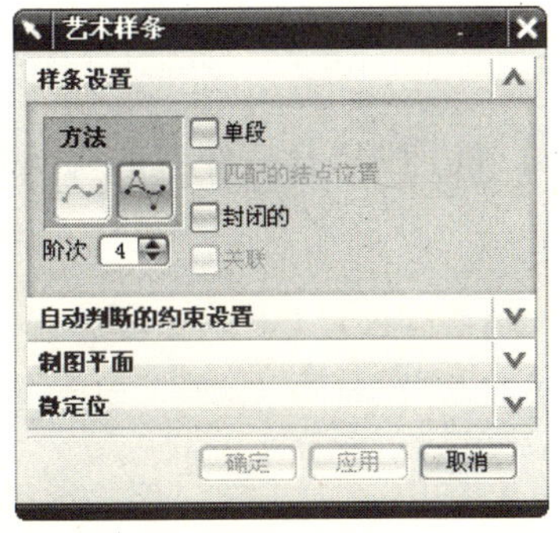

图 2-50　【艺术样条】对话框

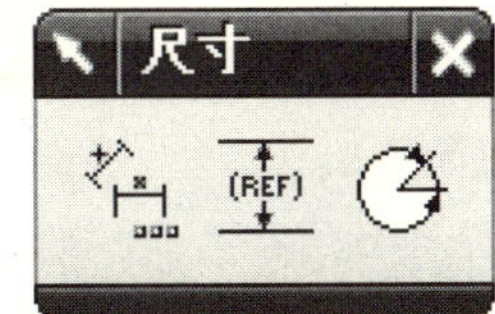

图 2-51　艺术样条

6. 制作拐角

单击【 】，弹出如图 2-52 所示【制作拐角】对话框/选择要保持区域上的第一条曲线以制作拐角【1】/选择要保持区域上靠近拐角的第二条曲线【2】/单击【确定】，如图 2-53 所示。

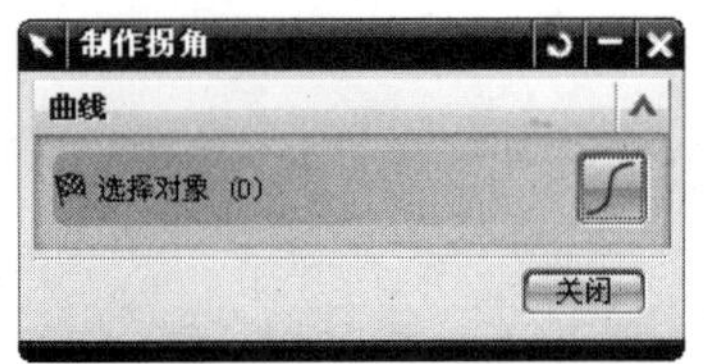

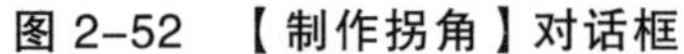

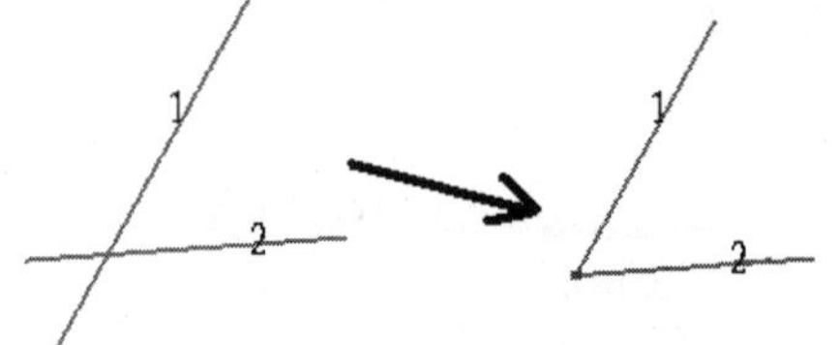

图 2-52 【制作拐角】对话框　　图 2-53 制作拐角特征

7. 圆 角

单击【 】，弹出如图 2-54 所示【创建圆角】对话框/选择【 】方式/选择曲线【1】/选择曲线【2】/输入半径值【10】/单击【确定】/选择【 】方式/选择曲线【2】/选择曲线【3】/输入半径值【5】/单击【确定】/选择【 】方式/选择曲线【3】/选择曲线【4】/输入半径值【3】/单击【确定】，如图 2-55 所示。

图 2-54 【创建圆角】对话框

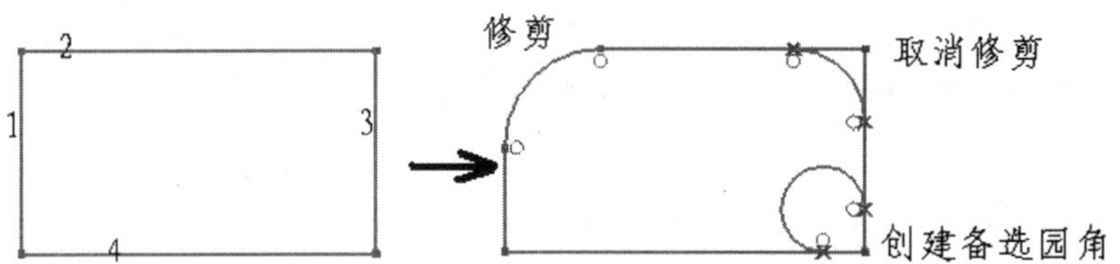

图 2-55 圆角特征

8. 快速修剪

单击【 】，弹出如图 2-56 所示【快速修剪】对话框/选择要修剪的线段的【1】/单击【确定】，如图 2-57 所示。

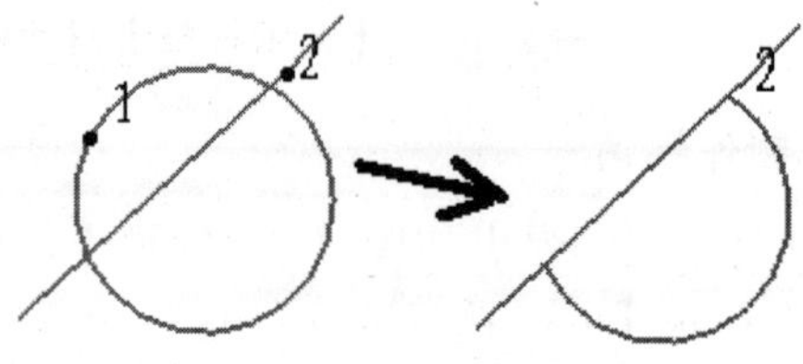

图 2-56 【快速修剪】对话框　　图 2-57 快速修剪特征

9. 快速延伸

单击【 】，弹出如图 2-58 所示【快速延伸】对话框/选择延伸边界【1】，单击鼠标中键/选择要延伸的曲线【2】/单击【确定】，如图 2-59 所示。

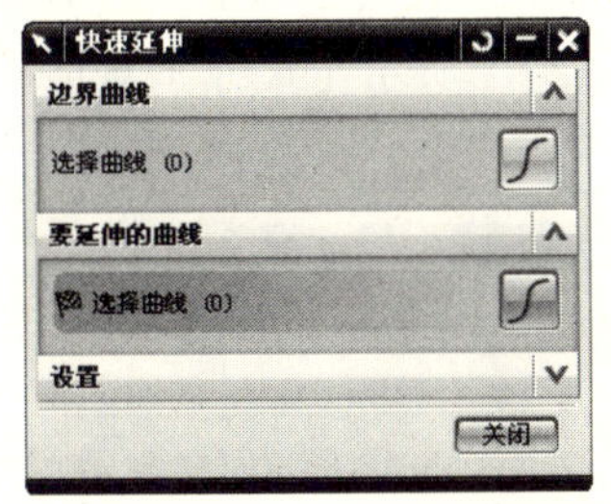

图 2-58 【快速延伸】对话框

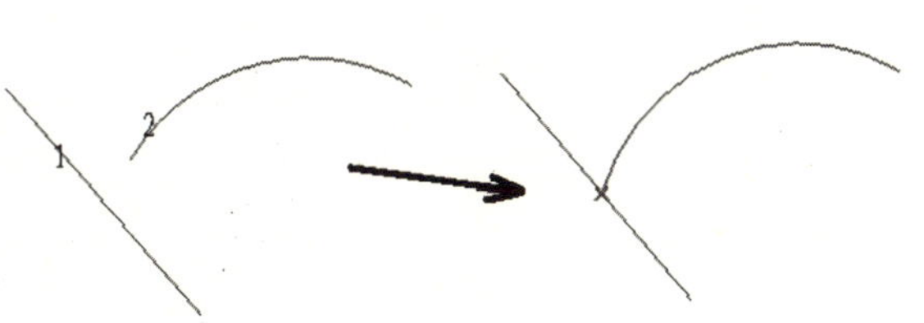

图 2-59 快速延伸特征

2.2.4 草图操作

1. 镜像曲线

单击【 】，弹出如图 2-60 所示【镜像曲线】对话框/选择镜像中心线【1】/选择要镜像的所以曲线/单击【确定】，如图 2-61 所示。

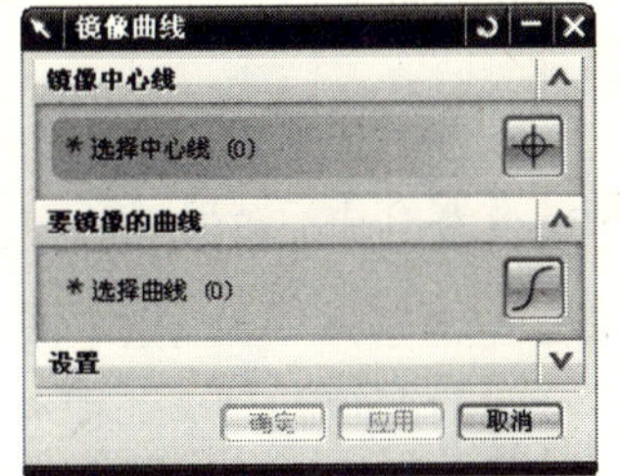

图 2-60 【镜像曲线】对话框

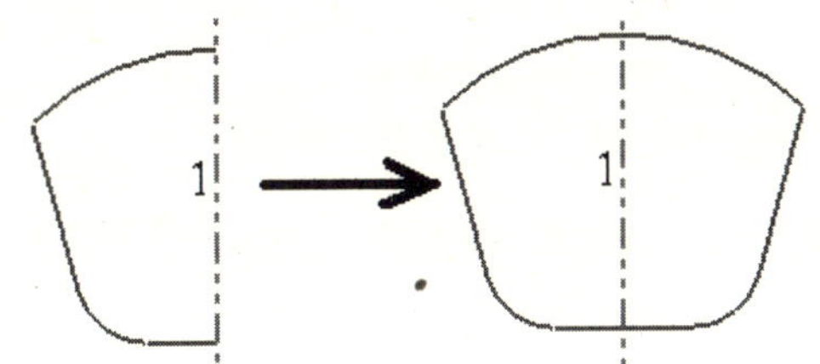

图 2-61 镜像曲线特征

2. 偏置曲线

单击【 】，弹出如图 2-62 所示【偏置曲线】对话框/选择要偏置的曲线/输入偏置距离值【5】/单击【确定】，如图 2-63 所示。

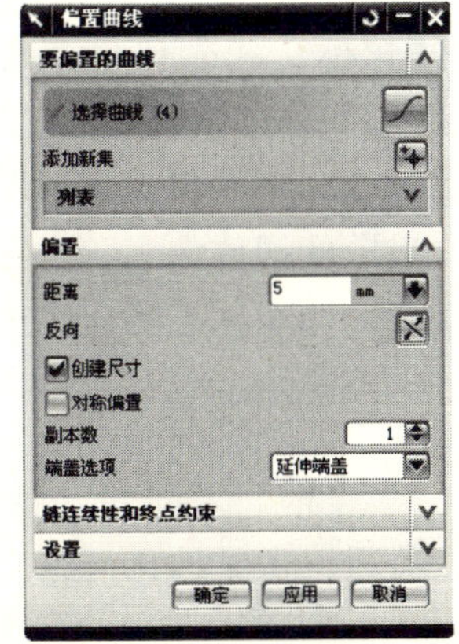

图 2-62 【偏置曲线】对话框

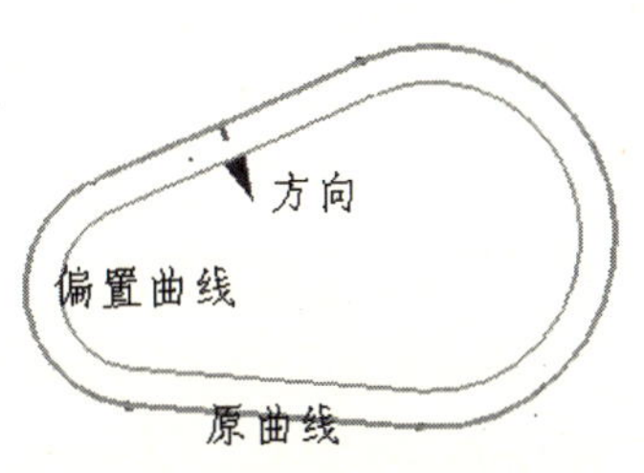

图 2-63 偏置曲线特征

2.2.5　草图约束

1. 尺寸约束

草图的尺寸约束相当于对草图进行标注，约束限制草图元素的大小和形状。单击【 】，弹出如图 2-64 所示【尺寸】工具栏/单击【 】，弹出如图 2-65 所示【尺寸】对话框。/选择适当的尺寸约束类型，标注在图上。

图 2-64　【尺寸】工具栏

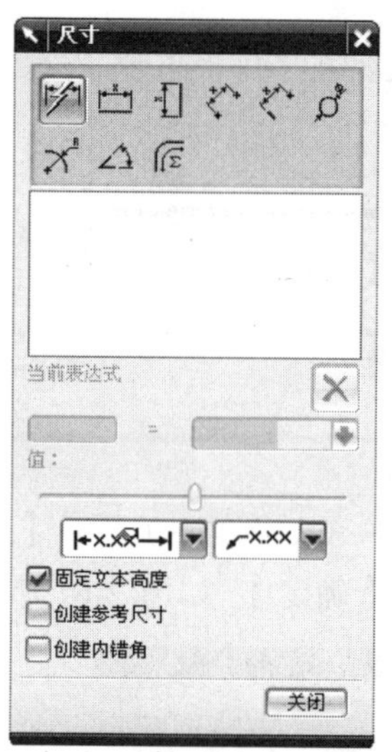

图 2-65　【尺寸】对话框

水平标注：约束 XC 方向数值。选中该命令，用鼠标左键选取直线 ED（或是直线的两个端点），然后在适当位置 H 点，单击鼠标左键指定尺寸参数的摆放位置，如图 2-66 所示。

竖直标注：约束 YC 方向数值。选中该命令，用鼠标左键选取 B、D 点，然后在适当位置 K 点，单击鼠标左键指定尺寸参数的摆放位置，如图 2-66 所示。

平行标注：约束两点之间的距离。选中该命令，用鼠标左键选取 F、A 点，然后在适当位置 N 点，单击鼠标左键指定尺寸参数的摆放位置，如图 2-66 所示。

垂直标注：约束点与直线之间的距离。选中该命令，用鼠标左键选取 B 点 BA 直线，然后在适当位置 M 点，单击鼠标左键指定尺寸参数的摆放位置，如图 2-66 所示。

半径标注：约束圆或圆弧的半径。选中该命令，用鼠标左键选取 O 点和圆，然后在适当位置 P 点，单击鼠标左键指定尺寸参数的摆放位置，如图 2-66 所示。

成角度标注：约束两条直线的夹角度数。选中该命令，用鼠标左键选取 EF 直线点 ED 直线，然后在适当位置 W 点，单击鼠标左键指定尺寸参数的摆放位置，如图 2-66 所示。

周长圆标注：约束草图曲线元素的总长。选中该命令，用鼠标左键依次选取要标注的曲线，系统自动标注。

2. 几何约束

用于确定草图对象的形状特征和对象之间的相互位置关系。常见的几何约束类型：

固定：固定几何体特性。

完全固定：约束对象所有自由度。

重合：定义两个或两个以上的点具有同一位置。

同心：定义两个或两个以上的圆弧和椭圆弧具有同一中心。

共线：定义两条或两条以上的直线落在或通过同一直线。

中点：定义点的位置与直线或圆弧的两个端点等距。

水平：将直线定义为水平。

竖直：将直线定义为竖直。

平行：定义两条或两条以上的直线或椭圆彼此平行。

垂直：定义两条直线或两个椭圆彼此垂直。

相切：定义两个对象彼此相切。

等长度：定义两条或两条以上的直线具有相同的长度。

等半径：定义两个或两个以上的弧具有相同的半径。

恒定长度：定义直线具有恒定的长度。

恒定角度：定义直线具有恒定的角度。

点在曲线上：定义点位置落在曲线上。

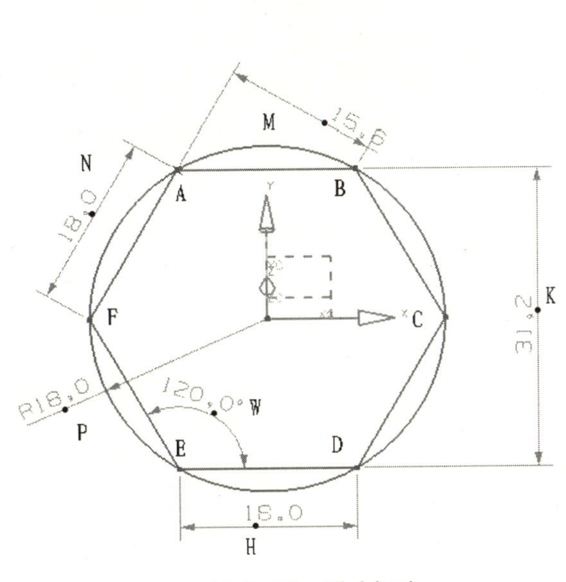

图 2-66　尺寸标注

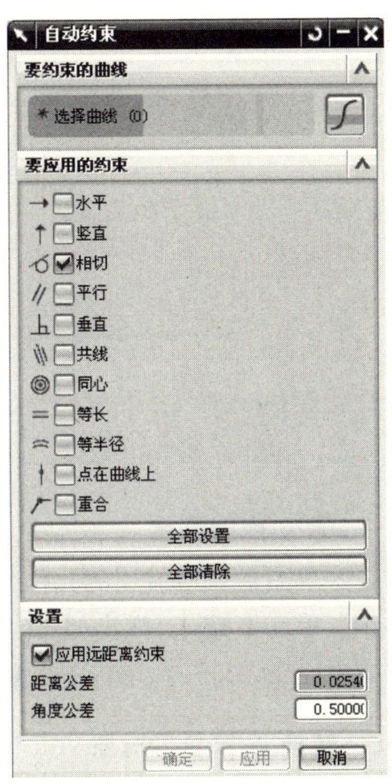

图 2-67　【自动约束】对话框

3. 自动约束

自动约束是由系统根据草图元素相互间的几何位置关系自动判断并添加到草图对象上的约束方法，主要用于所需添加约束较多并且已经确定位置关系的草图元素。单击【自动约束】/弹出如图 2-67 所示【自动约束】对话框/选取约束对象【1】/选择【要应用的约束】面板中的【】/在【设置】面板中设置公差参数/单击【确定】，如图 2-68 所示。

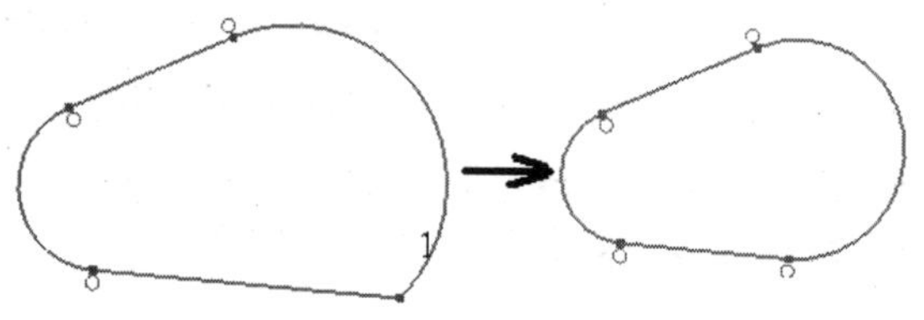

图 2-68　约束直线

4. 显示所有约束

显示所有草图对象的约束类型，以便对约束的正误进行判断。单击【 】/草图对象中的所有约束便会显示该草图的所有约束类型，如图 2-69 所示。

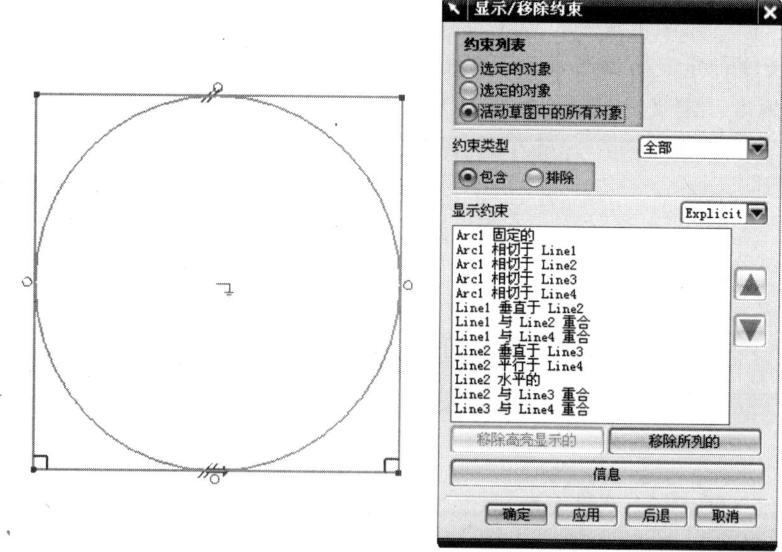

图 2-69　显示所有约束

5. 显示/移除约束

查看草图对象所应用的几何约束的类型和约束的信息，也可以完成所选取几何约束的删除操作。单击【 】，弹出如图 2-70 所示【显示/移除约束】对话框/选择【显示约束】列表框中的【Line4 水平】/单击【移除高亮显示的】，即可删除指定的约束/单击【确定】。

6. 转换至/自参考对象

将草图中的曲线或尺寸转换为参考对象，或将参考对象再次激活。该工具经常用来将直线转换为参考的中心线。单击【 】，弹出如图 2-71 所示【转换至/自参考对象】对话框/选择如图 2-72 所示【要转换的对象】的对象直线【1】和【2】/单击【确定】，如图 2-72 所示。

7. 自动判断约束

通过对“自动判断约束”对话框的设置，可以控制哪些约束在构造草图曲线过程中被自动判断并创建。单击【 】，弹出如图 2-73 所示【自动判断的约束】对话框/通过启用和禁用该对话框中各约束类型的复选框/单击【确定】。

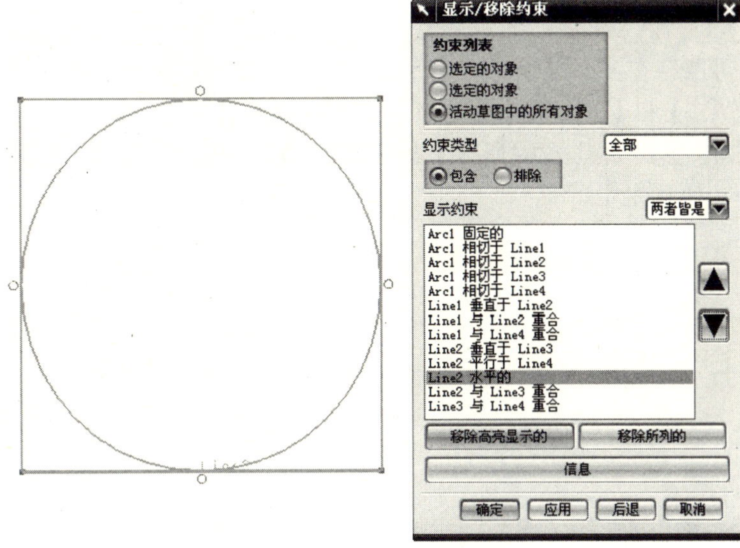

图 2-70　删除选定的约束

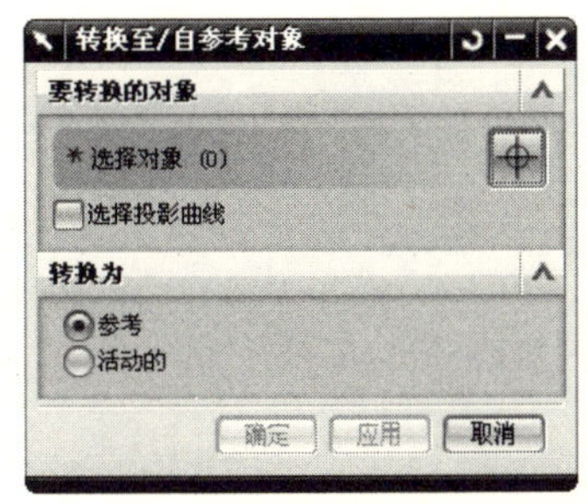

图 2-71　【转换至/自参考对象】对话框

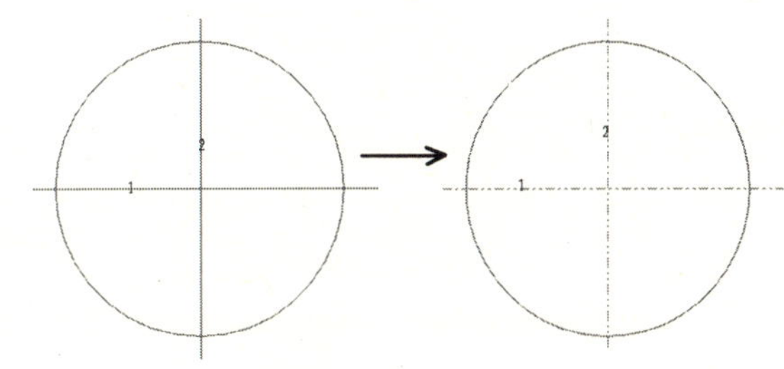

图 2-72　转换对象

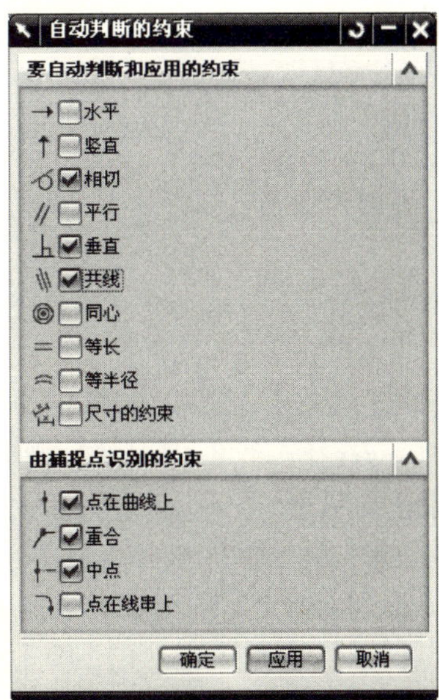

图 2-73　【自动判断的约束】对话框

8. 备选解

当同一约束可能存在多个结果时，采用备选解可以进行结果的转换。单击【 】/选择如图 2-79 所示圆【 1 】和【 2 】，弹出【 约束 】对话框/选择【 】，出现如图 2-75 所示外切效果图/单击【 】4，弹出如图 2-76 所示【 备选解 】对话框/选择对象【 1 】，出现如图 2-77 所示内切效果图/单击【 确定 】。

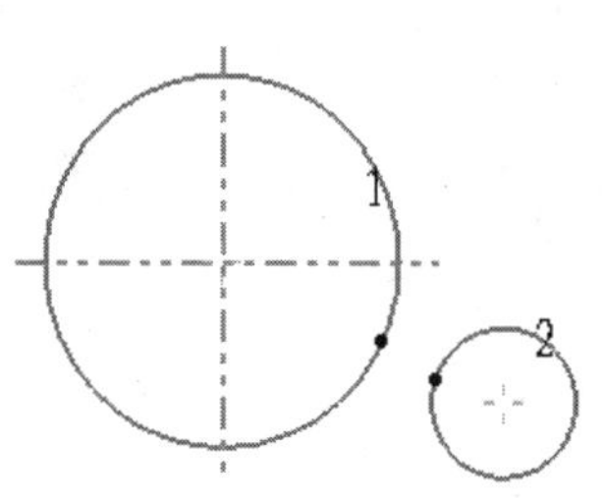

图 2-74　草　图

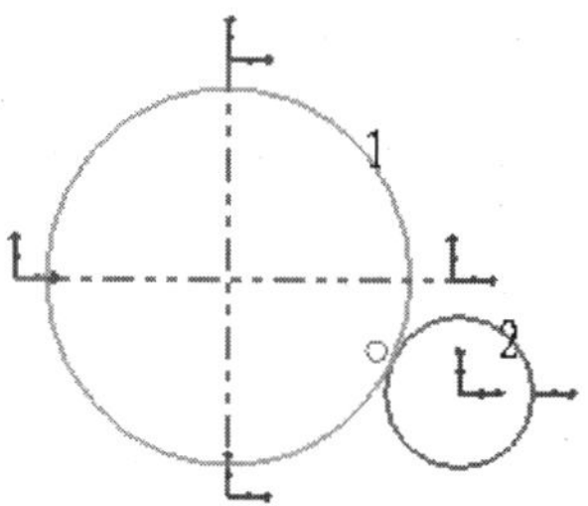

图 2-75　外切效果图

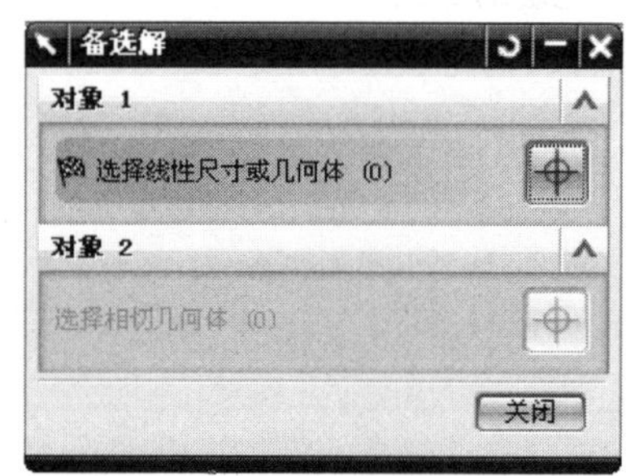

图 2-76　【 备选解 】对话框

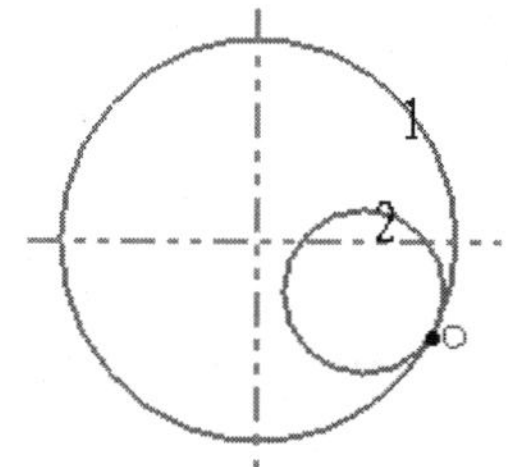

图 2-77　内切效果图

2.2.6　示例（将图 2-78 创建的草图用几何约束变成如图 2-79 所示的图样）

1. 在草图环境下绘制草图

单击【 】，弹出【 轮廓 】对话框/选择【 】/移动鼠标绘制四边形/单击【 确定 】/单击【 】，弹出【 圆 】对话框/选择【 】/用鼠标指定圆心位置/输入【 半径 】的值【 50 】/单击【 确定 】，如图 2-78 所示。

2. 约　束

单击【 】/选择圆【 5 】，弹出【 约束 】对话框/选择【 】/选择直线【 1 】，弹出【 约束 】对话框/选择【 】，如图 2-80 所示/选择直线【 1 】、【 4 】，弹出【 约束 】对话框/选择【 】/选择直线【 1 】、【 2 】，弹出【 约束 】对话框/选择【 】，如图 2-81 所示/选择直线【 1 】、【 3 】，弹出【 约束 】对话框/选择【 】，如图 2-82 所示/选择直线【 1 】、圆【 5 】，弹出【 约束 】对话框/选择【 】/选择直线【 2 】、圆【 5 】，弹出【 约束 】对话框/选择【 】/选择直线【 3 】、圆【 5 】，弹出【 约束 】对话框/选择【 】/选择直线【 4 】、圆【 5 】，弹出【 约束 】对话框/选择【 】，如图 2-82 所示。

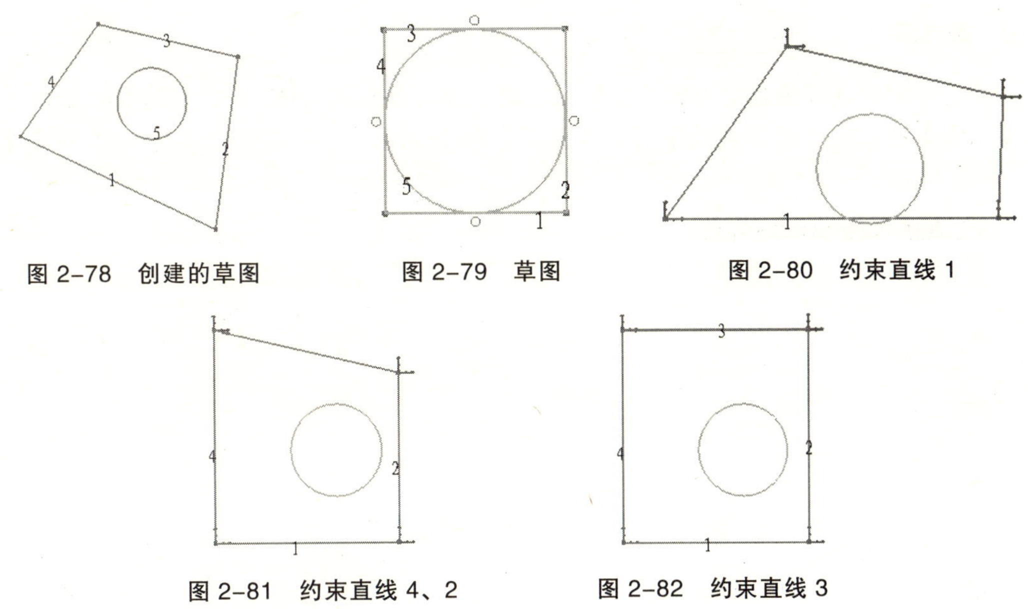

图 2-78　创建的草图　　图 2-79　草图　　图 2-80　约束直线 1

图 2-81　约束直线 4、2　　图 2-82　约束直线 3

2.3　创建扫描特征

2.3.1　拉　伸

拉伸是将对象沿所指定的矢量方向拉伸到某一指定位置所形成的实体。单击【 】/弹出如图 2-83 所示【拉伸】对话框/【选择曲线】/【方向】选择【 】/输入【结束距离】值【60】/单击【确定】，如图 2-84 所示。

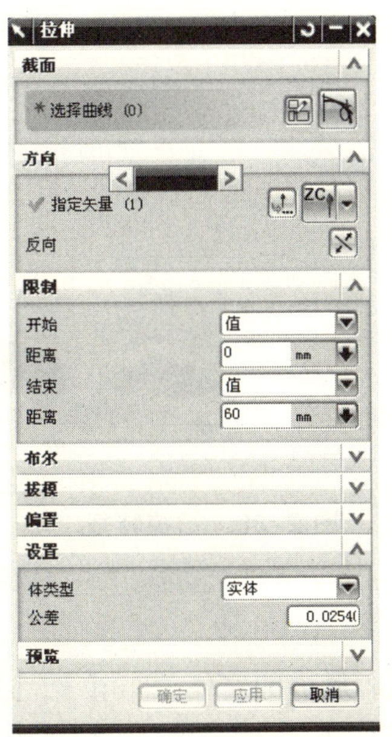

图 2-83　【拉伸】对话框

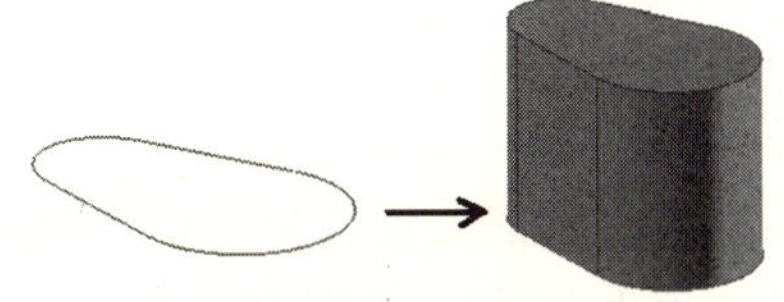

图 2-84　拉伸特征

2.3.2 回　转

回转是将剖面线围绕指定的轴线旋转一定的角度而形成的实体。单击【 】/弹出如图 2-85 所示【回转】对话框/【选择曲线】/【轴】选择【ZC】/输入【结束角度】值【360】/单击【确定】，如图 2-86 所示。

图 2-85　【回转】对话框

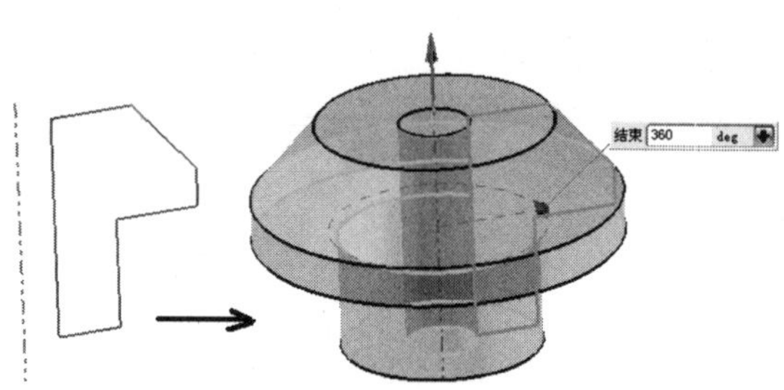

图 2-86　回转特征

2.3.3 扫　掠

扫掠是将剖面线沿指定的导引线拉伸而形成的实体。单击【 】/弹出如图 2-87 所示【扫掠】对话框/选择剖切曲线【椭圆】/选择导引线 /单击【确定】，如图 2-88 所示。

图 2-87　【扫掠】对话框

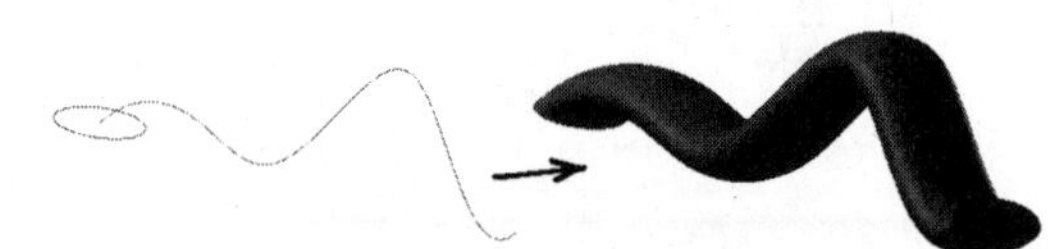

图 2-88　扫掠特征

2.3.4 沿引导线扫掠

沿引导线扫掠是将剖面线沿指定的引导线拉伸而形成的实体。单击【 】/弹出如图 2-89 所示【沿引导线扫掠】对话框/选择剖切曲线【长方体】/选择引导线 /输入【第一偏置】值【3】/单击【确定】，如图 2-90 所示。

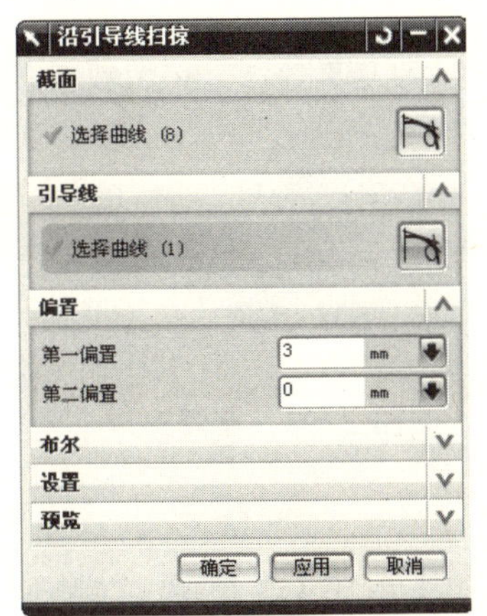

图 2-89　【沿引导线扫掠】对话框

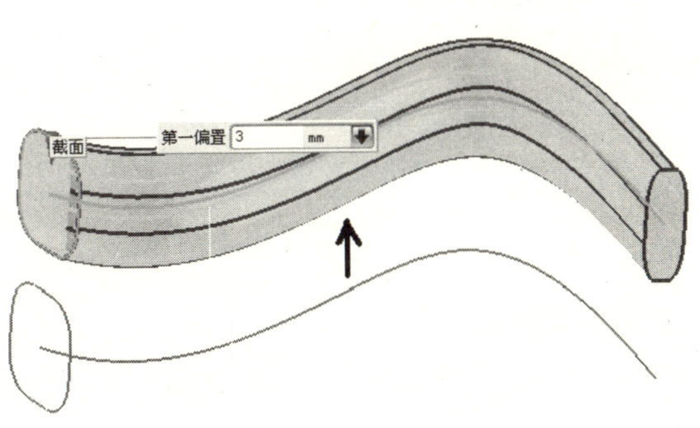

图 2-90　沿引导线扫掠特征

2.3.5　管道

管道是截面为圆的特殊扫掠。单击【】/弹出如图 2-91 所示【管道】对话框/选择管道中心线路径的曲线/输入【横截面外径】值【16】/输入【横截面内径】值【12】/单击【确定】，如图 2-92 所示。

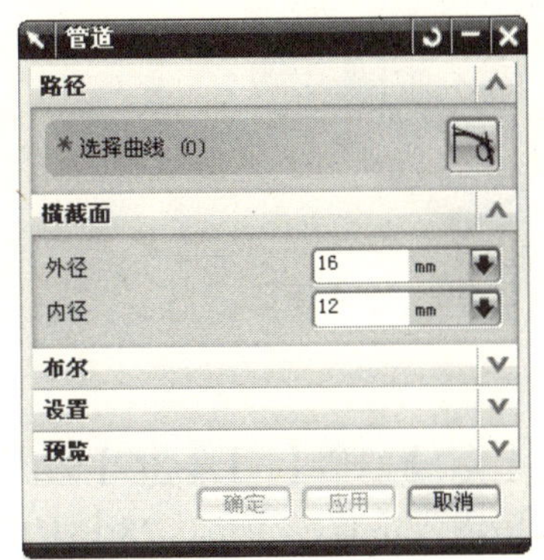

图 2-91　【管道】对话框

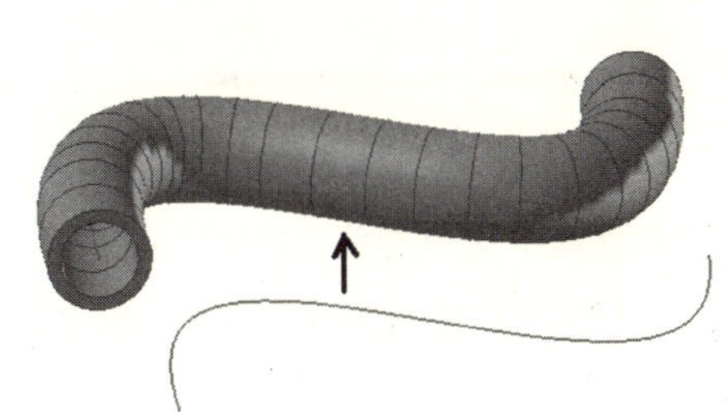

图 2-92　管道特征

2.3.6　综合范例 3：创建簸箕

1. 新建文件

单击【文件】/单击【】，弹出【新建】对话框/在【名称】文本框中输入文件的名称【lz-03】/选定储存的路径【F:\ug7.0\】/单击【确定】。

2. 绘制簸箕截面

单击【】，弹出【直线】对话框/绘制如图 2-93 所示草图/单击【】。

3. 拉伸簸箕实体

单击【】/弹出【拉伸】对话框/选择【曲线】/【方向】选择【ZC】/输入【开始距离】值【-30】/输入【结束距离】值【30】/选择【实体】/单击【确定】，如图 2-94 所示。

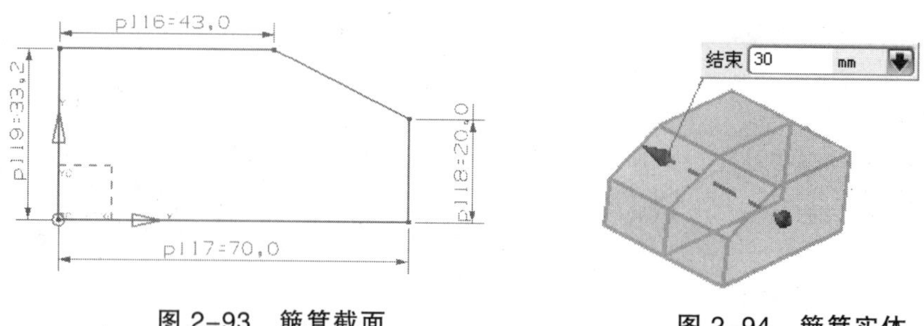

图 2–93　簸箕截面　　　　图 2–94　簸箕实体

4. 簸箕实体抽壳

单击【 】/弹出如图 2-95 所示【抽壳】对话框/【类型】选择【 移除面，然后抽壳 】/选择要穿透的面/输入【厚度】值【2】/单击【确定】，如图 2-96 所示。

图 2–95　【抽壳】对话框

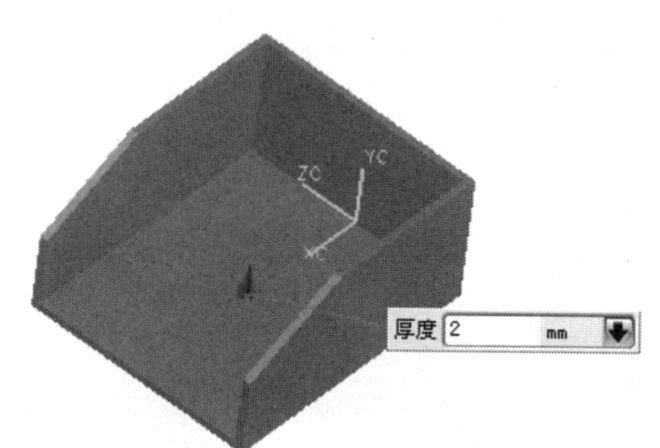

图 2–96　抽壳特征

5. 创建簸箕手柄引导线

单击【 】，弹出【直线】对话框/单击【XY】/输入【XC】的值【0】、【ZC】的值【16.6】/输入【长度】值【116】、【角度】值【90】/单击【确定】/输入【长度】值【28】、【角度】值【180】/单击【确定】/单击【 】，弹出【圆角】对话框/选择【 】方式/选择曲线【1】/选择曲线【2】/输入半径值【16】/单击【确定】，如图 2-97 所示。

6. 移动坐标

单击【 】/弹出【CSYS】对话框/在【类型】面板中选择【 自动判断 】/单击【定义 CSYS 的对象】栏中的【选择对象】，选择模型的表面【1】/单击【确定】/旋转坐标，如图 2-98 所示。

7. 绘制簸箕手柄截面

单击【 】，弹出【直线】对话框/绘制如图 2-98 所示草图/单击【 】。

8. 沿引导线扫掠簸箕手柄

单击【 】/弹出图【沿引导线扫掠】对话框/选择剖切曲线/选择导引线/单击【确定】，如图 2-99 所示。

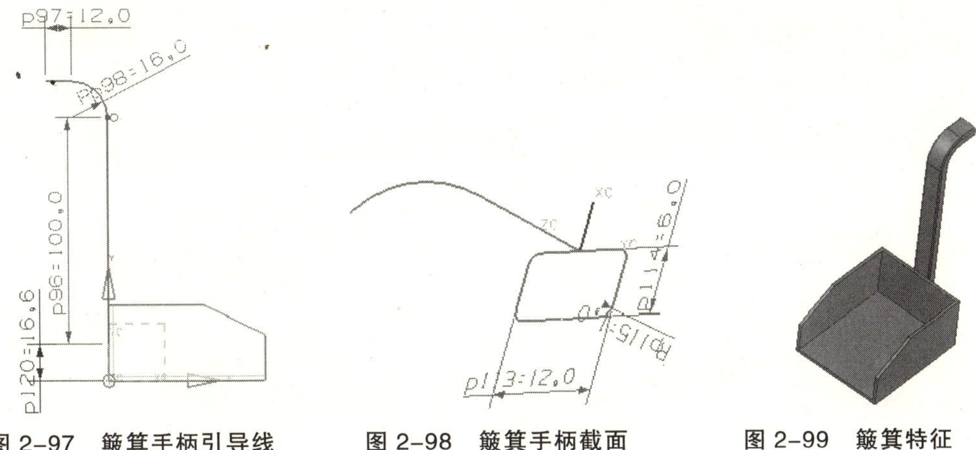

图 2-97　簸箕手柄引导线　　图 2-98　簸箕手柄截面　　图 2-99　簸箕特征

2.4　创建设计特征

2.4.1　成形特征的定位

在定位操作中，一般称要定位的特征或草图上的对象为刀具实体，称要定位到的实体或基准对象为目标实体。

水平定位：指定目标体与刀具体在刀具体上沿水平参考方向的距离，如图 2-101 所示。

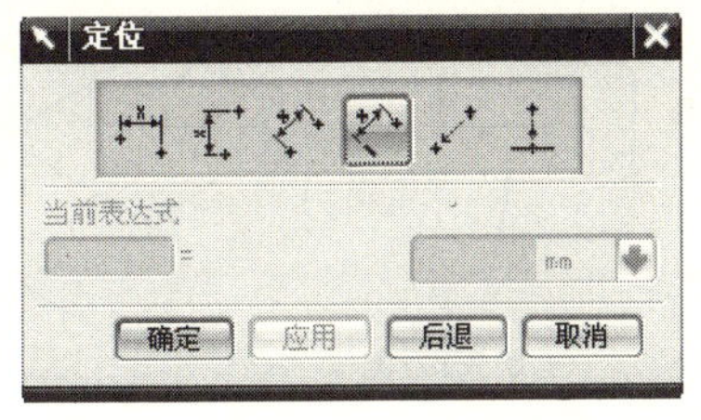

图 2-100

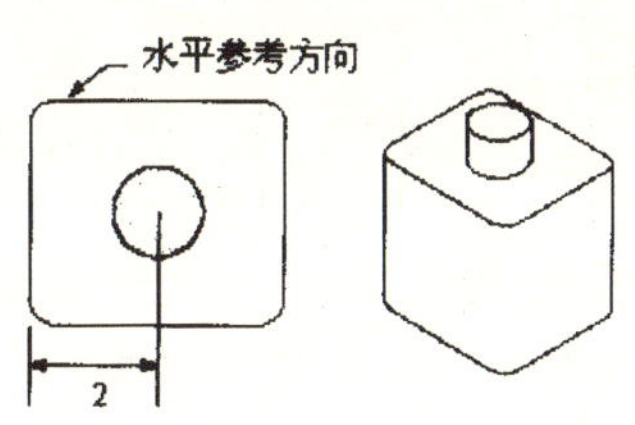

图 2-101　水平定位

竖直定位：指定目标体与刀具体在刀具体上沿竖直参考方向的距离，如图 2-102 所示。

平行定位：指定目标体与刀具体两点之间的距离，如图 2-103 所示。

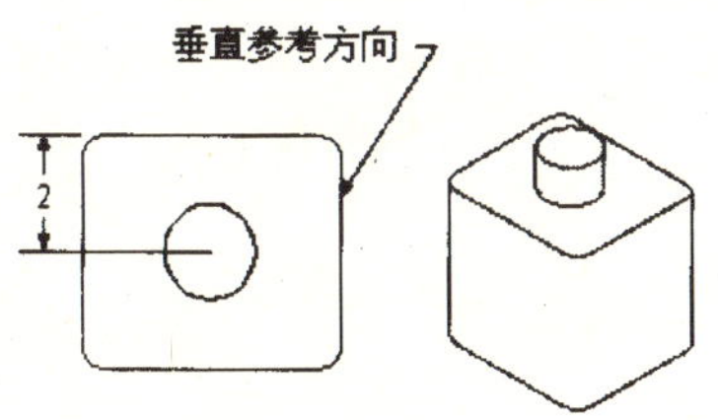

图 2-102　竖直定位

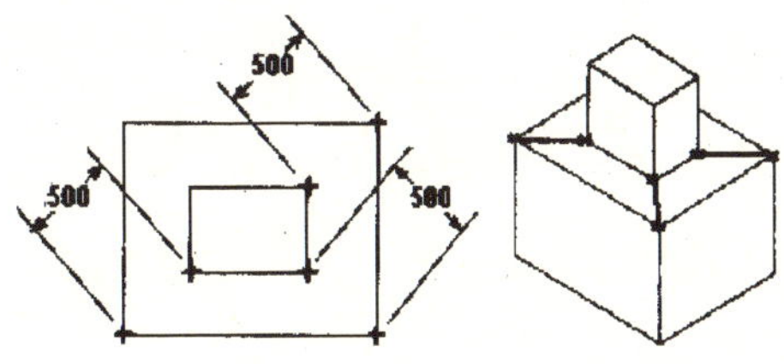

图 2-103　平行定位

垂直定位：指定目标体与刀具体的垂直距离，如图 2-104 所示。

角度定位：指定目标体与刀具体之间的角度，如图 2-105 所示。

点到线定位：指定目标体的直线与刀具体的点重合，如图 2-106 所示。

直线到直线定位：指定目标体的直线与刀具体的直线重合，如图 2-107 所示。

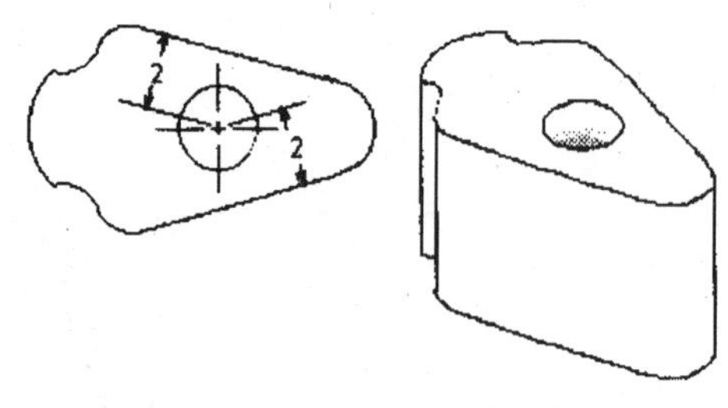

图 2-104　垂直定位

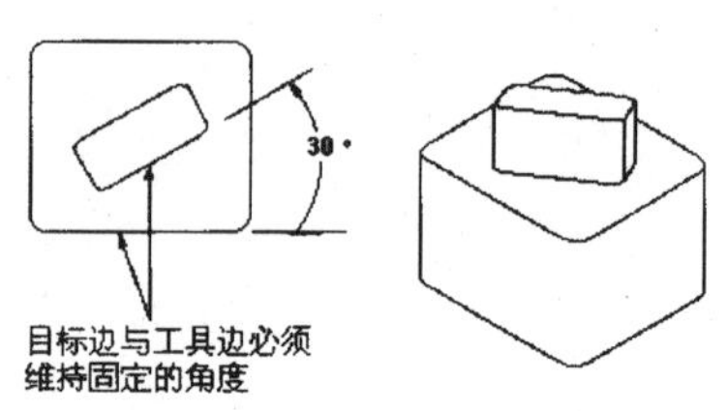

图 2-105　角度定位

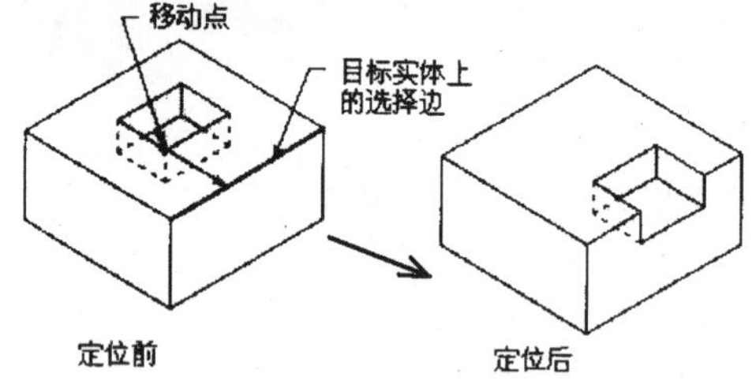

图 2-106　点到线定位

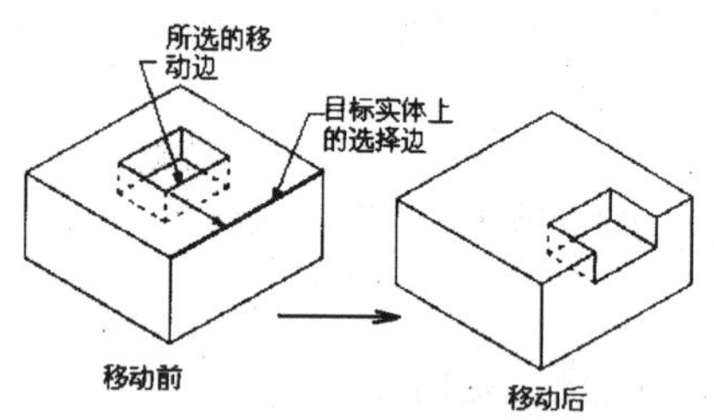

图 2-107　直线到直线定位

点到点定位：指定目标体的点与刀具体的点重合，如图 2-108 所示。

远距平行定位：指定目标体与刀具体的平行距离，如图 2-109 所示。

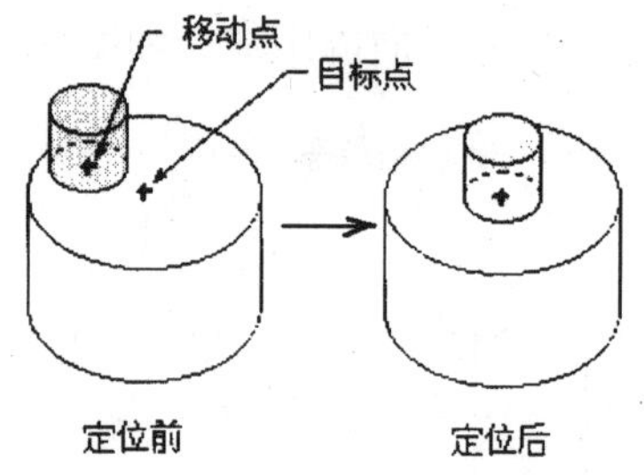

图 2-108　点到点定位

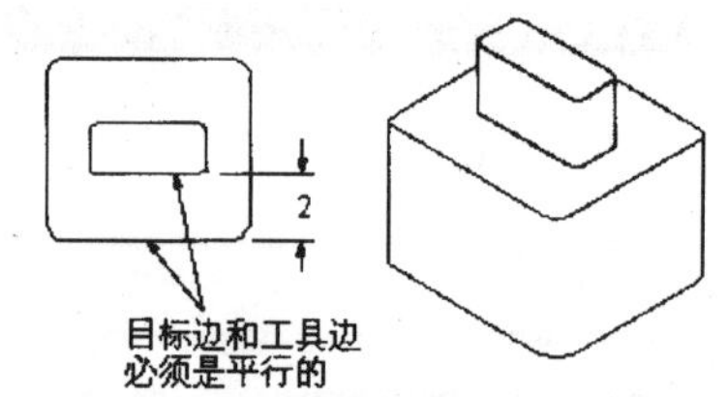

图 2-109　远距平行定位

2.4.2　创建孔

孔是在模型中去除特征而形成的实体，它有简单孔、沉头孔和埋头孔三种类型（图 1-110，图 2-111，图 2-112）。单击【】/弹出如图 2-113 所示【孔】对话框/【类型】选择【常规孔】/【指定位置】选择工件上表面/【成形】选择【常规孔】/输入【直径】值【10】/输入【深度】值【30】/输入【尖角】值【120】/单击【确定】，如图 2-114 所示。其他类型的孔创建方法相同，不重复了。

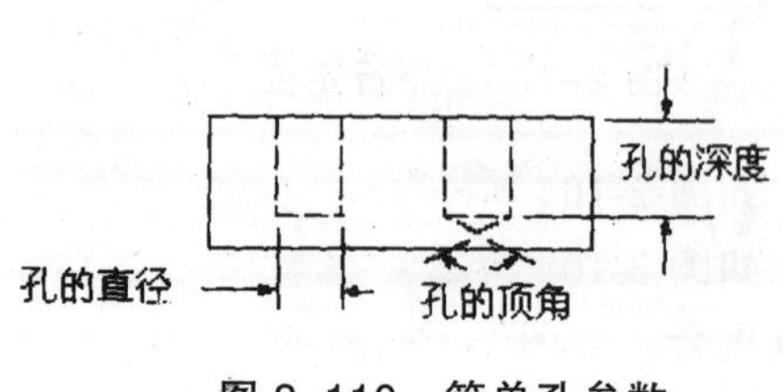

图 2-110　简单孔参数

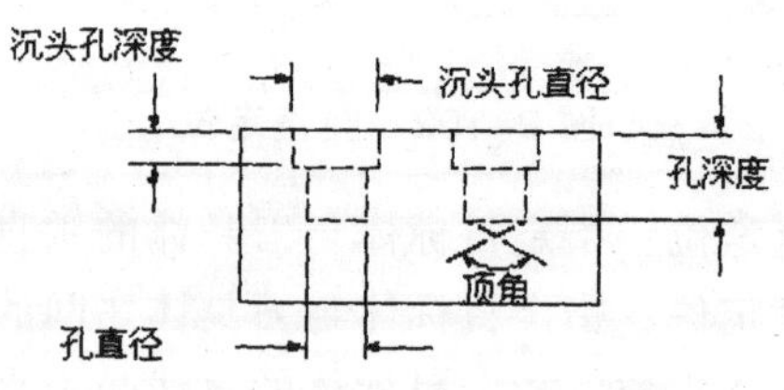

图 2-111　沉头孔参数

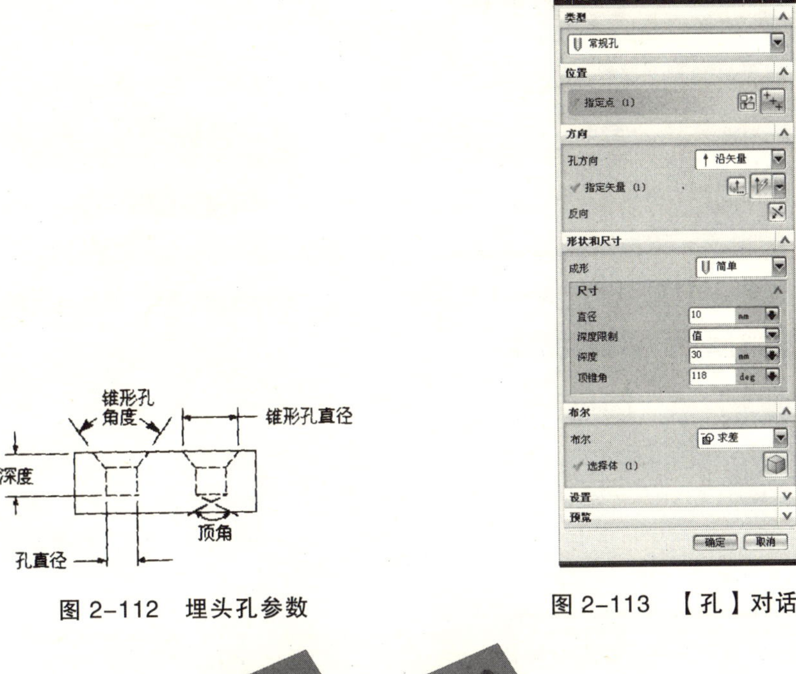

图 2-112　埋头孔参数

图 2-113　【孔】对话框

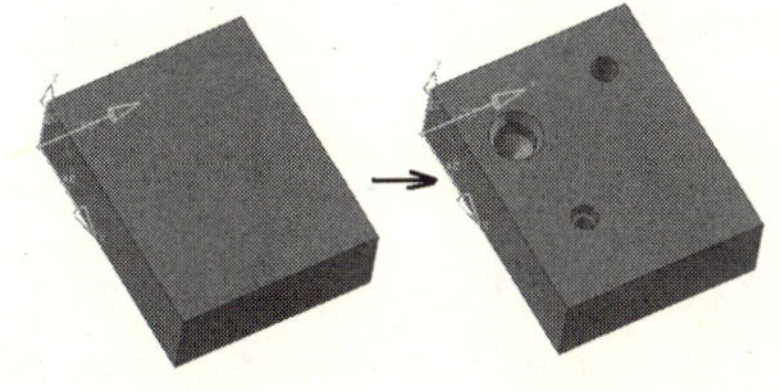

图 2-114　孔特征

2.4.3　创建腔体

腔体是在模型中去除指定形状特征而形成的实体，它有柱面副、矩形和常规三种类型（图 2-115）。单击【 】/弹出如图 2-116 所示【腔体】对话框/【类型】选择【柱面副】/【选择平的放置面】选择工件上表面，弹出如图 2-117 所示【水平参考】对话框/单击【实体面】，选择工件前面，如图 2-118 所示，弹出如图 2-119 所示【矩形腔体】参数对话框/输入参数/单击【确定】，弹出【定位】对话框/单击【 】，选择目标体边 1，选择刀具体 YC，弹出【创建表达式】对话框/输入值【50】/单击【确定】，返回【定位】对话框/单击【 】，选择目标体边 2，选择刀具体 XC，弹出【创建表达式】对话框/输入值【40】/单击【确定】，如图 2-120 所示。

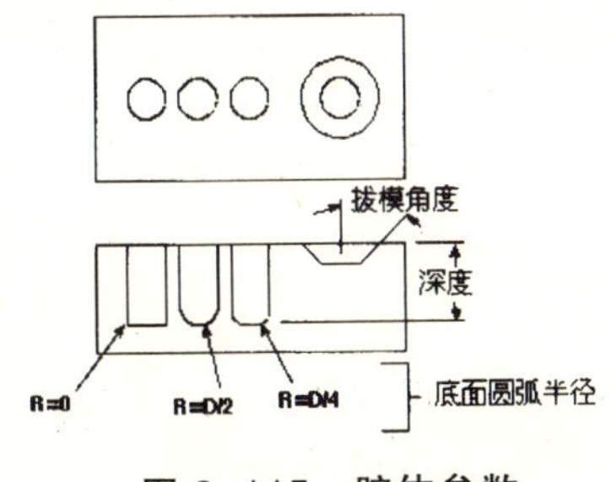

图 2-115　腔体参数

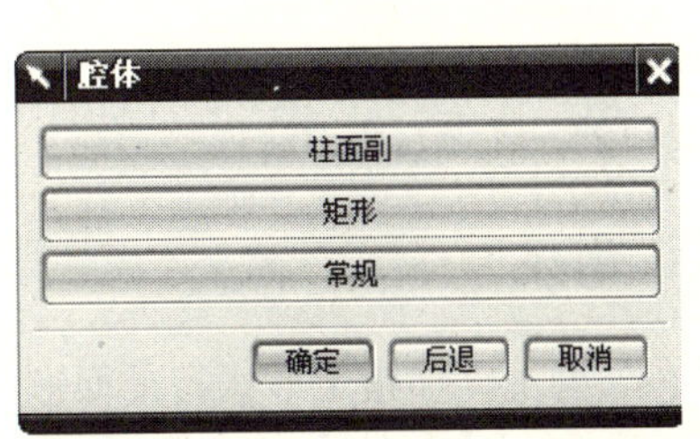

图 2-116　【腔体】对话框

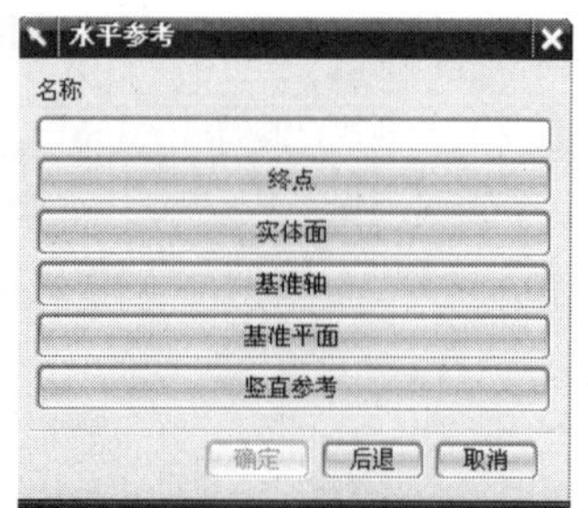

图 2-117　【水平参考】对话框

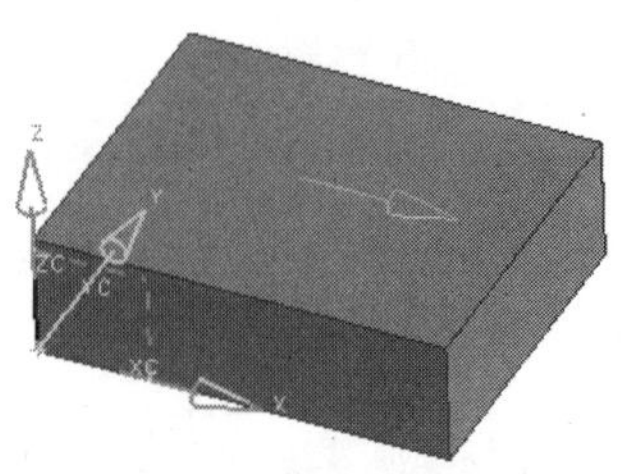

图 2-118　放置和参考平面

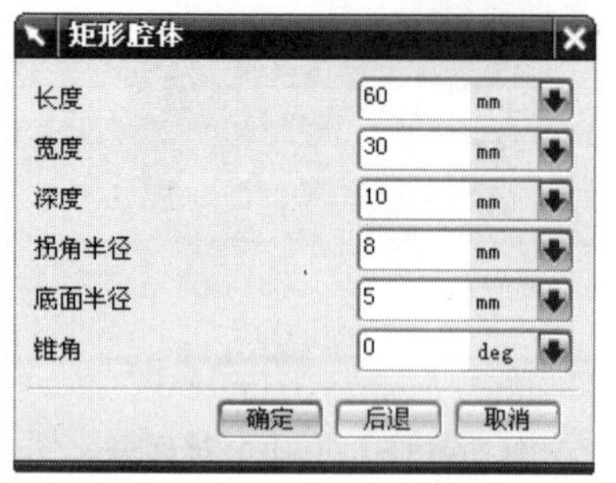

图 2-119　【矩形腔体】参数对话框

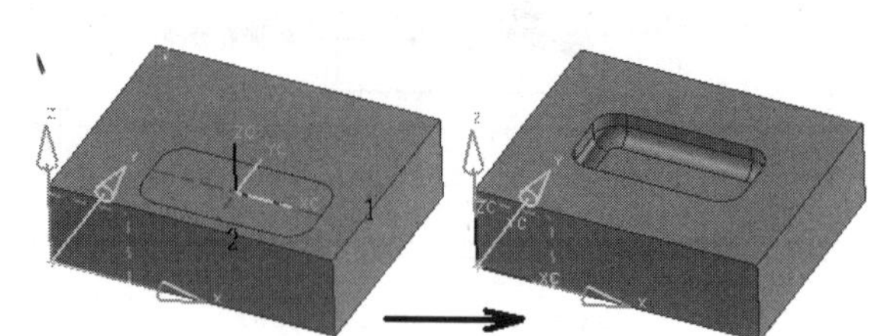

图 2-120　矩形腔体特征

2.4.4　创建凸台

凸台是在模型上添加指定形状特征而形成的实体。单击【】/弹出如图 2-121 所示【凸台】对话框/【选择平的放置面】选择工件上表面，输入【直径】值【50】、【高度】值【30】、【锥角】值【8】/单击【确定】，弹出【定位】对话框/单击【】，选择目标体边 1，选择刀具体 YC，弹出【创建表达式】对话框/输入值【50】/单击【确定】，返回【定位】对话框/单击【】，选择目标体边 2，选择刀具体 XC，弹出【创建表达式】对话框/输入值【40】/单击【确定】，如图 2-122 所示。

图 2-121　【凸台】对话框

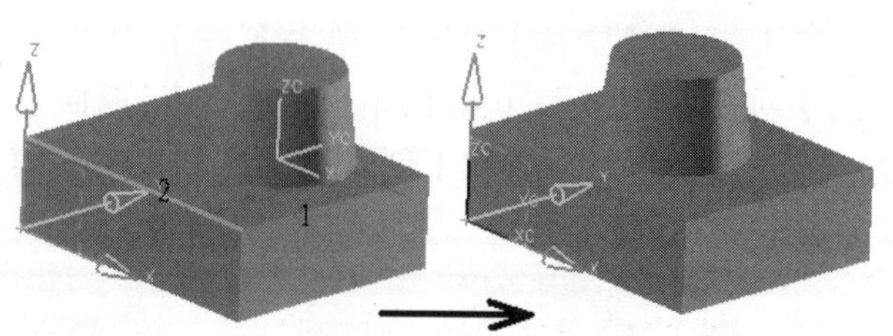

图 2-122　凸台特征

2.4.5　创建垫块

垫块是在模型上添加指定形状特征而形成的实体，它有矩形和常规两种类型。单击【】/弹出如图 2-123 所示【垫块】对话框/【类型】选择【矩形】/【选择平的放置面】选择工件上表面，弹出【水平参考】对话框/单击【实体面】，选择工件前面，弹出如图 2-124 所示【矩形垫块】参数对话框/输入参数/单击【确定】，弹出【定位】对话框/单击【　】，选择目标体边 1，选择刀具体边 2，弹出【创建表达式】对话框/输入值【15】/单击【确定】，返回【定位】对话框/单击【　】，选择目标体 3，选择刀具体边 4，弹出【创建表达式】对话框/输入值【25】/单击【确定】，如图 2-125 所示。

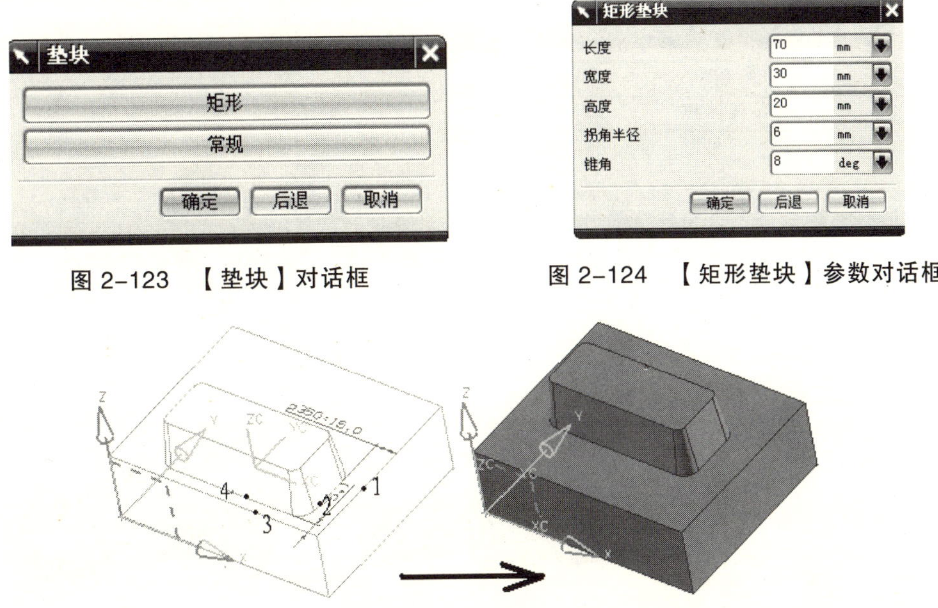

图 2-123　【垫块】对话框

图 2-124　【矩形垫块】参数对话框

图 2-125　垫块特征

2.4.6　创建凸起

凸起是在模型上添加指定形状特征而形成的实体。单击【　】/弹出如图 2-126 所示【凸起】对话框/选择曲线【椭圆】/选择要凸起的面【工件上表面】/在【端盖】栏中的【几何体】选择【凸起的面】，【位置】选择【偏置】，输入【距离】值【10】/输入【拔模】值【2】/单击【确定】，如图 2-127 所示。

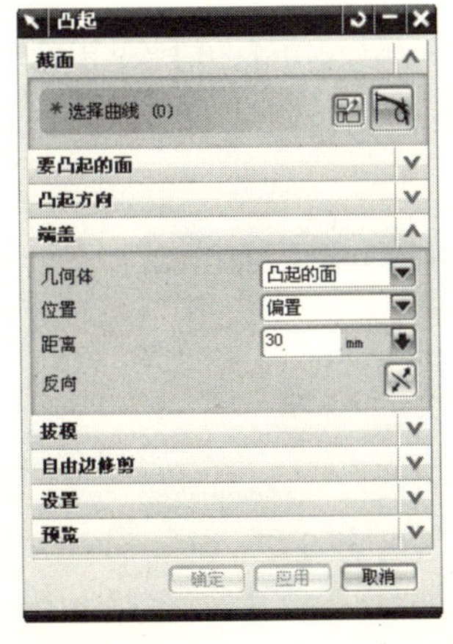

图 2-126　【凸起】对话框

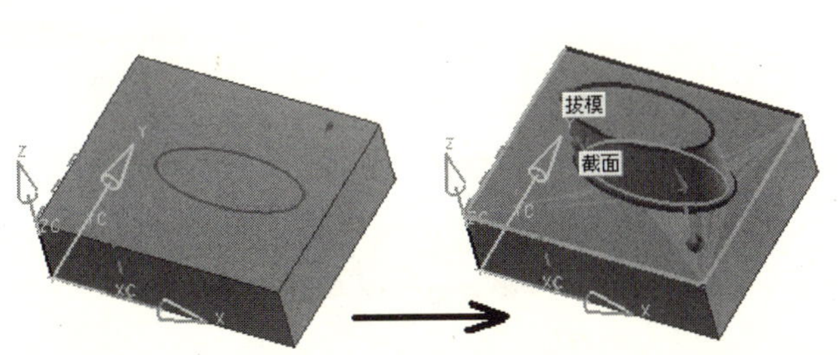

图 2-127　凸起特征

2.4.7 创建开槽

开槽是在圆柱或圆锥体表面添加槽特征，它有矩形、球形端槽和 U 形槽三种类型。单击【 】/弹出如图 2-128 所示【槽】对话框/单击【矩形】/放置面选择【小圆柱外表面】，弹出如图 2-129 所示【矩形槽】参数对话框/单击【确定】，在如图 2-130 所示中选择目标体【1】，选择刀具体【2】，弹出【创建表达式】对话框/输入值【50】/单击【确定】，如图 2-130 所示。

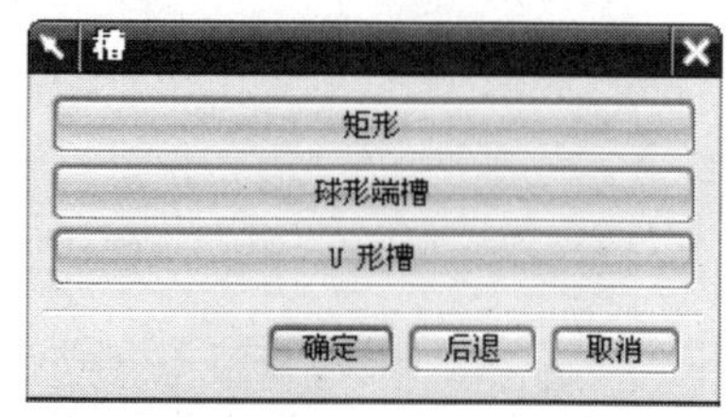

图 2-128 【槽】对话框

图 2-129 【矩形槽】参数对话框

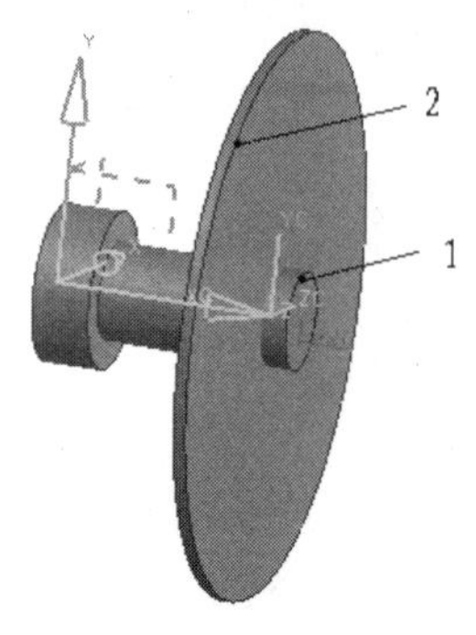

图 2-130 定 位

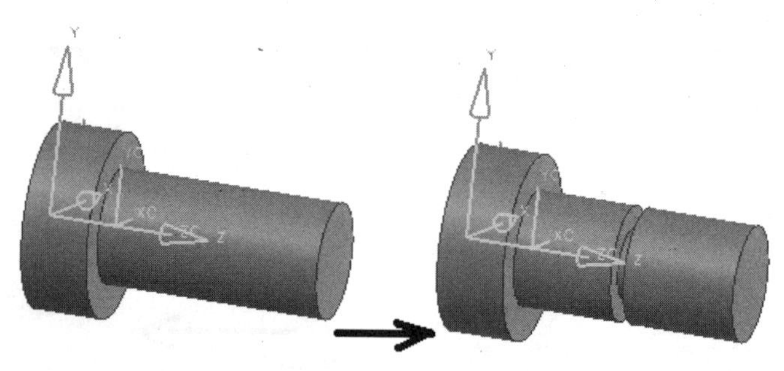

图 2-131 矩形槽特征

2.4.8 创建键槽

键槽是在实体表面添加槽特征，它有矩形、球形端槽、U 形槽、T 型键槽或燕尾槽五种类型。单击【 】/弹出如图 2-133 所示【键槽】对话框/单击【矩形】/【确定】/【选择平面放置面】选择工件上表面，弹出【水平参考】对话框/单击【实体面】，选择工件前面，弹出如图 2-134 所示【键槽】参数对话框/输入参数/单击【确定】，弹出【定位】对话框/单击【 】，选择目标体边 1，选择刀具体边 2，弹出【创建表达式】对话框/输入值【50】/单击【确定】，返回【定位】对话框/单击【 】，选择目标体 3，选择刀具体边 4，弹出【创建表达式】对话框/输入值【40】/单击【确定】，如图 2-135 所示。

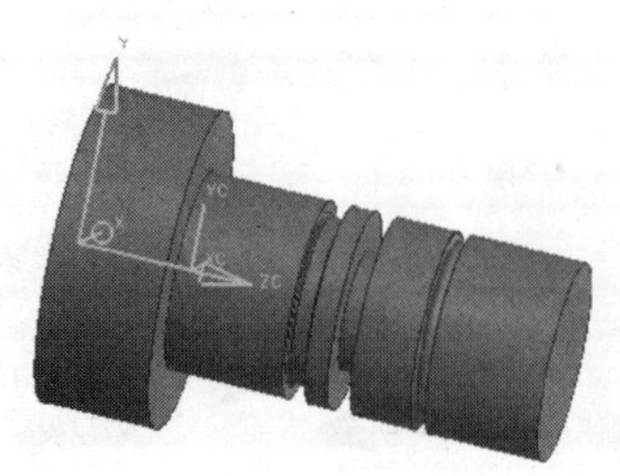

图 2-132 键槽特征

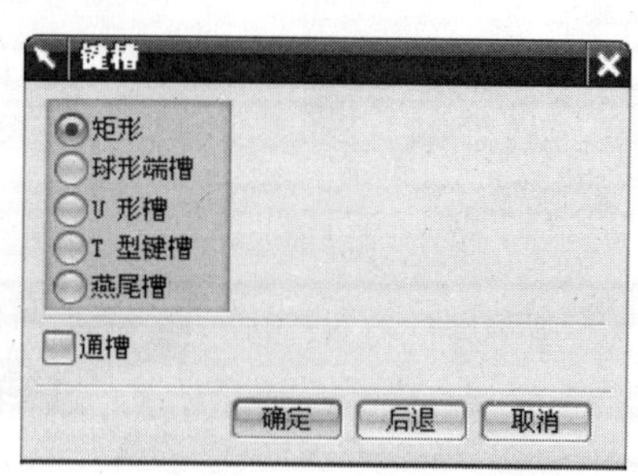

图 2-133 【键槽】对话框

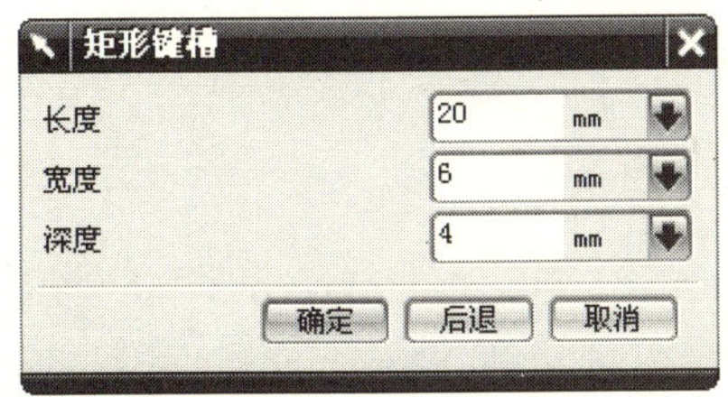

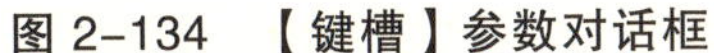
图 2-134　【键槽】参数对话框

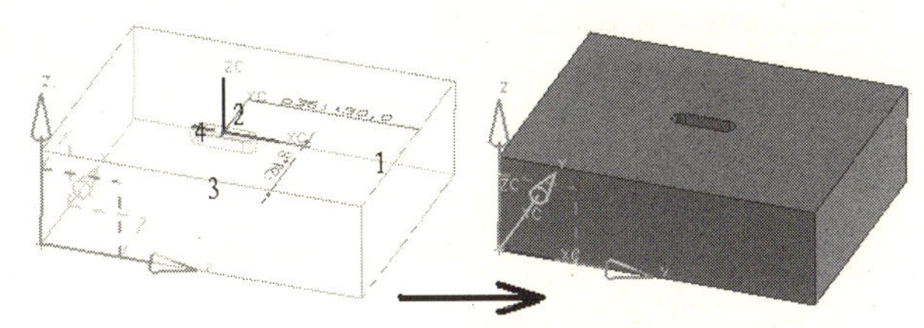

图 2-135　矩形键槽特征

2.4.9　创建三角筋

在两个相交的面组内添加三角形实体而形成实体。单击【 】/弹出如图 2-136 所示【三角筋】对话框/选择【第一组面】，单击鼠标中键/选择【第二组面】，单击鼠标中键/输入【角度】值【45】，【深度】值【10】，【半径】值【3】/单击【确定】，如图 2-137 所示。

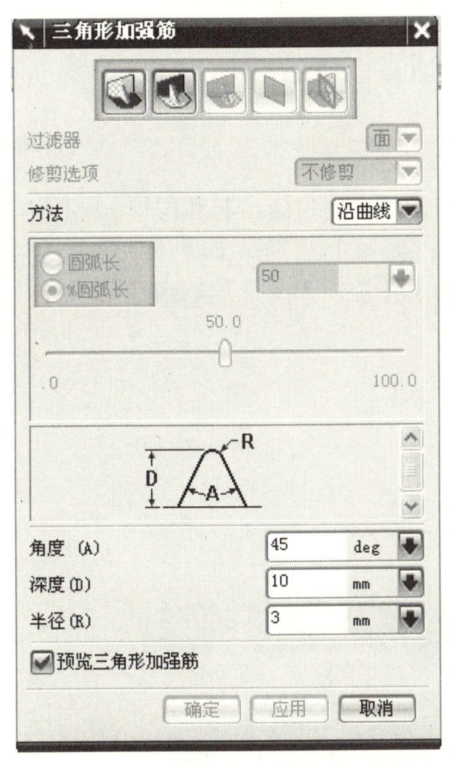

图 2-136　【三角筋】对话框

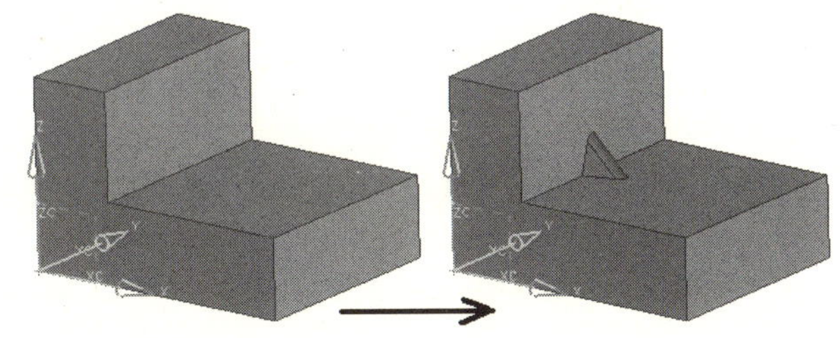

图 2-137　三角筋特征

2.4.10　创建偏置凸起

偏置凸起是在基于点或曲线间创建具有一定大小的型腔或垫块曲面。单击【 】/弹出如图 2-138 所示【偏置凸起】对话框/【类型】选择【 曲线】/选择要偏置凸起的片体的面/选择要遵循的轨迹/输入【边偏置】值【5】，【高度】值【3】/输入【左边宽】值【15】，【右边宽】值【15】/单击【确定】，如图 2-139 所示。

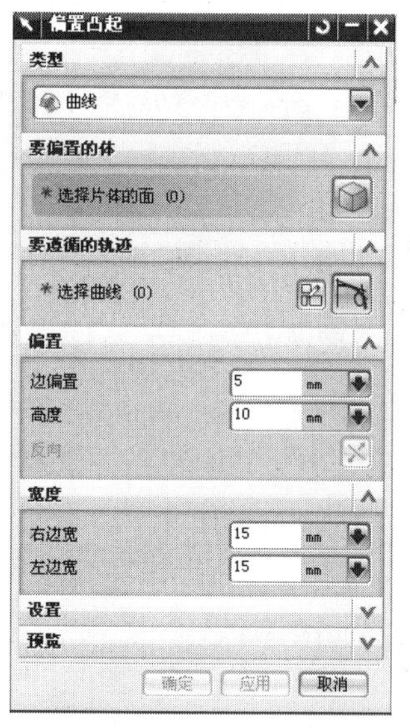

图 2-138 【偏置凸起】对话框

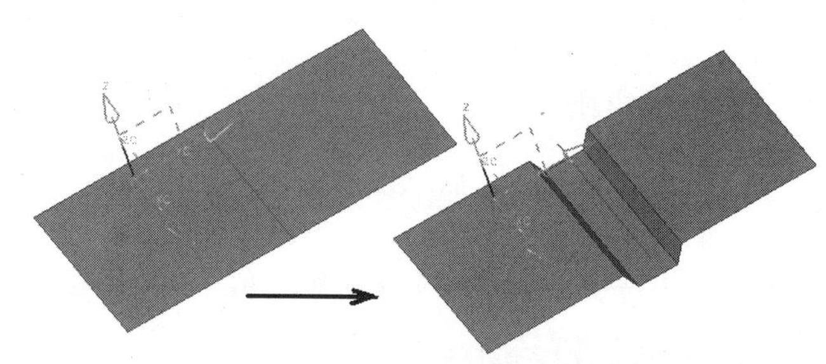
图 2-139 偏置凸起特征

2.4.11 创建螺纹特征

螺纹是在圆柱或圆锥表面上，沿螺旋线形成的具有相同剖面的连续凸起和沟槽。单击【 】/弹出如图 2-140 所示【螺纹】对话框/【螺纹类型】选择【详细】/选择一个圆柱面/选择起始面/指定螺纹轴向/输入【长度】值【45】,【螺距】值【1.75】/【旋向】选择【右手】/单击【确定】，如图 2-141 所示。

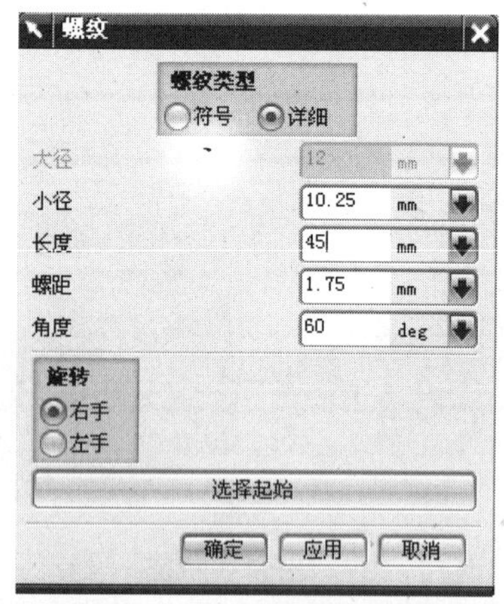

图 2-140 【螺纹】对话框

图 2-141 螺纹特征

2.4.12 综合范例 4：创建轴

1. 新建文件

单击【文件】/单击【 】，弹出【新建】对话框/在【名称】文本框中输入文件的名称【lz-04】/选定储存的路径【F:\ug7.0\】/单击【确定】。

2. 创建圆柱体

单击【 】，弹出【圆柱】对话框/在【类型】面板中选择【轴、直径和高度】/单击【轴】栏中的【指定矢量】右侧的【 】选择【 】/在【尺寸】栏中输入【直径】值【50】、【高度】值【60】/单击【确定】，如图 2-142 所示。

3. 创建凸台 1

单击【 】/弹出【凸台】对话框/【选择平的放置面】选择圆柱体的顶面/输入【直径】值【80】、【高度】值【60】、【锥角】值【10】/单击【确定】，弹出【定位】对话框/单击【 】，选择目标体【圆弧中心】/单击【确定】，如图 2-143 所示。

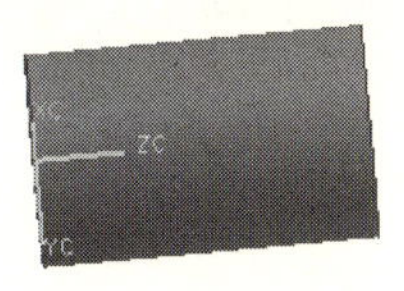

图 2-142　圆柱体特征

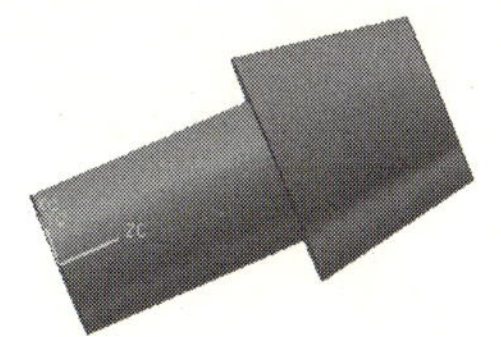

图 2-143　凸台 1 特征

4. 创建凸台 2

单击【 】/弹出【凸台】对话框/【选择平的放置面】选择凸台的顶面/输入【直径】值【40】、【高度】值【70】、【锥角】值【0】/单击【确定】，弹出【定位】对话框/单击【 】，选择目标体【圆弧中心】/单击【确定】，如图 2-144 所示。

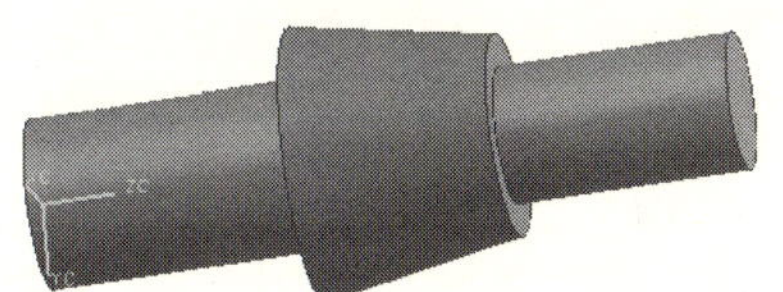

图 2-144　凸台 2 特征

5. 创建简单孔

单击【 】/弹出【孔】对话框/【类型】选择【常规孔】/【指定位置】选择工件上表面/【成形】选择【常规孔】/输入【直径】值【10.25】/输入【深度】值【40】/输入【尖角】值【118】/单击【确定】，如图 2-145 所示。

6. 创建螺纹

单击【 】/弹出【螺纹】对话框/【螺纹类型】选择【详细】/选择一个圆柱面/选择起始面/指定螺纹轴向/输入【长度】值【30】,【螺距】值【1.75】/【旋向】选择【右手】/单击【确定】，如图 2-146 所示。

7. 创建基准平面

单击【插入】/选择【基准/点】/选择【基准平面】，弹出【基准平面】对话框/单击【类型】文本框右边的【 】图标/在下拉列表中选择【相切】/选择圆柱外表面/单击【确定】。

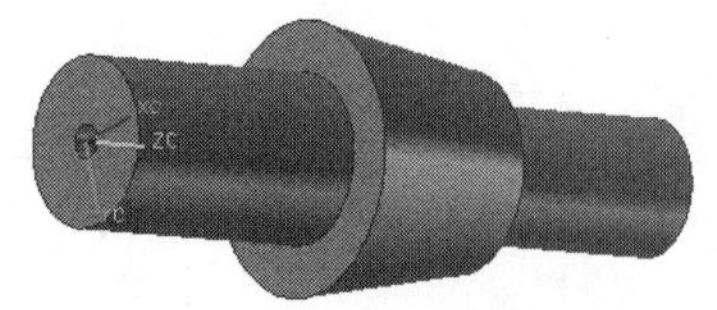

图 2-145　孔特征

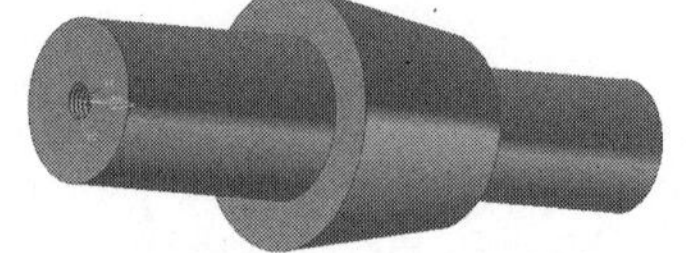
图 2-146　螺纹特征

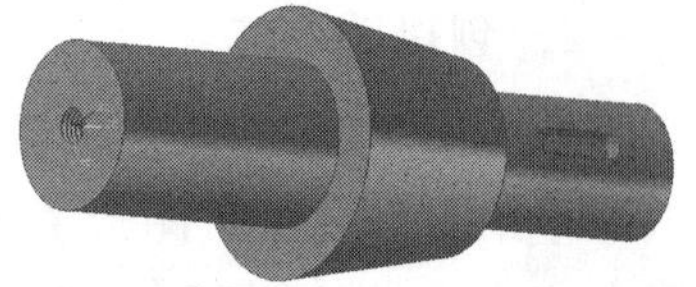
图 2-147　键槽特征

8. 创建键槽

单击【 】/弹出【键槽】对话框/单击【矩形】/【确定】/【选择平面放置面】选择基准平面，弹出【水平参考】对话框/单击【基准轴】，选择轴，弹出【键槽】参数对话框/输入【长度】值【30】,【宽度】值【8】,【深度】值【6】/单击【确定】，弹出【定位】对话框/单击【 】，选择目标体【圆弧中心】/单击【确定】，如图 2-147 所示。

2.5　特征编辑

2.5.1　编辑特征参数

编辑特征参数重新定义任何参数化特征的值，并使模型更新以显示所做的修改。它有 5 种方式。单击【 】/弹出如图 2-148 所示【编辑参数】对话框/在过滤器中选择【矩形键槽(7)】/单击【确定】，弹出如图 2-149 所示【编辑参数】对话框/选择【特征对话框】，弹出如图 2-150 所示【编辑参数】对话框/输入【长度】值【40】,【宽度】值【20】,【深度】值【30】/单击【确定】，如图 2-151 所示。

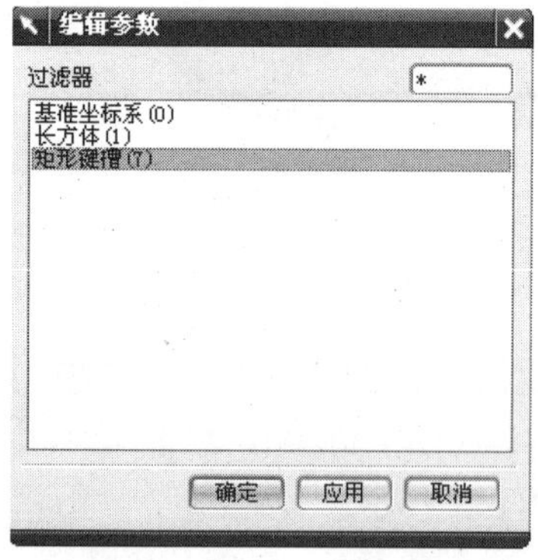

图 2-148　【编辑参数】对话框

图 2-149　【编辑参数】对话框

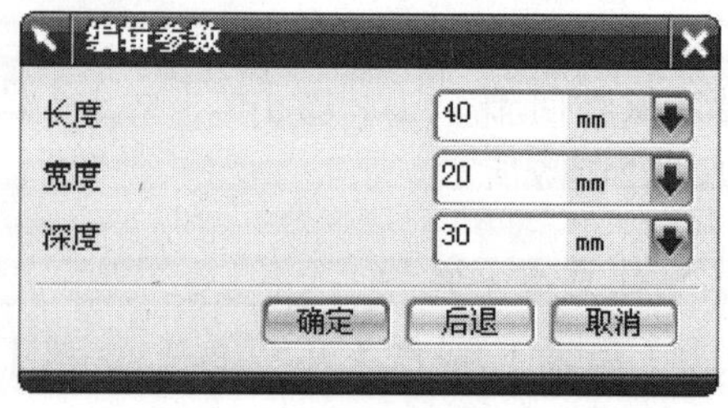

图 2-150　【编辑参数】对话框

图 2-151　编辑特征参数特征

【修改特征参数】：重新定义特征的参数。

【重新附着】：重新指定所选特征的附着平面，从而改变特征生成的位置或方向。

【更变类型】：更变所选特征的类型。

【圆角和倒角编辑】：用于添加未倒角的边缘、移除或替换已倒角的边缘。

【编辑实体特征】：用于编辑阵列或者镜像的实例特征。

2.5.2　可回滚编辑

可以还原到创建该特征前的模型状态，重新定义特征参数，已编辑特征。单击【　】/弹出如图 2-152 所示【可回滚编辑】对话框/在过滤器中选择【简单孔(17)】/单击【确定】，弹出【编辑参数】对话框/选择【特征对话框】，弹出如图 2-153 所示【编辑参数】对话框/输入【直径】值【6】/单击【确定】，如图 2-154 所示。

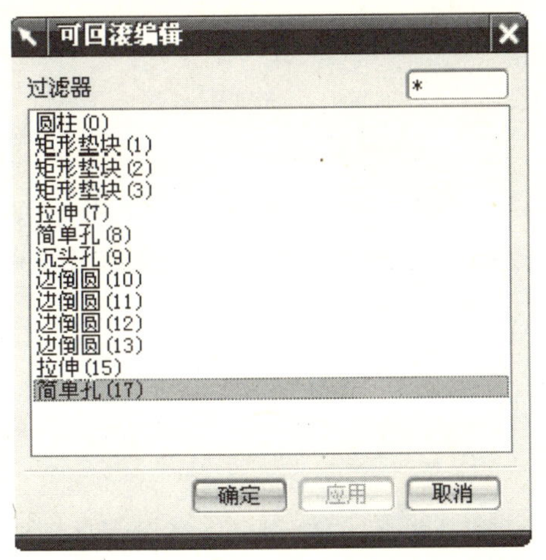

图 2-152　【可回滚编辑】对话框

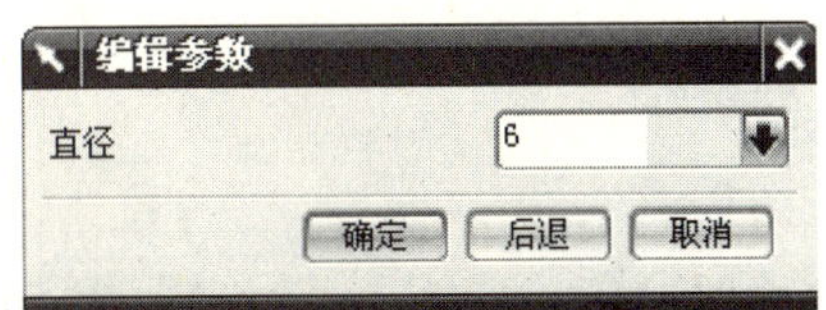

图 2-153　【编辑参数】对话框

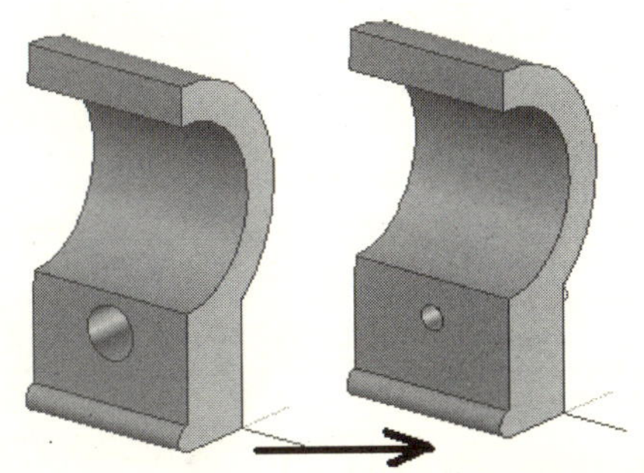

图 2-154　可回滚编辑特征

2.5.3 缩放体

缩放体用于缩放实体大小，改变对象的尺寸及相应位置。它有均匀、轴对称和常规 3 种缩放方式。单击【 】/弹出如图 2-155 所示【缩放体】对话框/【类型】选择【 均匀】/选择实体/指定缩放点/输入【比例因子】值【2】/单击【确定】，如图 2-156 所示。

图 2-155　【缩放体】对话框

图 2-156　缩放体特征

2.5.4 细节特征

1. 倒圆角

倒圆角是在两个实体表面之间产生的平滑的圆弧过渡，它有 4 种方式。单击【 】/弹出如图 2-157 所示【边倒圆】对话框/选择要倒圆的边/输入【Radius 1】值【10】/单击【确定】，如图 2-158 所示。

图 2-157　【边倒圆】对话框

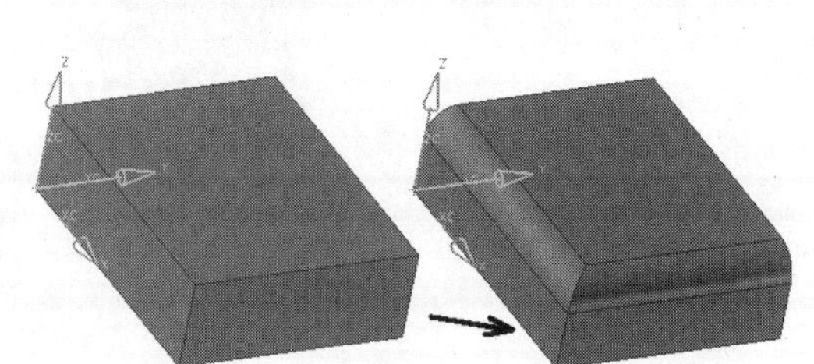

图 2-158　固定半径倒圆角特征

【固定半径倒圆角】：设置固定的倒圆半径，如图 2-158 所示。

【可变半径点】：修改控制点处的半径进行倒圆角，如图 2-159 所示。

【拐角回切】：相邻 3 个面上的 3 条邻边线的交点处产生的倒圆角，如图 2-160 所示。

【拐角突然停止】：通过指定点或距离的方式将之前创建的圆角截断，如图 2-161 所示。

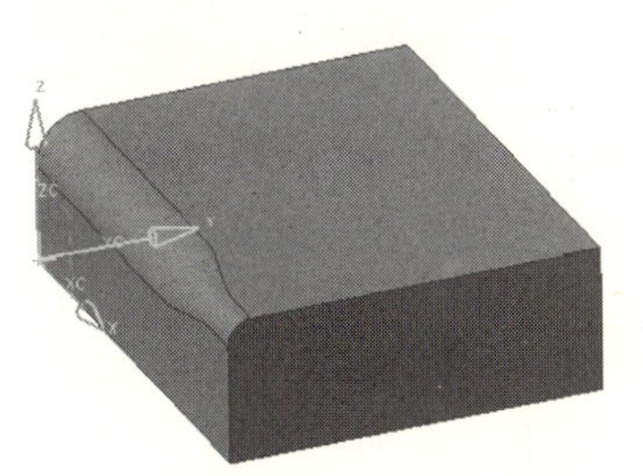

图 2-159 可变半径点特征

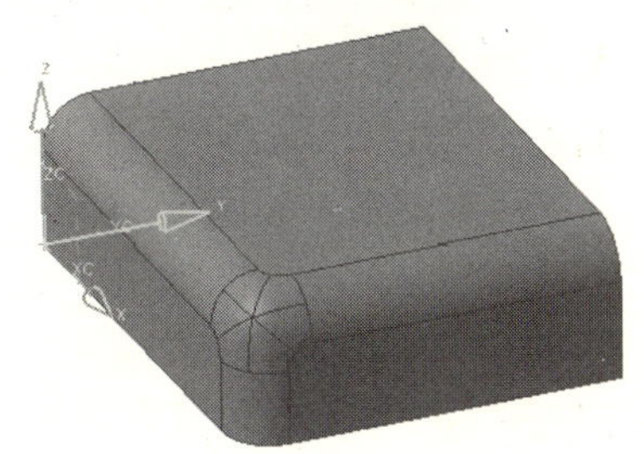

图 2-160 拐角回切特征

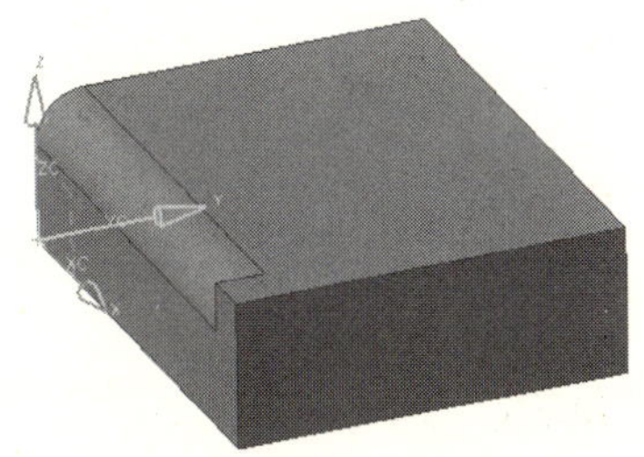

图 2-161 拐角突然停止特征

2. 倒斜角

倒斜角是处理模型周围棱角的方法。单击【 】/弹出如图 2-162 所示【倒斜角】对话框/选择要倒斜角的边/【横截面】选择【对称】/输入【距离】值【8】/单击【确定】，如图 2-163 所示。

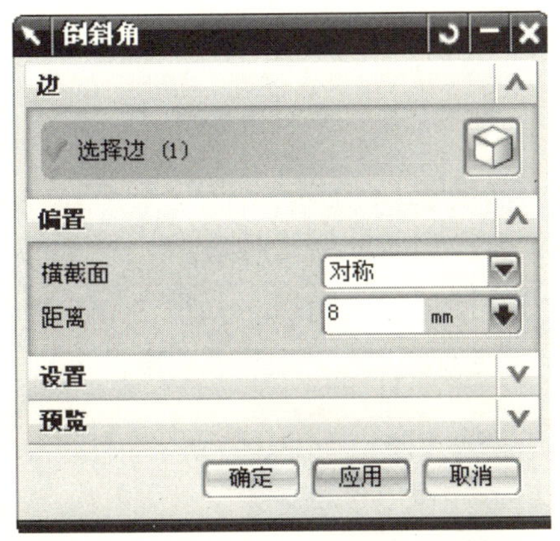

图 2-162 【倒斜角】对话框

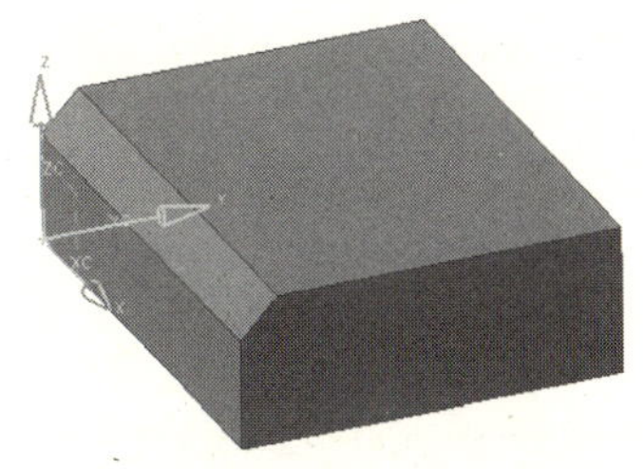

图 2-163 对称倒斜角

【对称】：相邻两个面上对称偏置一定距离来定义倒角特征，如图 2-163 所示。

【非对称】：对相邻两个面分别设置不同的偏置距离来定义倒角特征，如图 2-164 所示。

【偏置和角度】：通过偏置距离和旋转角度两个参数来定义倒角特征，如图 2-165 所示。

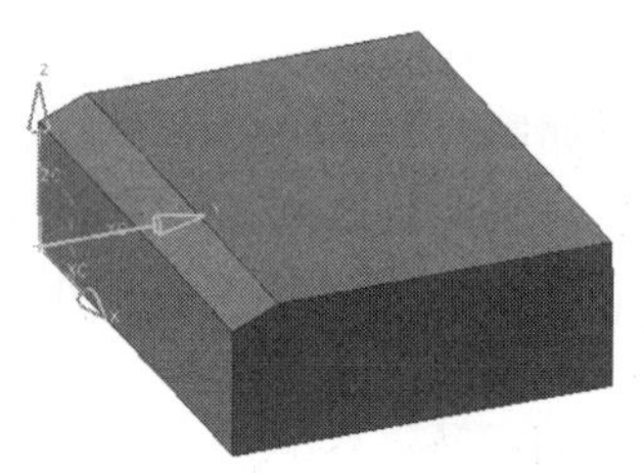

图 2-164　非对称倒斜角

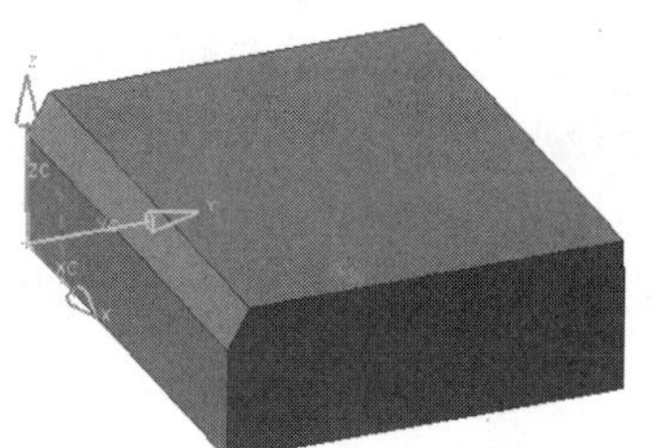

图 2-165　偏置和角度倒斜角

3. 拔　模

拔模是设置一个拔模斜面才能顺利脱模。单击【 】/弹出如图 2-166 所示【拔模】对话框/【类型】选择【从平面】/【拔模方向】选择【ZC】/【固定面】选择【工件上表面】/【要拔模的面】选择【工件的 4 个侧面】/输入【角度】值【20】/单击【确定】，如图 2-167 所示。

图 2-166　【拔模】对话框

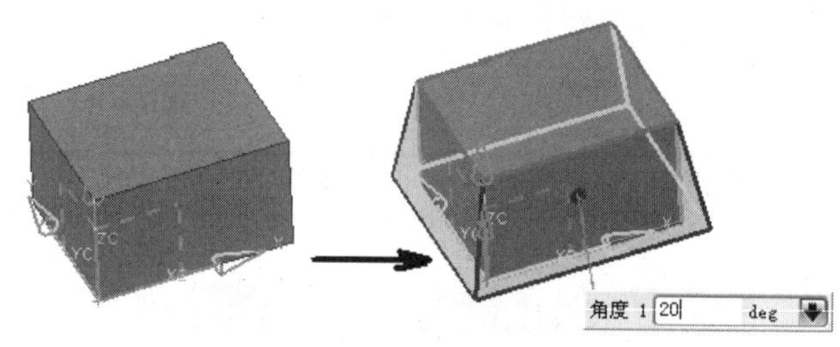

图 2-167　从平面拔模

【从平面】：通过选定的平面产生拔模方向，如图 2-167 所示。

【从边】：通过选定的实体的边缘产生拔模方向，如图 2-168 所示。

【与多个面相切】：用于对相切表面拔模后仍保持相切的情况，如图 2-169 所示。

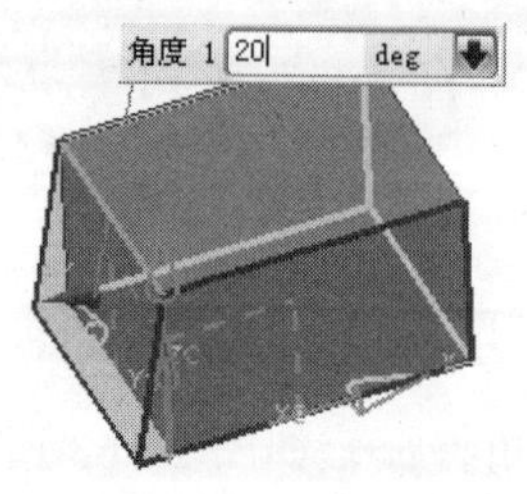

图 2-168　从边拔模

图 2-169　与多个面相切拔模

【至分型边】：通过选定的参考点所在的平面产生拔模方向，如图 2-170 所示。

4. 拔模体

拔模体是对两个实体同时进行拔模。单击【 】/弹出如图 2-171 所示【拔模体】对话框/【类型】选择【要拔模的面】/【拔模方向】选择【ZC】/【要拔模的面】选择【工件的侧面】/输入【角度】值【20】/单击【确定】，如图 2-172 所示。

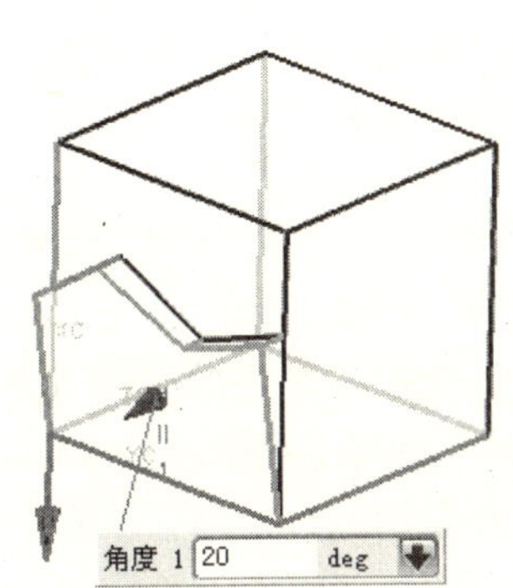

图 2-170　至分型边拔模

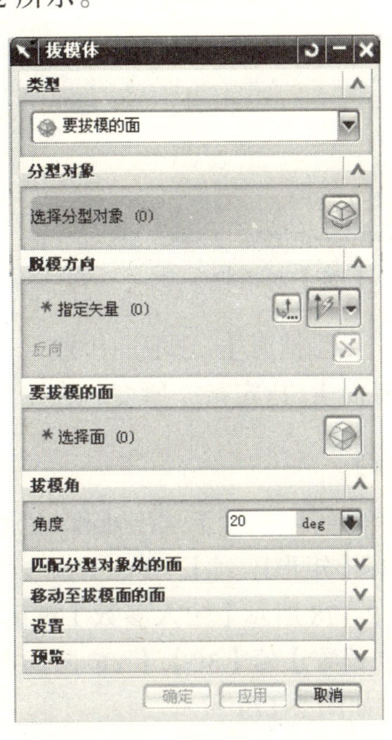

图 2-171　【拔模体】对话框

【要拔模的面】：通过选取实体的分型面产生拔模方向，如图 2-172 所示。

【从边】：通过选取实体的分型边产生拔模方向，如图 2-173 所示。

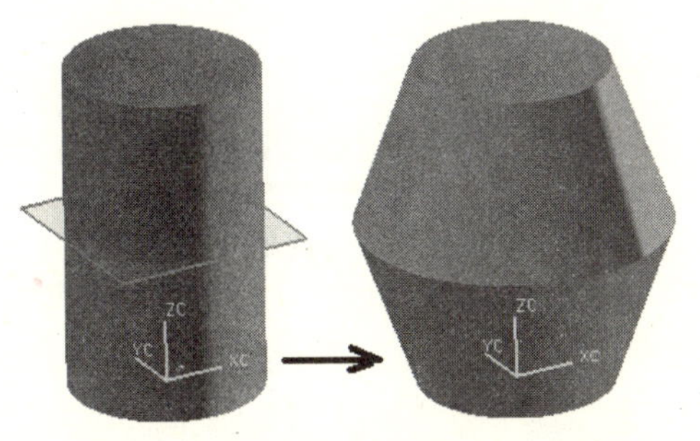

图 2-172　要拔模的面的拔模体

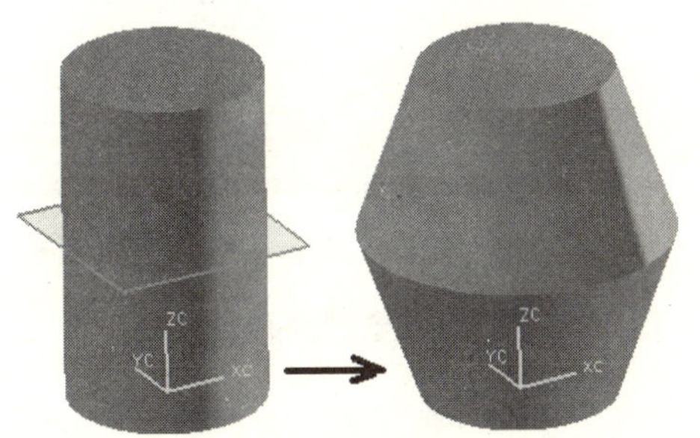

图 2-173　从边的拔模体

5. 抽　壳

从指定的平面向下移除一部分材料而形成新的特征。单击【 】/弹出如图 2-174 所示【壳】对话框/【类型】选择【移除面，然后抽壳】/【要穿透的面】选择【工件的 3 个上面】/输入【厚度】值【3】/单击【确定】，如图 2-175 所示。

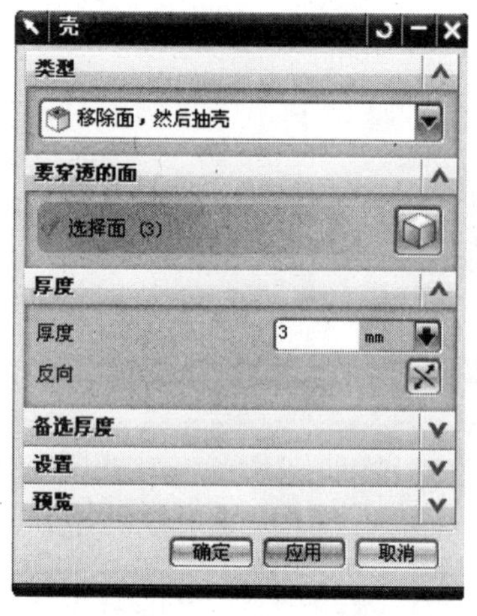

图 2-174　【壳】对话框

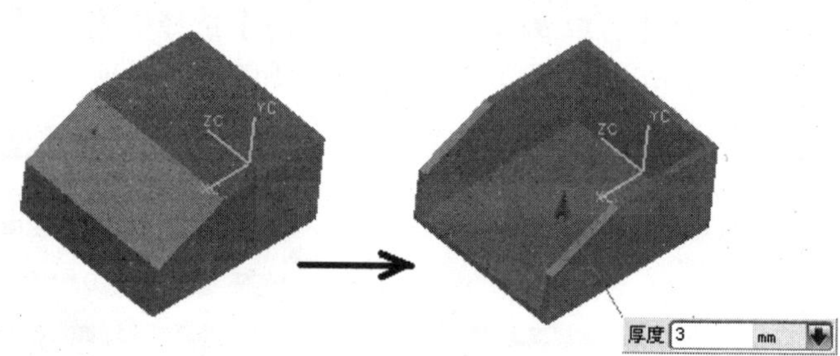

图 2-175　抽壳特征

【移除面，然后抽壳】：选取一个或几个面为穿透面进行挖空，如图 2-176 所示。

【抽壳所有面】：指定某一厚度，在不穿透实体表面进行挖空。

6. 矩形阵列

矩形阵列是将实体平行于 XC 轴和 YC 轴进行阵列。单击【 】，弹出如图 2-176 所示【实例】对话框/选择【矩形阵列】，弹出如图 2-177 所示【实例】对话框/选择【圆柱】/单击【确定】，弹出如图 2-178 所示【输入参数】对话框/【方法】选择【常规】/输入【XC 向的数量】的值【5】，【XC 偏置】值【30】，【YC 向的数量】的值【3】，【YC 偏置】值【50】/单击【是】/单击【确定】，如图 2-179 所示。

图 2-176　【实例】对话框

图 2-177　【实例】对话框

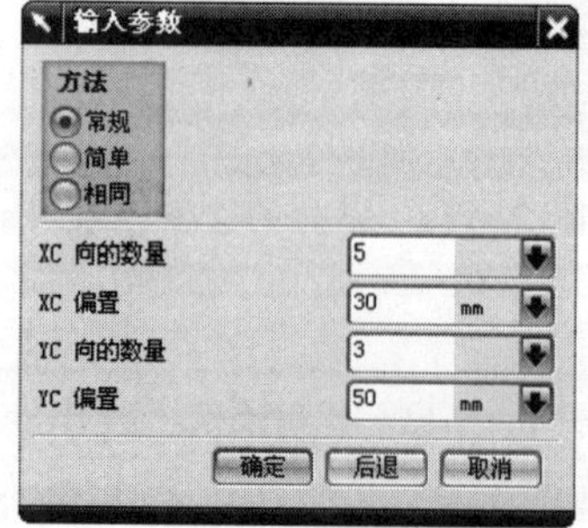

图 2-178　【输入参数】对话框

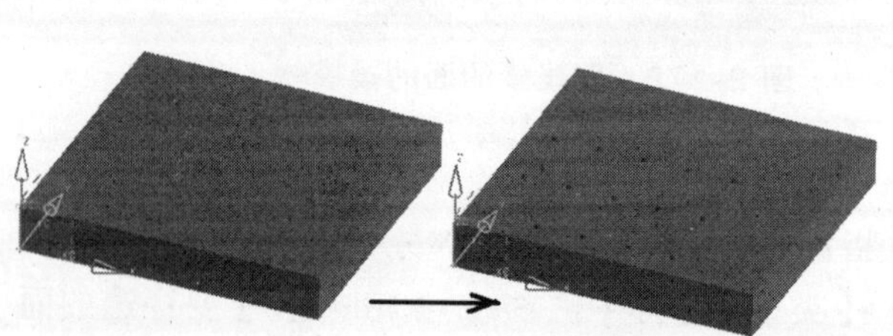

图 2-179　矩形阵列特征

7. 圆形阵列

圆形阵列是将实体绕指定的轴线分布在回转半径上。单击【 】，弹出【实例】对话框/选择【圆形阵列】，弹出如图 2-180 所示【实例】对话框/选择【沉头孔】/单击【确定】，弹出如图 2-181 所示【实例】对话框/【方法】选择【常规】/输入【数量】的值【3】，【角度】值【120】/单击【确定】，弹出如图 2-182 所示【实例】对话框/选择【基准轴】/选择【ZC】/单击【是】/单击【确定】，如图 2-183 所示。

图 2-180　【实例】对话框

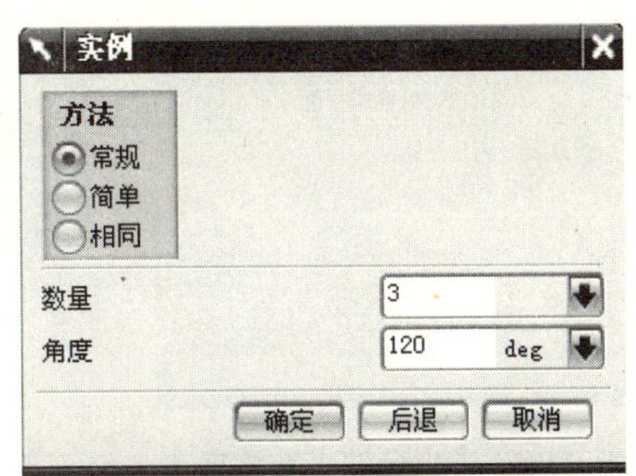

图 2-181　【实例】对话框

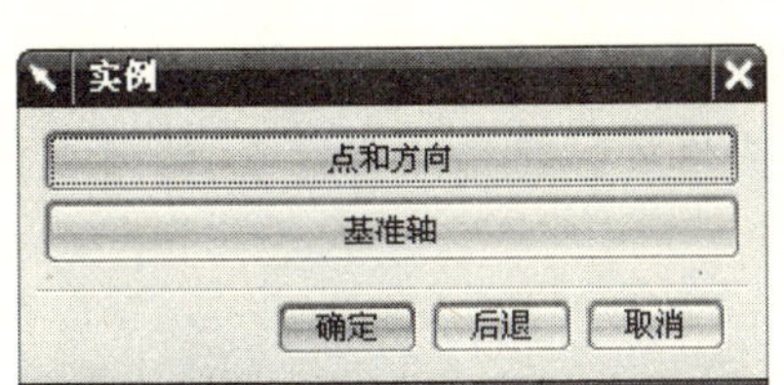

图 2-182　【实例】对话框

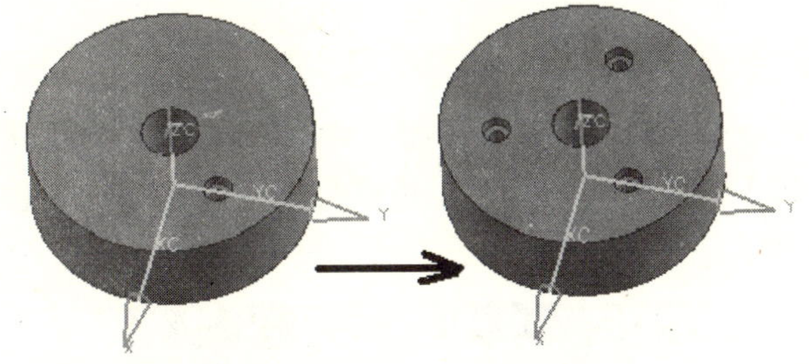

图 2-183　圆形阵列特征

2.5.5　修剪特征

1. 修剪体

修剪体是将实体一分为二，保留一边而切除另一边。单击【 】，弹出如图 2-184 所示【修剪体】对话框/选择【目标体】/【刀具】选择【新平面】/单击【确定】，如图 2-185 所示。

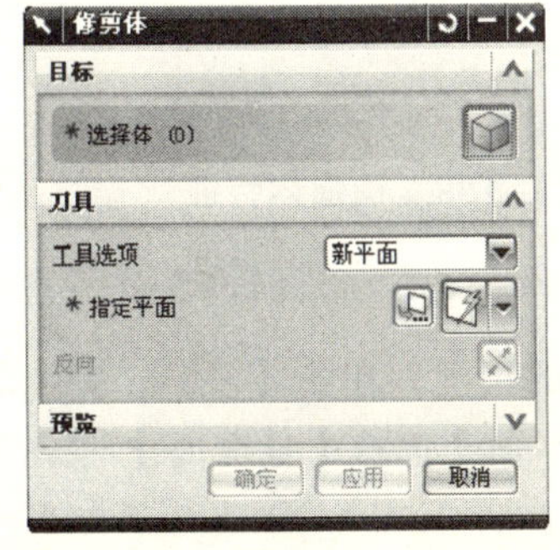

图 2-184　【修剪体】对话框

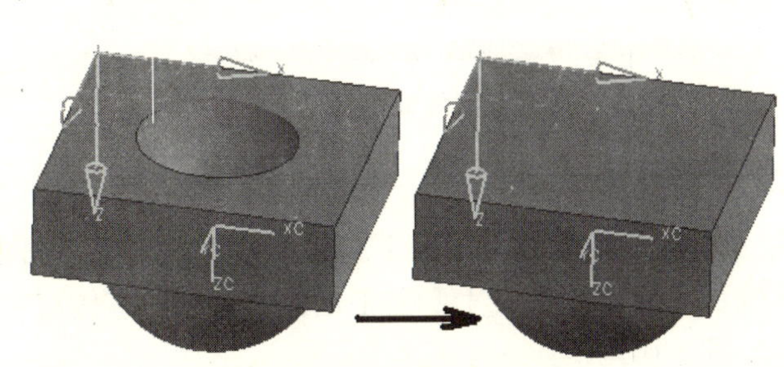

图 2-185　修剪体特征

2. 拆分体

拆分体是将实体一分为二，同时保留两边。单击【 】，弹出如图 2-186 所示【拆分体】对话框/选择【目标体】/【刀具】选择【面或平面】/单击【确定】，如图 2-187 所示。

图 2-186 【拆分体】对话框

图 2-187 拆分体特征

2.5.6 镜像特征

1. 镜像体

镜像体是通过基准平面为对称平面镜像实体特征。单击【 】，弹出如图 2-188 所示【镜像体】对话框/【选择体】选择实体/【镜像平面】选择【基准面】/单击【确定】，如图 2-189 所示。

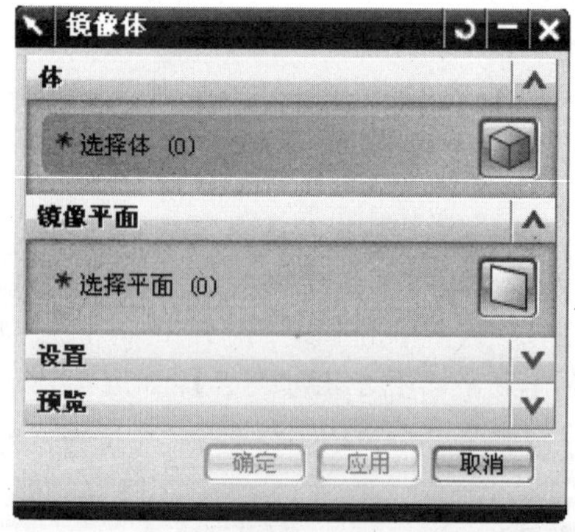

图 2-188 【镜像体】对话框

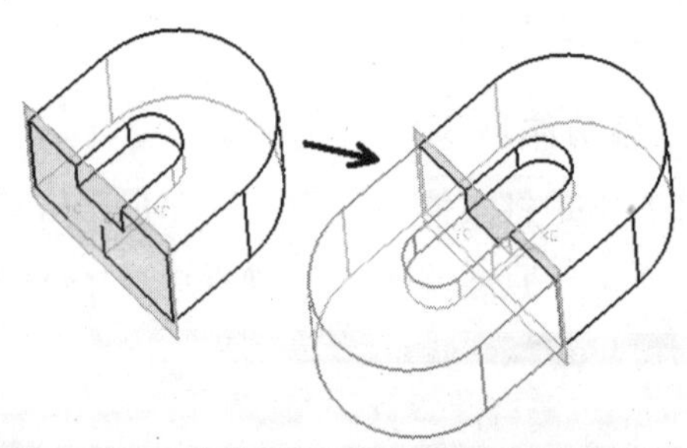

图 2-189 镜像体特征

2. 镜像特征

镜像特征是对实体上的某个或部分特征关于某平面对称的情况。单击【 】，弹出如图 2-190 所示【镜像特征】对话框/【选择体】选择实体/【镜像平面】选择【基准面】/单击【确定】，如图 2-191 所示。

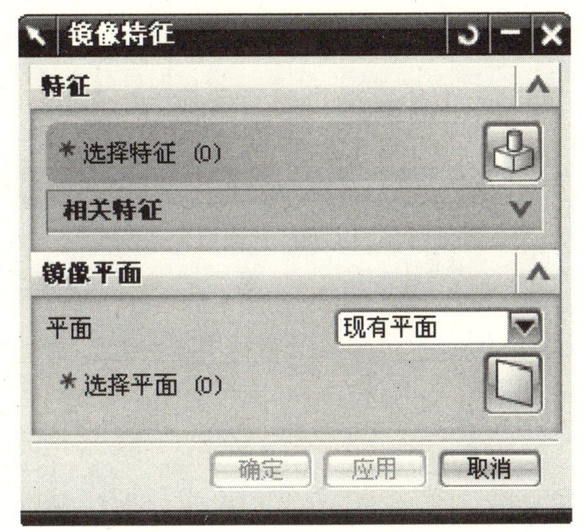

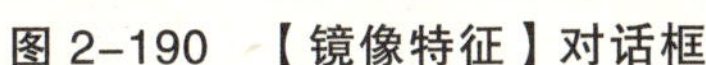
图 2-190　【镜像特征】对话框

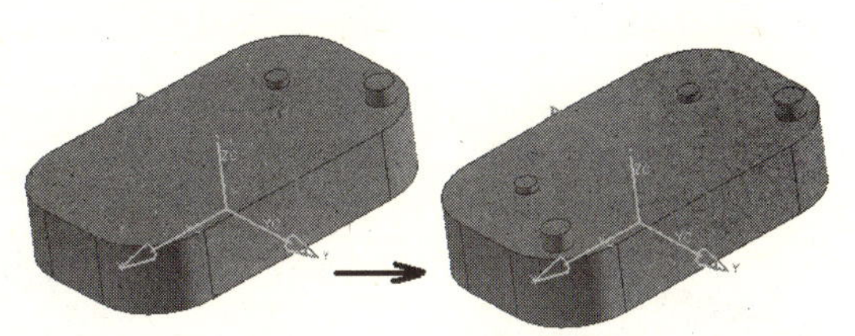
图 2-191　镜像特征

2.5.7　编辑位置

编辑位置可通过编辑定位尺寸值来移动特征。单击【 】/弹出如图 2-192 所示【编辑位置】对话框/在过滤器中选择【凸台】/单击【确定】，弹出如图 2-193 所示【编辑位置】对话框/选择【编辑尺寸值】，弹出如图 2-194 所示【编辑位置】对话框/选择定位尺寸，弹出如图 2-195 所示【编辑表达式】对话框/输入新值【0】/单击【确定】，如图 2-196 所示。

图 2-192　【编辑位置】对话框

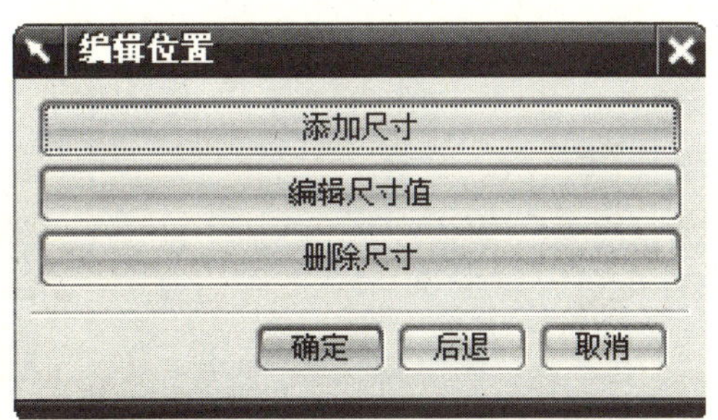

图 2-193　【编辑位置】对话框

图 2-194　【编辑位置】对话框

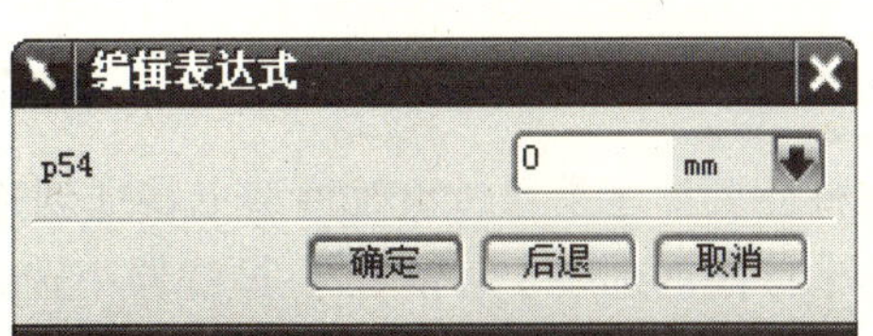

图 2-195　【编辑表达式】对话框

【添加尺寸】：在所选择的特征和相关实体之间添加尺寸。

【编辑尺寸值】：用来修改已经存在的尺寸参数。

【删除尺寸】：用来删除尺寸。

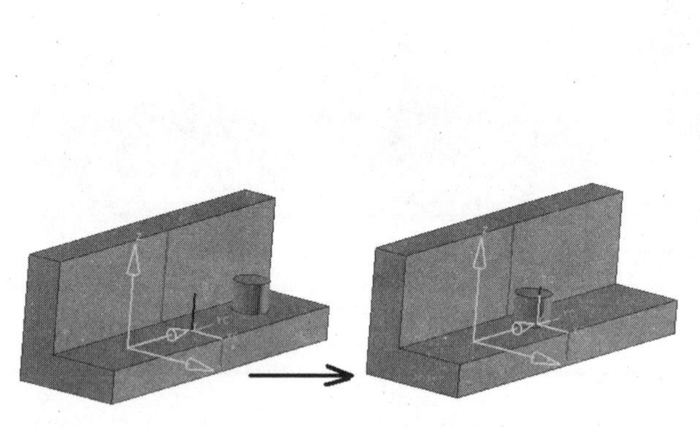

图 2-196　编辑位置特征

图 2-197　【移动特征】对话框

2.5.8　移动特征

移动特征是将非关联的特征移动到所需位置。单击【 】/弹出如图 2-197 所示【移动特征】对话框/在过滤器中选择【体】/单击【确定】，弹出如图 2-198 所示【移动特征】对话框/【DZC】输入新值【10】/单击【确定】，如图 2-199 所示。

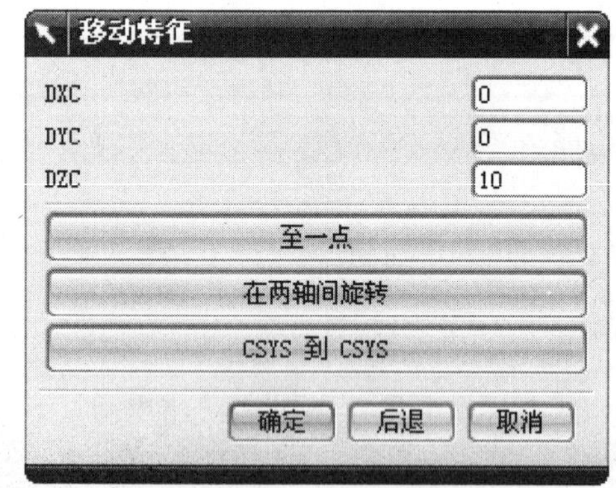

图 2-198　沿 ZC 方向移动特征

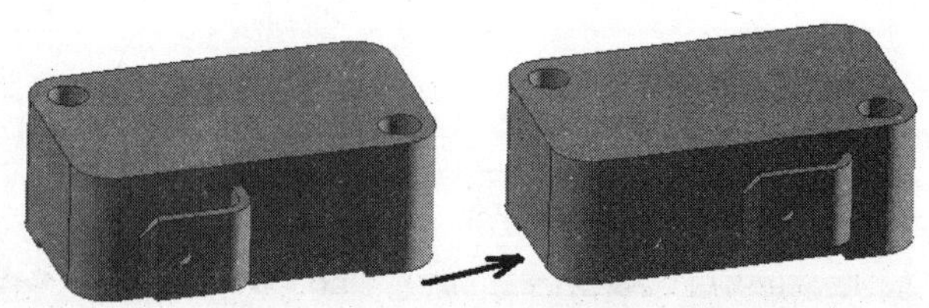

图 2-199　移动特征

2.5.9　特征重排序

特征重排序是通过更改模型上特征创建的顺序来编辑模型。单击【 】/弹出如图 2-200 所示【特征重排序】对话框/在过滤器中选择【边倒圆(2)】/【选择方法】选择【在前面】/【重定位特征】选择【壳(3)】/单击【确定】，如图 2-201 所示。

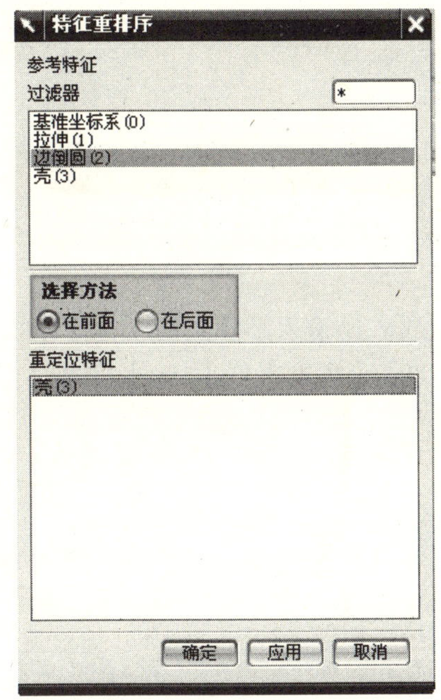

图 2-200 【特征重排序】对话框

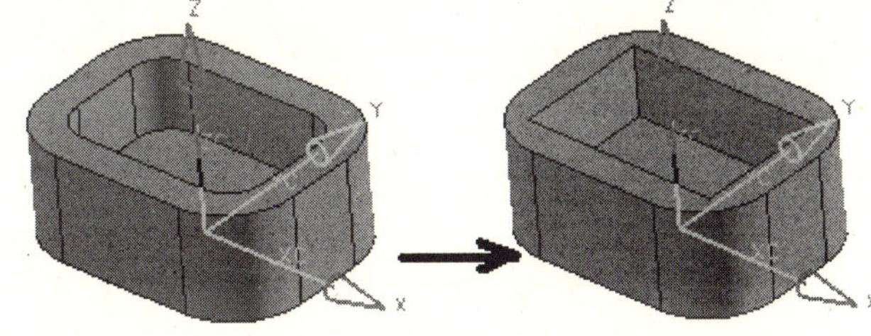

图 2-201 特征重排序对象

2.5.10 抑制特征

抑制特征是从实体模型上临时移除一个或多个特征，即取消它们的显示。单击【 】/弹出如图 2-202 所示【抑制特征】对话框/在过滤器中选择【体(29)】/选择【列出相关对象】/【选定的特征】选择【体(29)】/单击【确定】，如图 2-203 所示。

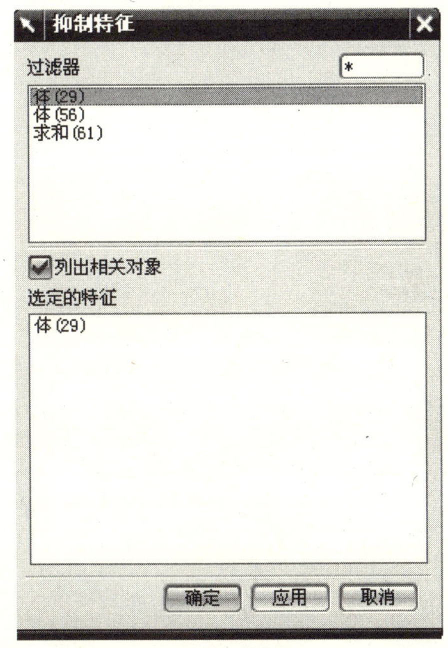

图 2-202 【抑制特征】对话框

图 2-203 抑制特征

2.5.11　综合范例 5：创建烟灰缸

1. 新建文件

单击【文件】/单击【 】，弹出【新建】对话框/在【名称】文本框中输入文件的名称【lz-05】/选定储存的路径【F:\ug7.0\】/单击【确定】。

2. 绘制烟灰缸截面

单击【 】，弹出【矩形】对话框/单击【 】/单击【XY】/输入第一点的坐标【XC】的值【0】、【YC】的值【0】/输入第二点的【宽度】值【100】、【高度】值【100】/单击【确定】，如图 2-204 所示/单击【 】。

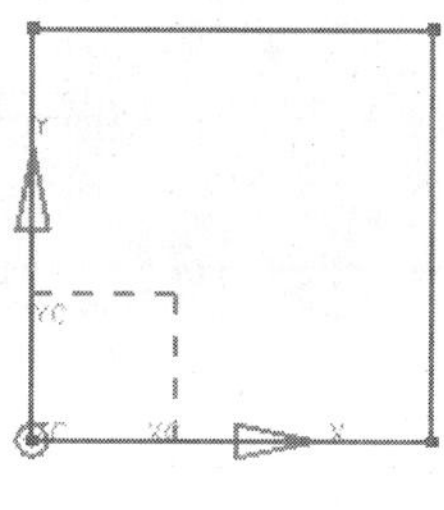

图 2-204　矩形

3. 拉伸烟灰缸实体

单击【 】/弹出如图 2-205 所示【拉伸】对话框/选择【曲线】/【方向】选择【 】/输入【开始距离】值【0】/输入【结束距离】值【50】/【拔模】选择【从截面】/【角度】输入【－10】/选择【实体】/单击【确定】，如图 2-206 所示。

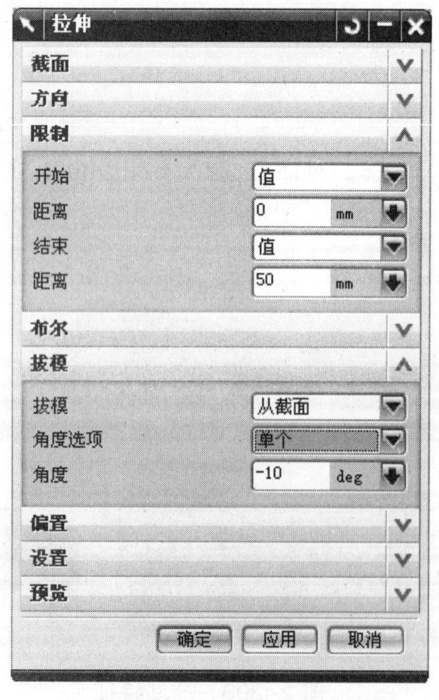

图 2-205　【拉伸】对话框

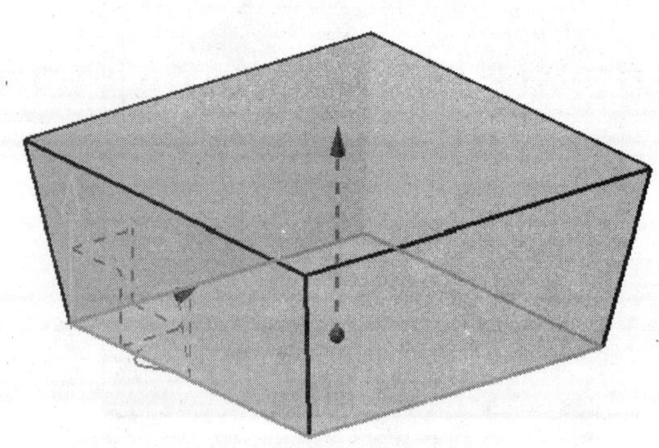

图 2-206　拉伸特征

4. 创建矩形腔体

单击【 】/弹出【腔体】对话框/【类型】选择【矩形】/【选择平的放置面】选择工件上表面，弹出【水平参考】对话框/单击【实体面】，选择工件前面，弹出如图 2-207 所示【矩形腔体】参数对话框/输入参数/单击【确定】，弹出【定位】对话框/单击【 】，选择目标体边 1，选择刀具体 YC，弹出【创建表达式】对话框/输入值【50】/单击【确定】，返回【定位】对话框/单击【 】，选择目标体边 2，选择刀具体 XC，弹出【创建表达式】对话框/输入值【50】/单击【确定】，如图 2-208 所示。

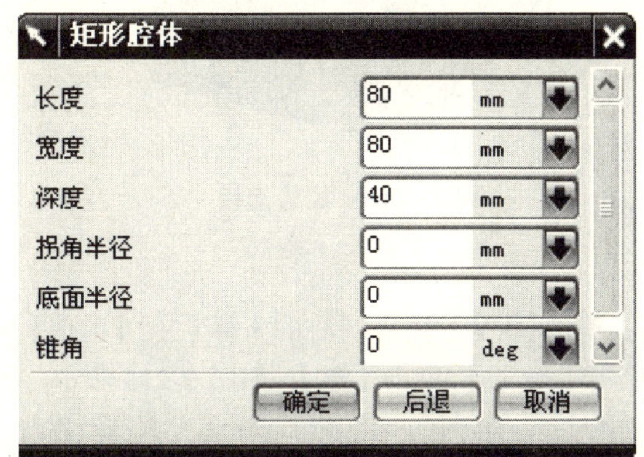

图 2-207　【矩形腔体】参数

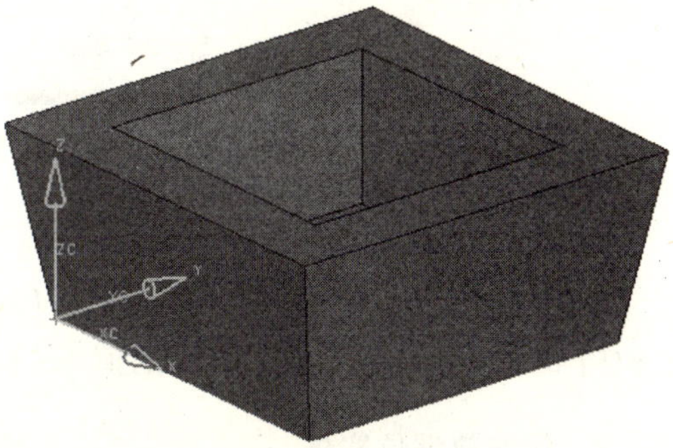

图 2-208　矩形腔体

5. 内腔体拔模

单击【 】/弹出【拔模】对话框/【类型】选择【从平面】/【拔模方向】选择【ZC】/【固定面】选择【工件上表面】/【要拔模的面】选择【内腔体的 4 个侧面】/输入【角度】值【15】/单击【确定】，如图 2-209 所示。

6. 移动坐标

单击【格式】/【WCS】/【定向(N)】，弹出【CSYS】对话框/输入新坐标值【50，50，50】/单击【确定】，如图 2-210 所示。

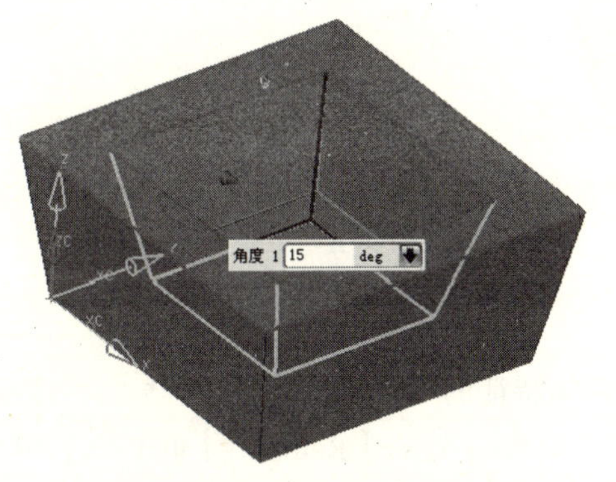

图 2-209　内腔体拔模

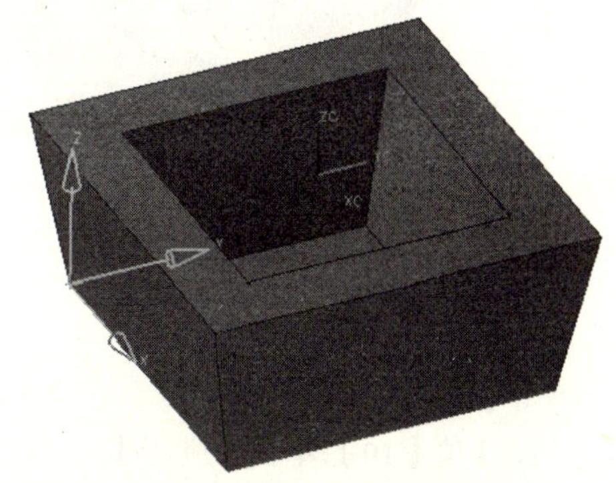

图 2-210　移动坐标

7. 旋转坐标

单击【格式】/【WCS】/【旋转(R)】，弹出如图 2-211 所示【旋转 WCS 绕】对话框/选择【+ YC 轴：ZC --> XC】/输入【角度】值【90】/单击【确定】，如图 2-212 所示。

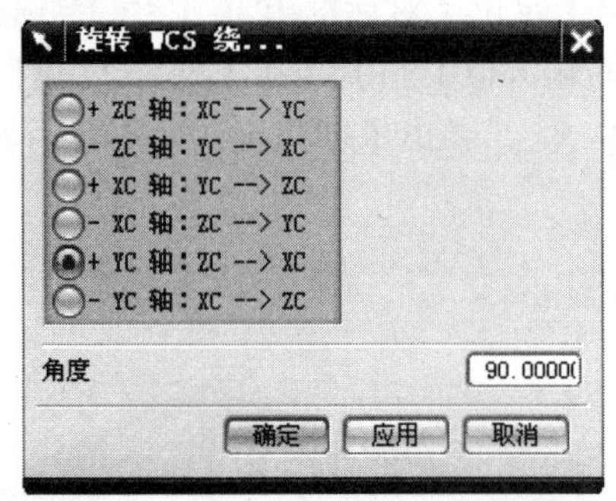

图 2-211　【旋转坐标】对话框

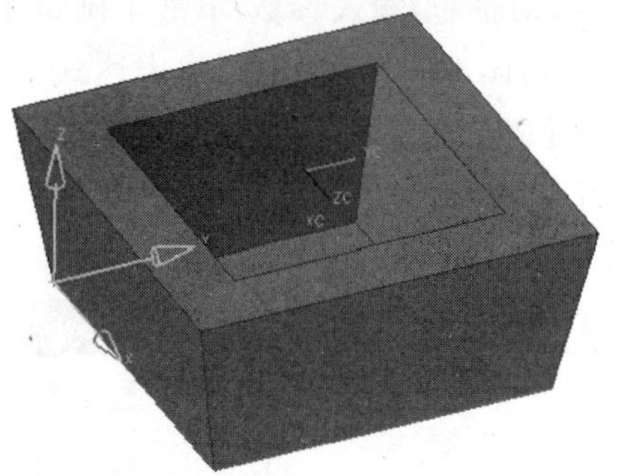

图 2-212　旋转坐标

8. 绘制放烟位截面

单击【○】，弹出【圆】对话框/单击【⊙】/单击【XY】/输入圆心的坐标【XC】的值【0】、【YC】的值【0】/输入【半径】的值【5】/单击【确定】/单击【🏁】，如图 2-213 所示。

9. 拉伸放烟位实体

单击【】/弹出如图 2-214 所示【拉伸】对话框/选择【曲线圆】/【方向】选择【ZC】/【结束】选择【对称值】/输入【距离】值【70】/【布尔】选择【求差】/单击【确定】，如图 2-215 所示。用同样的方法创建另一个放烟位，如图 2-216 所示。

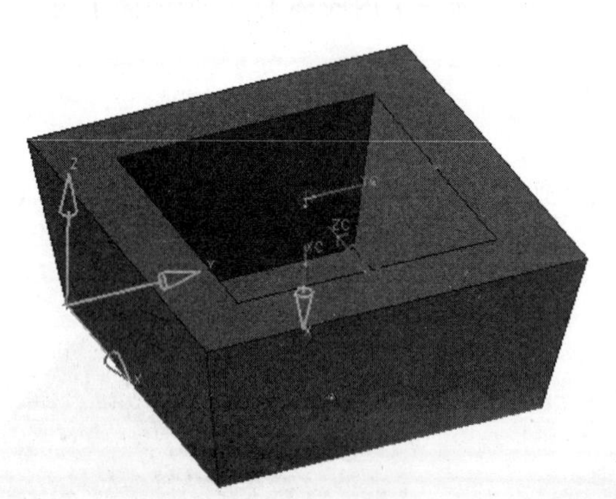

图 2-213　放烟位截面

图 2-214　【拉伸】对话框

10. 创建倒圆角

单击【】，弹出【边倒圆】对话框/选择腔体特征的 4 条棱边，如图 2-217 所示/输入【Radius1】值【10】/单击【应用】/选择腔体特征的底边/输入【Radius 1】值【15】/单击【应用】/选择烟灰缸特征的 4 条棱边 6/输入【Radius 1】值【20】/单击【应用】/选择烟灰缸特征上表面的边/输入【Radius 1】值【3】/单击【确定】，如图 2-218 所示。

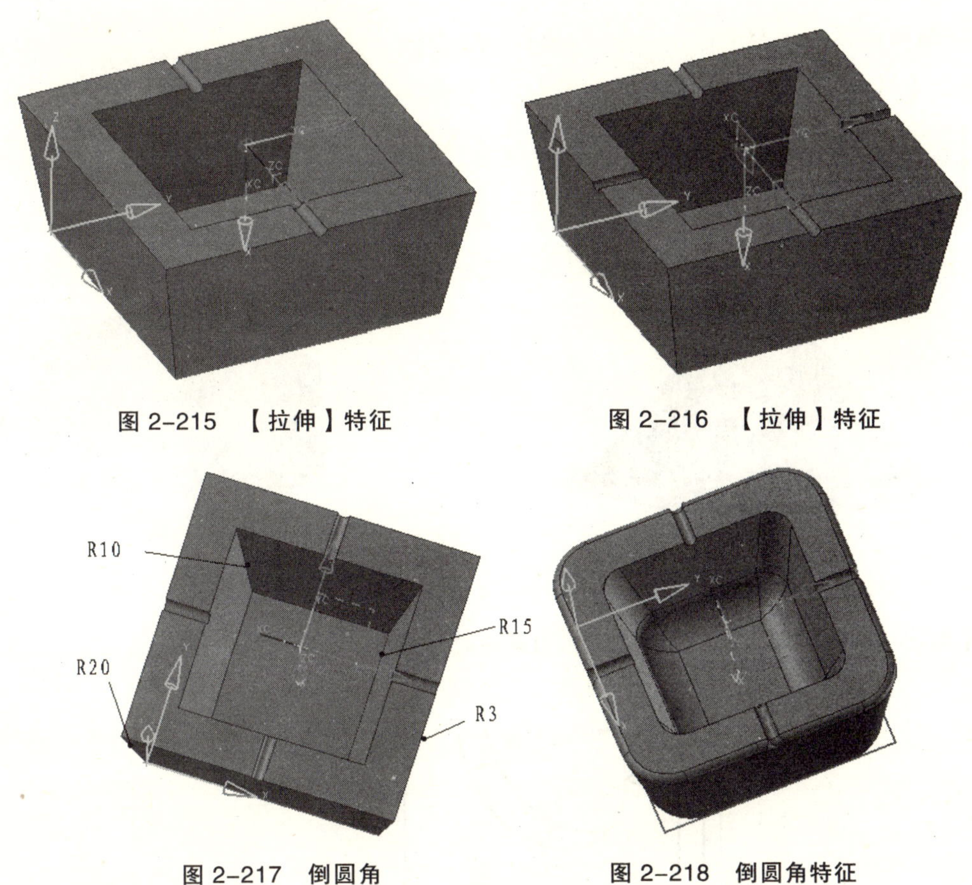

图 2-215　【拉伸】特征

图 2-216　【拉伸】特征

图 2-217　倒圆角

图 2-218　倒圆角特征

11. 创建抽壳特征

单击【 】/弹出【抽壳】对话框 /【类型】选择【移除面，然后抽壳】/【要穿透的面】选择【烟灰缸的底面】/输入【厚度】值【2】/单击【确定】，如图 2-219 所示。

12. 整理图形

隐藏作图时的线，如图 2-220 所示。

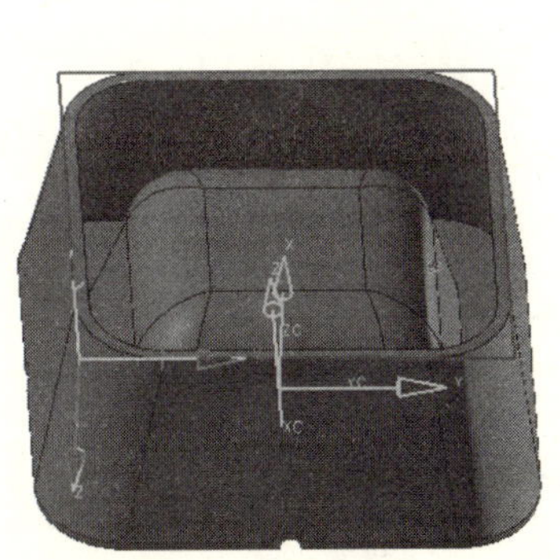

图 2-219　抽壳特征

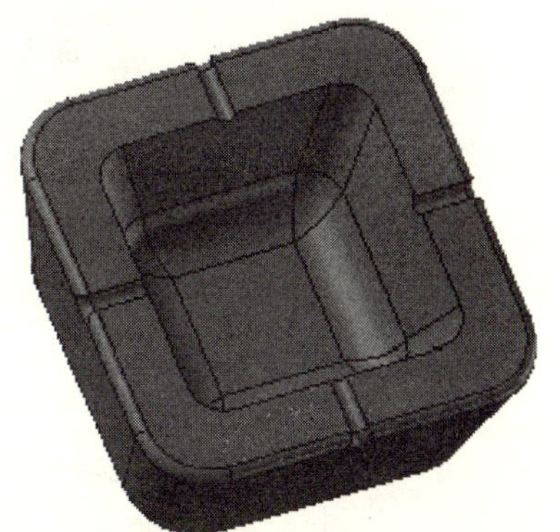

图 2-220　烟灰缸特征

习　题

【练习 2-1】如练习 2-1 图所示，创建圆锥。

【练习 2-2】如练习 2-2 图所示，创建实体。

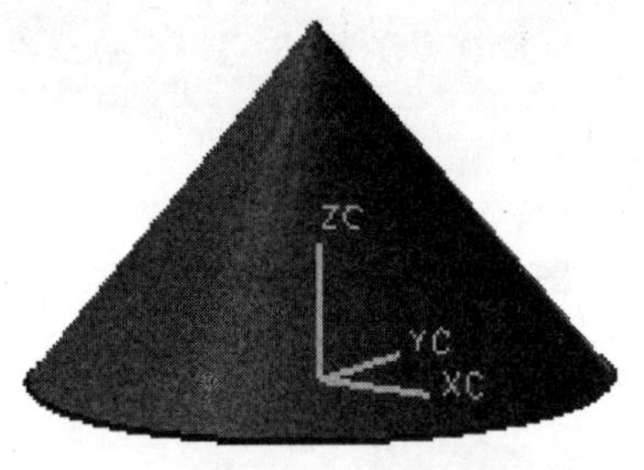

练习 2-1 图

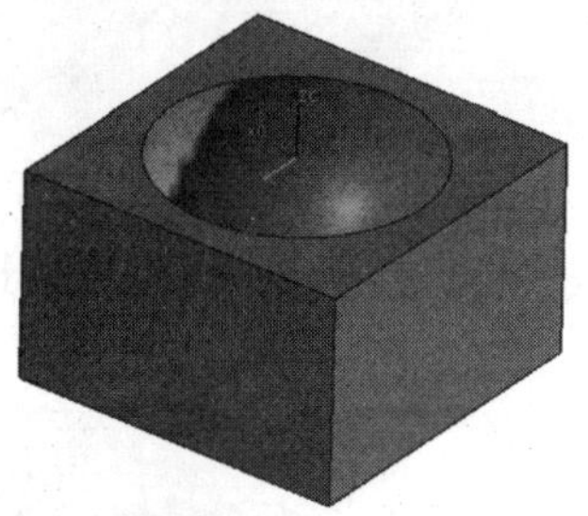

练习 2-2 图

【练习 2-3】如练习 2-3 图所示，利用基本特征和布尔操作创建实体。

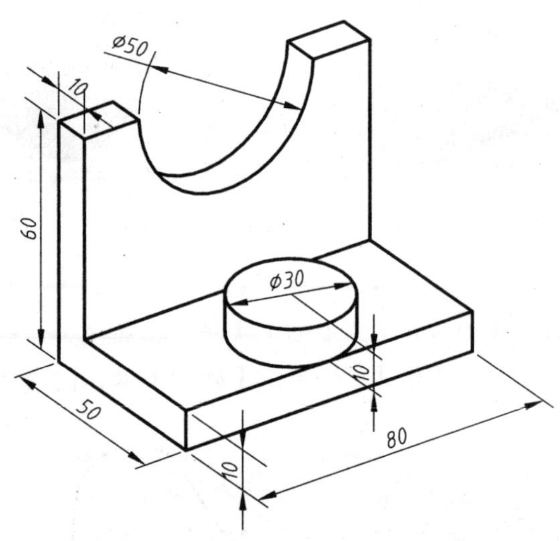

练习 2-3 图

【练习 2-4】如练习 2-4 图所示，绘制草图。

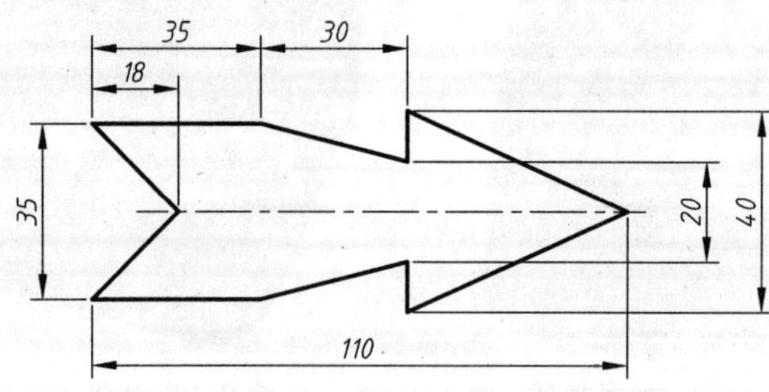

练习 2-4 图

【练习 2-5】如练习 2-5 图所示，创建样条曲线。

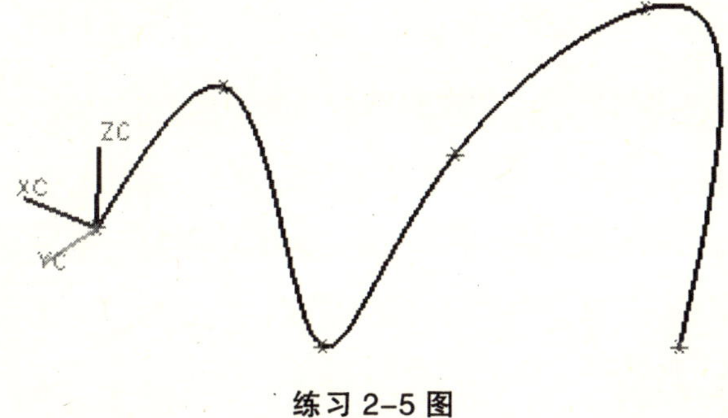

练习 2-5 图

【练习 2-6】如练习 2-6 图所示，打开文件【LX2-6a】，用约束将图形变成正五边形。

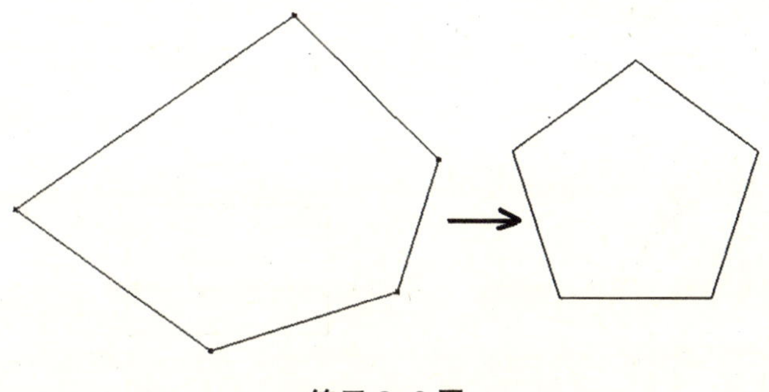

练习 2-6 图

【练习 2-7】如练习 2-7 图所示，按照图上尺寸绘制草图。

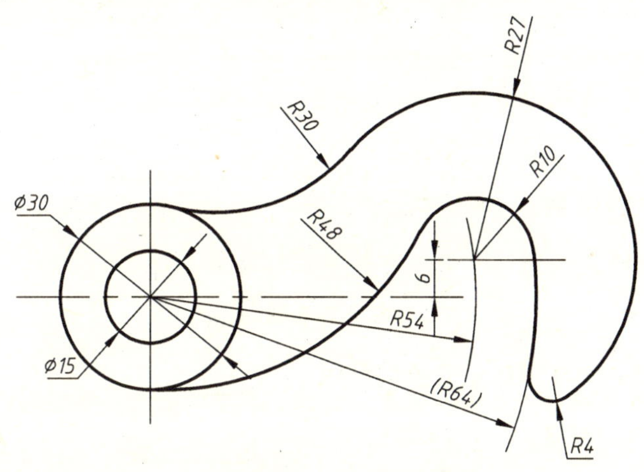

练习 2-7 图

【练习 2-8】如练习 2-8 图所示，按照图上尺寸绘制草图。
【练习 2-9】如练习 2-9 图所示，按照图上尺寸绘制草图。

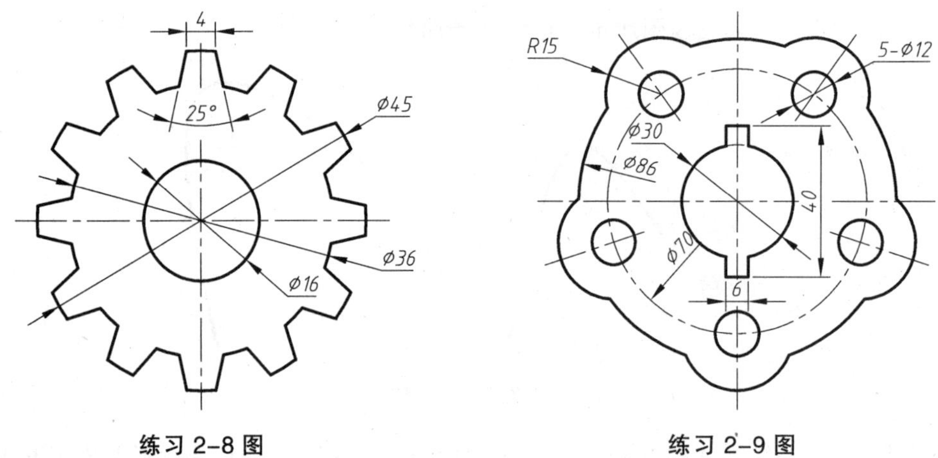

练习 2-8 图　　练习 2-9 图

【练习 2-10】如练习 2-10 图所示，按照图上尺寸绘制草图。

【练习 2-11】如练习 2-11 图所示，利用拉伸特征和布尔操作创建实体。

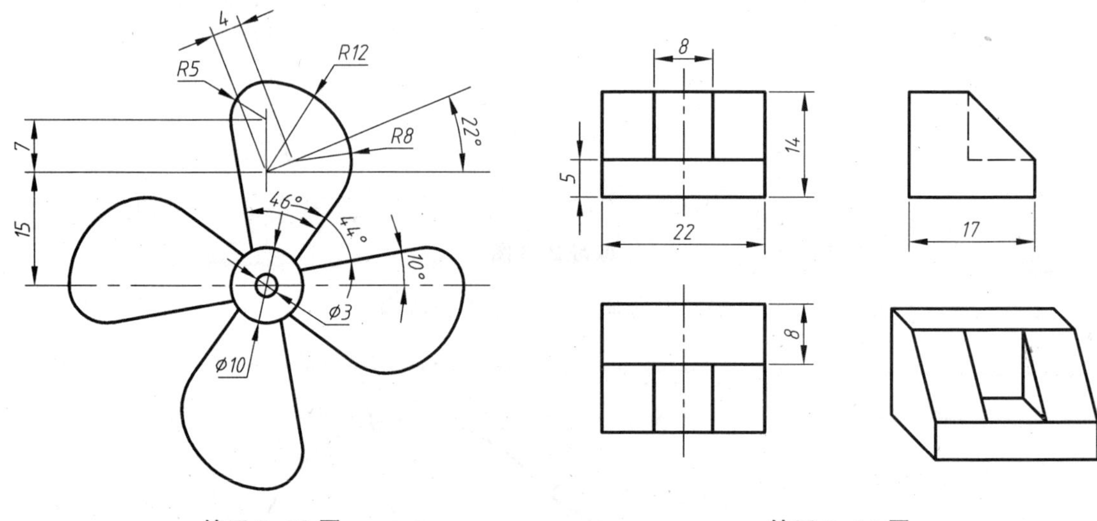

练习 2-10 图　　练习 2-11 图

【练习 2-12】如练习 2-12 图所示，用回转特征创建实体。

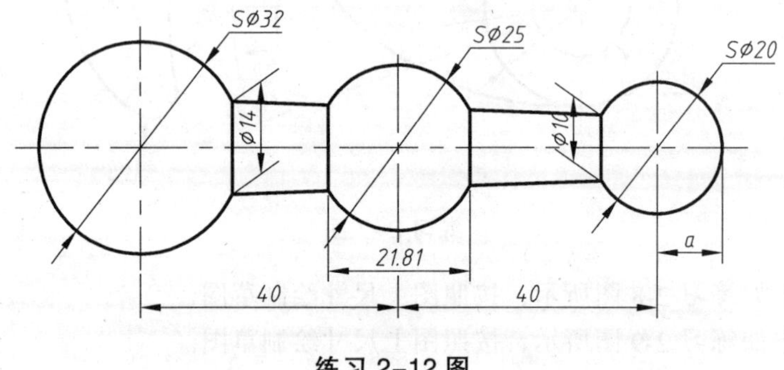

练习 2-12 图

【练习 2-13】如练习 2-13 图所示，用沿导引线扫掠特征创建实体。

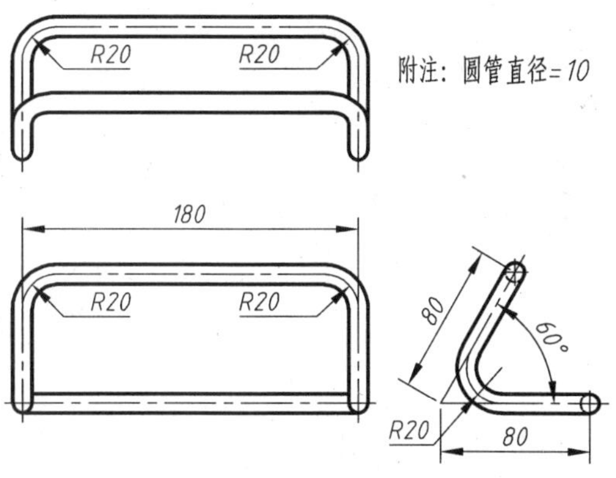

练习 2-13 图

【练习 2-14】如练习 2-14 图所示，创建弹簧实体。

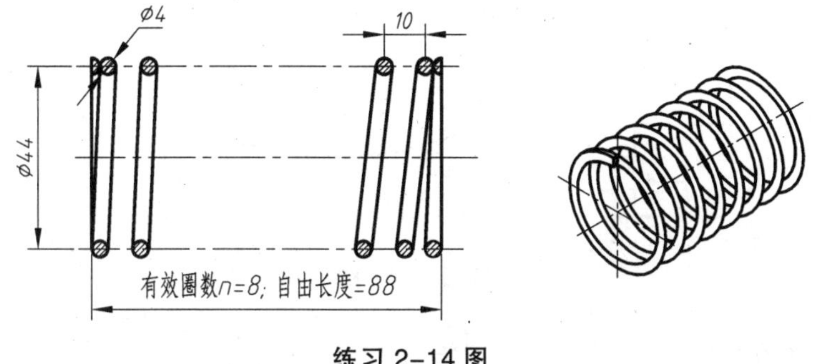

练习 2-14 图

【练习 2-15】如练习 2-15 图所示，利用孔、腔体、凸起、垫块特征创建实体。

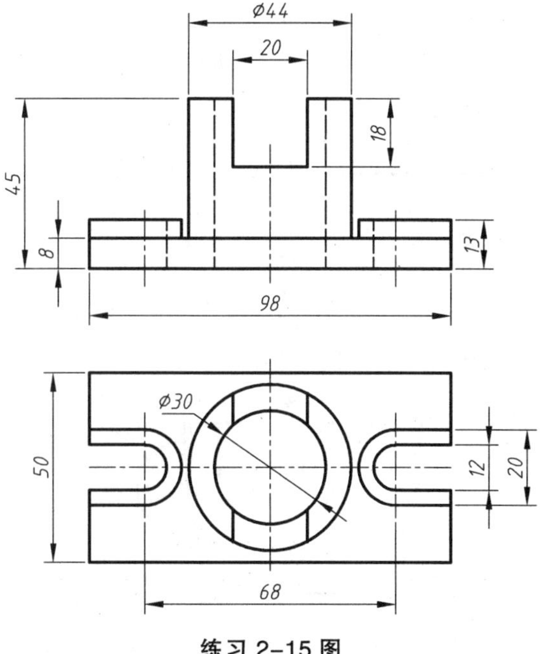

练习 2-15 图

【练习 2-16】如练习 2-16 图所示，创建实体。

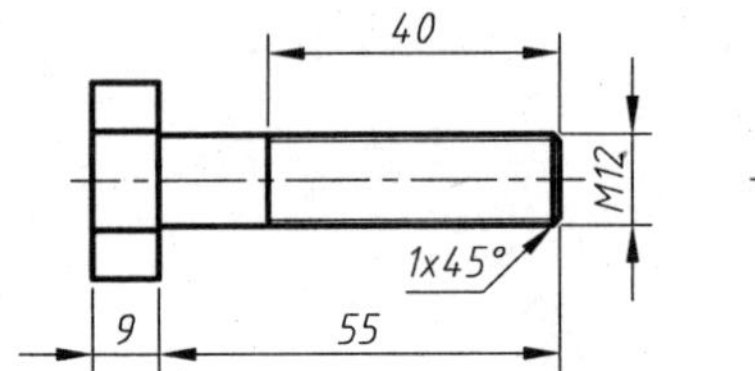

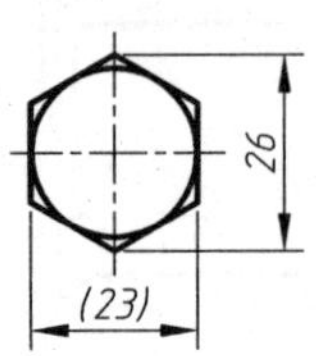

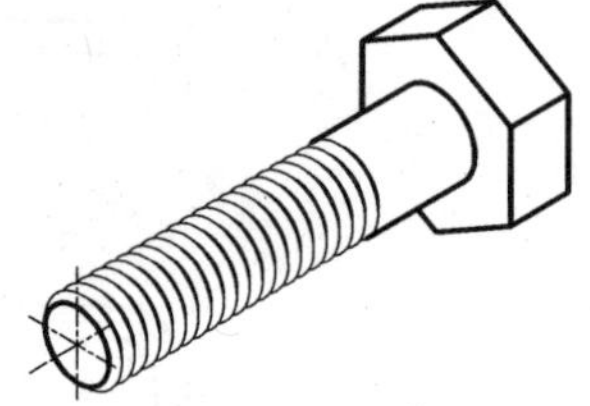

练习 2-16 图

【练习 2-17】如练习 2-17 图所示，创建实体。

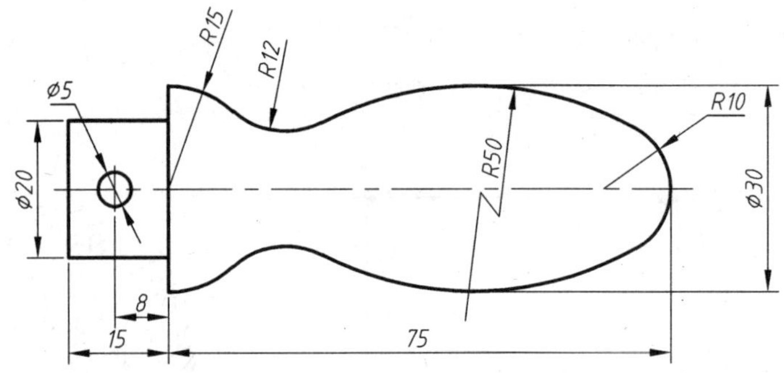

练习 2-17 图

【练习 2-18】如练习 2-18 图所示，创建实体。

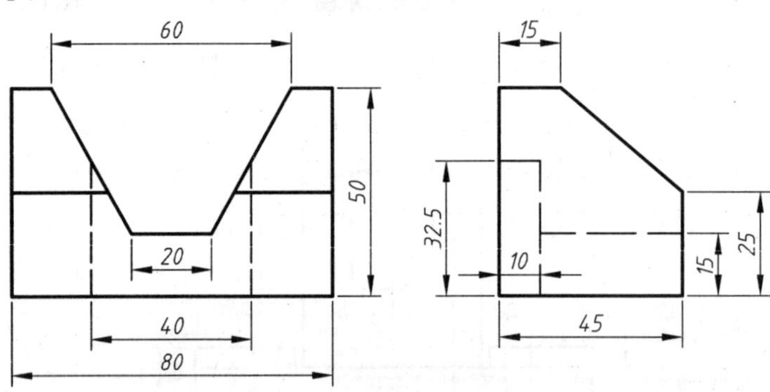

练习 2-18 图

【练习 2-19】如练习 2-19 图所示，创建实体。

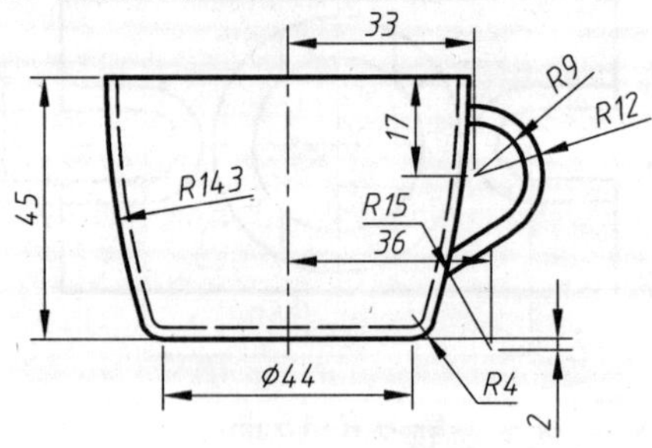

练习 2-19 图

【练习 2-20】按照练习 2-20 图，创建实体。

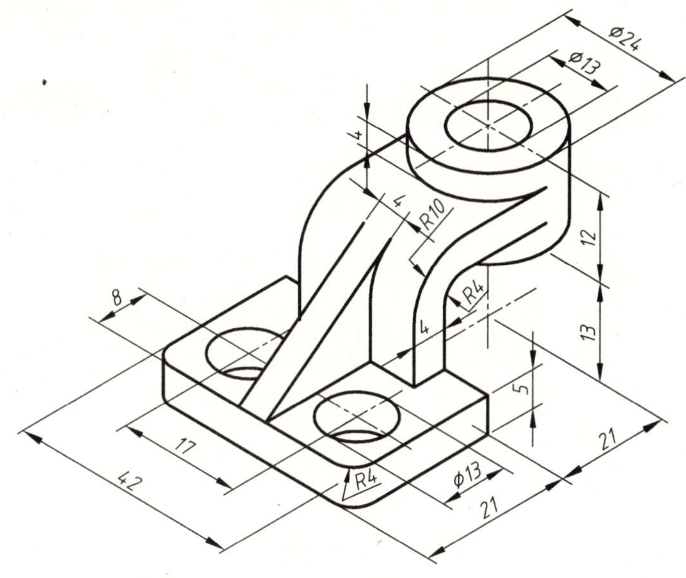

练习 2-20 图

【练习 2-21】按照练习 2-21 图，创建实体。

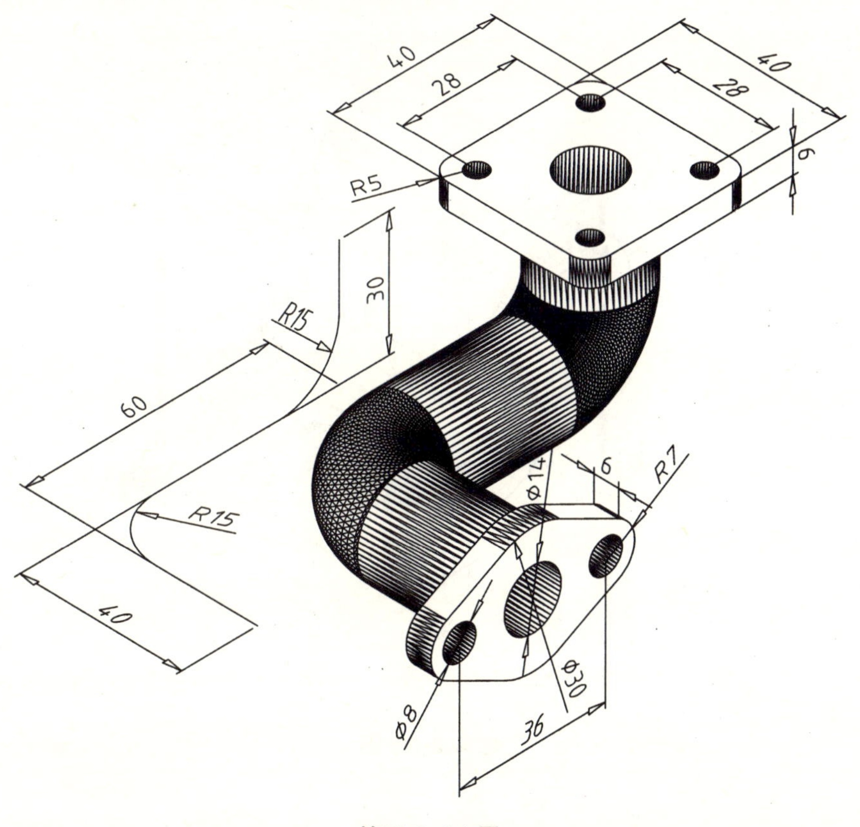

练习 2-21 图

【练习 2-22】按照练习 2-22 图，创建实体。

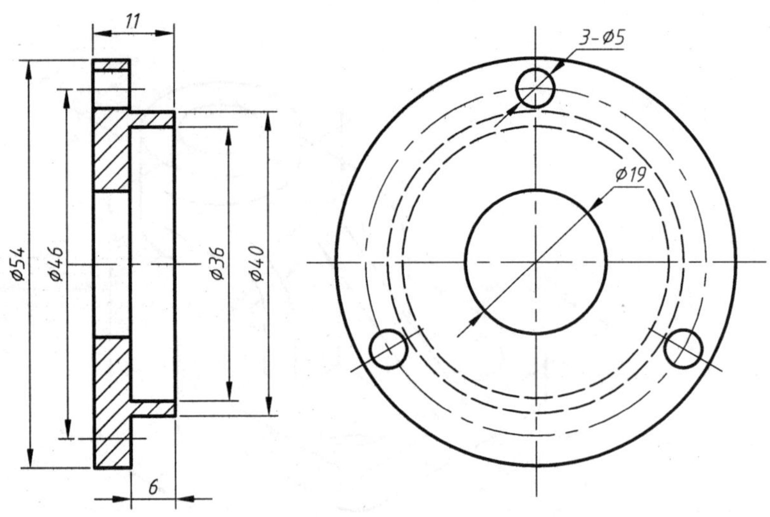

练习 2-22 图

【练习 2-23】按照练习 2-23 图，创建实体。

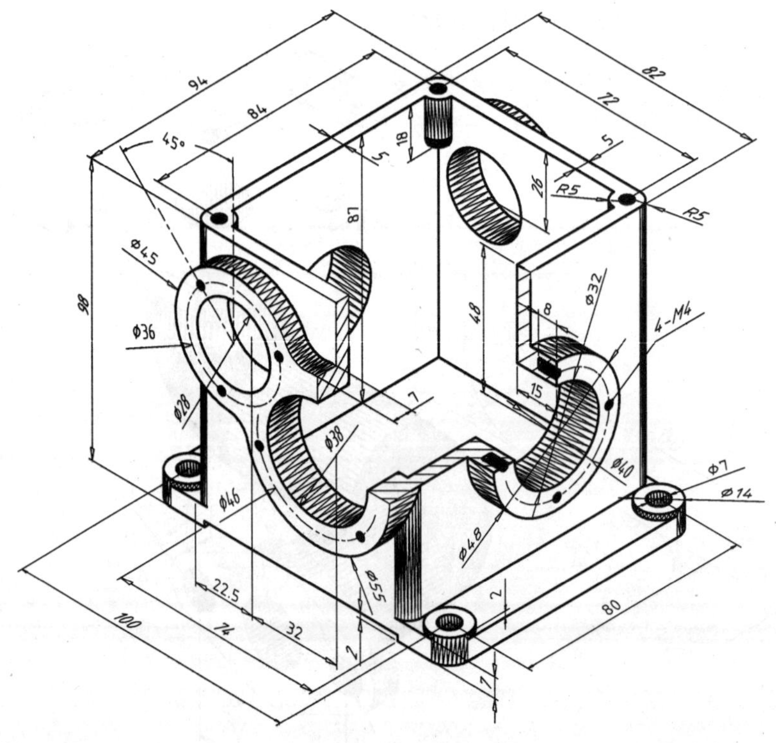

练习 2-23 图

第 3 章　UG NX7.0 曲线操作

3.1　创建基本曲线

3.1.1　创建直线

单击【 】，弹出如图 3-1 所示【基本曲线】对话框/单击【 】/单击【点方法】列表框右侧的【 】，弹出如图 3-2 所示【点】构造器/坐标选择【相对于 WCS】/输入直线第一点的坐标值（0，0，0）/单击【确定】/输入直线第二点的坐标值（100，60，0）/单击【确定】，如图 3-3 所示。

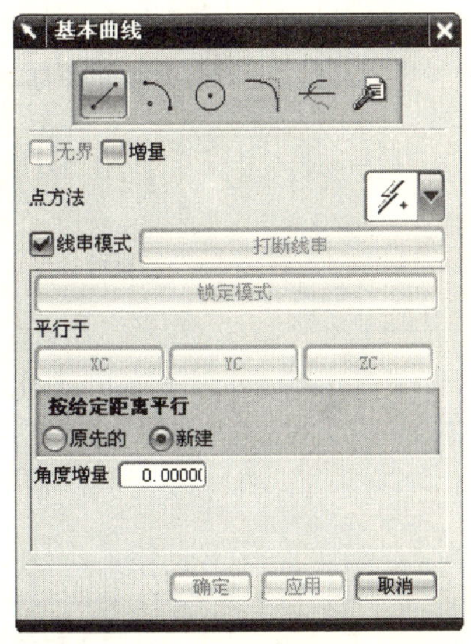

图 3-1　【基本曲线】对话框

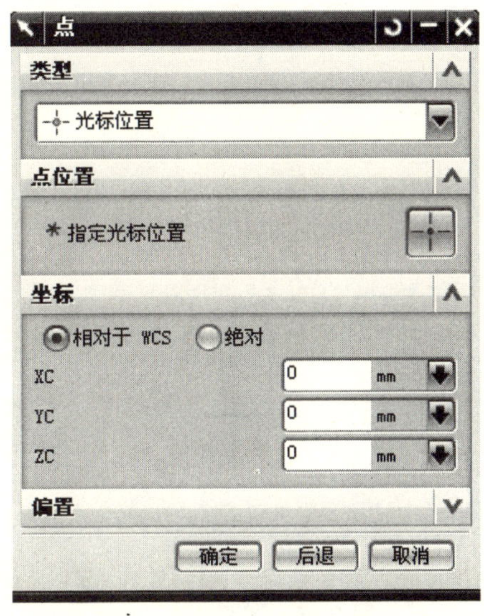

图 3-2　【点】构造器对话框

3.1.2　创建圆弧

单击【 】，弹出如图 3-4 所示【基本曲线】对话框/单击【 】/【创建方法】选择【起点，终点，圆弧上的点】/单击【点方法】列表框右侧的【 】，弹出【点】构造器/坐标选择【相对于 WCS】/指定圆弧起点（60，0，0）/单击【确定】/指定圆弧起点（－100，－80，0）/单击【确定】/指出圆弧上的一点（－20，60，0）/单击【确定】，如图 3-5 所示。

3.1.3　创建圆

单击【 】，弹出如图 3-6 所示【基本曲线】对话框/单击【 】/单击【点方法】列表框右侧的【 】，弹出【点】构造器/坐标选择【相对于 WCS】/指出圆心（0，0，0）/单击【确定】/指出圆弧上的一点（100，0，0）/单击【确定】，如图 3-7 所示。

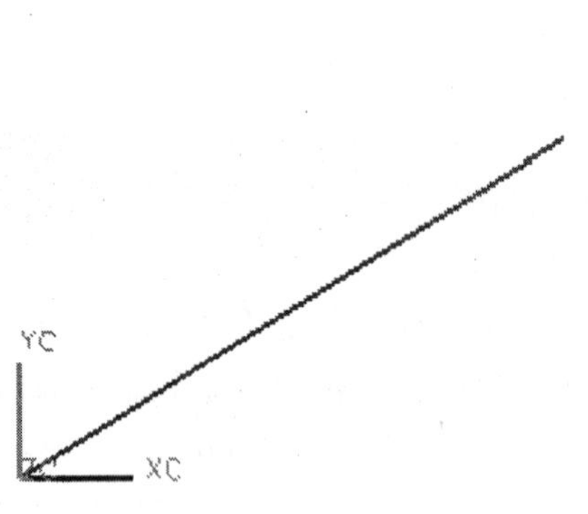

图 3-3　直线特征

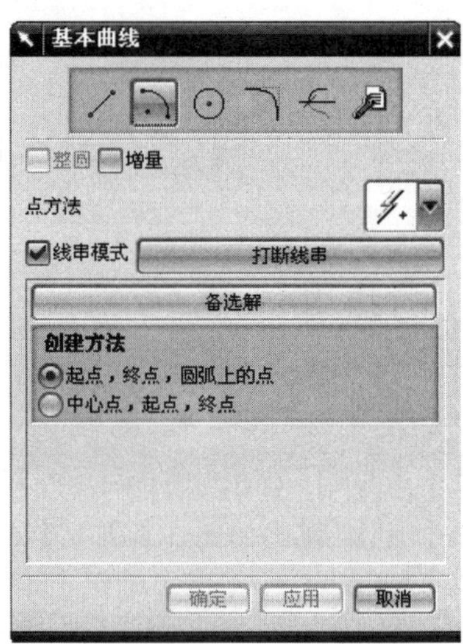

图 3-4　【基本曲线】对话框

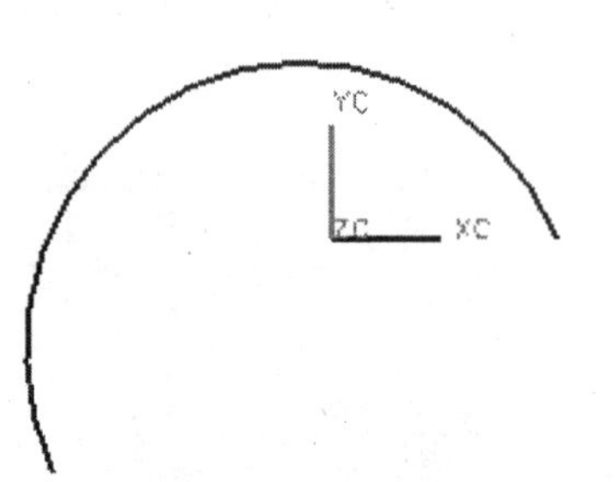

图 3-5　圆弧

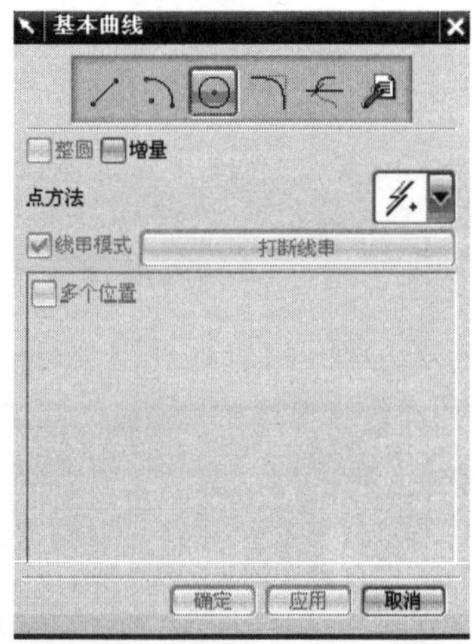

图 3-6　【基本曲线】对话框

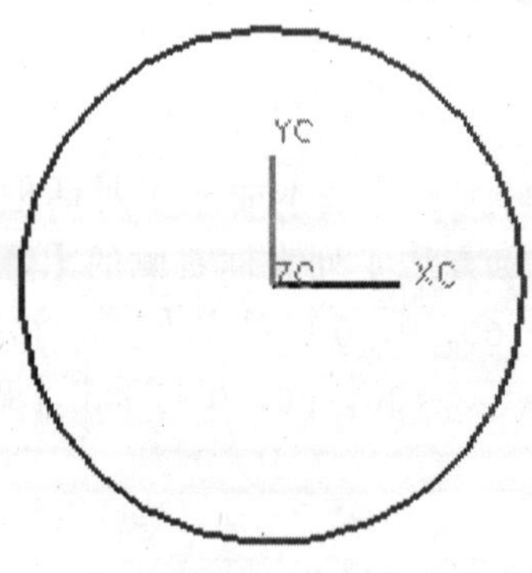

图 3-7　圆

3.1.4 圆 角

单击【 】，弹出如图 3-6 所示【基本曲线】对话框/单击【 】，弹出如图 3-8 所示【曲线倒圆】对话框/选择【 】/输入【半径】值【5】/选择曲线/单击【确定】，如图 3-9 所示。

【简单圆角】 对两条直线圆角，如图 3-9 所示。

【2 曲线圆角】 对两条曲线圆角，如图 3-10 所示。

【3 曲线圆角】 对任意 3 条曲线圆角，如图 3-11 所示。

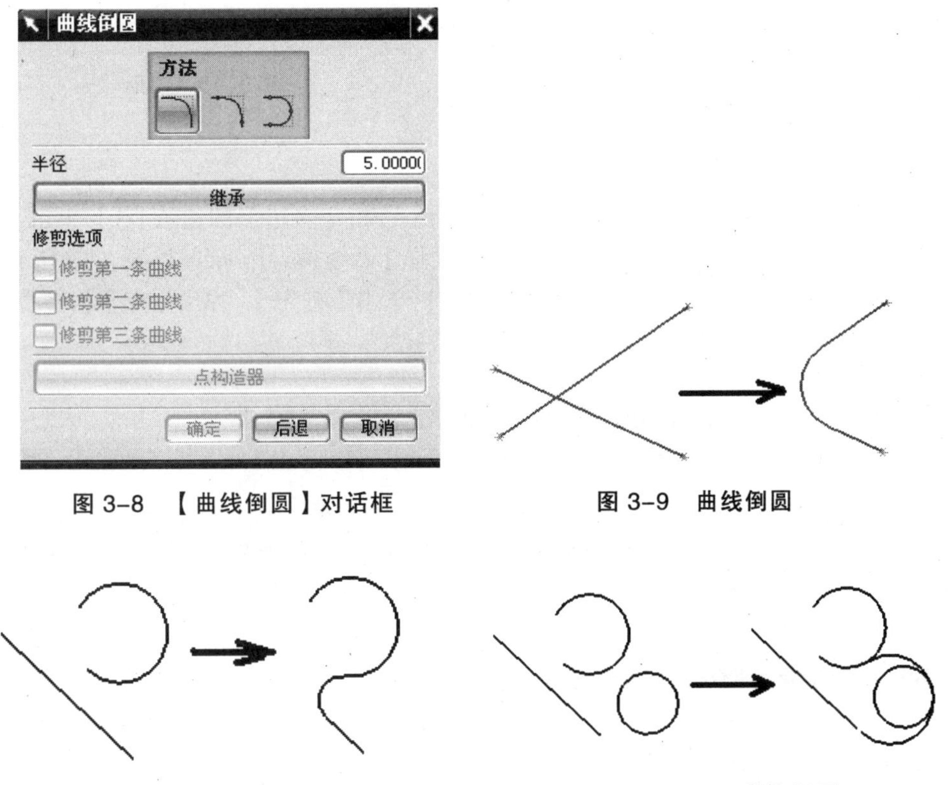

图 3-8 【曲线倒圆】对话框 图 3-9 曲线倒圆

图 3-10 曲线倒圆 图 3-11 曲线倒圆

3.1.5 倒 角

单击【 】，弹出如图 3-12 所示【倒斜角】对话框/单击【简单倒斜角】，弹出如图 3-13 所示【倒斜角】参数对话框/输入【偏置】值【5】/单击【确定】/选择倒斜角的边/单击【确定】，如图 3-14 所示。

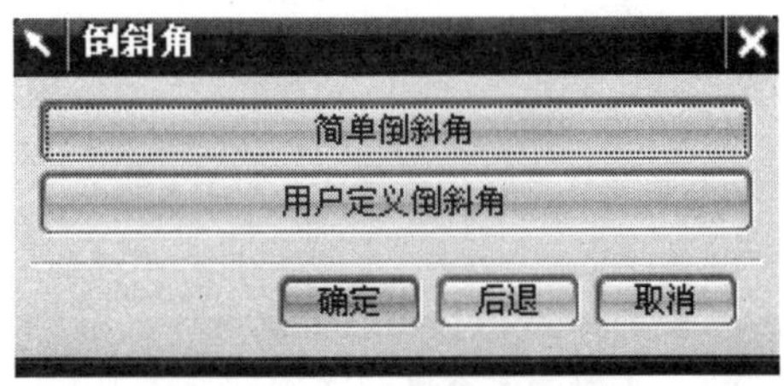

图 3-12 【倒斜角】对话框

图 3-13 【倒斜角】参数对话框

3.1.6 创建矩形

单击【 】，弹出【点】对话框/定义矩形的顶点 1（0，0，0）/单击【确定】/定义矩形的顶点 2（100，60，0）/单击【确定】，如图 3-15 所示。

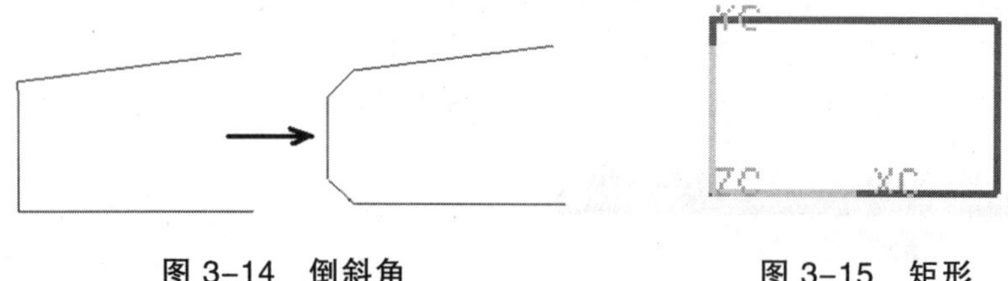

图 3-14　倒斜角　　　图 3-15　矩形

3.1.7 创建多边形

单击【 】，弹出如图 3-16 所示【多边形】对话框/指定多边形的边数【5】/单击【确定】，弹出如图 3-17 所示【多边形】创建方式对话框/选择【内接半径】，弹出如图 3-18 所示【多边形】参数对话框/输入内接半径【80】，方位角【0】/单击【确定】，弹出【点】构造器/指定原点（0，0，0）/单击【确定】，如图 3-19 所示。

图 3-16　【多边形】对话框

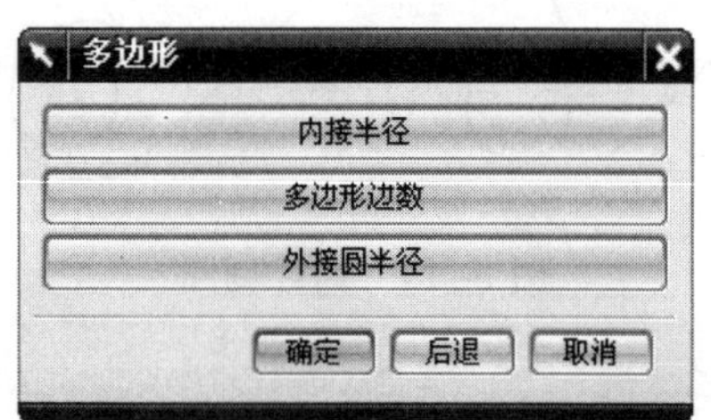

图 3-17　【多边形】创建方式对话框

图 3-18　【多边形】参数对话框

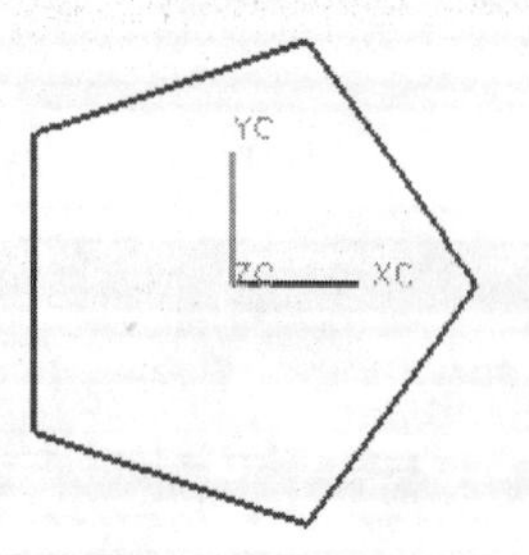

图 3-19　多边形

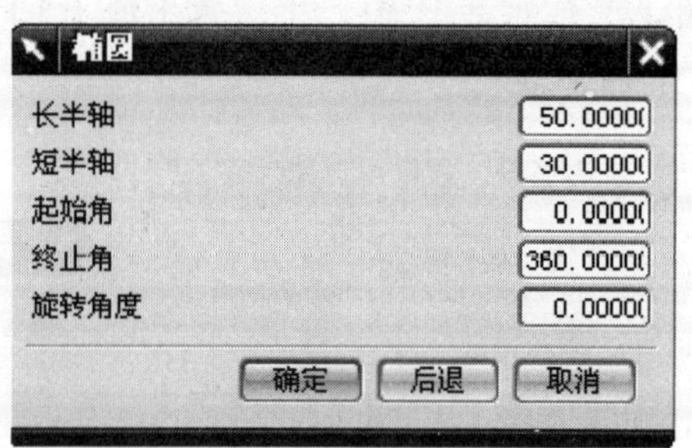

图 3-20　【椭圆】参数对话框

3.1.8　创建椭圆

单击【⊙】，弹出【点】对话框/指定椭圆中心，输入【0，0，0】/单击【确定】，弹出如图 3-20 所示【椭圆】参数对话框/输入【长半轴】值【50】，【短半轴】值【30】，【起始角】值【0】，【终止角】值【360】，【旋转角度】值【0】/单击【确定】，如图 3-21 所示。

3.1.9　综合范例 6：绘制连杆平面图

操作步骤：

1. 新建文件

单击【文件】/单击【】，弹出【新建】对话框/在【名称】文本框中输入文件的名称【lz-06】/选定储存的路径【F：\ug7.0\】/单击【确定】。

2. 创建多边形

单击【】，弹出【多边形】对话框/指定多边形的边数【8】/单击【确定】，弹出【多边形】创建方式对话框/选择【内接半径】，弹出【多边形】参数对话框/输入内接半径【11】，方位角【0】/单击【确定】，弹出【点】构造器/指定原点（0，0，0）/单击【确定】，如图 3-22 所示。

3. 创建圆

单击【】，弹出【基本曲线】对话框/单击【⊙】/单击【点方法】列表框右侧的【】，弹出【点】构造器/坐标选择【相对于 WCS】/指出圆心（0，0，0）/单击【确定】/指出圆弧上的一点（35，0，0）/单击【确定】/指出圆心（34，26，0）/单击【确定】/指出圆弧上的一点（26，26，0）/单击【确定】/指出圆心（0，－43，0）/单击【确定】/指出圆弧上的一点（0，－34，0）/单击【确定】，如图 3-23 所示。

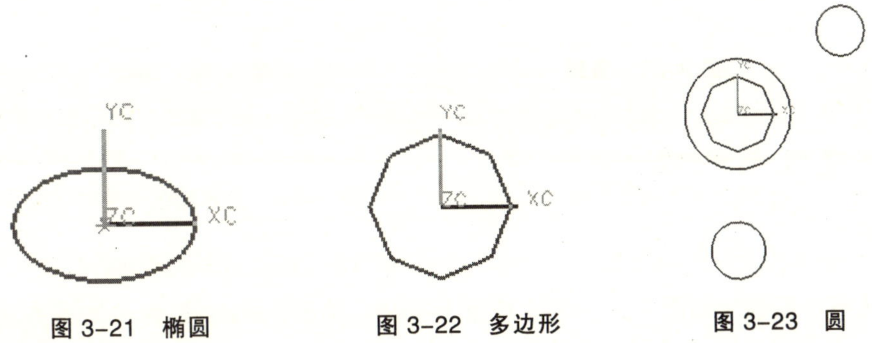

图 3-21　椭圆　　　　图 3-22　多边形　　　　图 3-23　圆

4. 创建关联直线

单击【】，弹出如图 3-24 所示【直线和圆弧】工具栏 /单击【】/选择起始相切约束的曲线，单击【Ø16 的圆】/选择终止相切约束的曲线，单击【Ø35 的圆】/选择起始相切约束的曲线，单击【Ø35 的圆】/选择终止相切约束的曲线，单击【Ø18 的圆】/单击【确定】，如图 3-25 所示。

5. 创建关联圆弧

单击【 】，弹出如图 3-24 所示【直线和圆】工具栏 /单击【 】/选择起始相切约束的曲线，单击【Ø16 的圆】/选择终止相切约束的曲线，单击【Ø18 的圆】/选择中间相切约束的曲线，单击【Ø35 的圆】/单击【确定】，如图 3-26 所示。

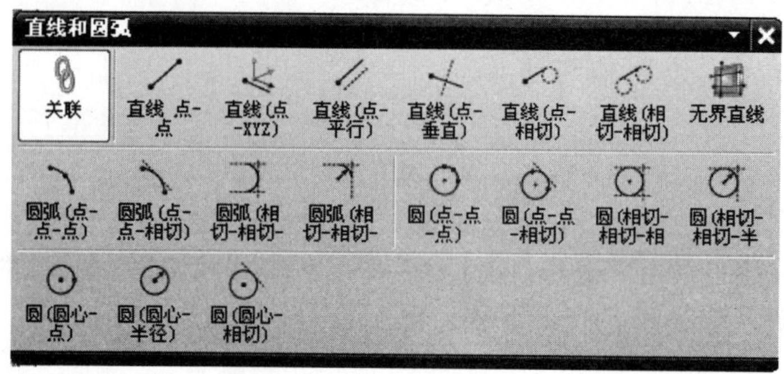

图 3-24　【直线和圆】工具栏

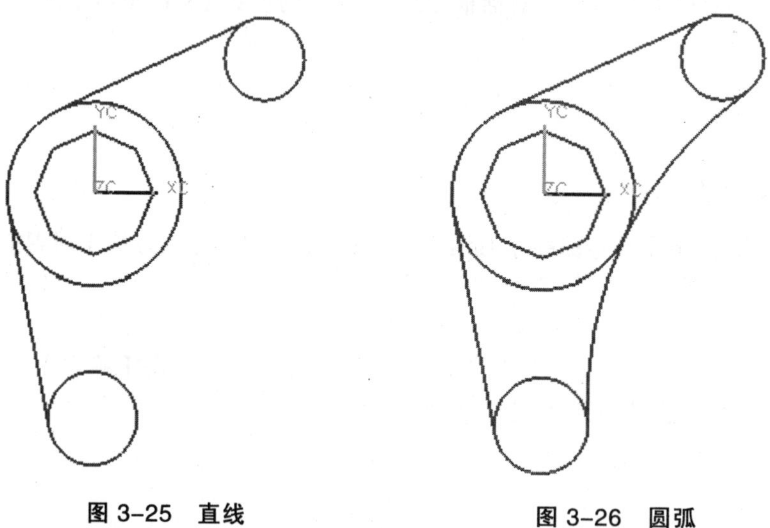

图 3-25　直线　　图 3-26　圆弧

3.2 创建复杂曲线

3.2.1 创建样条曲线

单击【 】，弹出如图 3-27 所示【样条】对话框/单击【通过点】，弹出如图 3-28 所示【通过点生成样条】对话框/【曲线类型】选择【多段】/设置【阶次】为【3】/单击【确定】，弹出如图 3-29 所示【样条】对话框/单击【点构造器】，弹出【点】构造器对话框/指定点 1，输入坐标（0，0，0）/单击【确定】/指定点 2，输入坐标（50，65，0）/单击【确定】/指定点 3，输入坐标（30，-2，0）/单击【确定】/指定点 4，输入坐标（80，-35，0）/单击【确定】/指定点 5，输入坐标（100，50，0）/单击【确定】，弹出如图 3-30 所示【指定点】对话框/单击【是】/单击【确定】，如图 3-31 所示。

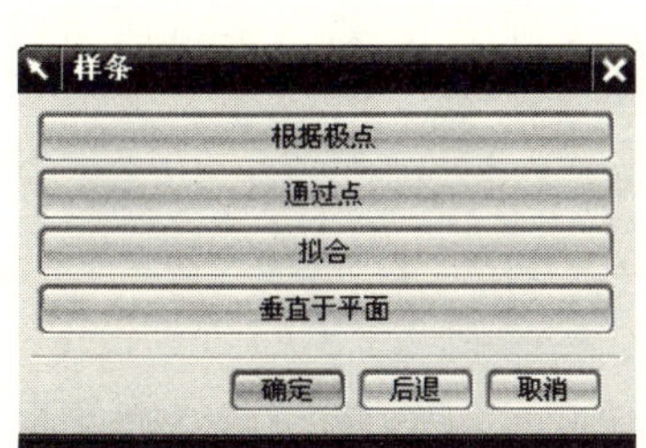

图 3-27　【样条】对话框

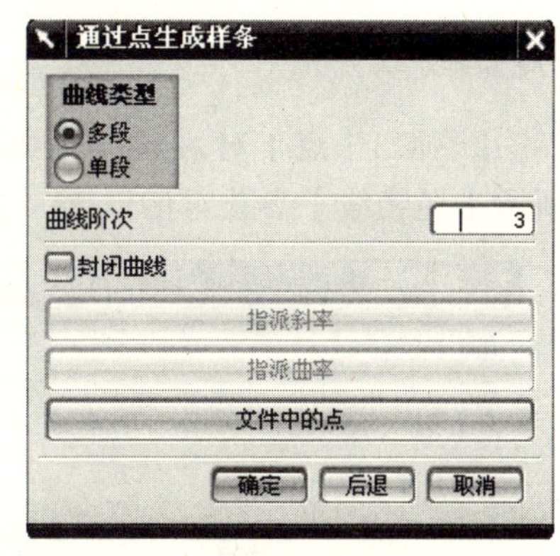

图 3-28　【通过点生成样条】对话框

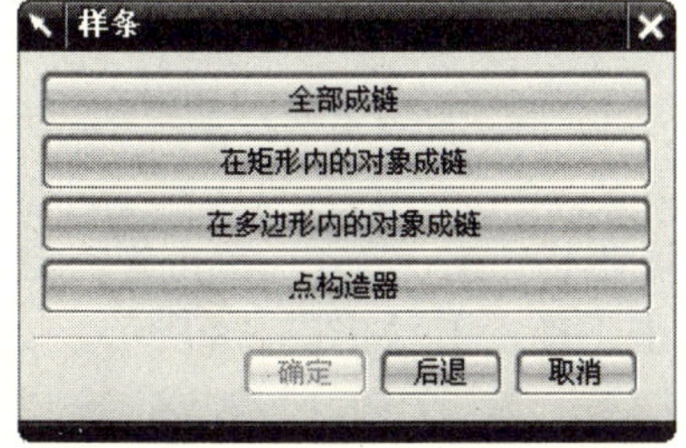

图 3-29　【样条】对话框

图 3-30【指定点】对话框

【通过点】样条曲线通过所有指定的点，如图 3-31 所示。

【根据极点】以指定点为极点或控制点创建样条曲线，如图 3-32 所示。

【拟合】通过在指定公差内将样条与构造点相拟合创建样条曲线，如图 3-33 所示。

【垂直于平面】通过并垂直于一组平面创建样条曲线，如图 3-34 所示。

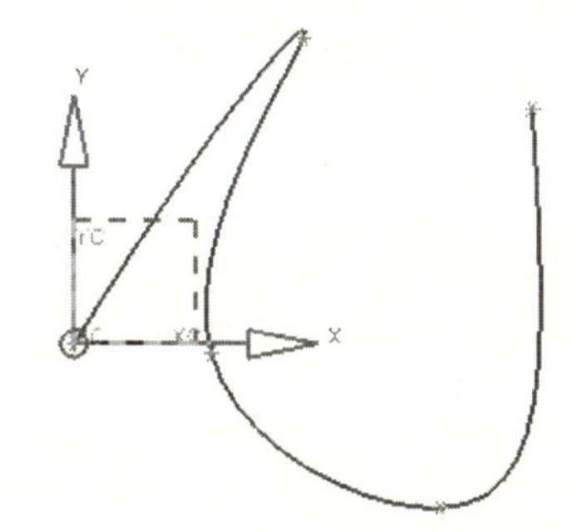

图 3-31　【通过点】创建样条

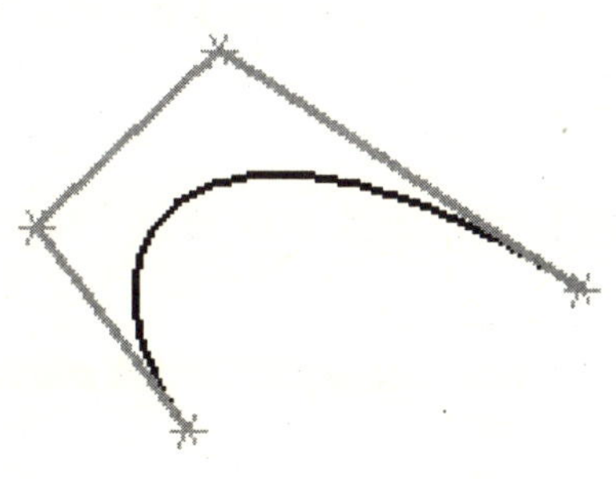

图 3-32　【根据极点】创建样条

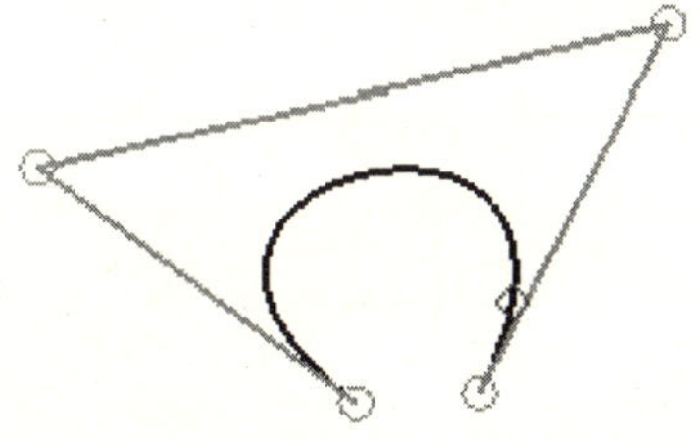

图 3-33　【拟合】创建样条

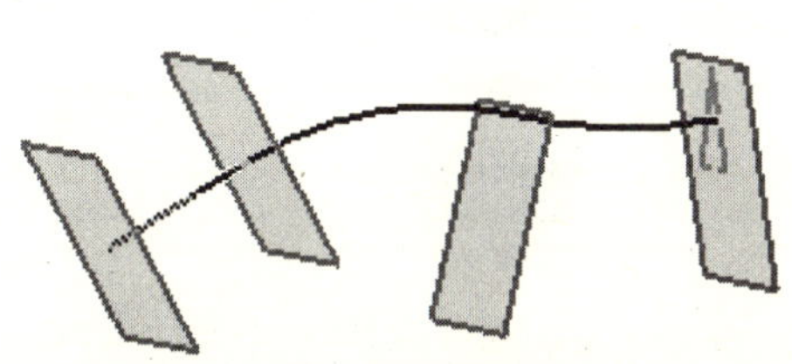

图 3-34　【垂直于平面】创建样条

3.2.2　创建抛物线

单击【】，弹出【点】对话框/指定抛物线的顶点坐标（0，0，0）/单击【确定】，弹出如图 3-35 所示【抛物线】参数对话框/输入参数值/单击【确定】，如图 3-36 所示。

图 3-35　【抛物线】参数对话框

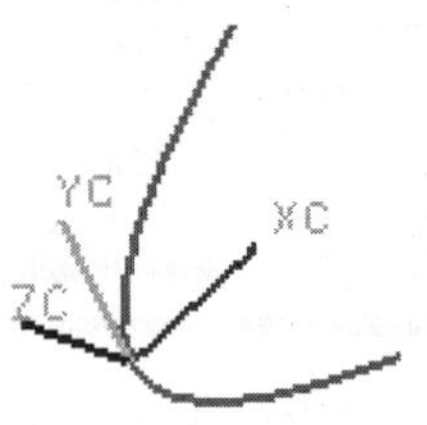

图 3-36　抛物线

3.2.3　创建双曲线

单击【】，弹出【点】对话框/指定双曲线的中心坐标（0，0，0）/单击【确定】，弹出如图 3-37 所示【双曲线】参数对话框/输入参数值/单击【确定】，如图 3-38 所示。

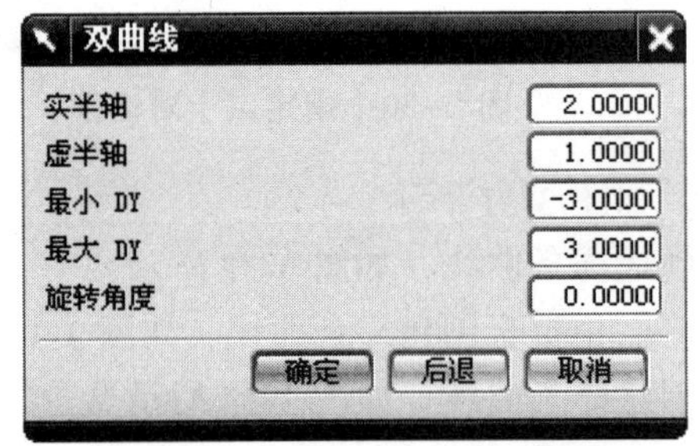

图 3-37　【双曲线】参数对话框

图 3-38　双曲线

3.2.4　创建螺旋线

单击【】，弹出如图 3-39 所示【编辑螺旋线】对话框/输入【圈数】值【8】，【螺距】值【5】，【半径】值【6】/【旋转方向】选择【右手】/单击【确定】，如图 3-40 所示。

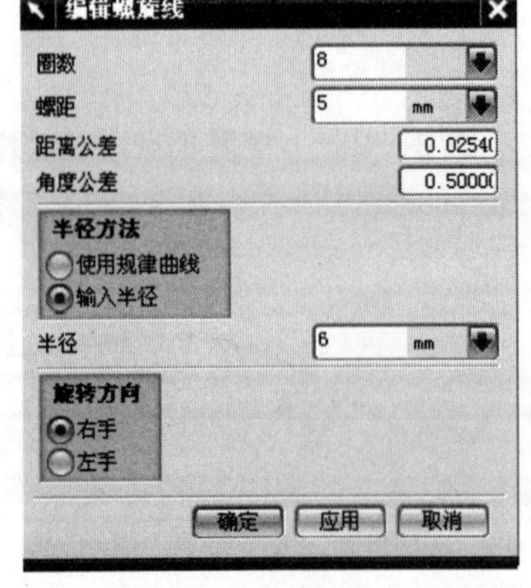

图 3-39　【编辑螺旋线】对话框

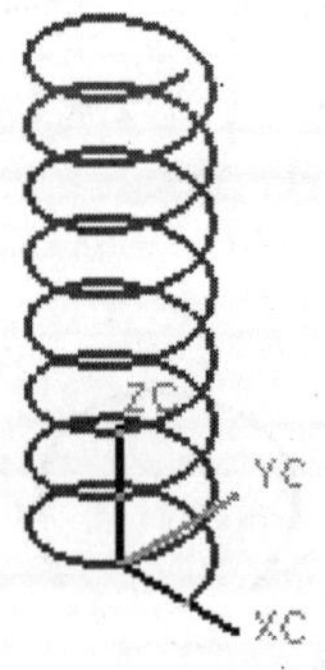

图 3-40　螺旋线

3.2.5　创建文字

单击【A】，弹出如图 3-41 所示【文本】对话框/【类型】选择【平面的】/选择描点位置/【文本属性】输入【四川理工大学】/【字体】选择【宋体】，【脚本】选择【西方的】，【字体样式】选择【常规】/输入【长度】值【100】，【高度】值【12】/单击【确定】，如图 3-42 所示。

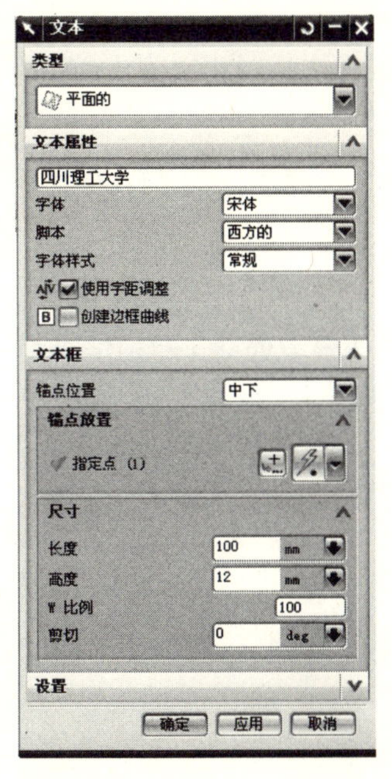

图 3-41　【文本】对话框

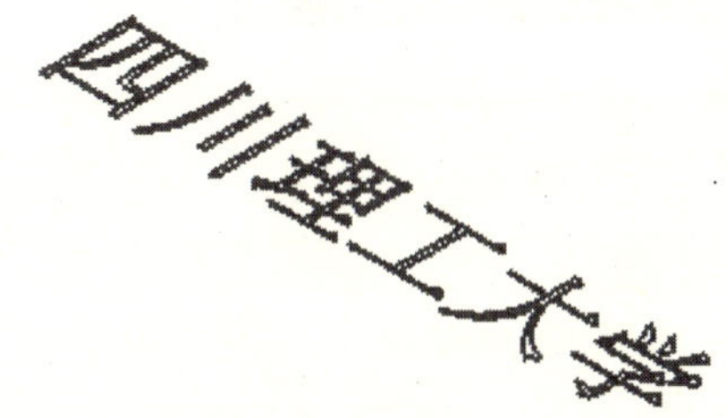

图 3-42　文字

3.3　曲线编辑

3.3.1　编辑曲线参数

单击【编辑】/【曲线】/【参数】，弹出如图 3-43 所示【编辑曲线参数】对话框及【跟踪条】工具栏/选择直线端点/指定新端点/单击【确定】，如图 3-44 所示。

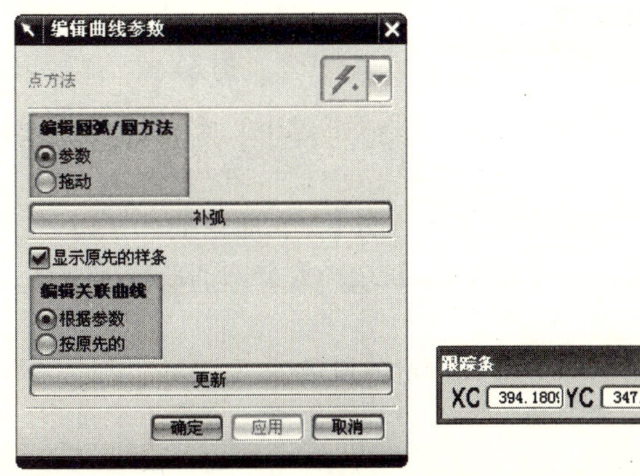

图 3-43　【编辑曲线参数】对话框及【跟踪条】工具栏

【编辑直线】：改变直线的端点，如图 3-44 所示。

【编辑圆弧/圆】：改变圆弧的端点。

【编辑样条曲线】：改变样条曲线的参数。

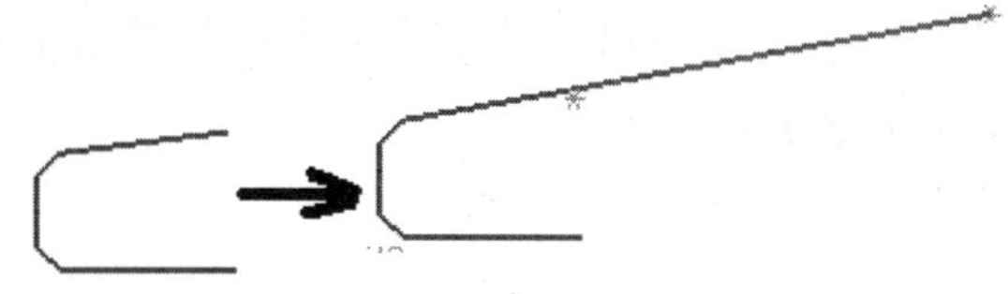

图 3-44 编辑直线

3.3.2 修剪曲线

单击【编辑】/【曲线】/【修剪】，弹出如图 3-45 所示【修剪曲线】对话框/选择要修剪的曲线栏/选择第一个边界对象/选择第二个边界对象/单击【确定】，如图 3-46 所示。

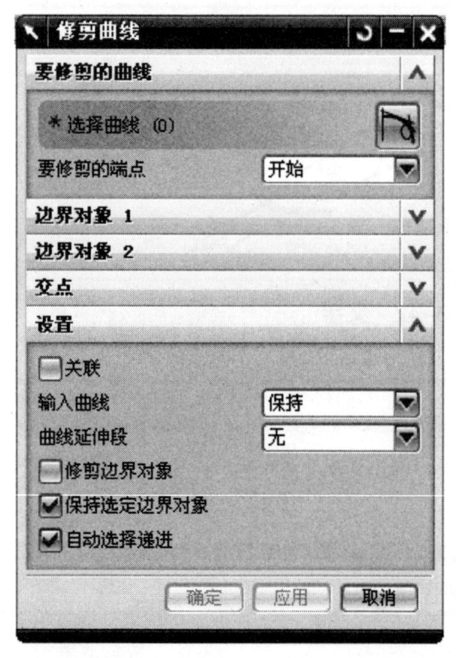

图 3-45 【修剪曲线】对话框

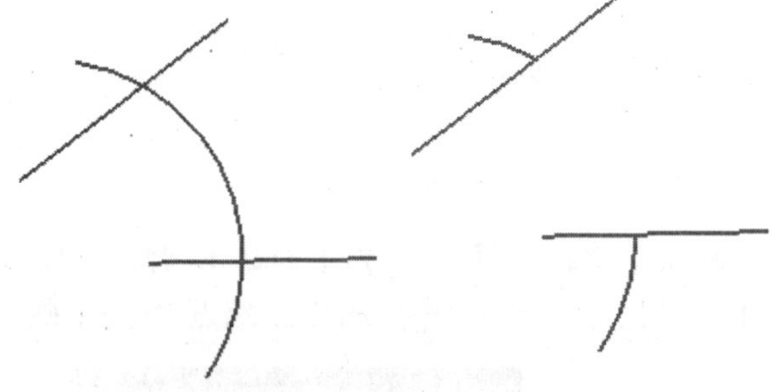

图 3-46 修剪曲线

3.3.3 分割曲线

单击【编辑】/【曲线】/【分割】，弹出如图 3-47 所示【分割曲线】对话框/【类型】选择【 等分段 】/【分段长度】选择【等参数】/【段数】选择【8】/选择要分割的曲线/单击【确定】，如图 3-48 所示。

【等分段】将曲线按指定的参数等分成指定的段数。

【按边界对象】用指定的边界对象将曲线分割成多段。

图 3-47　【分割曲线】对话框

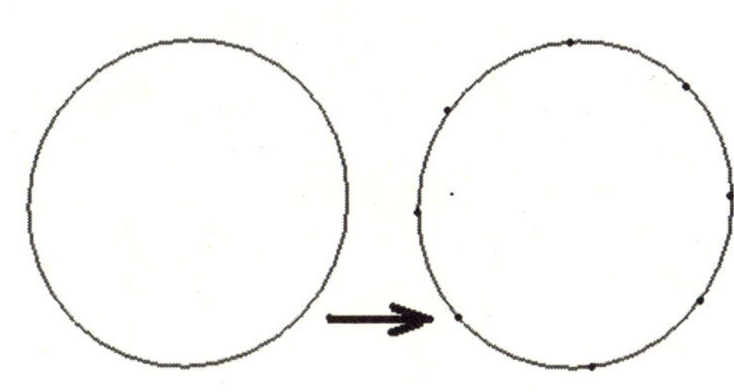

图 3-48　分割曲线

【圆弧长段数】按指定每段曲线的长度分段。

【在结点处】在指定的结点处对样条曲线进行分割。

【在拐角上】在拐角处对样条曲线进行分割。

3.3.4　拉长曲线

单击【编辑】/【曲线】/【拉长】，弹出如图 3-49 所示【拉长曲线】对话框/输入【开始】值【0】，【结束】值【10】/选择要更改长度的曲线/单击【确定】，如图 3-50 所示。

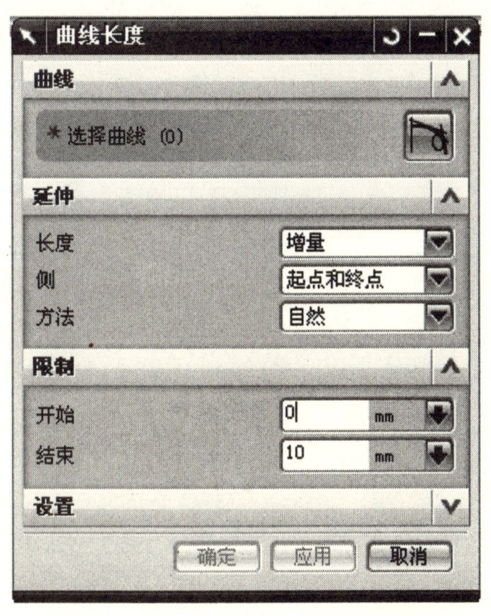

图 3-49　【拉长曲线】对话框

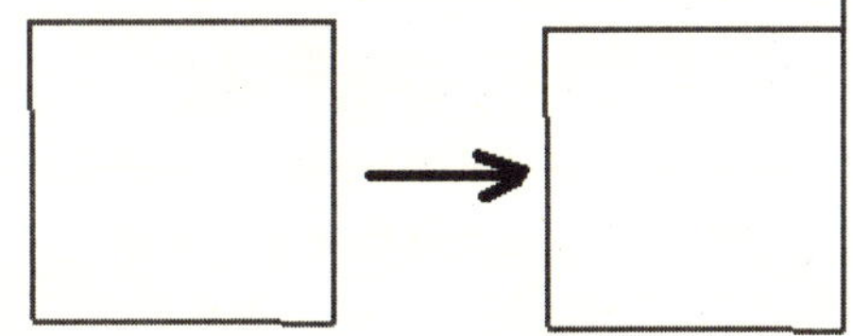

图 3-50　拉长曲线

3.3.5　曲线长度

单击【编辑】/【曲线】/【长度】，弹出如图 3-51 所示【曲线长度】对话框/输入【开始】值【0】，【结束】值【10】/选择要更改长度的曲线/单击【确定】，如图 3-52 所示。

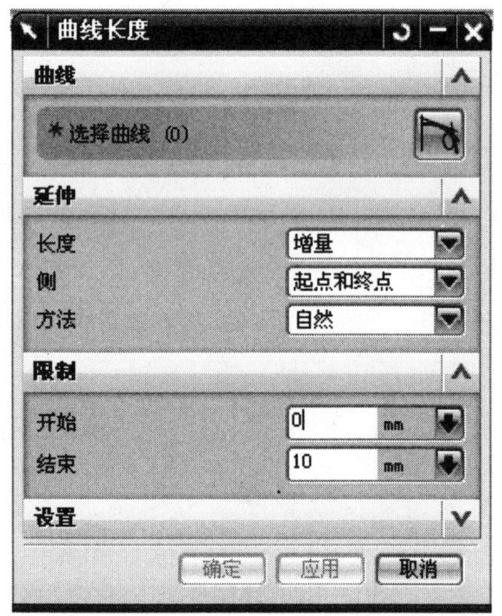

图 3-51　【曲线长度】对话框

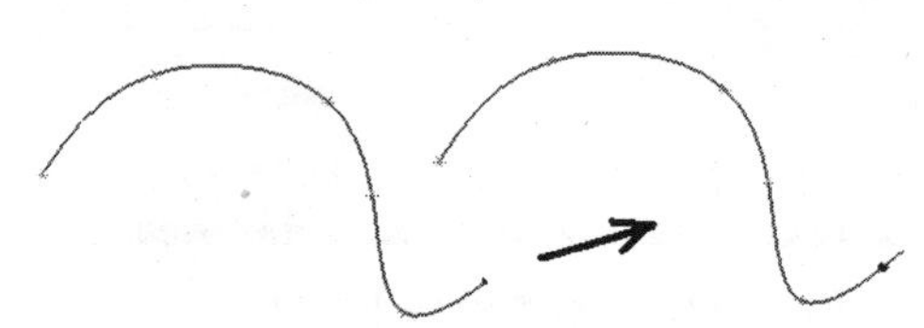

图 3-52　曲线长度

3.3.6　光顺样条

单击【编辑】/【曲线】/【光顺样条】，弹出如图 3-53 所示【光顺样条】对话框/输入【开始】值【0】,【结束】值【10】/选择要更改长度的曲线/单击【确定】，如图 3-54 所示。

图 3-53　【光顺样条】对话框

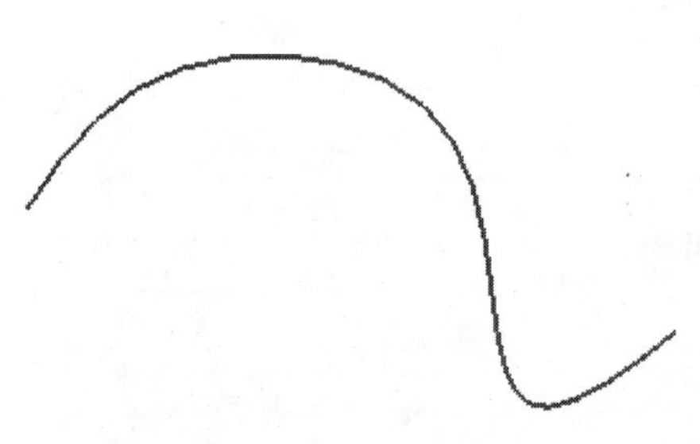

图 3-54　光顺样条

3.4　曲线操作

3.4.1　偏置曲线

单击【 】，弹出如图 3-55 所示【偏置曲线】对话框/【类型】选择【 距离】/选择要偏置的曲线/输入偏置【距离】值【3】,【副本数】值【1】/单击【确定】，如图 3-56 所示。

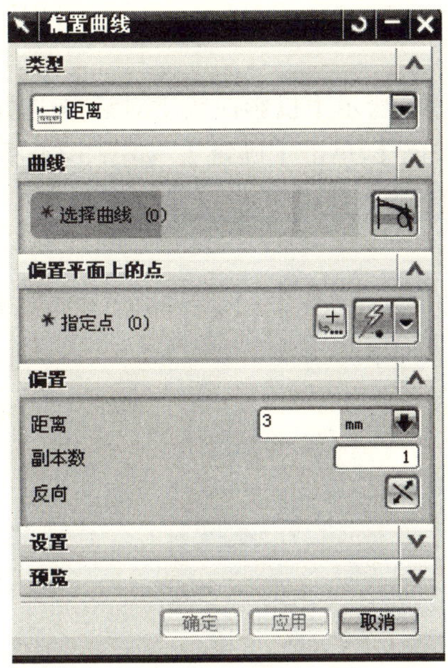

图 3-55　【偏置曲线】对话框

【距离】按给定的偏置距离来偏置曲线，如图 3-56 所示。

【拔模】将曲线按指定的拔模角度偏移到与曲线所在平面相距拔模高度的平面上，如图 3-57 所示。

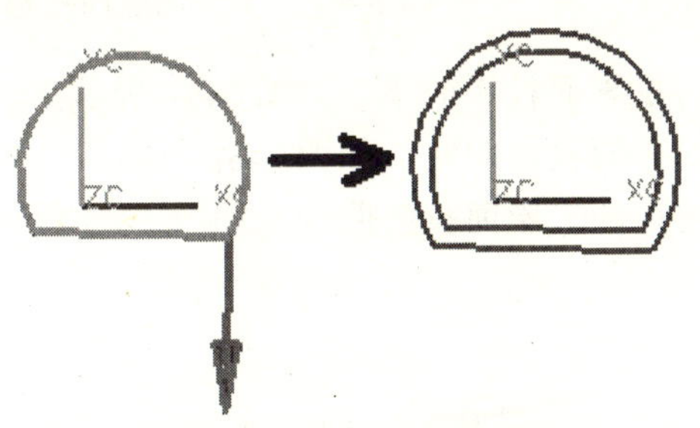

图 3-56　距离偏置曲线

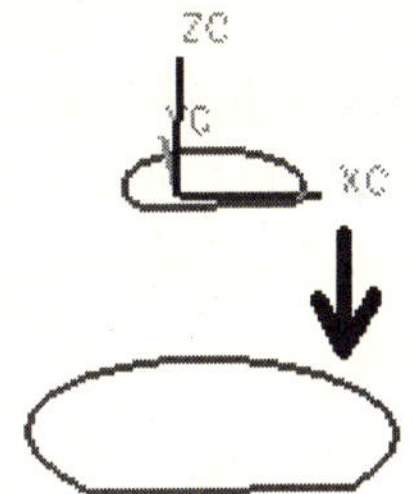

图 3-57　拔模偏置曲线

【规律控制】按照规律控制偏移距离来偏置曲线，如图 3-58 所示。

【3D 轴向】以轴矢量为偏置方向偏置曲线，如图 3-59 所示。

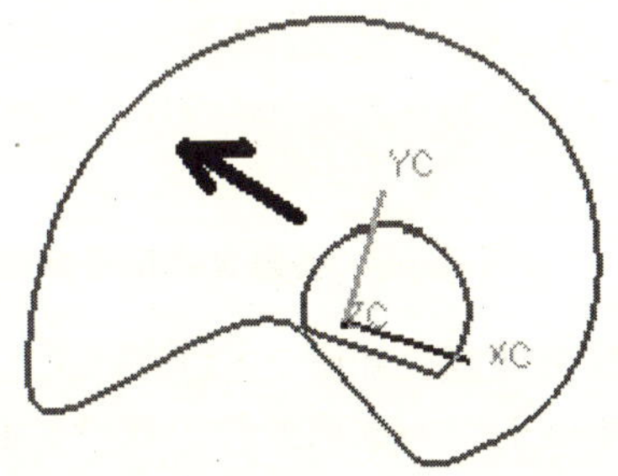

图 3-58　规律控制偏置曲线

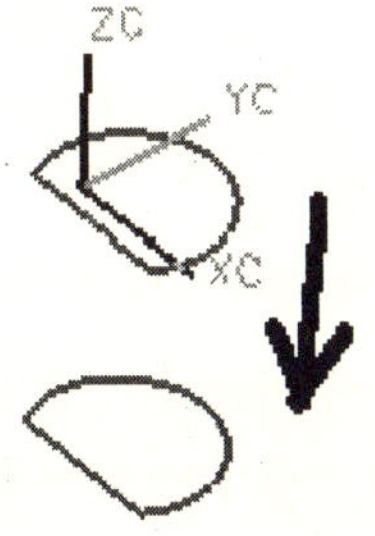

图 3-59　3D 轴向偏置曲线

3.4.2　投影曲线

单击【 】，弹出如图 3-60 所示【投影曲线】对话框/选择要投影的曲线或点/指定投影平面/【方向】选择【沿面的法向】/单击【确定】，如图 3-61 所示。

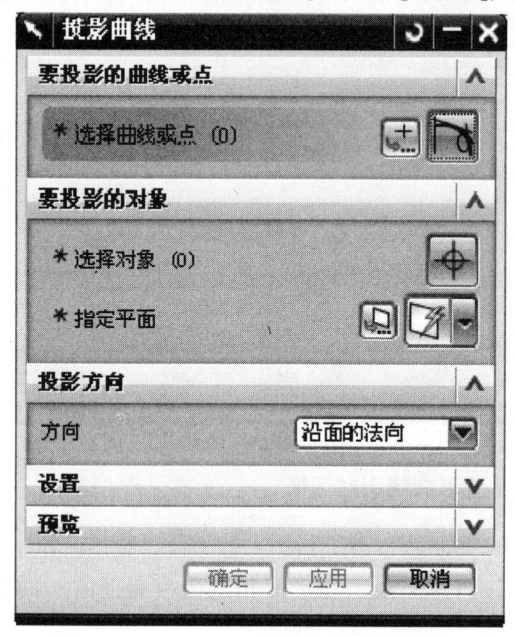

图 3-60　【投影曲线】对话框

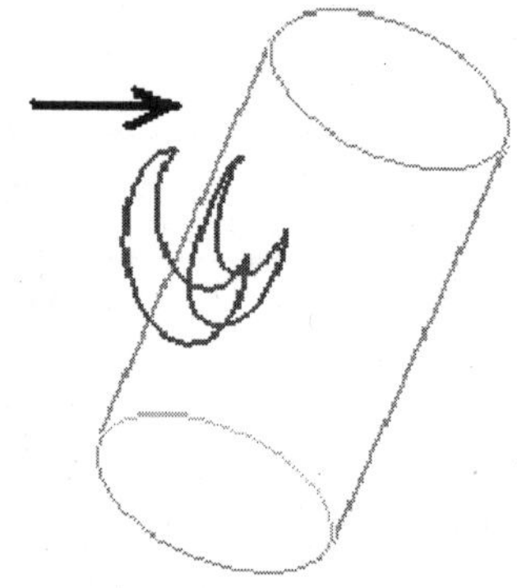

图 3-61　沿面的法向投影曲线

【沿面的法向】：沿所选投影面的法向向投影面投影曲线，如图 3-61 所示。

【朝向点】：曲线朝着一个点向选取的投影面投影曲线，如图 3-62 所示。

【朝向直线】：沿垂直于选取直线方向选取的投影面投影曲线，如图 3-63 所示。

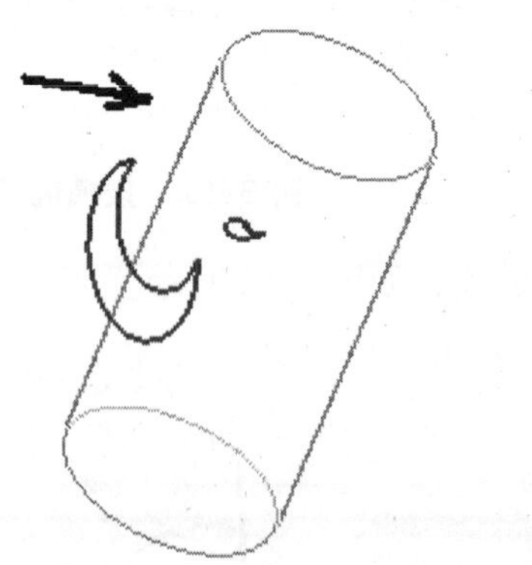

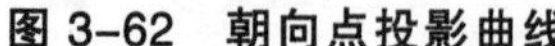

图 3-62　朝向点投影曲线

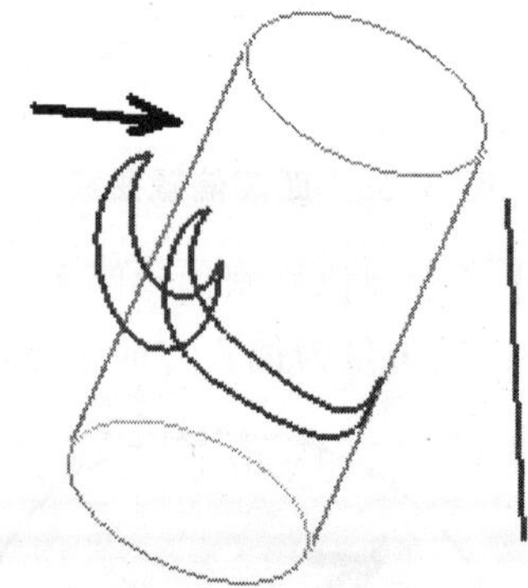

图 3-63　朝向直线投影曲线

【矢量投影】沿设定矢量方向取的投影面投影曲线，如图 3-64 所示。

【与矢量成角度】沿与设置矢量方向成一角度的方向选取的投影面投影曲线，如图 3-65 所示。

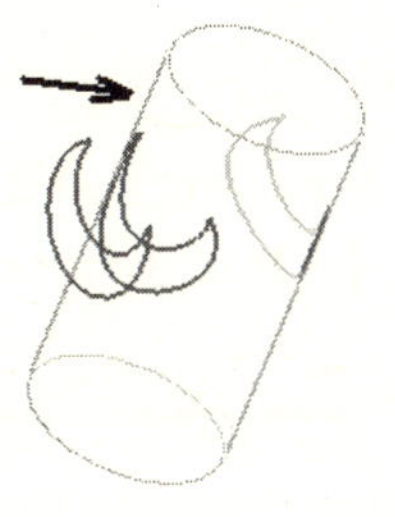

图 3-64　矢量投影曲线

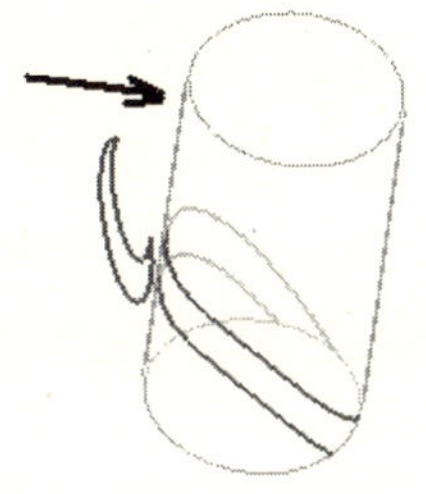

图 3-65　与矢量成角度 45°投影曲线

3.4.3　镜像曲线

单击【 】，弹出如图 3-66 所示【镜像曲线】对话框/选择要镜像曲线/指定镜像平面/单击【确定】，如图 3-67 所示。

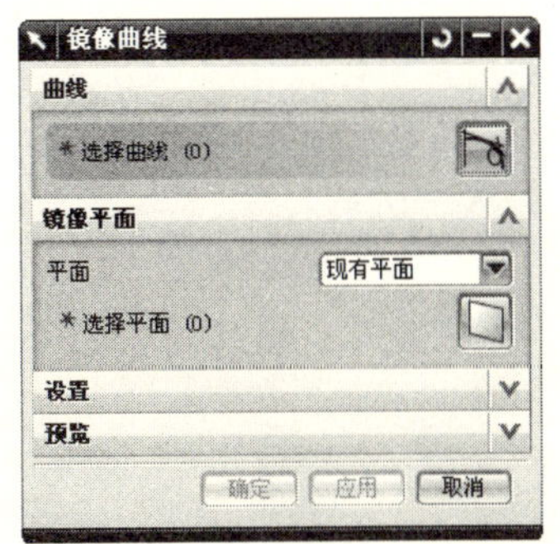

图 3-66　【镜像曲线】对话框

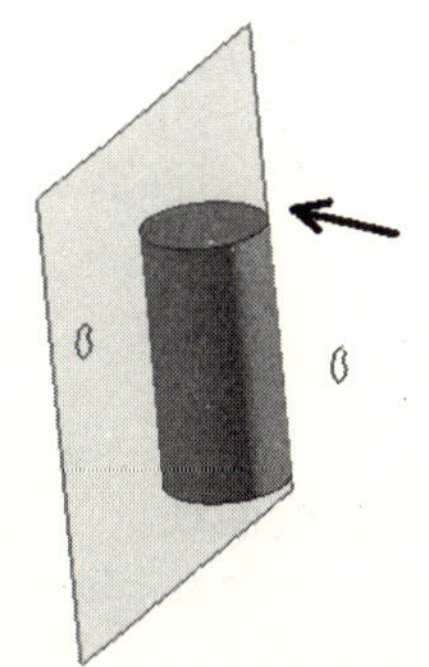

图 3-67　镜像曲线

3.4.4　桥接曲线

单击【 】，弹出如图 3-68 所示【桥接曲线】对话框/【类型】选择【 相切幅值 】/输入【开始】值【1】，【结束】值【1】/选择点，边作为第一对象/选择点，边作为第二对象/单击【确定】，如图 3-69 所示。

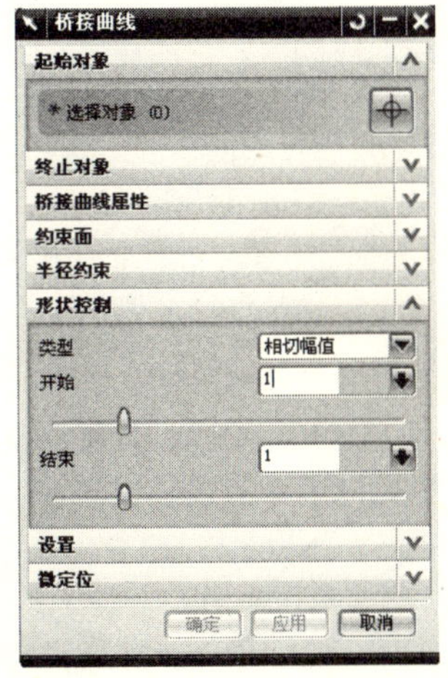

图 3-68　【桥接曲线】对话框

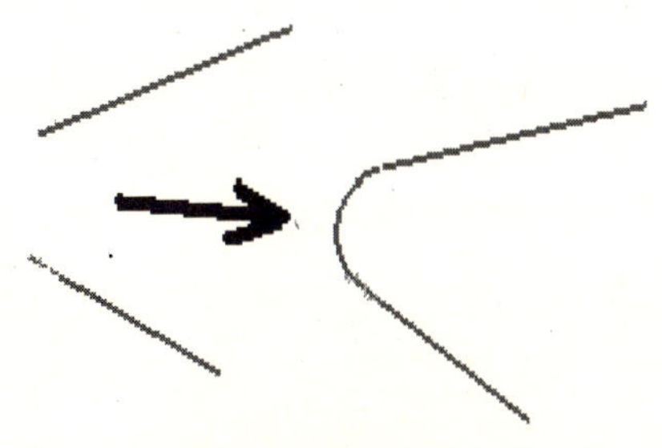

图 3-69　桥接曲线

3.4.5 简化曲线

单击【 】，弹出如图 3-70 所示【简化曲线】对话框/单击【保持】，弹出如图 3-71 所示【选择要逼近的曲线】对话框/指出对象 1/单击【确定】，如图 3-72 所示。

图 3–70　【简化曲线】对话框

图 3–71　【选择要逼近的曲线】对话框

图 3–72　简化曲线

【保持】保留原始曲线。

【删除】简化之后移除选中曲线且不能再恢复。

【隐藏】隐藏选中对象，但并未被删除。

3.4.6 组合投影

单击【 】，弹出如图 3-73 所示【组合投影】对话框/选择要投影的第一个曲线链【AB】，按鼠标中键/选择要投影的第二个曲线链【BE】，按鼠标中键/ 选择矢量【Z 轴】/单击【确定】，如图 3-74 所示。

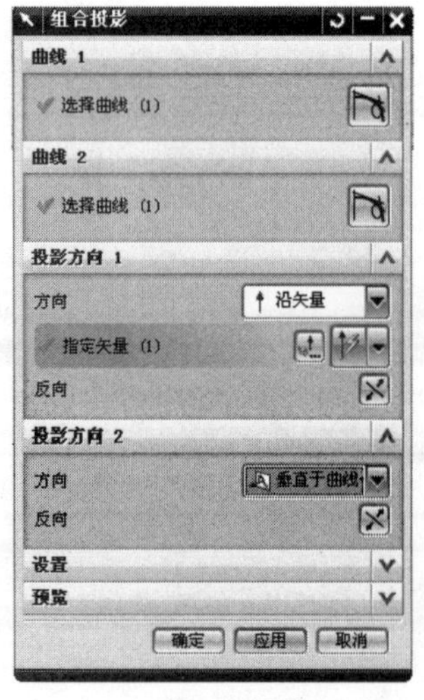

图 3–73　【组合投影】对话框

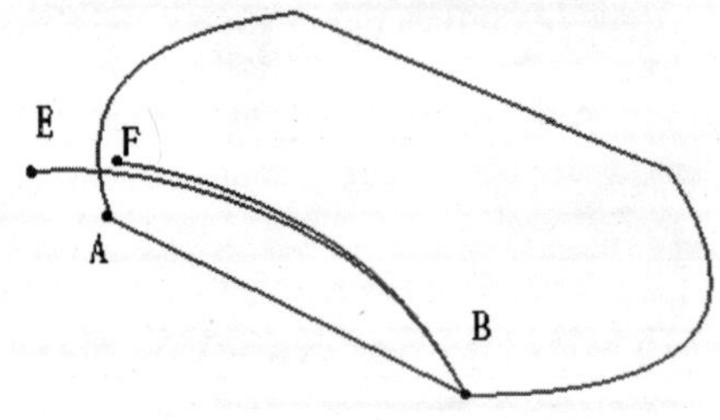

图 3–74　组合投影特征

3.4.7　相交曲线

单击【 】，弹出如图 3-75 所示【相交曲线】对话框/选择要相交的第一组面/选择要相交的第二组面/单击【确定】，如图 3-76 所示。

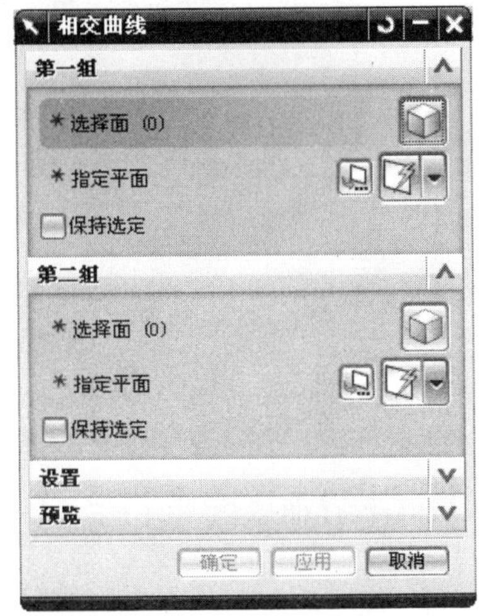

图 3–75　【相交曲线】对话框

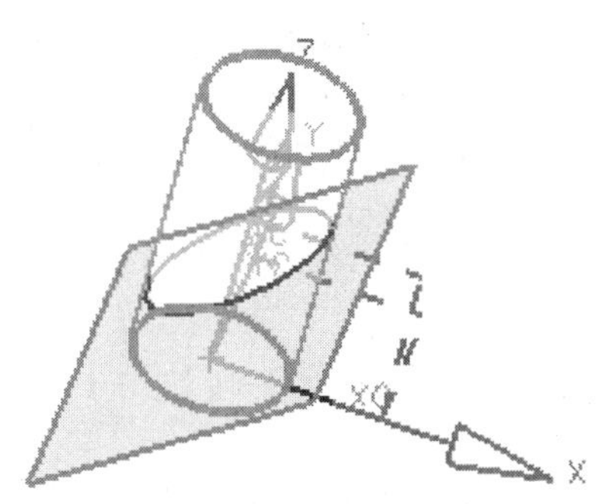

图 3–76　相交曲线

3.4.8　剖切曲线

单击【 】，弹出如图 3-77 所示【剖切曲线】对话框/【类型】选择【选定的平面】/选择要剖切对象/选择剖切平面/单击【确定】，如图 3-78 所示。

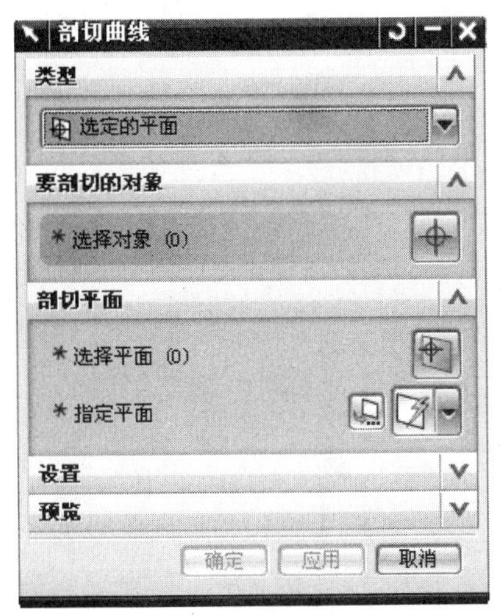

图 3–77　【剖切曲线】对话框

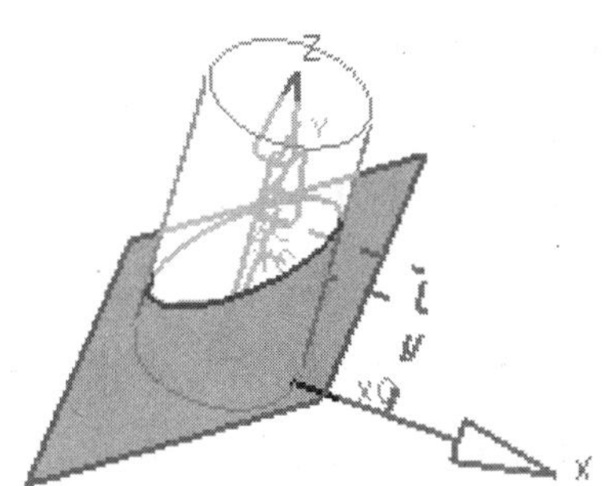

图 3–78　剖切曲线

3.4.9　抽取曲线

单击【 】，弹出如图 3-79 所示【抽取曲线】对话框/单击【轮廓线】/选择体/单击【确定】，如图 3-80 所示。

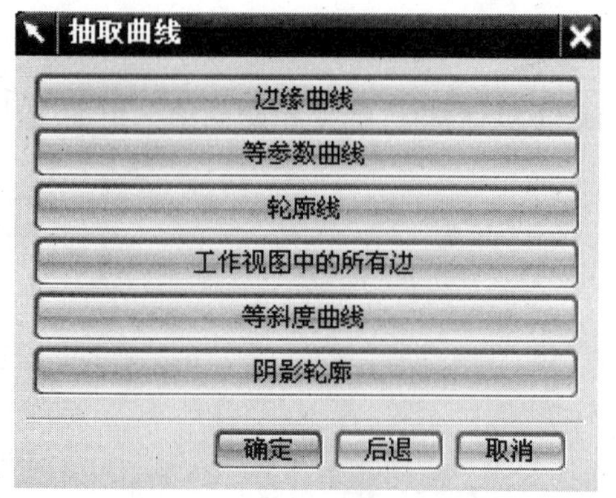

图 3-79　【抽取曲线】对话框

图 3-80　抽取曲线

3.4.10　连接曲线

单击【 】，弹出如图 3-81 所示【连接曲线】对话框/选择曲线/单击【确定】，如图 3-82 所示。

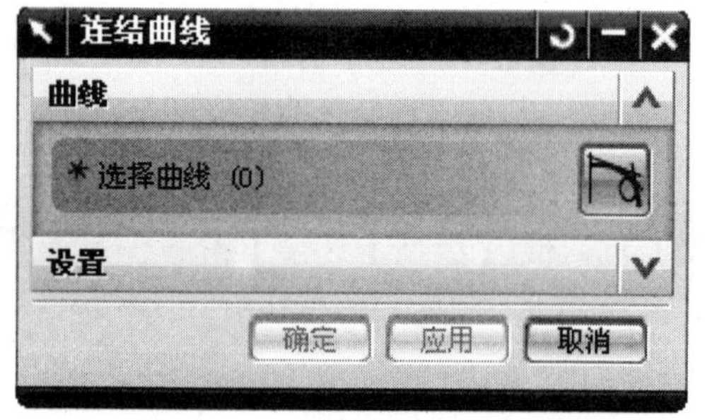

图 3-81　【连接曲线】对话框

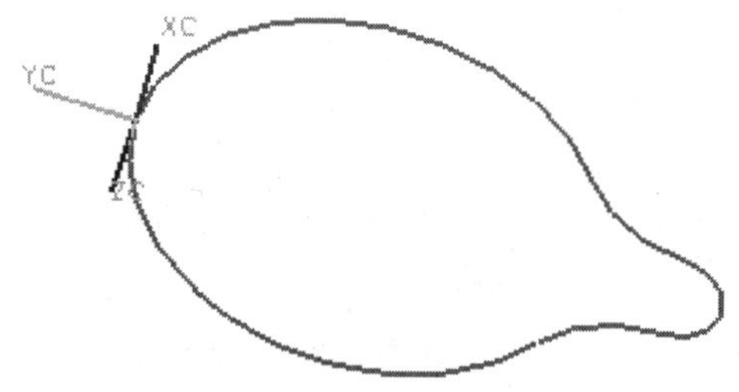

图 3-82　连接曲线

3.5　综合范例 7（绘制茶壶轮廓线）

1. 新建文件

单击【文件】/单击【 】，弹出【新建】对话框/在【名称】文本框中输入文件的名称【lz-07】/选定储存的路径【F:\ug7.0\】/单击【确定】。

2. 绘制茶壶主体曲线

单击【 】，弹出【基本曲线】对话框/单击【 】/单击【点方法】列表框右侧的【 】，弹出【点】构造器/坐标选择【 相对于 WCS】/指出圆心（0，0，0）/单击【确定】/指出圆弧上的一点（80，0，0）/单击【确定】/指出圆心（0，0，100）/单击【确定】/指出圆弧上的一点（100，0，100）/单击【确定】/指出圆心（0，0，200）/单击【确定】/指出圆弧上的一点（70，0，200）/单击【确定】/指出圆心（0，0，300）/单击【确定】/指出圆弧上的一点（90，0，300）/单击【确定】/指出圆心（120，0，300）/单击【确定】/指出圆弧上的一点（140，0，300）/单击【确定】，如图 3-83 所示。

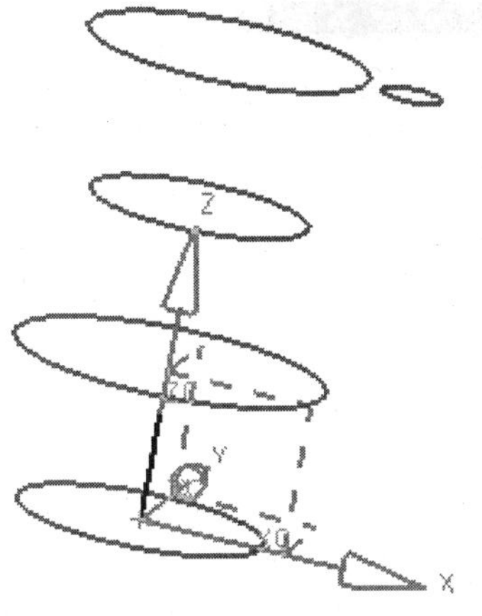

图 3-83　茶壶主体曲线

3. 倒圆茶壶嘴曲线

单击【 】，弹出【基本曲线】对话框/单击【 】，弹出如图 3-84 所示【曲线倒圆】对话框/选择【 】/输入【半径】值【50】/指出圆弧上的起点 1/选择第二个对象 2/指出大概的圆心位置 3/指出圆弧上的起点 4/选择第二个对象 5/指出大概的圆心位置 6/单击【确定】，如图 3-85 所示。

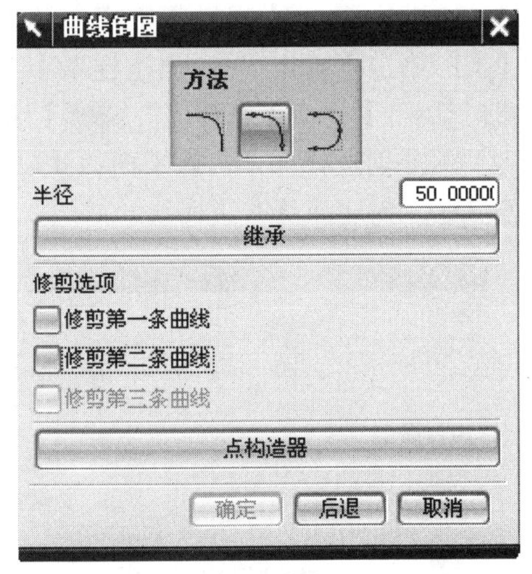

图 3-84　【曲线倒圆】对话框

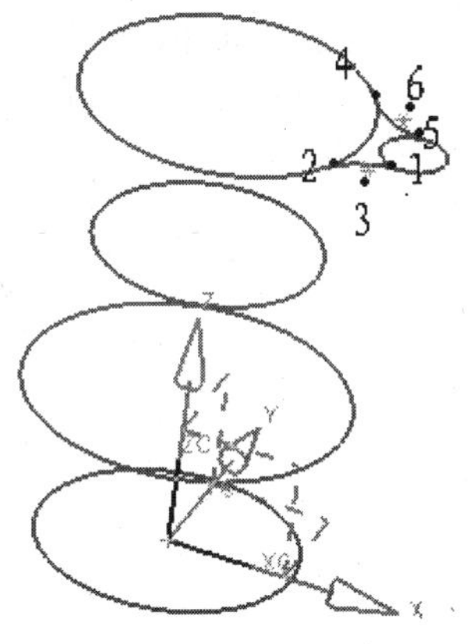

图 3-85　倒圆茶壶嘴曲线

4. 修剪茶壶嘴曲线

单击【编辑】/【曲线】/【修剪】，弹出如图 3-86 所示【修剪曲线】对话框/在选择要修剪的曲线 1/选择第一个边界对象 2/选择第二个边界对象 3/单击【确定】/选择要修剪的曲线 4/选择第一个边界对象 3/选择第二个边界对象 2/单击【确定】，如图 3-88 所示。

5. 连接茶壶嘴曲线

单击【 】，弹出【连接曲线】对话框/选择 4 条曲线/单击【确定】。

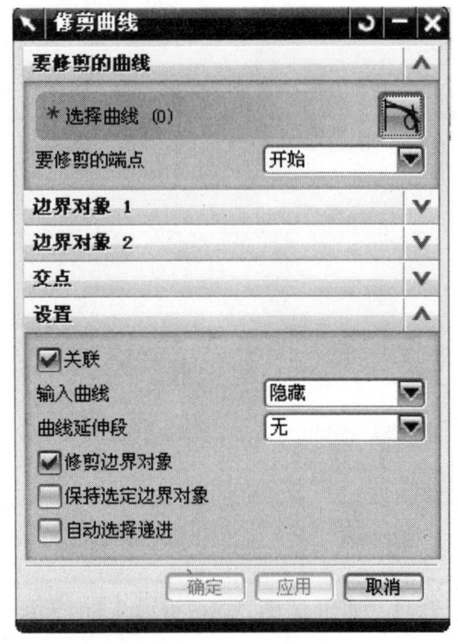

图 3-86　修剪曲线

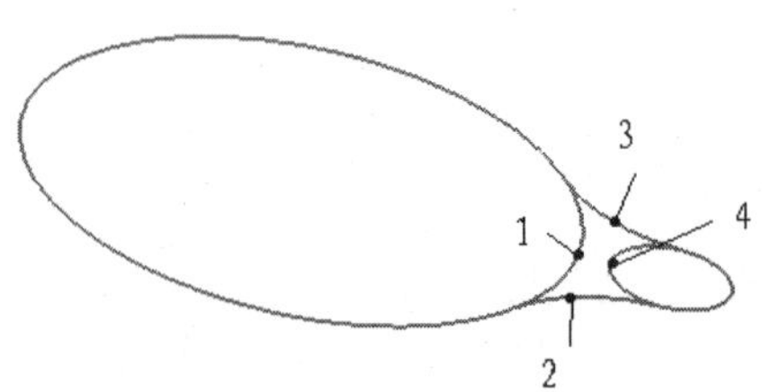

图 3-87　修剪曲线位置

6. 创建壶身曲线

单击【～】，弹出【样条】对话框/单击【通过点】，弹出【通过点生产样条】对话框/【曲线类型】选择【多段】/设置【阶次】为【3】/单击【确定】，弹出【样条】对话框/单击【点构造器】，弹出如图 3-89 所示【点】构造器对话框/【类型】选择【象限点】/指定点 1，输入坐标（－80，0，0）/单击【确定】/指定点 2，再分别选择 4 个高度平面的 4 段圆弧曲线的左象限点/单击【是】/单击【确定】/重复上述步骤，创建壶身右边曲线，如图 3-90 所示。

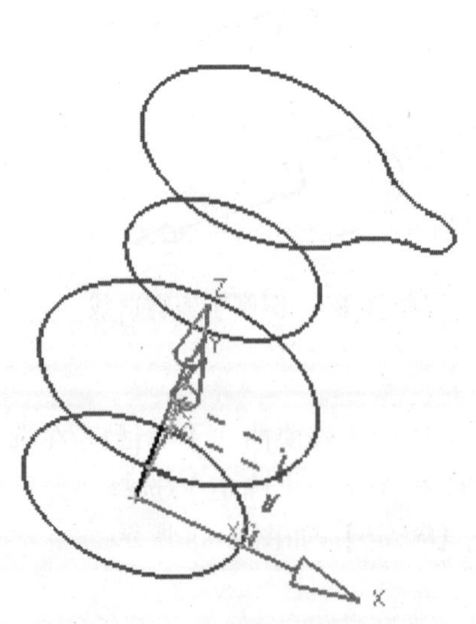

图 3-88　修剪茶壶嘴曲线

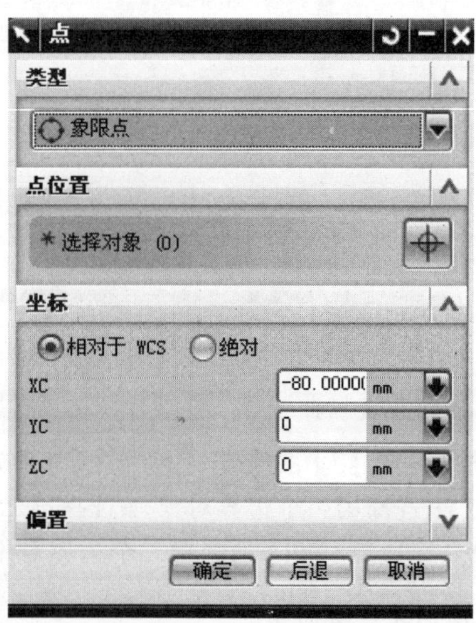

图 3-89　【点】对话框

7. 移动坐标

单击【格式】/【WCS】/【定向(N)】，弹出【CSYS】对话框/输入新坐标值【90，0，300】/单击【确定】。

8. 旋转坐标

单击【格式】/【WCS】/【旋转(R)】，弹出如图 3-91 所示【旋转 WCS 绕】对话框/选择【- YC 轴：XC --> ZC】/输入【角度】值【90】/单击【确定】，如图 3-92 所示。

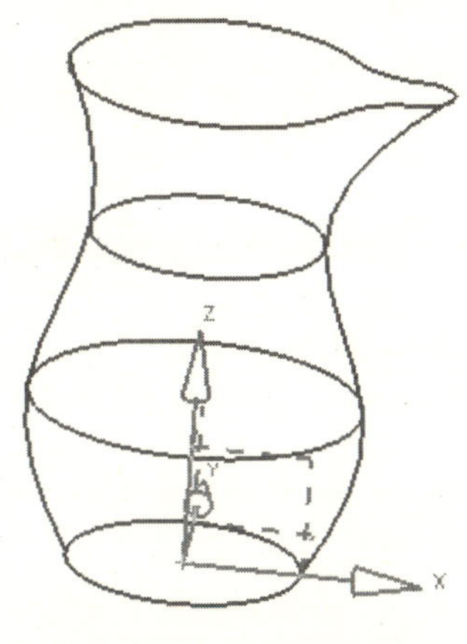

图 3-90　壶身曲线

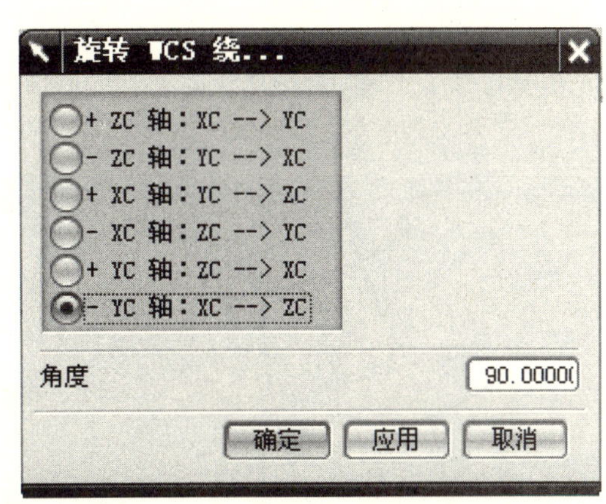

图 3-91　【旋转 WCS 绕】对话框

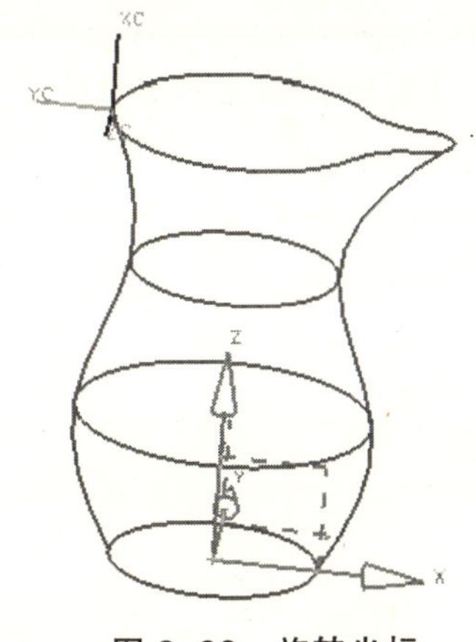

图 3-92　旋转坐标

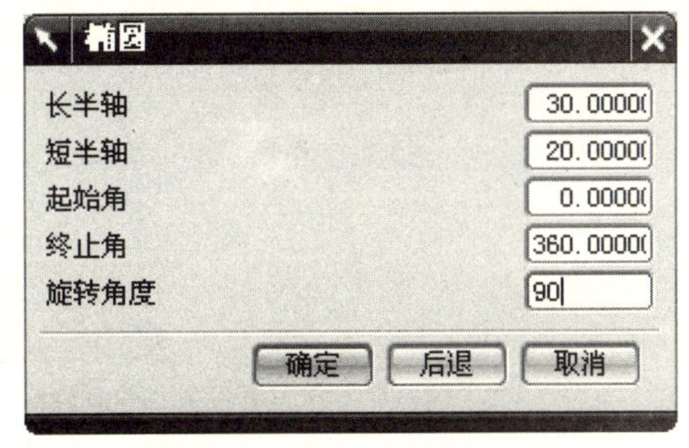

图 3-93　【椭圆】参数对话框

9. 绘制把手截面

单击【⊙】，弹出【点】对话框/指定椭圆中心，输入【0，0，0】/单击【确定】，弹出如图 3-93 所示【椭圆】参数对话框/输入【长半轴】值【30】,【短半轴】值【20】,【起始角】值【0】,【终止角】值【360】,【旋转角度】值【90】/单击【确定】，如图 3-94 所示。

10. 旋转坐标

单击【格式】/【WCS】/【旋转(R)】，弹出如图 3-95 所示【旋转 WCS 绕】对话框/选择【+ XC 轴：YC --> ZC】/输入【角度】值【90】/单击【确定】。

11. 绘制把手样条曲线

单击【～】，弹出【样条】对话框/单击【通过点】，弹出【通过点生产样条】对话框/【曲线类型】选择【◉多段】/设置【阶次】为【3】/单击【确定】，弹出【样条】对话框/单击【点构造器】，弹出【点构成器】对话框/指定点，输入坐标（0，0，0）、（30，35，0）、（25，86，0）、（-25，121，0）、（-115，109，0）、（-168，44，0）、（-214，-5，0）/单击【是】/单击【确定】，如图 3-96 所示。

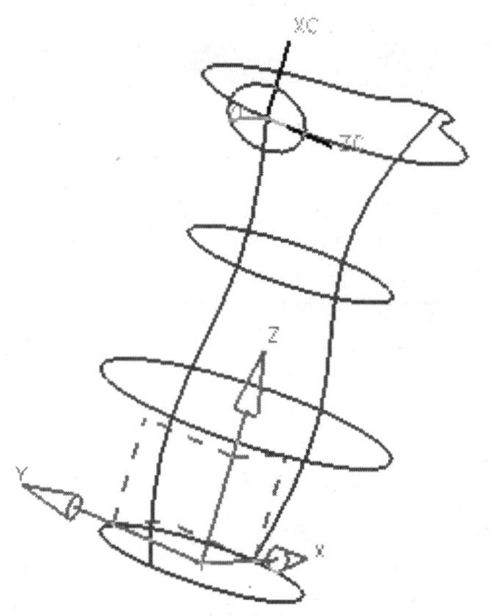

图 3-94　椭圆

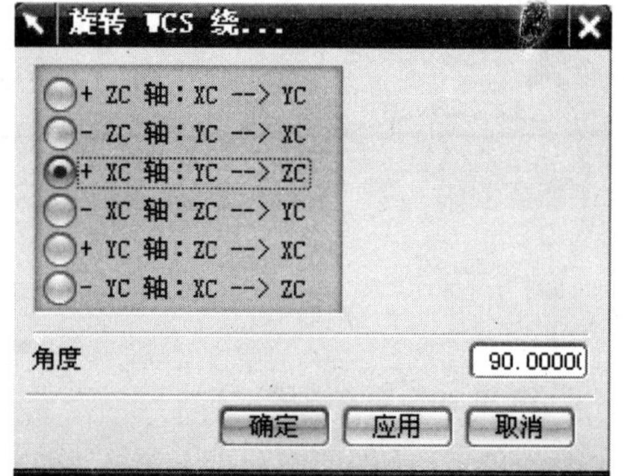

图 3-95　【旋转 WCS 绕】对话框

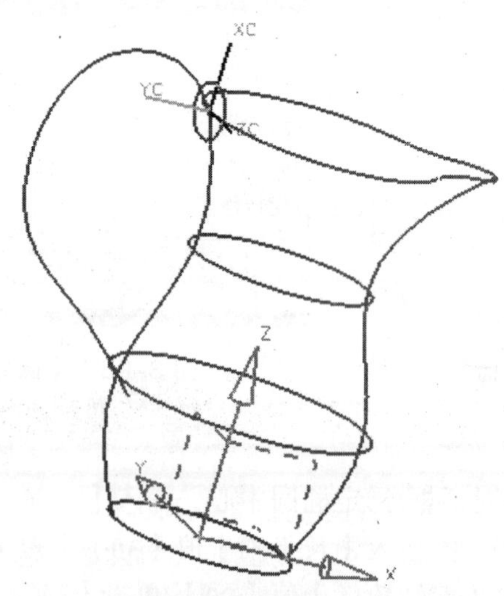

图 3-96　绘制把手样条曲线

习 题

【练习 3-1】如练习 3-1 图所示，绘制形体线。

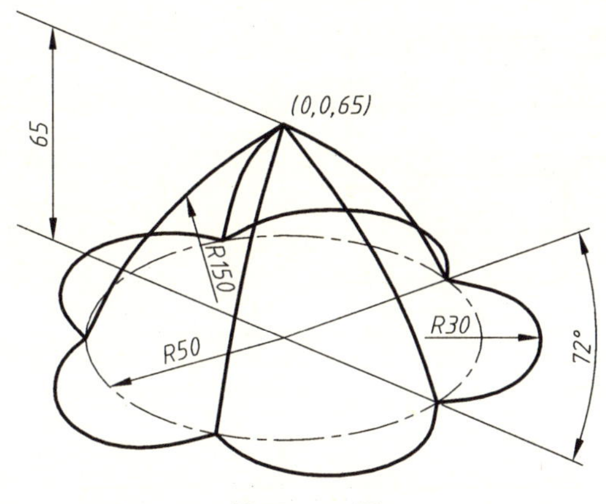

练习 3-1 图

【练习 3-2】如练习 3-2 图所示，绘制形体线。

【练习 3-3】如练习 3-3 图所示，绘制形体线。

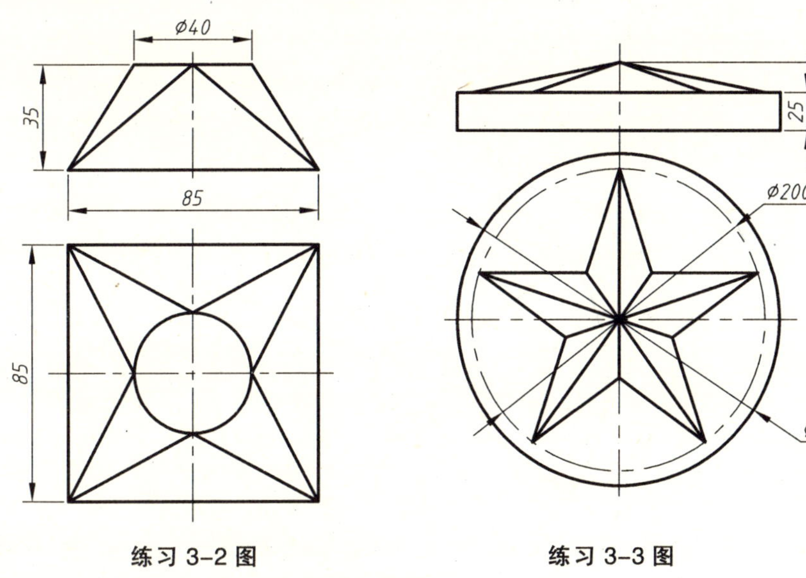

练习 3-2 图　　练习 3-3 图

【练习 3-4】如练习 3-4 图所示，绘制形体线。

【练习 3-5】如练习 3-5 图所示，绘制形体线。

25
R70
50
R40
40
R5
R20
70
80

练习 3-4 图

A-A
ϕ85
大
小
3
R6
37
R80
R50
R6
R6
ϕ16
5
17.5
R6
R6
A
24°48′
22°24′

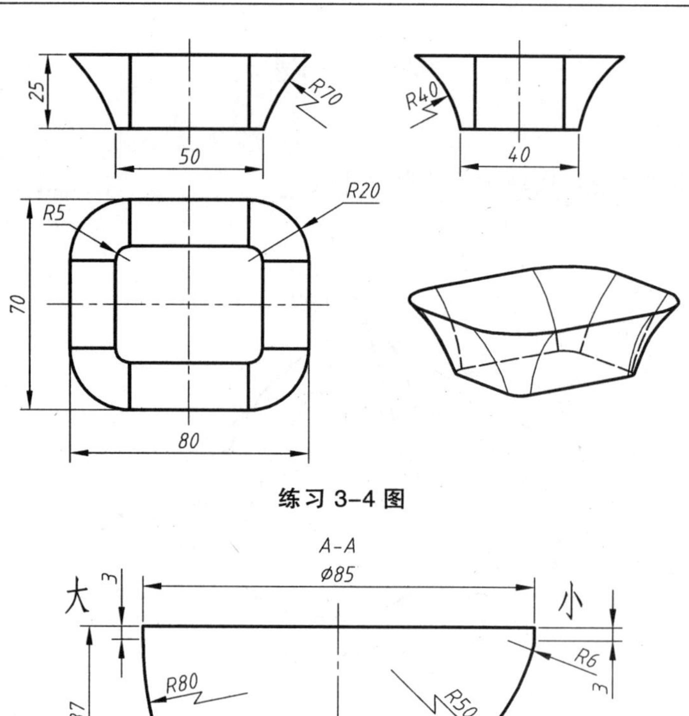

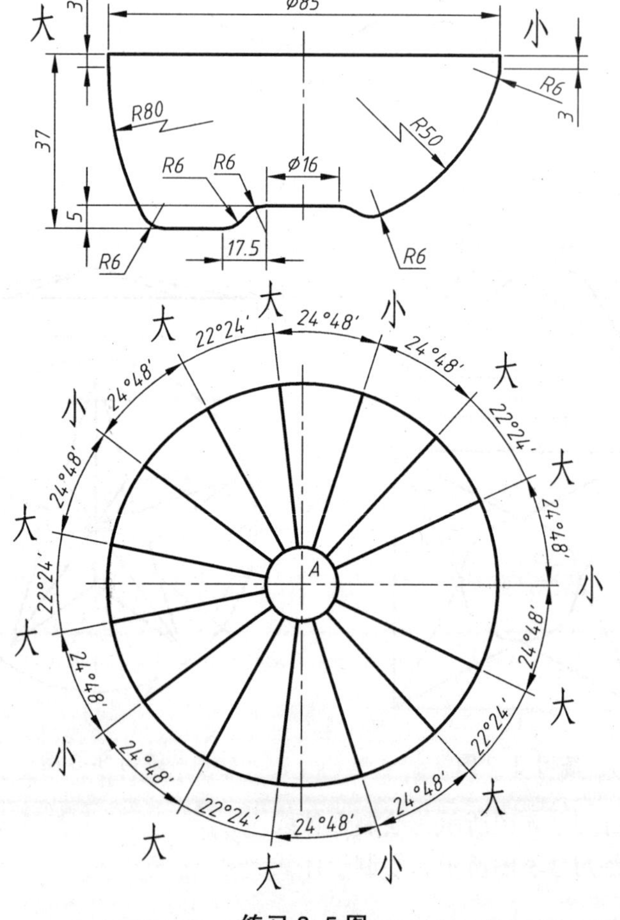

练习 3-5 图

第 4 章　UG NX7.0 曲面造型

4.1　通过点创建曲面

4.1.1　通过点

通过点是指通过指定矩形点阵来创建自由曲面，创建的曲面通过所指定的点。矩形点阵的指定可以通过点构造器在模型中选取或者创建，也可以事先创建一个点阵文件，通过指定点阵文件来创建曲面。

【补片类型】是指生成的自由曲面是由单个片体组成还是多个片体组成。一般情况下尽量选用“多个”，因为多个片体能更好地与所有指定的点阵吻合，而“单个”在创建较复杂平面时容易失真。

【沿…向封闭】是指用于指定一种封闭方式来封闭创建的自由曲面，共有 4 种方式。“两者皆否”表示行列都不封闭；“行”表示点阵的第一列和最后一列首尾相接；“列”表示点阵的第一行和最后一行首尾相接；“两者都是”表示行和列都封闭。一般情况下选择“两者都是”会形成实体而非片体。

【行阶次】是指在 U 向为自由曲面指定阶次。系统默认的阶次是 3，可变化的范围最 1 ~ 24。必须注意行数要比阶次至少大 1。

【列阶次】列阶次是指在 V 向为自由曲面指定阶次。系统默认的阶次是 3，可变化的范围最 1 ~ 24。必须注意行数要比阶次至少大 1。

单击【 】，弹出如图 4-2 所示【通过点】对话框/【补片类型】选择【多个】/【沿…向封闭】选择【两者皆否】/【行阶次】选择【3】/【列阶次】选择【3】/单击【确定】，弹出如如图 4-3 所示【过点】对话框/选择【全部成链】，选择每一行点的【起始】和【终点】/当选择完第 4 行后弹出如图 4-4 所示增加点的【过点】对话框，单击【指定另一行】/选择 5、6 行点的【起始】和【终点】/单击【所有指定的点】/单击【确定】，如图 4-5 所示。

图 4-1　点

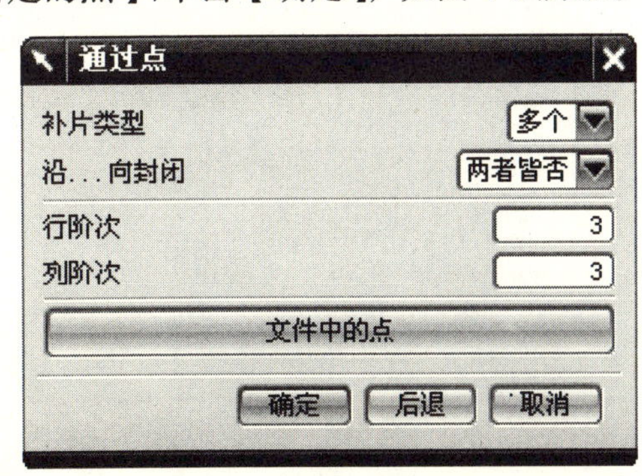

图 4-2　【通过点】对话框

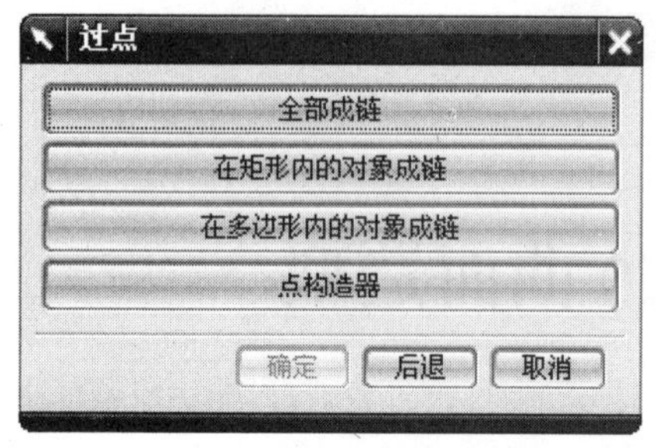

图 4-3　【过点】对话框图

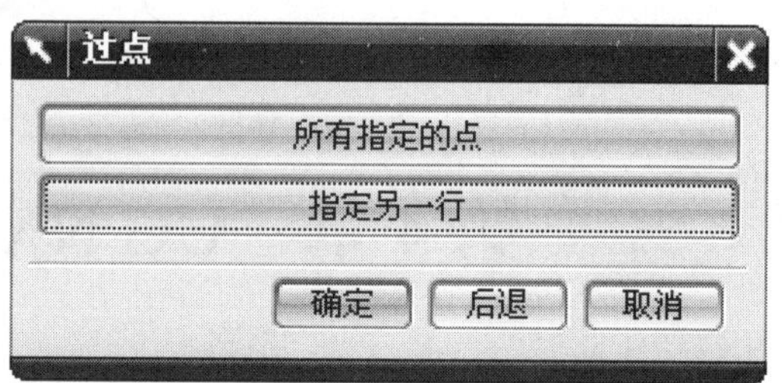

图 4-4　增加点的【过点】对话框

4.1.2　从极点

从极点是指通过指定矩形点阵来创建自由曲面，创建的曲面以指定的点作为极点，矩形点阵的指定可以通过点构造器在模型中选取或者创建，也可以事先创建一个点阵文件，通过指定点阵文件来创建曲面。其中有“补片类型”、“沿…向封闭”、“行阶次”和“列阶次”4项需要设置，其设置方法同“通过点”中相同。

单击【 】，弹出如图 4-6 所示【从极点】对话框/【补片类型】选择【多个】/【沿…向封闭】选择【两者皆否】/【行阶次】选择【3】/【列阶次】选择【3】/单击【确定】，弹出如图 4-7 所示【点】对话框/选择最前面一列点的最上方点为第一个点【1】，并沿逆时针方向，依次选取 10 个点，如图 4-8 所示/单击【确定】，弹出【指定点】对话框/单击【是】，完成一行的选取操作，重复以上操作完成 4 行的选取操作/弹出增加点的【过点】对话框，单击【指定另一行】/选择 5、6 行/单击【所有指定的点】/单击【确定】，如图 4-9 所示。

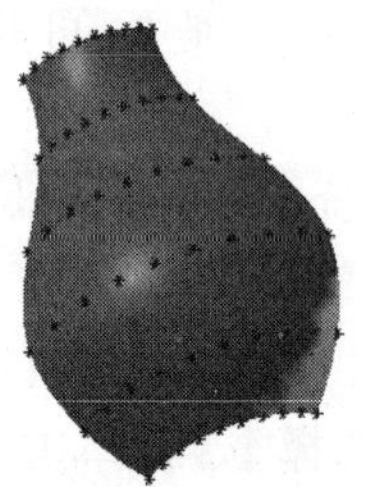

图 4-5　曲面特征

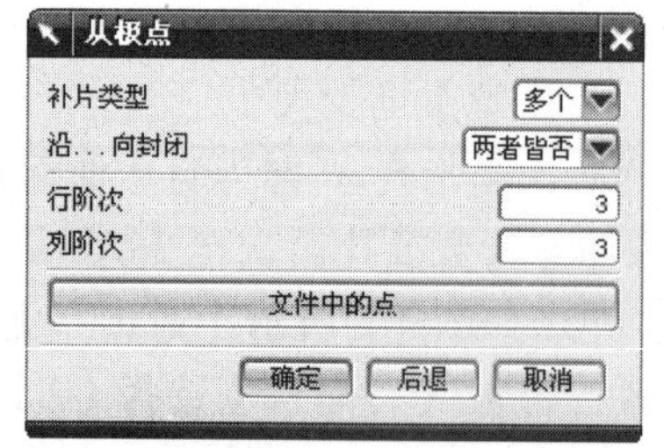

图 4-6　【从极点】对话框

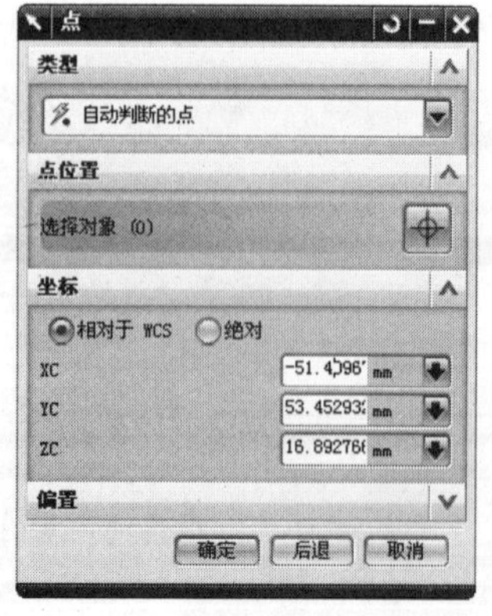

图 4-7　【点】对话框

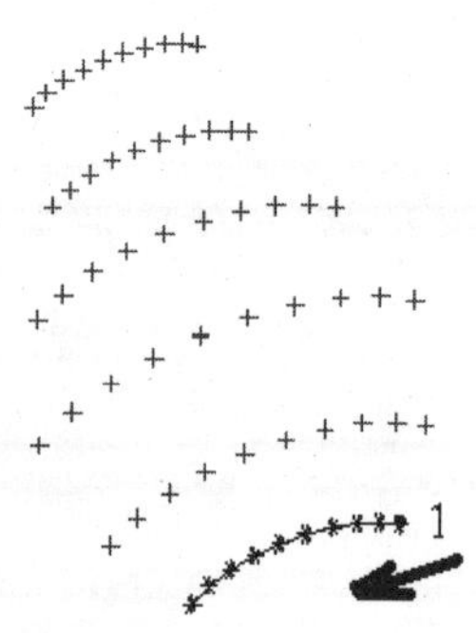

图 4-8　选取点

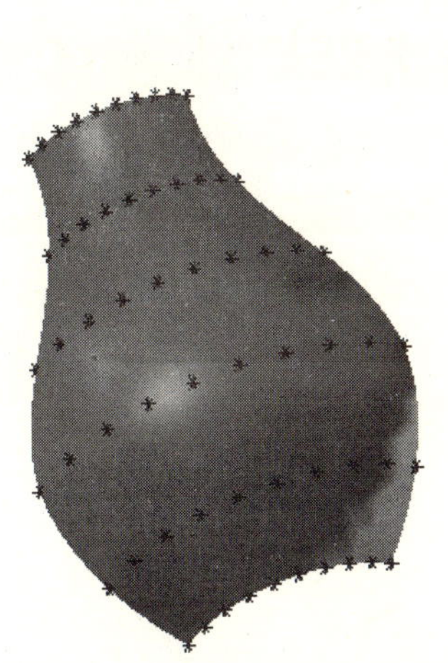

图 4-9　曲面特征

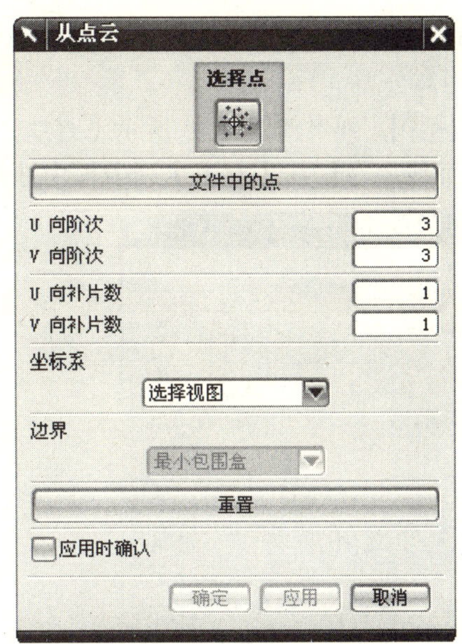

图 4-10　【从点云】对话框

图 4-11　拟合信息

图 4-12　曲面特征

4.2　通过曲线创建曲面

4.2.1　直纹面

直纹面是通过两条截面线串生成片体或实体。每条截面线串可以由多条连续的曲线、边界或多个实体表面组成。

【Specify Origin Curve】：即指定原始曲线，用于选择封闭曲线环时，可以更改原点曲线。

【参数】：沿定义截面曲线将等参数曲线要通过的点以相等的参数间隔隔开。使用每条曲线的整个长度。

【根据点】：用于将不同外形的截面线串间点对齐。

【保留形状】：用于允许保留锐边，覆盖逼近输出曲面的默认值。

【GO（位置）】：用于指定输入几何体与生成的几何体之间的最大距离，默认值为建模首选项中的距离公差。

单击【 】，弹出如图 4-13 所示【直纹】对话框/选择【截面线串 1】，单击【鼠标中键】/选择【截面线串 2】/在【对齐】列表框中选择【参数】/单击【确定】，如图 4-14 所示。

图 4-13 【直纹】对话框

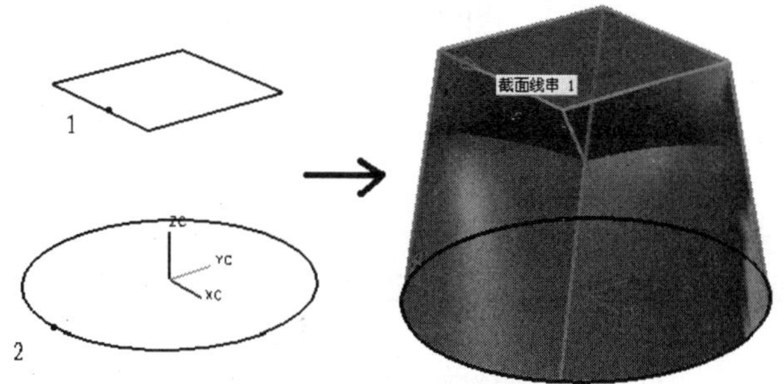

图 4-14 直纹特征

4.2.2 通过曲线组

通过曲线组方法可以使一系列截面线串创建片体或实体。

【参数】：沿截面线串以相等的圆弧长参数间隔隔开等参数曲线连接点。

【圆弧长】：沿定义的曲线以相等的圆弧长间隔隔开等参数曲线连接点。

【根据点】：将不同外形的截面线串间的点对齐。

【距离】：在指定方向上将点沿每条曲线以相等的距离隔开。

【角度】：在指定轴线周围将点沿每条曲线以相等的角度隔开。

【脊线】：将点放置在选定曲线与垂直于输入曲线的平面的相交处。得到的体的宽度取决于这条脊线的限制。

【根据分段】：沿截面线串以相等的距离隔开等参数曲线。

单击【 】，弹出如图 4-15 所示【通过曲线组】对话框/选择【截面线串 1】，单击【鼠标中键】，剖面线串上显示起点的矢量方向，并显示编号 Section 1/依此类推继续选择其他选择剖面线串，直至选完/单击【确定】，如图 4-16 所示。

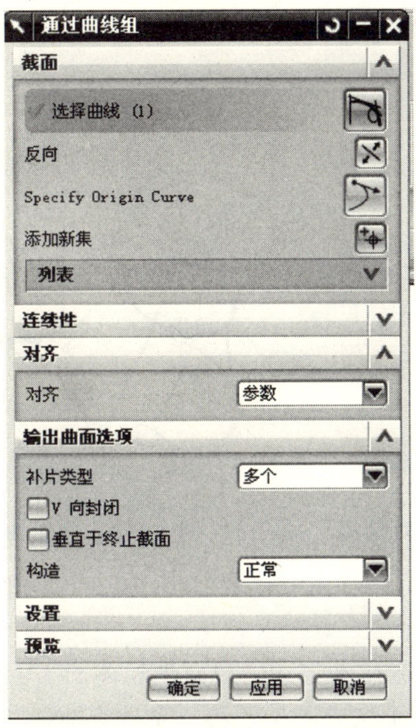

图 4-15　【通过曲线组】对话框

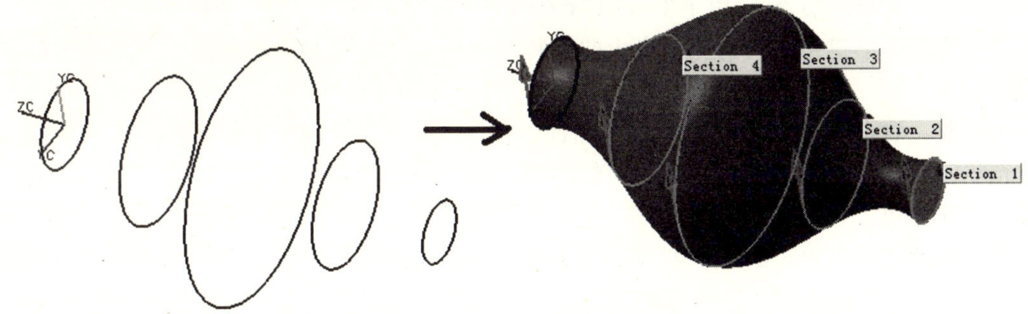

图 4-16　通过曲线组创建曲面特征

4.2.3　通过曲线网格

使用通过曲线网格可以通过一个方向的截面网格和另外一个方向的引导线来创建曲面。

【两者皆是】：主线串和交叉线串有同样的效果。

【主线串】：主线串更有影响。

【十字】：交叉线串更有影响。

单击【 】，弹出如图 4-17 所示【通过曲线网格】对话框/单击【主曲线】中的【选择曲线或点】/选择【截面线串 1】，单击【鼠标中键】，剖面线串上显示起点的矢量方向，并显示编号 Section 1/依此类推继续选择其他选择剖面线串，直至选完/单击【交叉曲线】中的【选择曲线】/选择【截面线串 5】，单击【鼠标中键】，剖面线串上显示起点的矢量方向，并显示编号 Section 1/依此类推继续选择其他选择剖面线串，直至选到完截面线串 5 为止/单击【确定】，如图 4-18 所示。

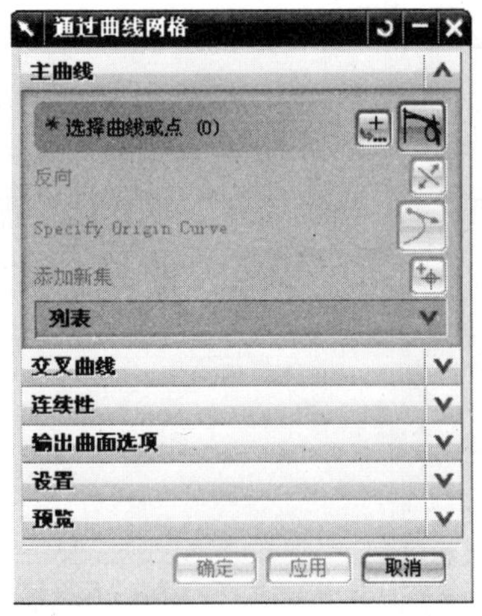

图 4－17【通过曲线网格】对话框

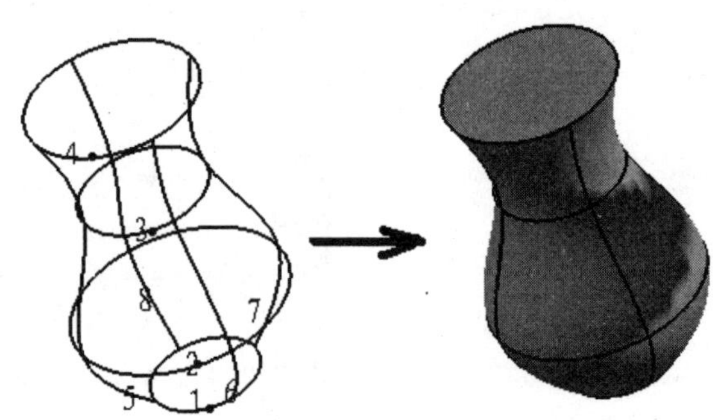

图 4-18　通过曲线网格创建曲面特征

4.2.4　剖切曲面

剖切曲面是用二次曲线构造技术定义的截面创建体。

【端点－顶点－肩点】：用于生成起始于第一条选定曲线、通过一条称为肩曲线的内部曲线并且终于第三条选定曲线的截面自由曲面特征。每个端点的斜率由选定顶线定义。

【端点－斜率－肩点】：用于生成起始于第一条选定曲线、通过一条内部曲线（称为肩曲线）并且终止于第三条曲线的截面自由曲面特征。斜率在起点和终点由两个不相关的斜率控制曲线定义。

【圆角－肩点】：用于创建截面自由曲面特征，该特征在分别位于两个体上的两条曲线间形成光顺的圆角。体起始于第一条选定的曲线，与第一个选定体相切，终止于第二条曲线，与第二个体相切，并且通过肩曲线。

【端点－顶点－Rho】：用于创建起始于第一条选定曲线并且终止于第二条曲线的截面自由曲面特征。每个端点的斜率由选定顶线定义。每个二次曲线截面的丰满度由相应的 Rho 值控制。

【端点－斜率－Rho】：用于创建起始于第一条选定边曲线并且终止于第二条边曲线的截面自由曲面特征。斜率在起点和终点由两个不相关的斜率控制曲线定义。每个二次曲线截面的丰满度由相应的 Rho 值控制。

【圆角－Rho】：用于创建截面自由曲面特征，该特征在分别位于两个体的两条曲线间形成光顺的圆角。每个二次曲线的丰满度由相应的 Rho 控制。

【端点－顶点－顶线】：用于创建带有起始于第一条直线选定曲线并终止于第二条曲线，而且与指定直线相切的二次曲线截面的体。每个端点的斜率由选定顶线定义。

【端点－斜率－顶线】:用于创建带有起始于第一条边曲线选定曲线并终止于第二条边曲线，而且与指定直线相切的二次曲线截面的体。斜率在起点和终点由两个不相关的斜率控制曲线定义。

【圆角－顶线】:用于创建带有分别位于两个体上的两条曲线之间构成光顺圆角并与指定直线相切的二次曲线截面的体。

【四点－斜率】：用于创建起始于第一条选定曲线、通过两条内部曲线并且终止于第 4 条曲线的截面自由曲线特征。也选择定义起始斜率的斜率控制曲线。

【五点】：该选项可以使用 5 条现有曲线作为控制曲线来创建截面自由曲面特征。体起始于第一条选定曲线，通过 3 条选定的内部控制曲线，并且终止于第 5 条选定曲线。而且提示选择脊线。5 条控制曲线必须完全不同，但是脊线可以为先前选定的控制曲线。

【三点－圆弧】：该选项可以通过选择起始曲边曲线、内部曲线、终止边曲线和脊线来创建截面自由曲面特征。

【二点－半径】：用于创建带有指定半径圆弧截面的体。对于脊线方向，从第一条选定曲线到第二条选定曲线以逆时针方向创建。半径必须至少是每个截面的起始边与终止边之间距离的一半。

【端点－斜率－圆弧】：用于创建起始于第一条选定边曲线并且终止于第二条边曲线的截面自由曲面特征。斜率在起始处由选定的控制曲线决定。

【点－半径－角度－圆弧】：用于通过在选定边缘、相切面、体的曲率半径和体的跨越角度角的定义起点来创建带有圆弧截面的体。角度可以从－179°～－1°或从 1°～179°变化，但是禁止通过零。半径必须大于 0。曲面的默认位置在画法向的方向上，或者可以将曲面反向到相切面的反方向。

【圆】：用于创建整圆截面曲面。选择引导线串、可选方位线串和脊线来创建圆截面曲面，然后定义曲面的半径。

【圆相切】：用于创建与面相切的圆弧截面曲面。通过选择其相切面、起始曲线和脊线并定义曲面的半径来创建这个曲面。

【端点－斜率－三次】：用于创建带有截面的 S 形体，该截面在两条选定的边曲线之间构成光顺的三次圆角。斜率在起点和终点由两个不相关的斜率控制曲线定义。

【圆角－桥接】：用于创建体，该体具有在位于两组面上的两条曲线之间构成桥接的截面。

【线性－相切】：用于创建与一个或多个面相切的线性截面曲面。选择其相切面、起始曲面和脊线来创建这个曲面。

用【端点－顶点－肩点】创建曲面 单击【 】，弹出如图 4-19 所示【剖切曲面】对话框/选择起始引导线 1，单击【鼠标中键】/选择终止引导线 2，单击【鼠标中键】/选择顶线 3，单击【鼠标中键】/选择肩曲线 4，单击【鼠标中键】/选择脊线 5，单击【鼠标中键】/单击【确定】，如图 4-20 所示。

4.2.5　扫　掠

扫掠是通过将曲线轮廓以预先描述的方式沿空间路径移动来创建曲面。

【沿引导线任何位置】：表示截面线位于引导线中间的任何位置都能正常生成曲面。

【导线末端】：表示截面线必须在引导线的端部，才能正常生成曲面。如果截面线位于引导线中间，则可能产生意外的结果。

【固定】：截面线路以固定方向沿引导线串移动，形成简单平行或平移。

【面的法向】：局部坐标系的第二个轴和沿引导线的各个点处的某个基面的法向矢量一致。用来约束截面线串和基面的联系。

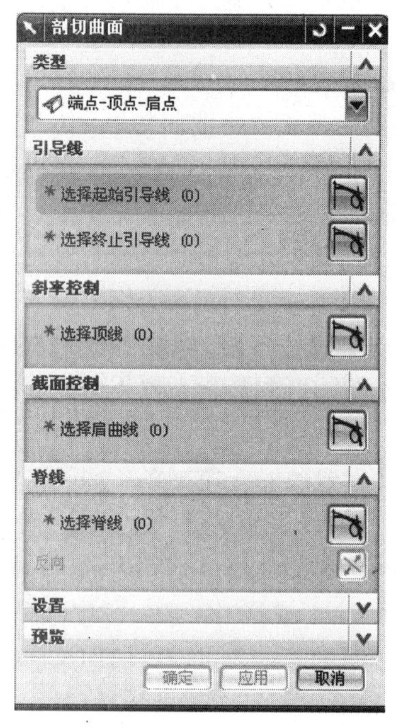

图 4-19　【剖切曲面】对话框

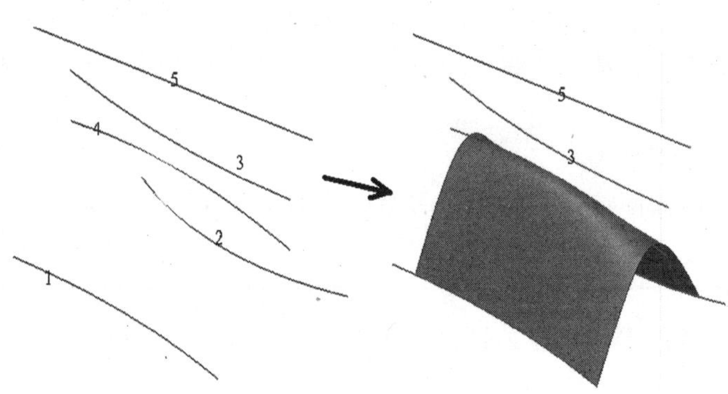

图 4-20　剖切曲面特征

【矢量方向】: 截面线串在沿引导线串扫描过程中，第二轴始终与指定的矢量方向一致。

【另一条曲线】: 使用另一条曲线与引导线串上相应的点来获得第二个轴，注意曲线不可与引导线串相交。

【一个点】: 适用于 3 边扫描，即截面线串的一个端点占据一个固定的位置，另外一个端点沿着引导线滑行。

【角度规律】: 用于只有一条截面线串的情况，用于利用规律子功能定义一个函数作为方位角度。

【强制方向】: 沿着引导线串扫掠截面线串时，让用户把截面的方向固定在一个矢量上。若引导线串存在小曲率半径，此种方式可防止曲面自相交。

【恒定】: 输入一个比例因子，它沿着整个引导线串保持不变。

【倒圆功能】: 在指定的起始比例因子和终止因子之间允许线性的或三次的比例，这些指定的起始比例因子和终止因子对应于引导线串的起点和终点。

【另一条曲线】: 类似于方向控制中的另一条曲线，但是此处在任意给定点的比例是以引导线串和其他曲线或实边之间的划线长度为基础的。

【一个点】: 与另一条曲线相同，只是使用点而不是曲线。

【面积规律】: 用规律子功能控制扫掠体的交叉截面的面积。

【周长规律】: 用规律子功能控制扫掠体的交叉截面的周长。

单击【 】, 弹出如图 4-21 所示【扫掠】对话框/选择【截面线串 1】, 按鼠标中键/选择【截面线串 2】, 按鼠标中键/选择【截面线串 3】, 按鼠标中键/选择【截面线串 4】, 按鼠标中键/选择【截面线串 5】, 按鼠标中键/选择【引导线串 6】, 按鼠标中键/选择【引导线串 7】, 按鼠标中键/选择【脊线 8】, 按鼠标中键/单击【确定】, 如图 4-22 所示。

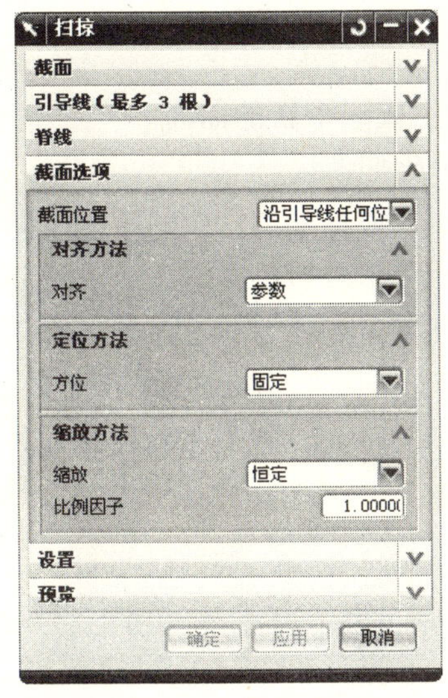

图 4-21　【扫掠】对话框

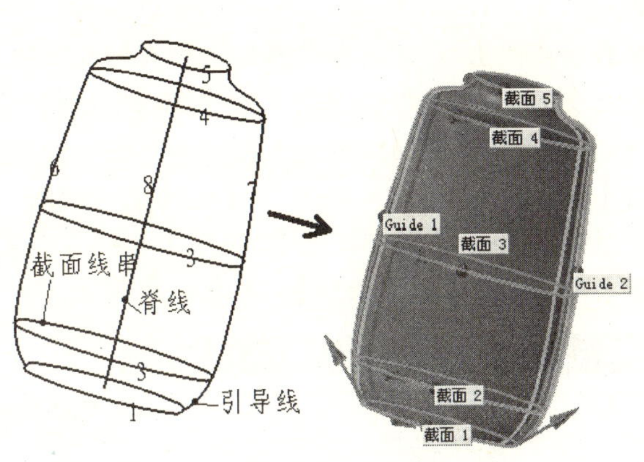

图 4-22　扫掠曲面特征

4.3　通过曲面创建曲面

4.3.1　桥接曲面

用一个片体将两个修剪过或未修剪过的表面之间的空隙补足、连接，还可以用来创建两个合并面的片体，从而生成一个新的曲面。

单击【 】，弹出如图 4-23 所示【桥接】对话框/选择【主表面】/单击【确定】，如图 4-24 所示。

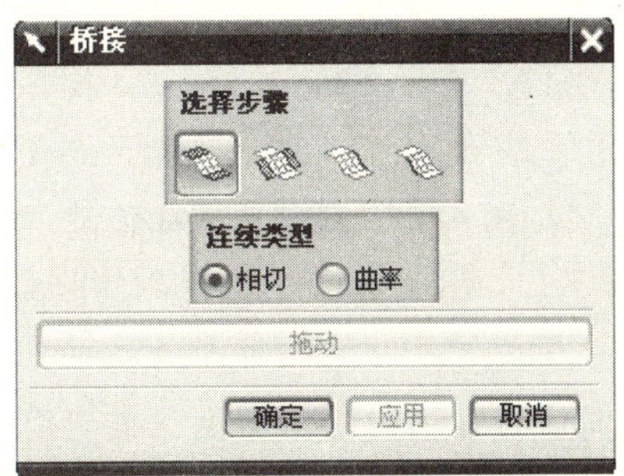

图 4-23　【桥接】对话框

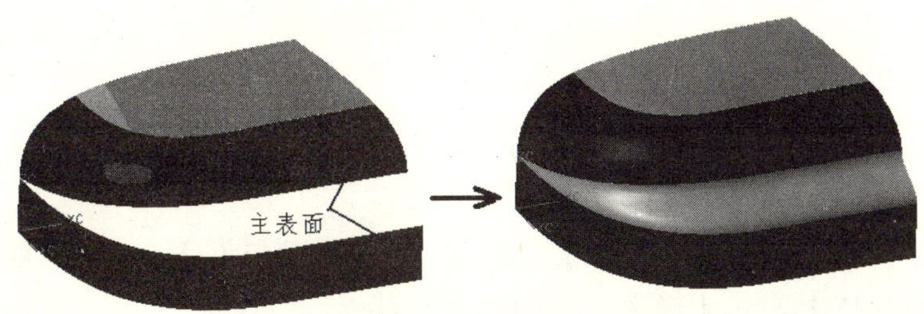

图 4-24　桥接曲面特征

4.3.2　延伸曲面

延伸曲面是在已有的片体的基础上通过延伸操作，来生成一个新的曲面。

【相切的】：指用相邻于现在基面的边或拐角创建一个延伸曲面。

【垂直于曲面】：指沿着一个基面上现有的曲线创建一个垂直于该基面的延伸曲面。

【有角度的】：指沿着位于面上的曲线以指定的相对于现在面的角度创建一个延伸曲面。

【圆形】：指从光顺曲面的边上生成一个圆形的延伸曲面。

单击【 】，弹出如图 4-25 所示【延伸】对话框/单击【相切】，弹出如图 4-26 所示【相切延伸】对话框/单击【固定长度】，选择【曲面】/选择【延伸边】，弹出【长度】对话框/输入【长度】值【2】/单击【确定】，如图 4-27 所示。

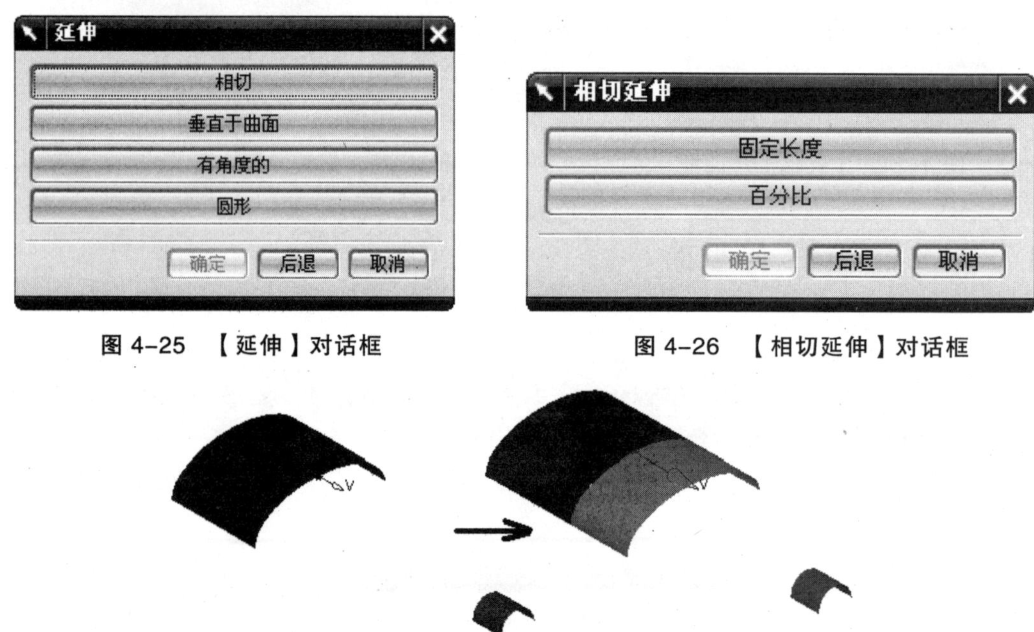

图 4-25　【延伸】对话框　　图 4-26　【相切延伸】对话框

图 4-27　延伸曲面特征

4.3.3　偏置曲面

偏置曲面沿着已有面的法向偏置点通过一定距离，来生成正确的偏置曲面。

单击【 】，弹出如图 4-28 所示【偏置】对话框/选择【曲面】/输入【偏置 1】值【－20】/特征【输出】栏选择【对于相连面的一个特征】/单击【确定】，如图 4-29 所示。

4.3.4　缝合曲面

缝合指两个或两个以上的曲面连续形成一张曲面，也可以将两个或两个以上的实体缝合生成一个实体。

单击【插入】/【组合体】/【缝合】，弹出如图 4-30 所示【缝合】对话框/选择【目标片体】/选择【工具片体】/单击【确定】，如图 4-31 所示。

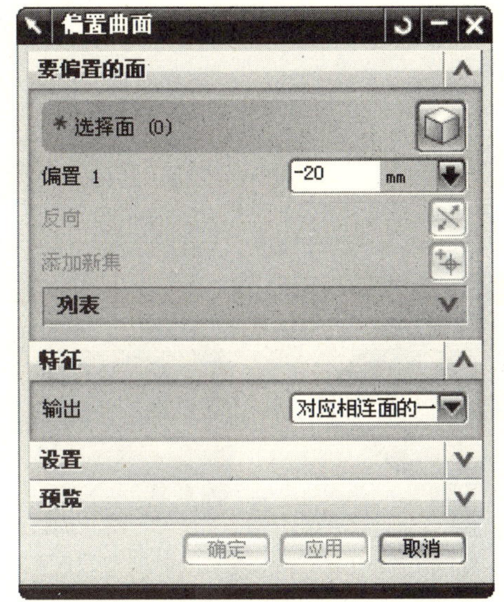

图 4-28　【偏置】对话框

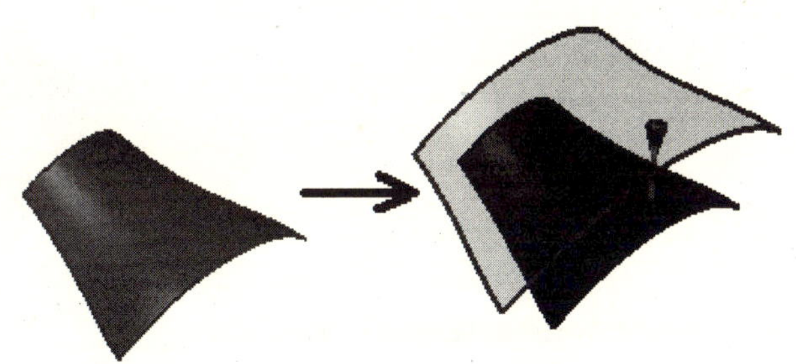

图 4-29　偏置曲面特征

图 4-30　【缝合】对话框

图 4-31　缝合曲面特征

4.4　编辑曲面

4.4.1　修剪的片体

修剪片体通过曲线、面或基准平面修剪片体的一部分，使修剪的片体与模型曲面一致。

单击【 】，弹出如图 4-32 所示【修剪的片体】对话框/选择【要修剪的片体】，按鼠标中键/选择【边界对象 1】和【边界对象 1】/单击【确定】，如图 4-33 所示。

图 4-32　【修剪的片体】对话框

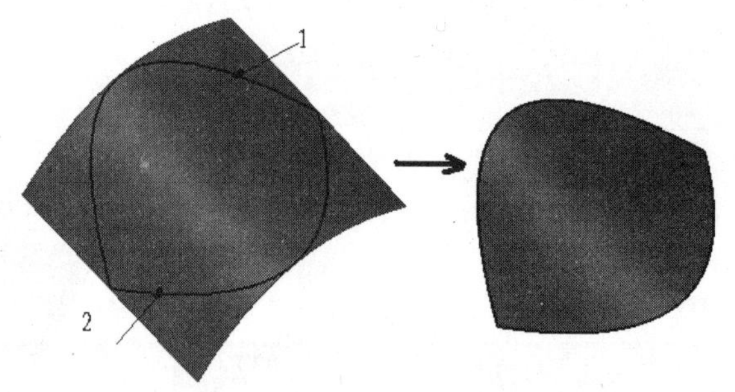

图 4-33　修剪片体特征

4.4.2　修剪和延伸

修剪和延伸是指按距离或与另一组面的交点修剪或延伸一组面。该操作不仅可以对曲面进行相切延伸，还可以进行连续延伸。

单击【　】，弹出如图 4-34 所示【修剪和延伸】对话框/【类型】选择【按距离】/选择【要移动的边 1】/输入【距离】值【20】/【延伸方法】选择【自然曲率】/单击【确定】，如图 4-35 所示。

图 4-34　【修剪和延伸】对话框

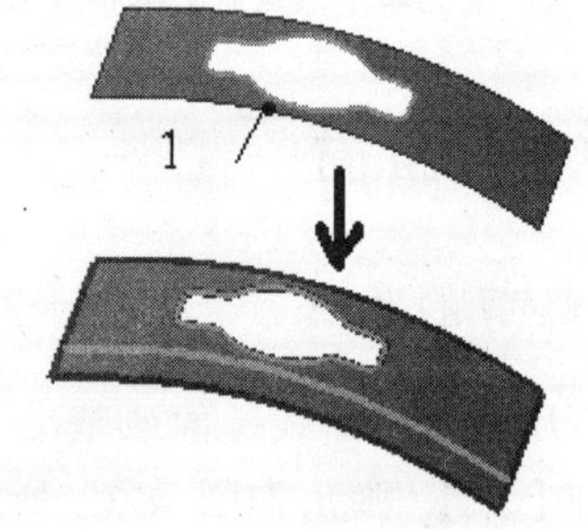

图 4-35　修剪和延伸特征

4.4.3　扩大曲面

扩大曲面主要是对未修剪的曲面或片体进行放大或缩小。

单击【 】，弹出如图 4-36 所示【扩大】对话框/选择【面】/输入【%U 起点】值【12】/单击【确定】，如图 4-37 所示。

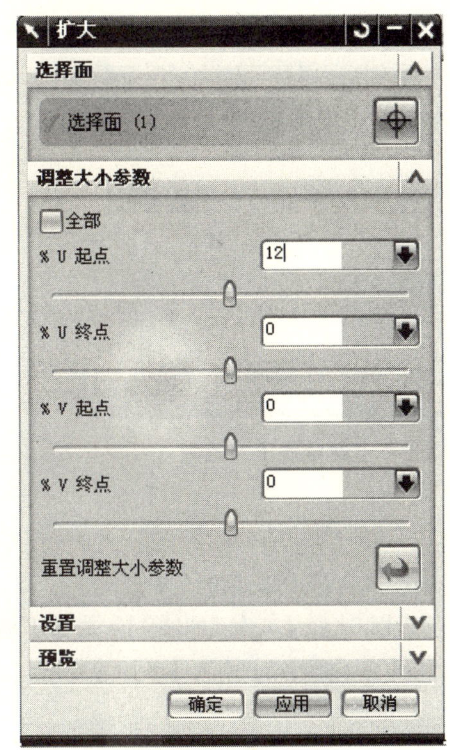

图 4-36　【扩大】对话框

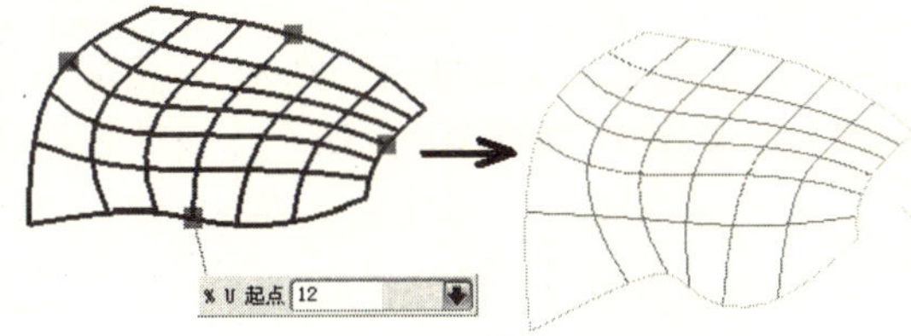

图 4-37　扩大曲面特征

4.4.4　片体边界

片体边界是通过修改或替换边界原有曲面的边界，从而生成一个新的曲面。

单击【 】，弹出如图 4-38 所示【编辑片体边界】对话框/选择【编辑原片体】，选择【要修改的片体】，弹出如图 4-39 所示【编辑片体边界参数】对话框/选择【移除孔】，弹出如图 4-40 所示【确定】对话框/单击【确定】，弹出如图 4-41 所示【选择要移除的孔】对话框/选择要移除的孔/单击【确定】，如图 4-42 所示。

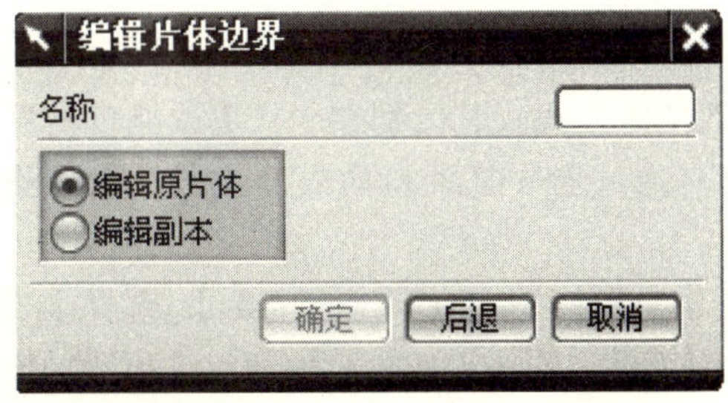

图 4-38　【编辑片体边界】对话框

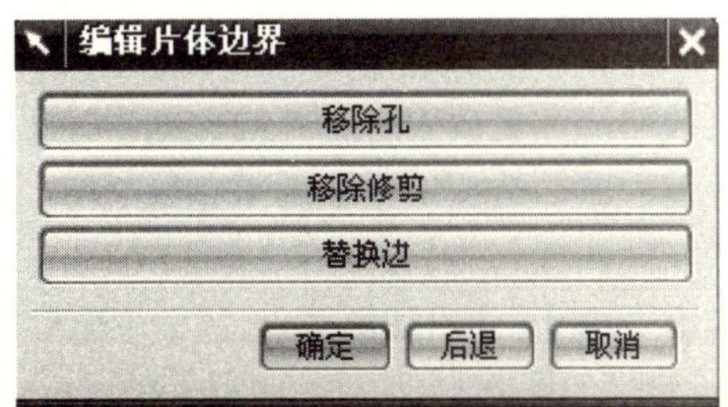

图 4-39　【编辑片体边界参数】对话框

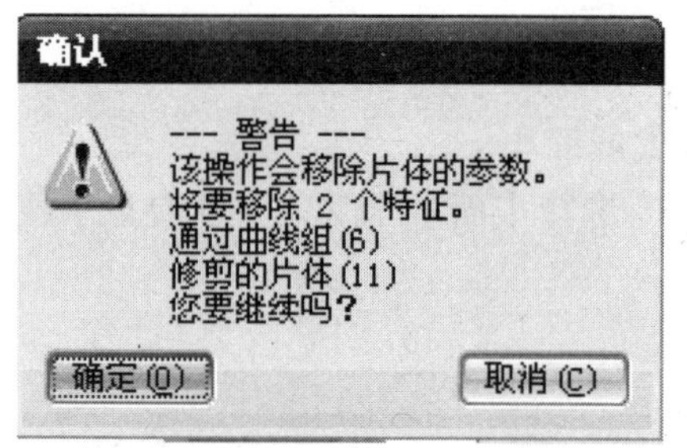

图 4-40　【确定】对话框

图 4-41　【选择要移除的孔】对话框

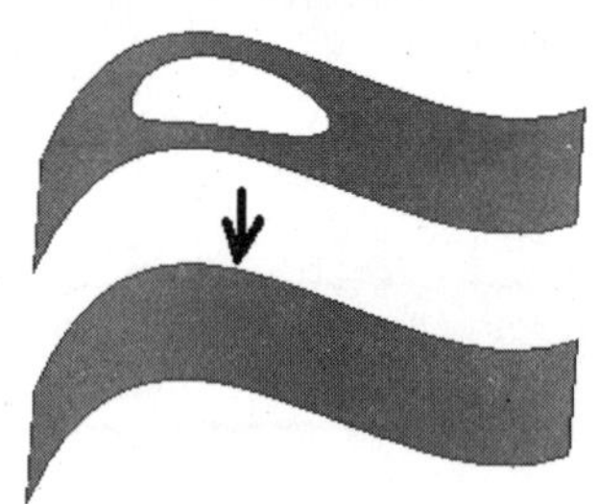

图 4-42　片体边界特征

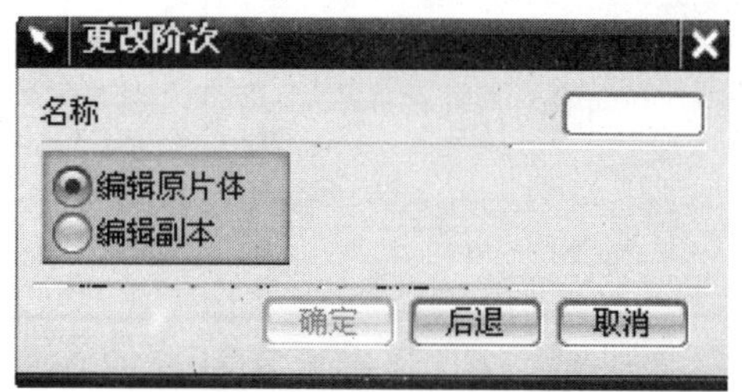

图 4-43　【更改阶次】对话框

4.4.5　更改阶次

更改阶次是通过更改曲面造型在 U 向或 V 向的阶次，来更改曲面度大小。

单击【x^{z^3}】，弹出如图 4-43 所示【更改阶次】对话框/选择【编辑原片体】，选择【要编辑的面】，弹出如图 4-44 所示【更改阶次参数】对话框/【U 向阶次】输入【1】/【V 向阶次】输入【2】/单击【确定】，如图 4-45 所示。

图 4-44　【更改阶次】对话框

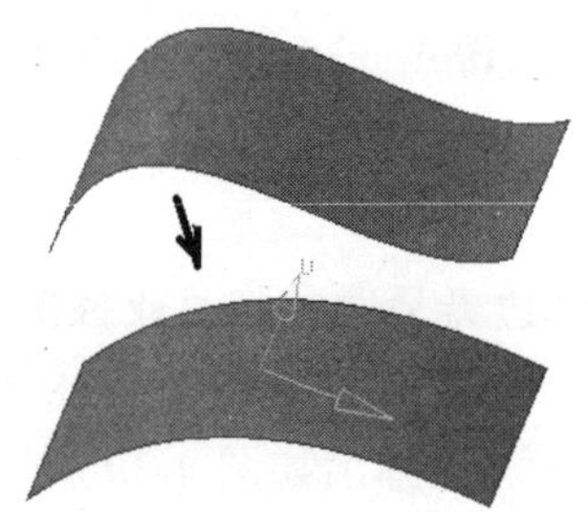

图 4-45　更改阶次特征

4.4.6　更改刚度

更改刚度和更改阶次都是更改曲面造型曲面度的方式。其区别在于：更改刚度前后与更改阶次前后曲面造型的变化效果相反。更改刚度是通过更改曲面 U 向或 V 向的阶次来修改曲面形状。

单击【】，弹出如图 4-46 所示【更改刚度】对话框/选择【编辑原片体】，选择【要编辑的面】，弹出如图 4-47 所示【确定】对话框/单击【确定】，弹出如图 4-48 所示【更改刚度】对话框/【U 向阶次】输入【2】/【V 向阶次】输入【2】/单击【确定】，如图 4-49 所示。

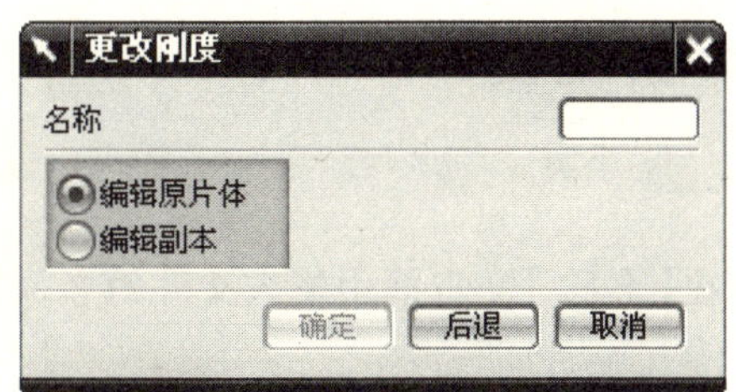

图 4-46　【更改刚度】对话框

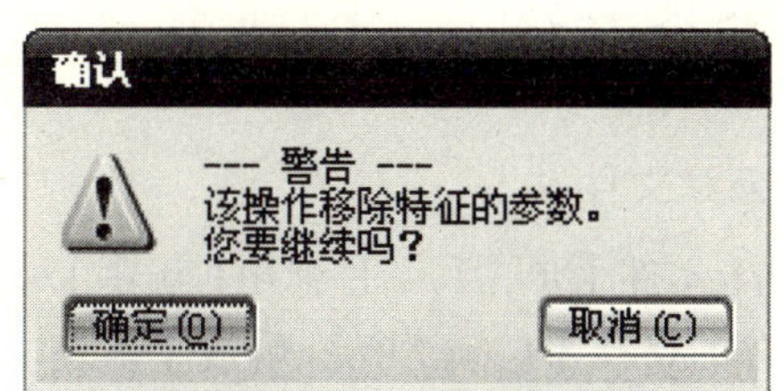

图 4-47　【确定】对话框

图 4-48　【更改刚度】对话框

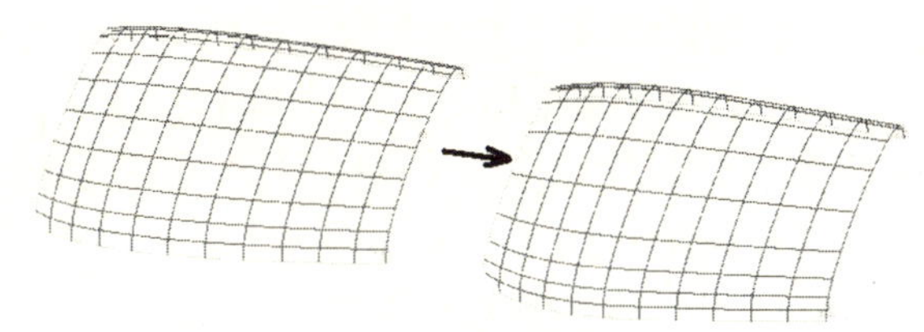

图 4-49　更改刚度特征

4.4.7　更改边

更改边是利用各种方法来修改曲面的边缘，从而生成新的曲面。利用该操作可以使曲面的边缘与曲线或实体边缘重合来进行边缘匹配，也可以使曲面的边缘位于一个平面内，还可以直接编辑边缘的法向、曲率和横向切线。

单击【 】，弹出如图 4-50 所示【更改边】对话框/选择【编辑原片体】，选择【要编辑的面】/选择要编辑 B 曲面边，弹出如图 4-51 所示【更改边】对话框/单击【仅边】，弹出如图 4-52 所示【更改边】对话框/单击【匹配到曲线】，选择线/单击【确定】，如图 4-53 所示。

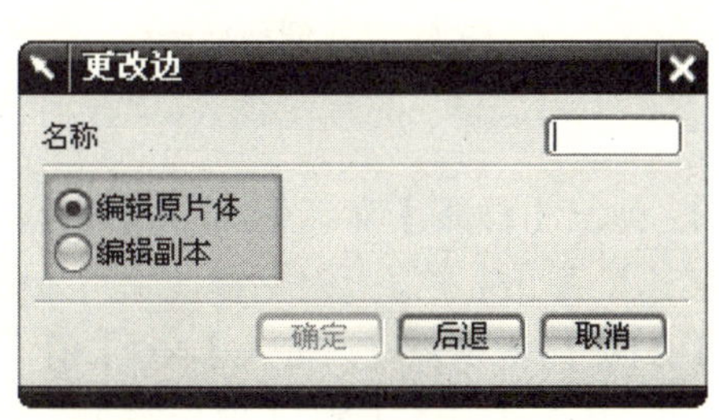

图 4-50　【更改边】对话框

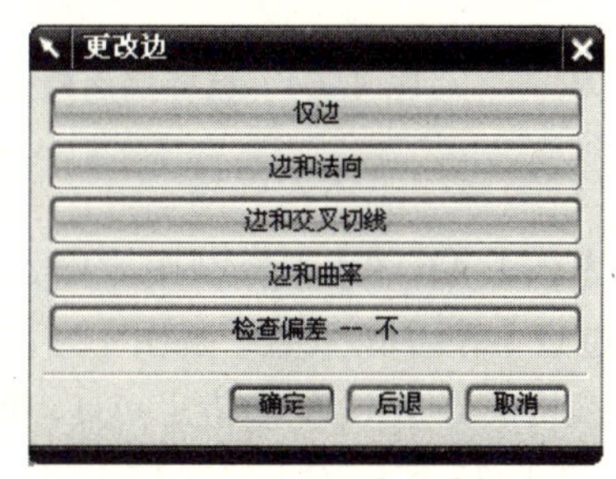

图 4-51　【更改边】对话框

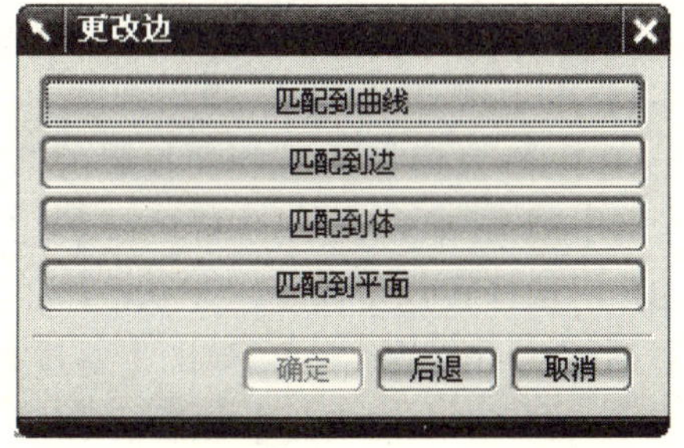

图 4-52　【更改边】对话框

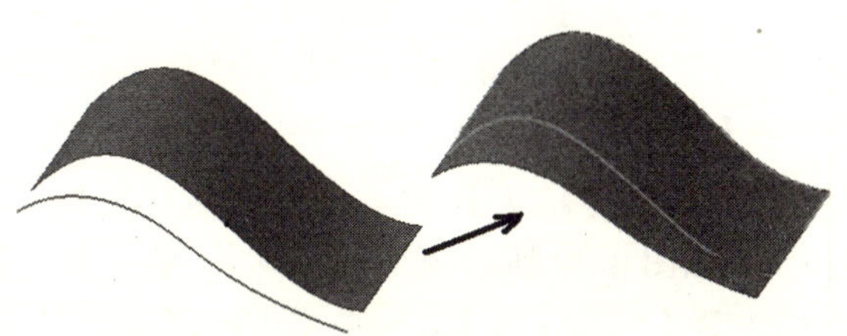

图 4-53　更改边特征

4.5 综合范例 9：创建鼠标外壳曲面造型

1. 新建文件

单击【文件】/单击【】，弹出【新建】对话框/在【名称】文本框中输入文件的名称【lz-09】/选定储存的路径【F:\ug7.0\】/单击【确定】。

2. 绘制鼠标底面轮廓线

单击【】，弹出【直线】对话框/在【起点】栏中单击【】，弹出【点构造器】/输入起点的坐标【XC】值【10】、【YC】值【-30】、【ZC】值【0】/单击【确定】/输入终点的坐标【XC】值【85】、【YC】值【-33】、【ZC】值【0】/单击【确定】/单击【】/选择镜像对象【AB】/选择镜像平面【ZC，XC】/单击【确定】/单击【】，弹出【样条】对话框/单击【通过点】，弹出【通过点】对话框/设置【阶次】为【3】/单击【确定】，弹出【样条】对话框/单击【点构造器】，弹出【点构造器】对话框/指定点 1，捕捉第 1 点【A 点】/指定点 2，输入【XC】值【-6】，【YC】值【0】，【ZC】值【0】/捕捉第 3 点【D 点】/单击【确定】/指定点 1，捕捉第 1 点【B 点】/指定点 2，输入【XC】值【110】，【YC】值【0】，【ZC】值【0】/单击【确定】/捕捉第 3 点【C 点】/单击【确定】，如图 4-54 所示。

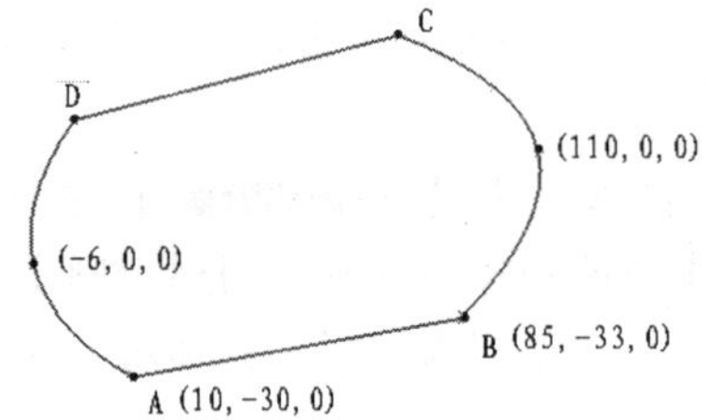

图 4-54　鼠标底面轮廓线

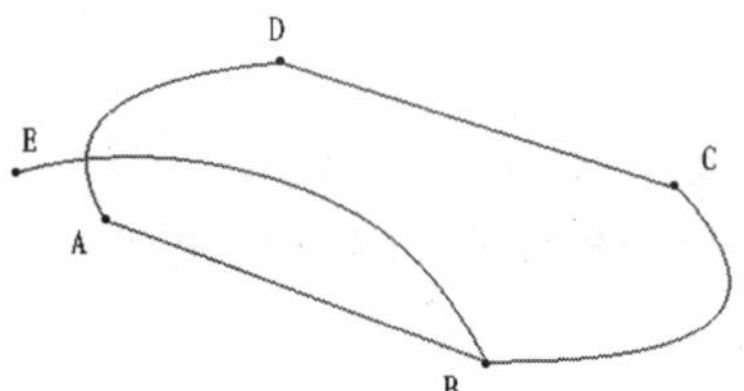

图 4-55　侧面样条线

3. 绘制鼠标主体轮廓线

按【Ctrl+Alt+F】选择视图方向，单击【】，弹出【样条】对话框/单击【通过点】，弹出【通过点】对话框/设置【阶次】为【3】/单击【确定】，弹出【样条】对话框/单击【点构造器】，弹出【点构成器】对话框/指定点 1，捕捉第 1 点【B 点】/指定点 2，输入【XC】值【66】，【YC】值【-33】，【ZC】值【17】/单击【确定】/指定点 3，/输入【XC】值【35】，【YC】值【-33】，【ZC】值【20】/单击【确定】/指定点 4，输入【XC】的值【9】，【YC】值【－33】，【ZC】值【13】/单击【确定】/指定点 5，输入【XC】值【-6】，【YC】值【-33】，【ZC】值【5】/单击【确定】/单击【是】/单击【关闭】，如图 4-55 所示/单击【】，弹出如图 4-56 所示【组合投影】对话框/选择要投影的第一个曲线链【AB】，按鼠标中键/选择要投影的第二个曲线链【BE】，按鼠标中键/选择矢量【Z 轴】/单击【确定】，如图 4-57 所示/选择曲线【BE】，单击右键，选择【隐藏】/单击【】/选择镜像对象【BF】/选择镜像平面【ZC，XC】/单击【确定】，如图 4-58 所示/单击【】，弹出【样条】对话框/单击【通过点】，弹出【通过点】对话框/设置【阶次】为【3】/单击【确定/单击【点构造器】，弹出【点构成器】对话框/指定点 1，捕捉第 1 点【H 点】/指定点 2，输入【XC】值【-8】，【YC】值【0】，【ZC】值【13】/单击【确定】/指定点 3，捕捉第 1 点【F 点】，如图 4-59 所示/单击【】，弹出【样条】对话框框/单击【通过点】，弹出【通过点】对话框/设置【阶次】为【3】/单击【确定】/单击【点构造器】，弹出【点构成器】对话框/指定点 1，输入【XC】值【110】，【YC】值【0】，【ZC】值【0】/指定点 2，输入【XC】值【12】，【YC】值【0】，【ZC】值【25】/单击【确定】/指定点 3，【类型】选择【点在曲线/边上】，单击曲线【FH】，输入【U】值【0.5】/单击【确定】/单击【确定】，如图 4-60 所示/单击【⁄】，弹出【直线】对话框/捕捉起点【A】/捕捉终点【F】/单击【确定】/捕捉起点【D】/捕捉终点【H】/单击【确定】，如图 4-61 所示。

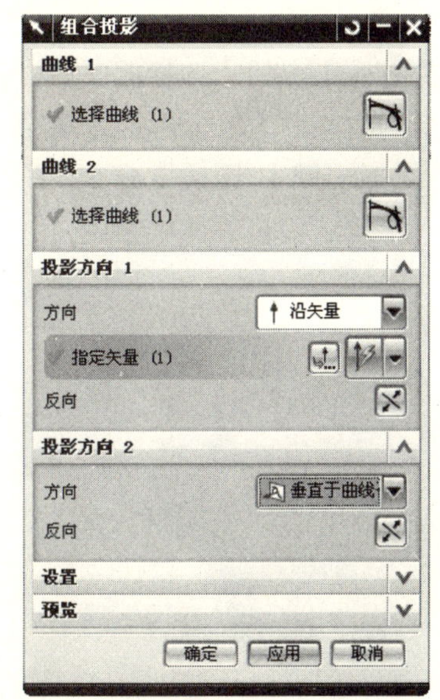

图 4-56　【组合投影】对话框

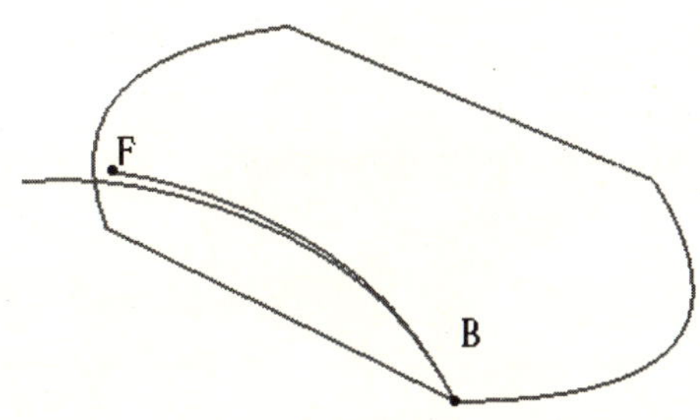

图 4-57　组合投影特征

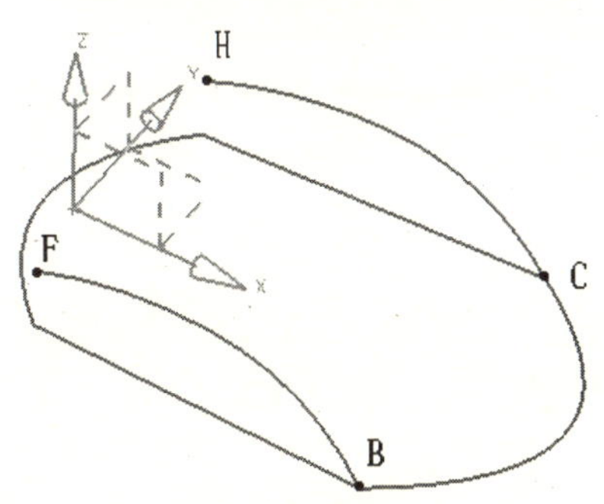

图 4-58　镜像特征

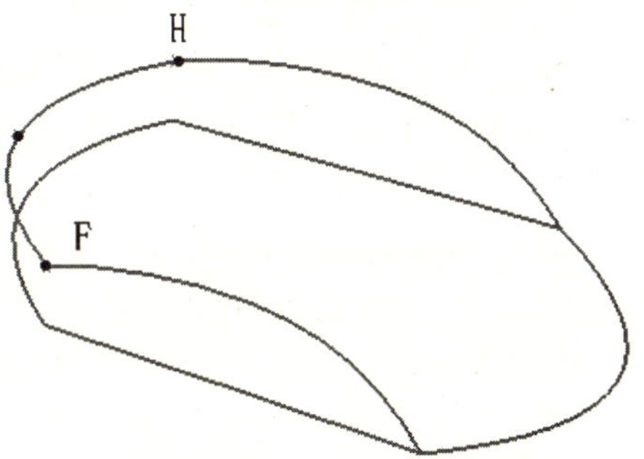

图 4-59　样条曲线

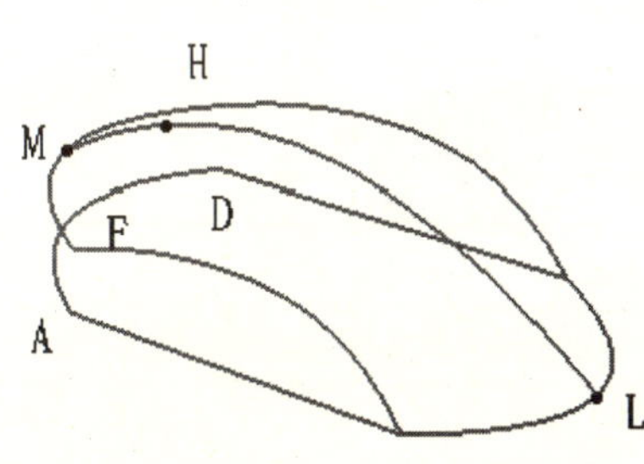

图 4-60　样条曲线

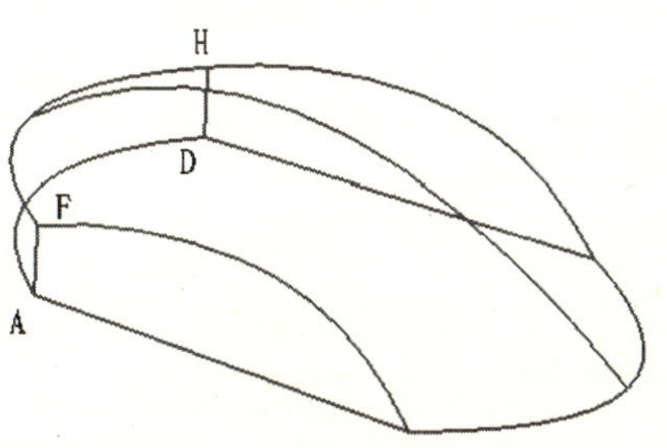

图 4-61　鼠标主体轮廓线

4. 创建鼠标顶部曲面

单击【 】，弹出【通过曲线网格】对话框/单击【主曲线】中的【选择曲线或点】/选择【截面线串 FH】，单击【鼠标中键】/选择【截面线串 BC】，单击【鼠标中键】/单击【交叉曲线】中的【选择曲线】/选择【截面线串 BF】，单击【鼠标中键】/选择【截面线串 LM】，单击【鼠标中键】/选择【截面线串 CH】，单击【鼠标中键】/单击【确定】，如图 4-62 所示。

5. 创建鼠标前端曲面

单击【 】，弹出【通过曲线网格】对话框/单击【主曲线】中的【选择曲线或点】/选择【截面线串 FH】，单击【鼠标中键】/选择【截面线串 AD】，单击【鼠标中键】/单击【交叉曲线】中的【选择曲线】/选择【截面线串 AF】，单击【鼠标中键】/选择【截面线串 DH】，单击【鼠标中键】/单击【确定】，如图 4-63 所示。

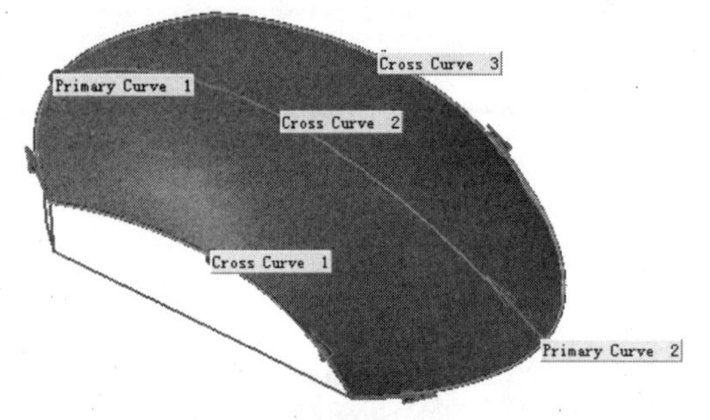

图 4-62　鼠标顶面曲面

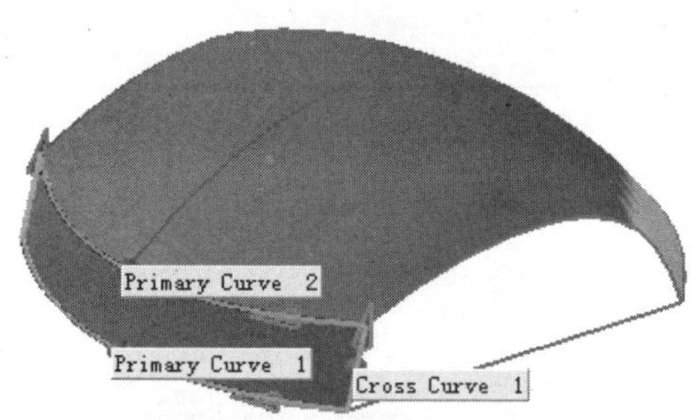

图 4-63　鼠标前端曲面

6. 创建鼠标侧壁曲面

单击【 】，弹出如图 4-64 所示【N 边曲面】对话框/【类型】选择【 已修剪】/选择一个曲线/边，选择线【BF】/选择【AB】/单击【确定】，如图 4-65 所示/选择一个曲线/边，选择线【CH】/选择【CD】/单击【确定】，如图 4-66 所示。

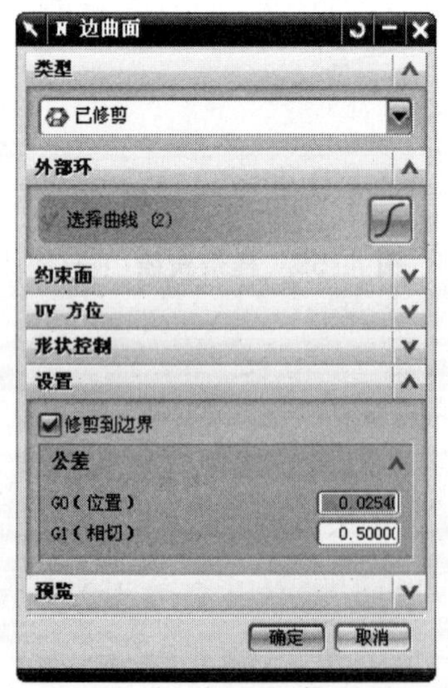

图 4-64　【N 边曲面】对话框

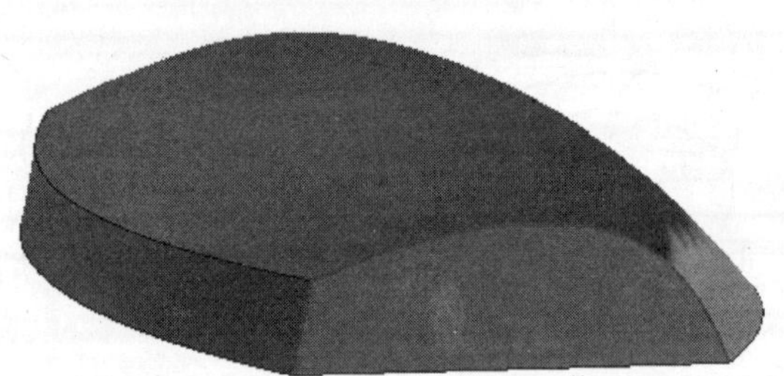

图 4-65　鼠标侧壁曲面

7. 修剪鼠标顶部曲面

单击【 】，弹出【创建草图】对话框/【类型】选择【在平面上】/单击【草图平面】选项的【平面选项】框右侧的【 】选择【现有平面】，在模型上选中现有平面【CX，CY】/单击【确定】/绘制如图 4-67 所示 JK 曲线/单击【 】/单击【 】，弹出【修剪的片体】对话框/选择【要修剪的片体鼠标顶部曲面】，按鼠标中键/选择【边界对象 JK 曲线】/【投射方向】选择【垂直于面】/单击【确定】，如图 4-68 所示。

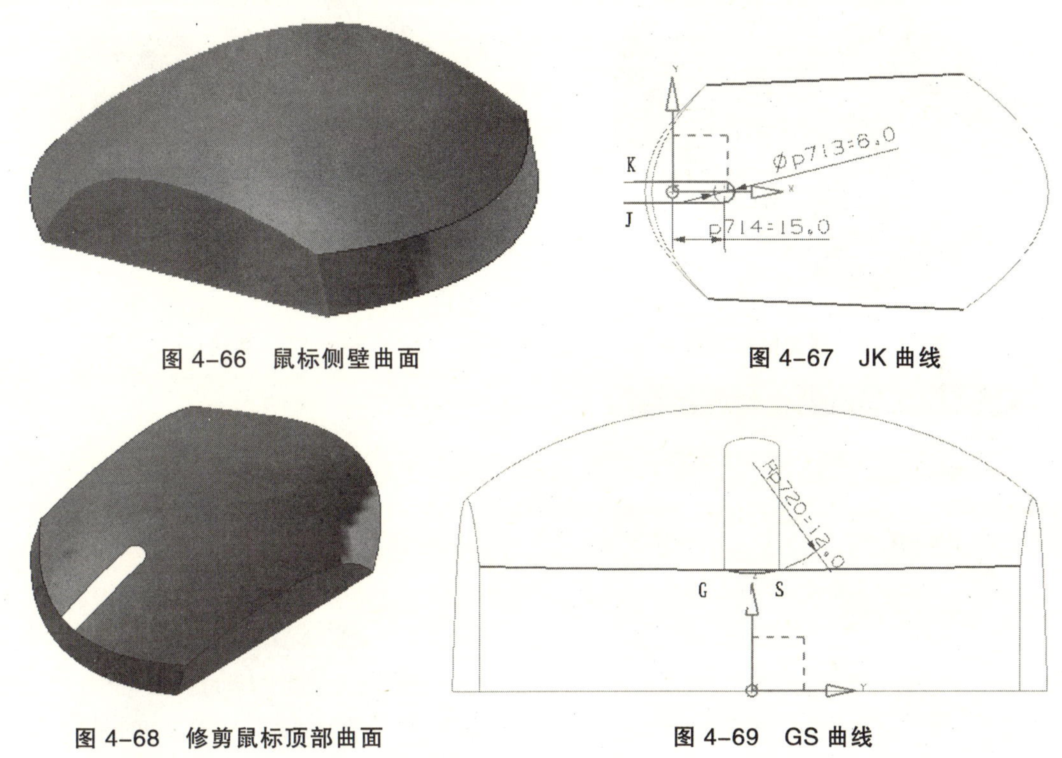

图 4-66　鼠标侧壁曲面　　图 4-67　JK 曲线

图 4-68　修剪鼠标顶部曲面　　图 4-69　GS 曲线

8. 修剪鼠标前端曲面

单击【 】，弹出【创建草图】对话框/单击【类型】面板框中右侧的【 】选择【在平面上】/单击【草图平面】选项的【平面选项】框右侧的【 】选择【现有平面】，在模型上选中现有平面【CZ，CY】/单击【确定】/绘制如图 4-69 所示 GS 曲线/单击【 】/单击【 】，弹出【修剪的片体】对话框/选择【要修剪的片体鼠标前端曲面】，按鼠标中键/选择【边界对象 GS 曲线】/【投射方向】选择【垂直于面】/单击【确定】，如图 4-70 所示。

9. 创建滑轮槽曲面

单击【 】，弹出【样条】对话框/单击【通过点】，弹出【通过点】对话框/设置【阶次】为【3】/单击【确定】/单击【点构造器】，弹出【点构成器】对话框/指定点 1，捕捉第 1 点，【类型】选择【点在曲线/边上】，单击曲线，输入【U】值【0.5】/单击【确定】/指定点 2，输入【XC】值【14】，【YC】值【0】，【ZC】值【23】/单击【确定】/指定点 3，捕捉第 3 点，【类型】选择【点在曲线/边上】，单击曲线，输入【U】值【0.5】/单击【确定】，如图 4-71 所示/

单击【 】，弹出【通过曲线网格】对话框/单击【主曲线】中的【选择曲线或点】/选择【截面线串 1 曲线】，单击【鼠标中键】/选择【截面线串 2 点】，单击【鼠标中键】/单击【交叉曲线】中的【选择曲线】/选择【截面线串 1 曲线，选择【在相交处停止】，单击【鼠标中键】/选择【截面线串 2 曲线】，单击【鼠标中键】/选择【截面线串 3 曲线，选择【在相交处停止】，单击【鼠标中键】/输入【交点公差】值【3】/单击【确定】，如图 4-73 所示。

图 4-70　修剪鼠标前端曲面

图 4-71　曲线

图 4-72　【N 边曲面】对话框

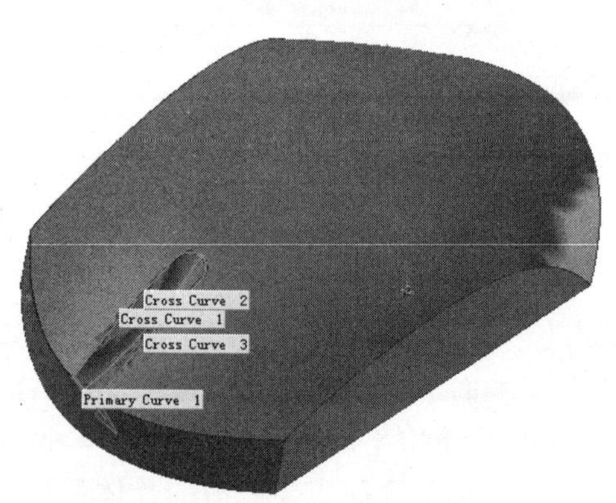

图 4-73　滑轮槽曲面

10. 创建滑轮过孔

单击【 】，弹出【创建草图】对话框/【类型】选择【在平面上】/单击【草图平面】选项的【平面选项】框右侧的【 】选择【现有平面】，在模型上选中现有平面【CX，CY】/单击【确定】/绘制如图 4-74 所示的 P 曲线/单击【 】/单击【 】，弹出【修剪的片体】对话框/选择【要修剪的片体鼠标顶部曲面】，按鼠标中键/选择【边界对象 P 曲线】/【投射方向】选择【垂直于面】/单击【确定】，如图 4-75 所示。

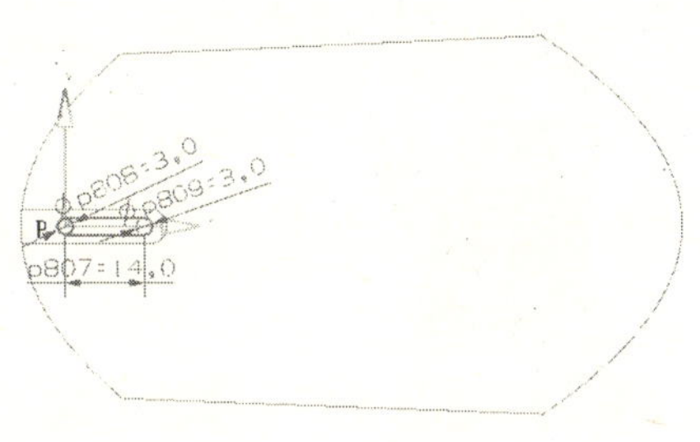

图 4-74　曲线

图 4-75　滑轮过孔

11. 缝　合

单击【插入】/【组合体】/【 】，弹出【缝合】对话框/【类型】选择【片体】/【目标】选择【一个片体】，单击【鼠标中键】/【刀具】选择【其它片体】，单击【鼠标中键】/单击【确定】。

12. 边倒圆

单击【 】，弹出【边倒圆】对话框/选择【要倒圆的边】/输入【半径】值【2】/单击【确定】，如图 4-76 所示/选择【要倒圆的边】/输入【半径】值【5】/单击【确定】，如图 4-77 所示。

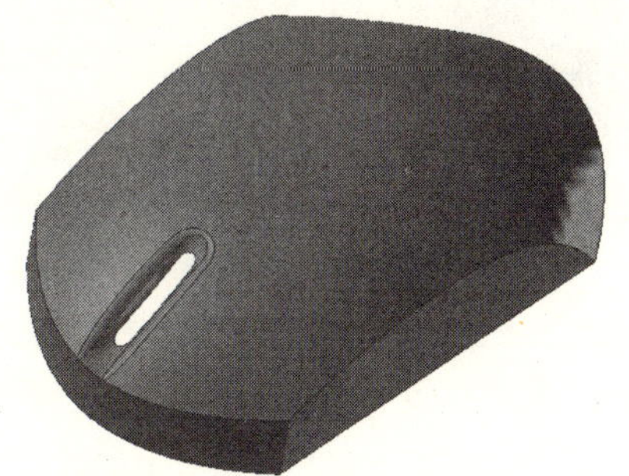
图 4-76　边倒圆

图 4-77　边倒圆

习　题

【练习 4-1】如练习 4-1 图所示，打开 LX4-1a 文件，创建曲面

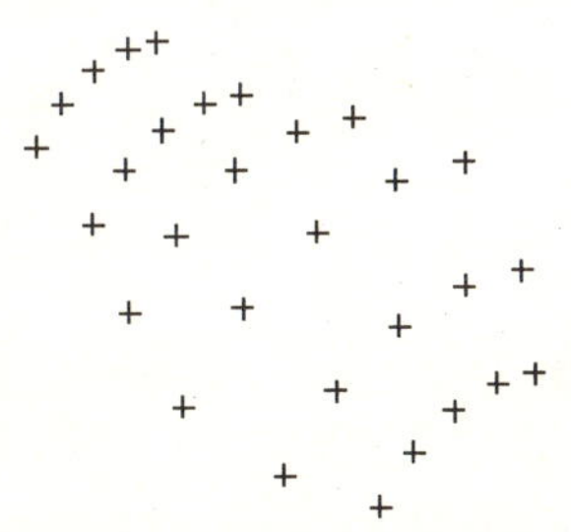
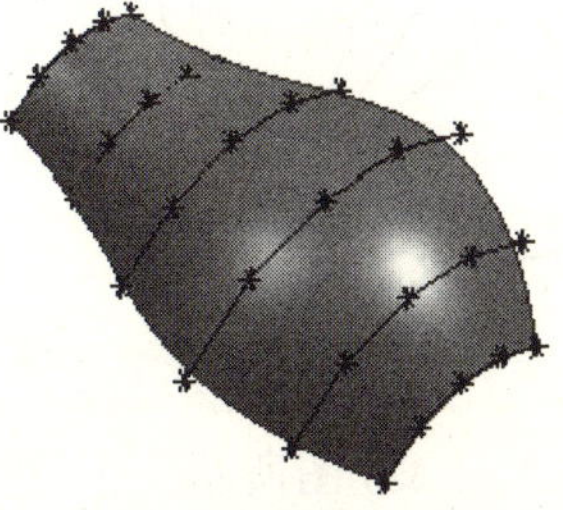
练习 4-1 图

【练习 4-2】如练习 4-2 图所示，打开 LX4-2a 文件，创建曲面。

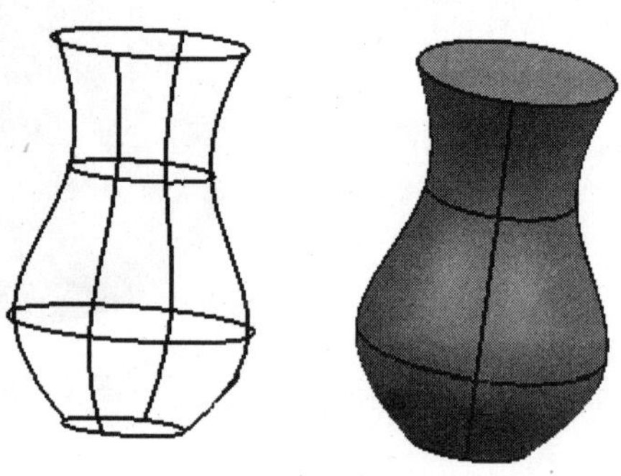

练习 4-2 图

【练习 4-3】如练习 4-3 图所示，打开 LX4-3a 文件，创建曲面。

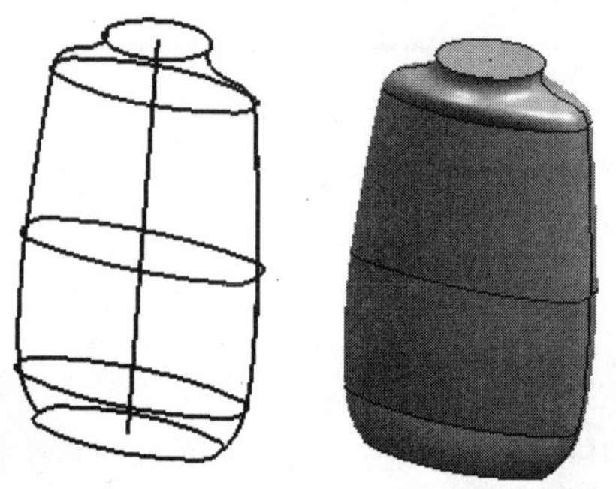

练习 4-3 图

【练习 4-4】如练习 4-4 图所示，创建五角星。

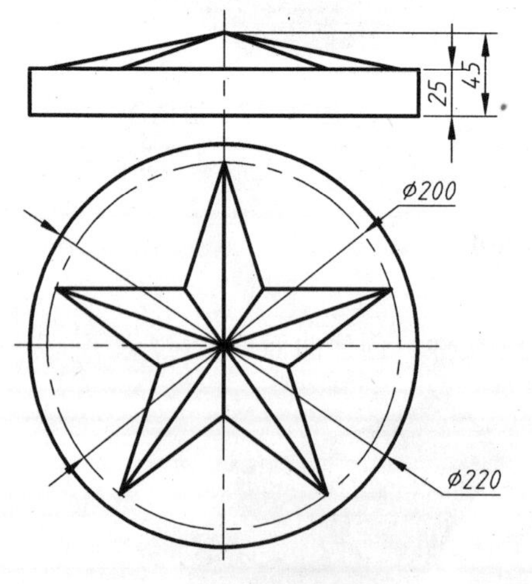

练习 4-4 图

【练习 4-5】如练习 4-5 图所示，创建灯罩。

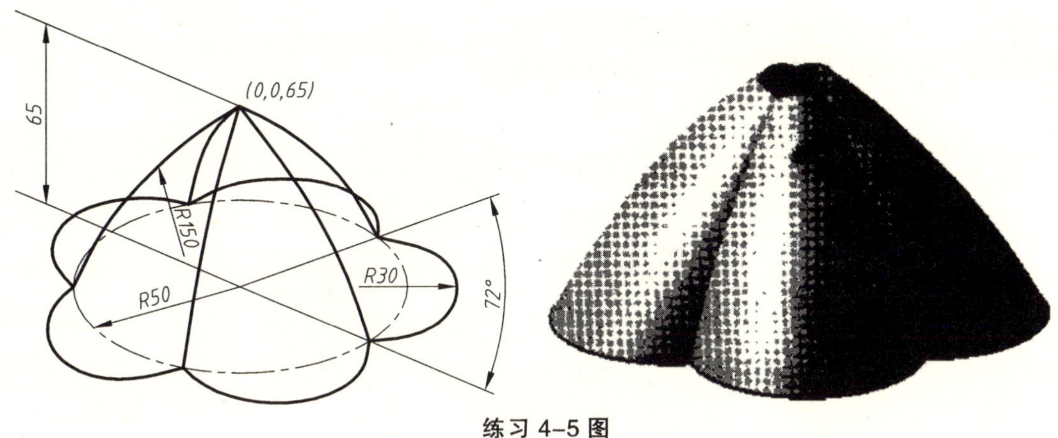

练习 4-5 图

【练习 4-6】如练习 4-6 图所示，创建曲面体。

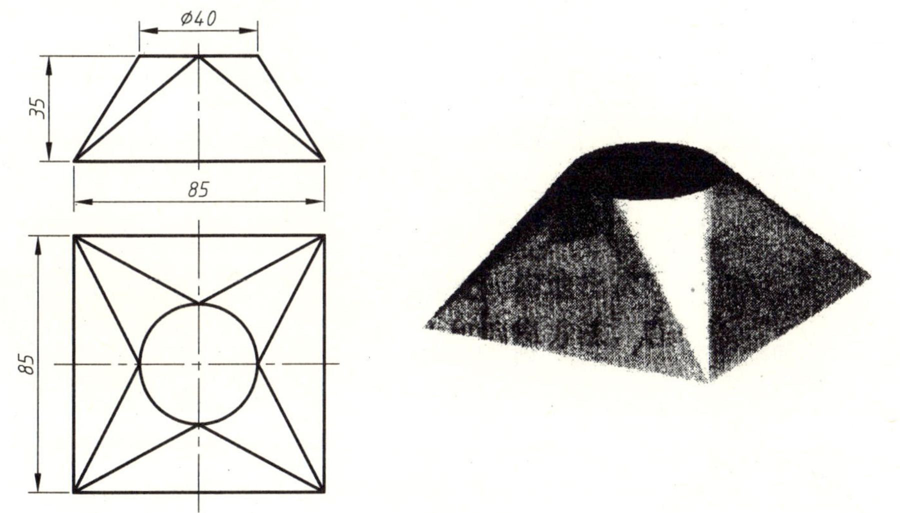

练习 4-6 图

【练习 4-7】如练习 4-7 图所示，创建曲面体。

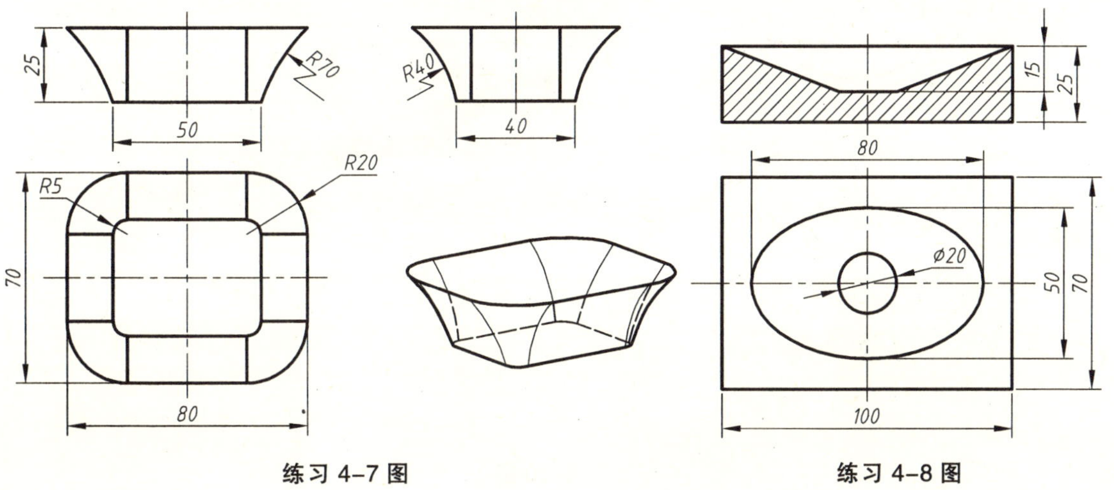

练习 4-7 图　　练习 4-8 图

【练习 4-8】如练习 4-8 图所示，创建曲面体。

【练习 4-9】如练习 4-9 图所示，创建曲面体。

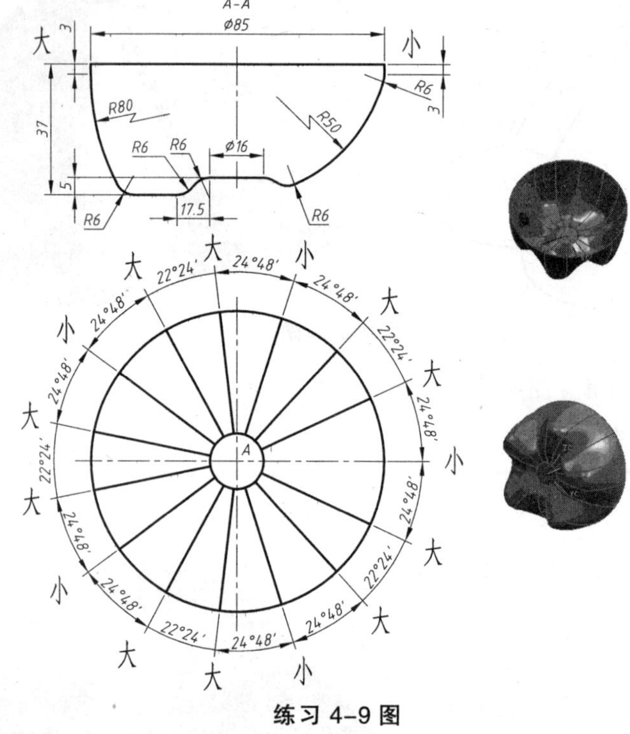

练习 4-9 图

【练习 4-10】如练习 4-10 图所示，创建曲面体。

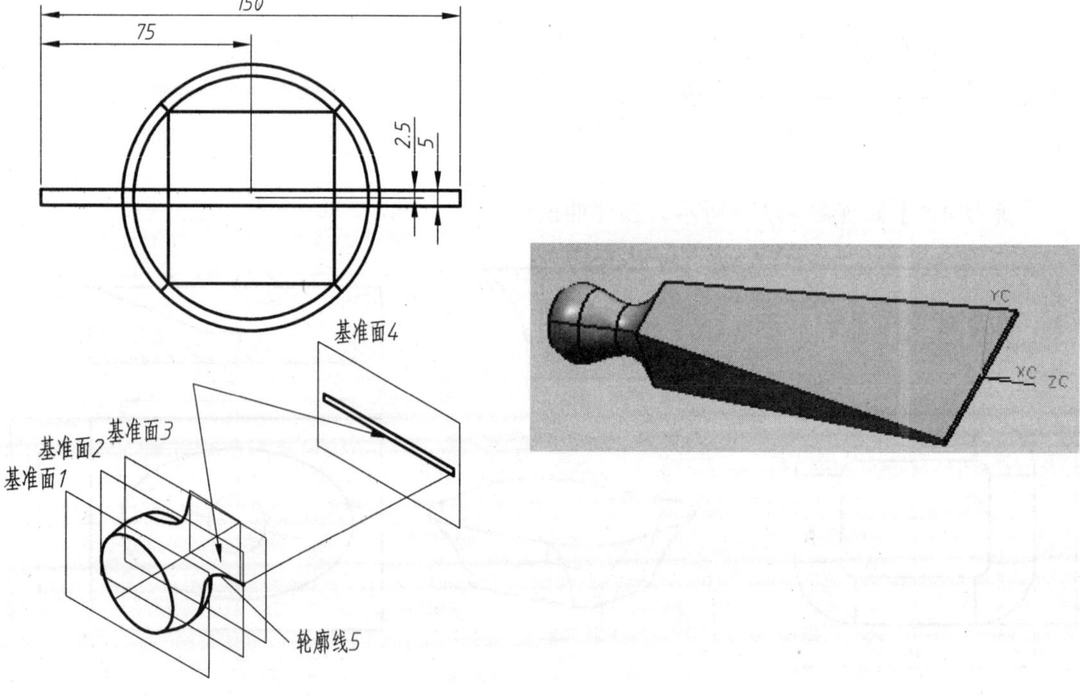

练习 4-10 图

第 5 章　UG NX7.0 零件装配

UG NX 采用虚拟装配方法，在各组件之间建立装配关系来建立相互之间的位置关系。

5.1　创建装配模块

5.1.1　进入装配模块

单击【新建】，弹出如图 5-1 所示【新建】对话框/【模板】选择【装配】/【名称】输入【5-1】/单击【确定】，弹出如图 5-2 所示【添加组件】对话框，进入装配模块。

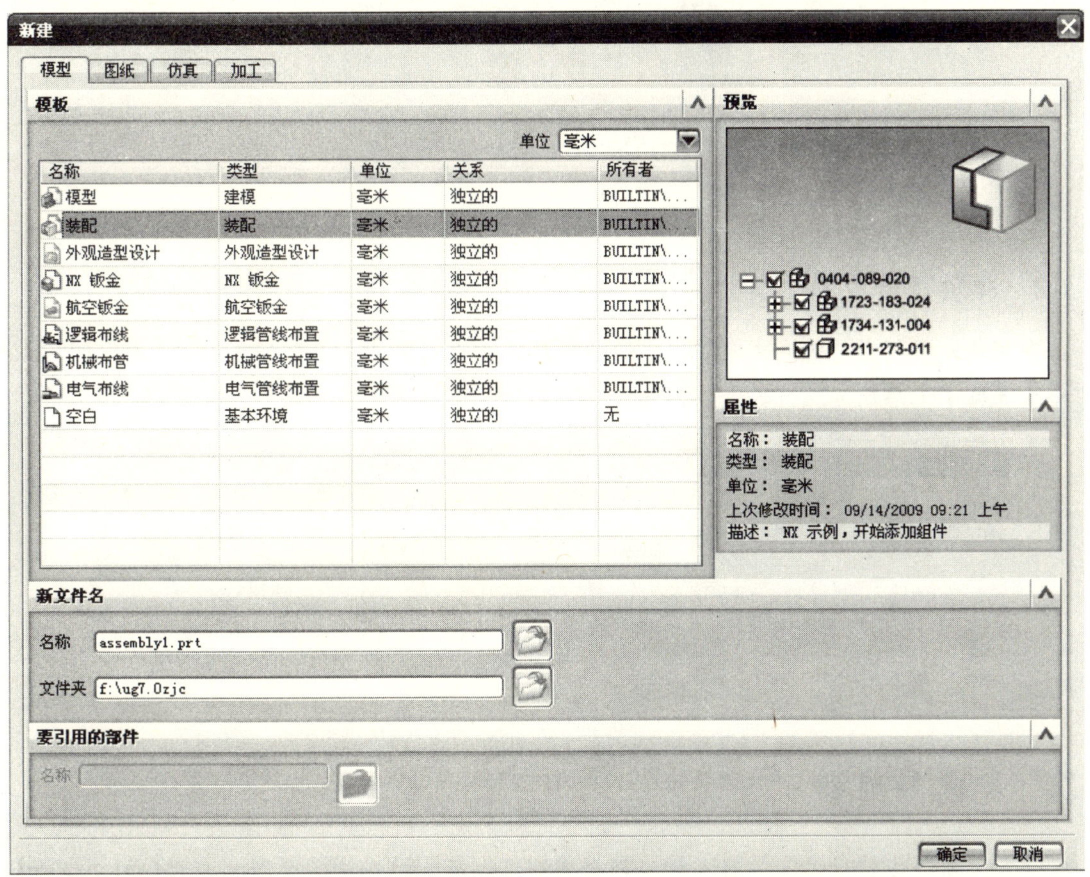

图 5-1　【新建】对话框

图 5-2　【添加组件】对话框

5.1.2　弹出【装配】工具栏

在工具栏的任意位置右击，在弹出的快捷菜单中选择其中的【装配】命令，弹出如图 5-3 所示【装配】工具栏。

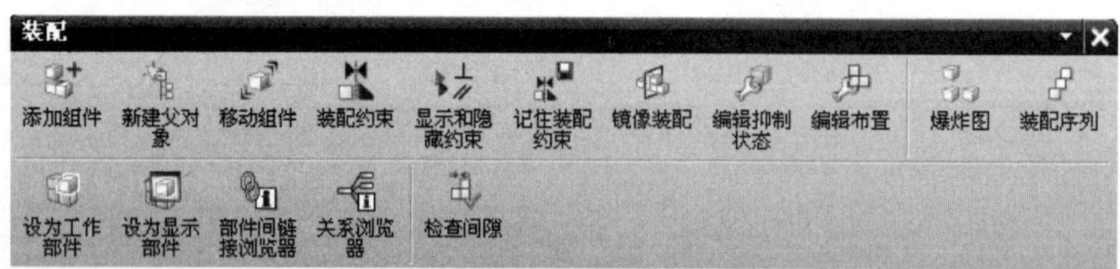

图 5-3　【装配】工具栏

5.2　装配导航器

装配导航器也就是装配导航工具，它是将部件的装配结构用图形表示，以一种类似于树结构的形式表现出来，称为【树形表】。在装配树形结构中，每一个组件显示为一个节点，如图 5-4 所示。

装配导航器能更清楚地显示装配关系，它提供一种在装配中选择和操作组件的快捷方法，可以用装配导航器来改变工作部件、显示部件、隐藏和显示组件等。将光标移动到装配树的一个节点或选择若干个节点并右击，在弹出的快捷菜单中提供了很多便捷命令，方便操作，如图 5-5 所示。

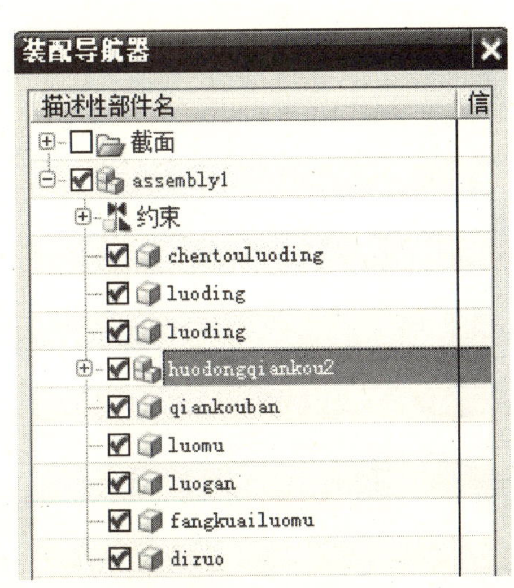

图 5-4　树形表

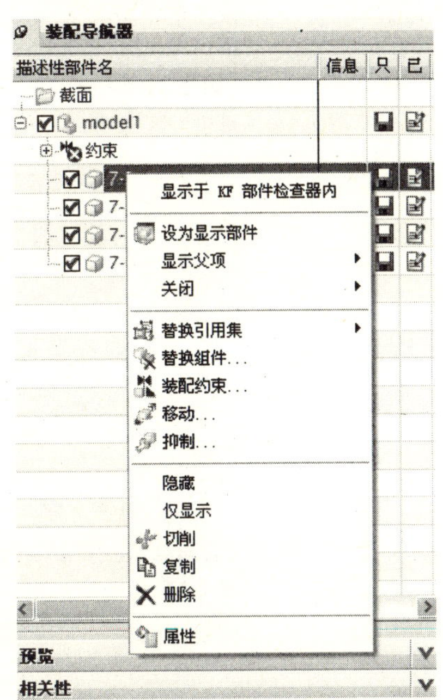

图 5-5　快捷菜单

5.3　添加组件

在菜单栏中选择【装配】/【组件】/【添加组件】命令，或者单击【装配】工具栏中的【 】按钮，弹出如图 5-6 所示【添加组件】对话框。在没有进行装配前，该对话框中的【已加载的部件】列表框是空的，但随着装配的进行，该列表框中将显示所有加载进来的零部件文件的名称，便于管理和使用。

该对话框中部分选项的含义：

【绝对原点】：按绝对原点方式确定组件在装配中的位置。

【选择原点】：按绝对定位方式（重新选择部件原点）确定组件在装配中的位置。

【通过约束】：按装配约束确定组件在装配中的位置。

【移动】：如果使用配对的方法不能满足实际需要，可通过手动编辑的方式进行定位。

【原先的】：保持部件原来的层设置。

【工作的】：将部件放置在装配件的当前工作层上。

【按指定的】：将部件放在指定层上。

单击【 】按钮，弹出如图 5-7 所示【部件名】对话框，根据部件的存放路径（见光盘 5-000 \ 5-8）选择组件，即可加载部件到当前装配模型中。在对话框的右侧有预览窗口，单击文件名，即可看到部件实体模型，从而确定是不是要添加的模型。

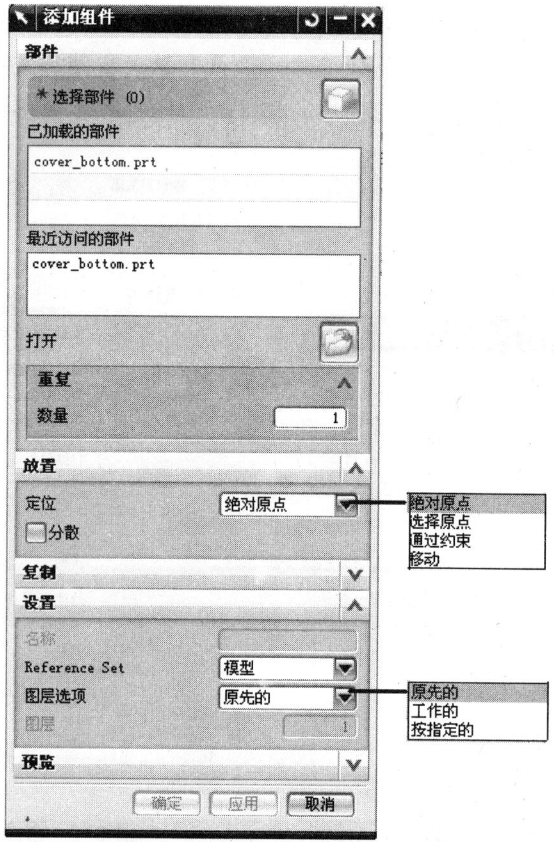

图 5-6　【添加组件】对话框

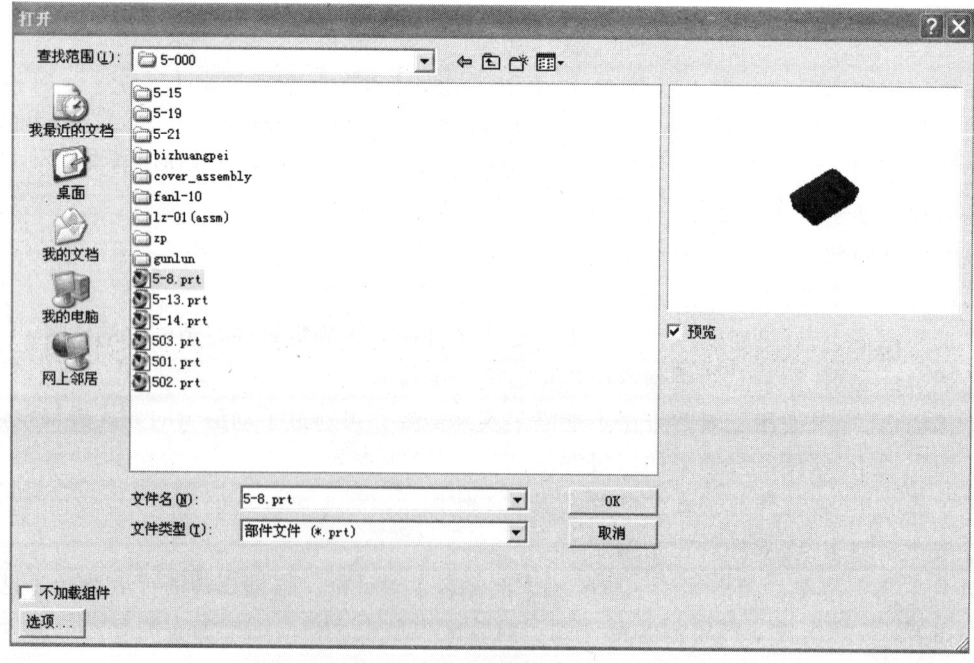

图 5-7　【部件名】对话框

单击【 OK 】，即可把当前的模型添加到装配界面中，弹出如图 5-6 所示【添加组件】对话框和如图 5-8 所示【组件预览】窗口。可以看到，在对话框的【已加载的部件】列表框中显示了组件的名称，设置【定位】为【绝对原点】，单击【确定】按钮，添加组件的结果，如图 5-9 所示。

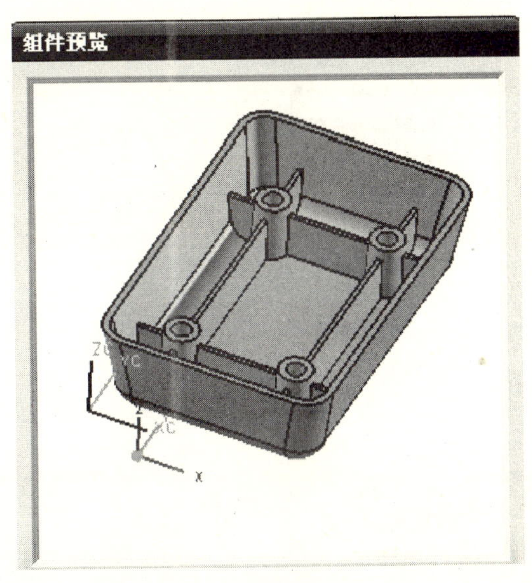

图 5-8　【组件预览】窗口

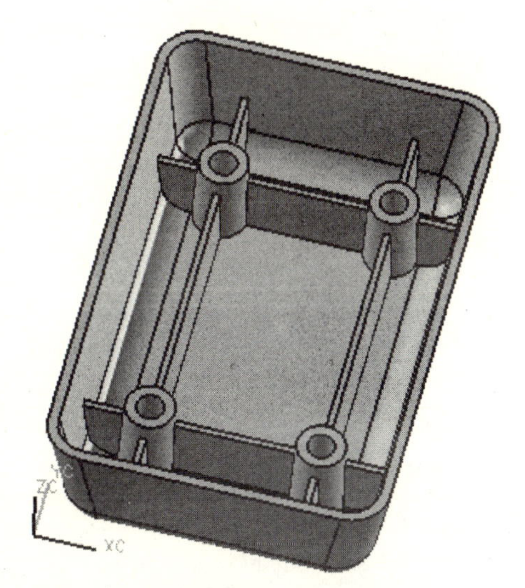

图 5-9　添加组件

5.4　装配约束

【装配约束】是通过定义两个组件之间的约束条件来确定组件在装配体中的位置，其中相配组件是指需要添加约束进行定位的组件，基础组件是指已经添加完约束的组件。在菜单栏中选择【装配】/【组件】/【装配约束】命令，或者单击【装配】工具栏中的【 】按钮，或者在如图 5-6 所示的【添加组件】对话框的【定位】下拉列表框中选择【通过约束】选项，弹出如图 5-10 所示【装配约束】对话框。

5.5　配对条件

在已有基础组件后，需要有一定的约束条件才能限定添加组件的位置。在 UG NX7.0 中约束条件叫做【配对条件】。配对类型有配对、对齐、角度、平行、垂直、中心、距离和相切 8 种形式。

5.5.1　设置装配首选项

选择菜单中的【首选项】/【装配】命令，系统弹出如图 5-11 所示【装配首选项】对话框/【交互】选择【配对条件】/单击【确定】。

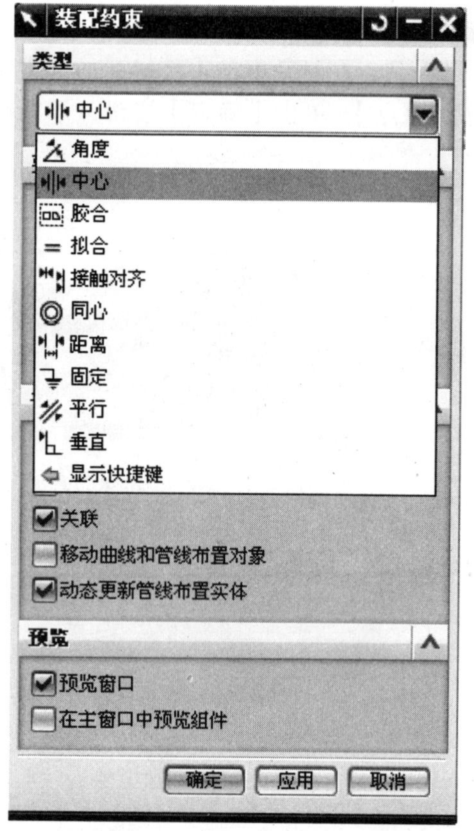

图 5-10 【装配约束】对话框

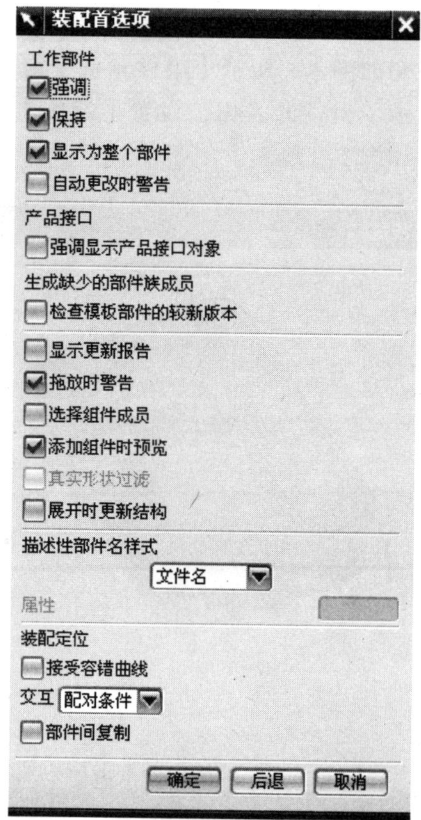

图 5-11 【装配首选项】对话框

5.5.2 配对

用于约束两个同类对象相一致。对于平面对象，用贴合约束时，它们共面且法线方向相反。单击【 】/在【选择步骤】中，单击【 】(从)，选择相配组件的第 1 个平面 1/选取完毕后系统将自动在【选择步骤】选项中选择图标【 】(至)，选择基础组件的第 2 个平面 2，系统将自动在屏幕上显示该约束的自由度，相配组件沿两个平面法线方向的平移运动被约束；而其他方向均为自由/单击【应用】完成该装配条件的设置，两个平面将重合，如图 5-13 所示。

5.5.3 对齐

用于约束两个对象对齐。当对齐平面时，使两个表面共面且法线方向相同。单击【 】/在【选择步骤】中，单击【 】(从)，选择相配组件的第 1 个平面 1/选取完毕后系统将自动在【选择步骤】选项中选择图标【 】(至)，选择基础组件的第 2 个平面 2，系统将自动在屏幕上显示该约束的自由度，相配组件沿两个平面法线方向的平移运动被约束，而其他方向均为自由/单击【应用】完成该装配条件的设置，两个平面将共面，如图 5 - 14 所示。

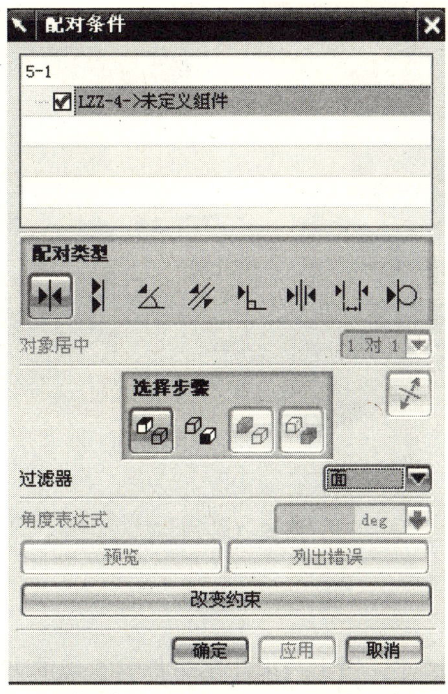

图 5-12　【配对条件】对话框

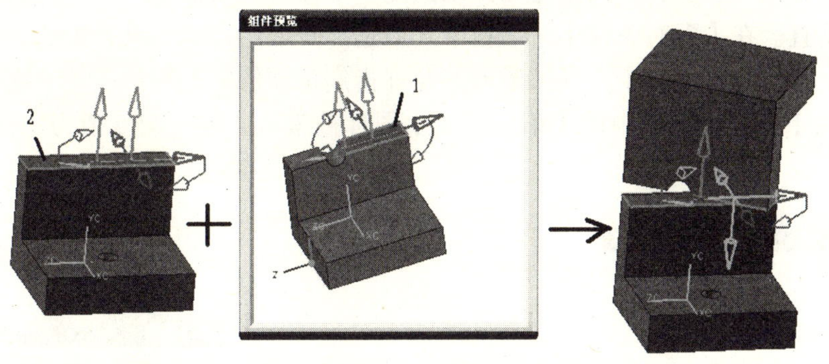

图 5-13　配对

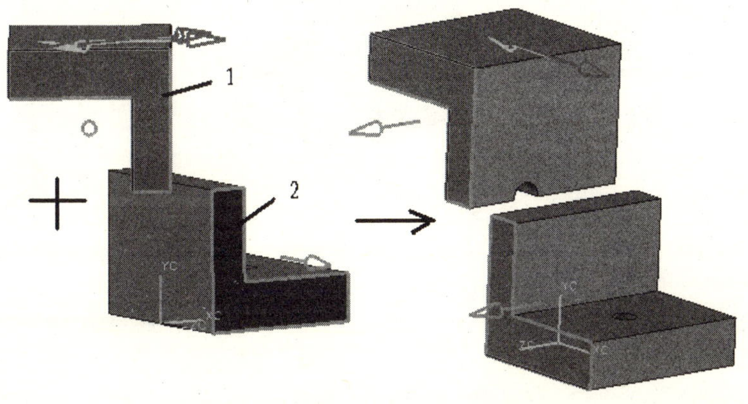

（a）

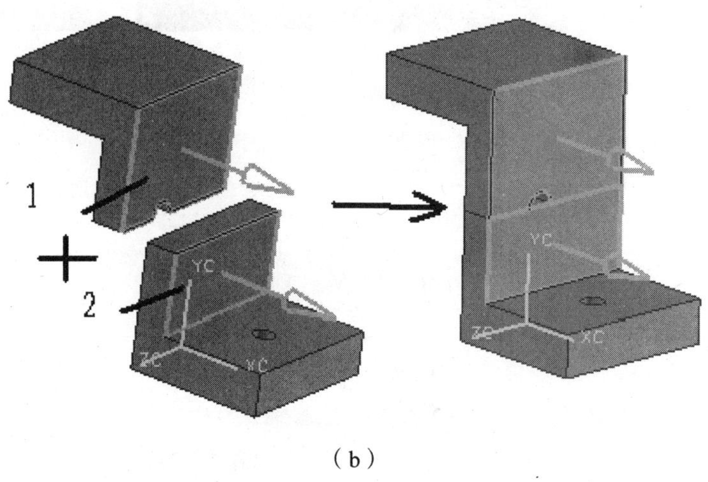

（b）

图 5-14 对齐

5.5.4 角度

在两个对象间定义角度尺寸，用于约束相配组件到正确的方位上。角度约束可以在两个具有方向矢量的对象间产生，角度是两个方向矢量的夹角，逆时针方向为正。

角度约束有两种类型：平面角度和三维角度。平面角约束需要一根转轴，两个对象的方向关系与其垂直。在【配对条件】对话框中，当选择角度约束类型时，角的选项被激活，且【平面】和【第二个至】两个选项被激活，允许指定角度值是二维的还是三维的，如果选择【平面的】则【选择步骤】中的【第二个至】图标被激活，输入角度值为【60°】时，如图 5-16 所示。

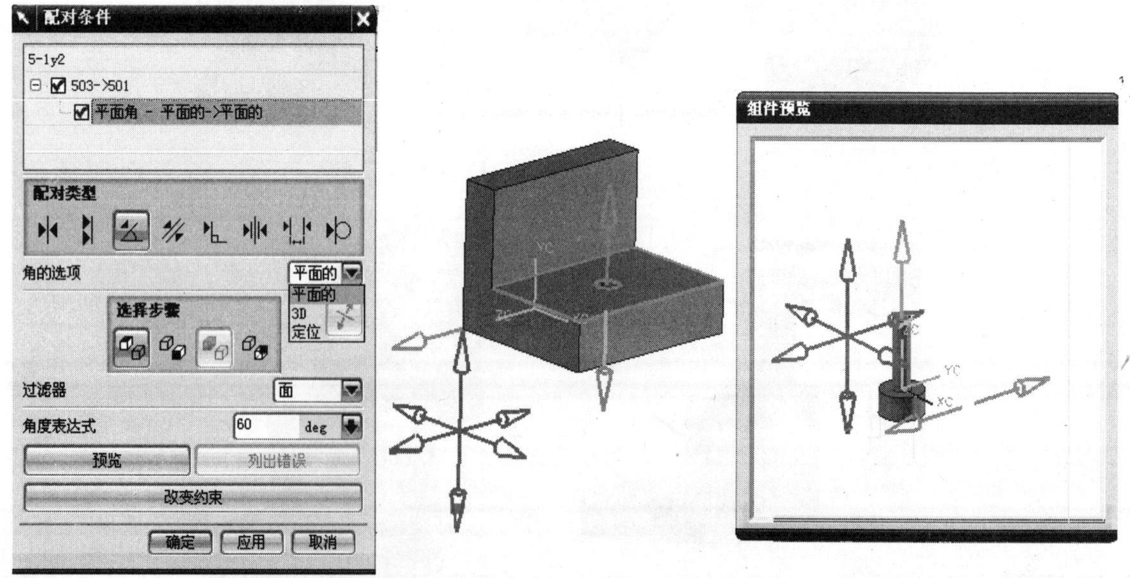

图 5-15 角度

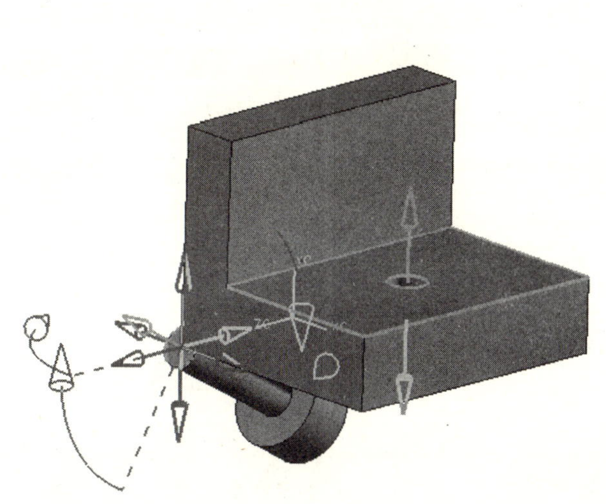

图 5-16　角度特征

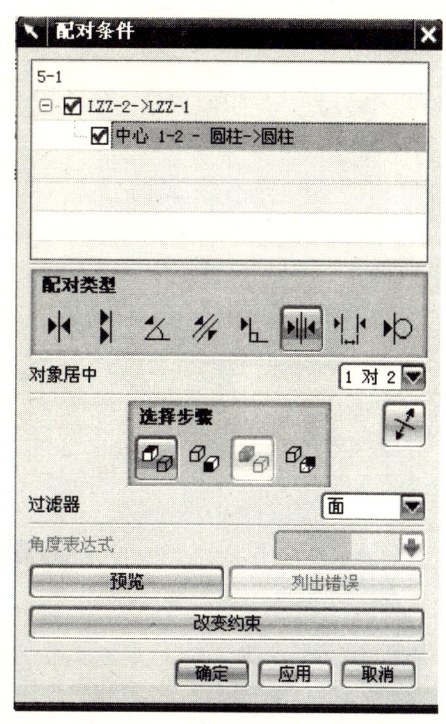

图 5-17　中心配对条件

5.5.5 平行

不仅约束两个对象的方向矢量彼此平行，且定义面与面之间的距离参数。操作步骤与配对约束相似。

5.5.6 垂直

约束两个对象的方向矢量彼此垂直。操作步骤与配对约束相似。

5.5.7 中心

在设置组件之间的约束时，对于具有回转体特征的组件，设置中心约束使被装配对象的中心与装配组件对象中心重合，从而限制组件在整个装配体中的相对位置。该约束方式包括多个子类型，其含义是：

【1 对 1】：约束类型将相配组件中的一个对象中心定位到基础组件中的一个对象中心上，其中两个对象都必须是圆柱体或轴对称实体。在约束类型对话框中，【类型】选择【中心】，如图 5-17 所示/对齐居中选择【1 对 1】/选择【相配组件的内孔表面 1】/选择【基础组件的内孔表面 2、3】，/单击【确定】，如图 5-18 所示。

【1 对 2】：约束类型将相配组件中的一个对象中心定位到基础组件中的两对的对称中心上。在约束类型对话框中，【类型】选择【中心】，如图 5-17 所示/对齐居中选择【1 对 2】/选择【相配组件的内孔表面 1】/选择【基础组件的内孔表面 2、3】/单击【确定】，如图 5-19 所示。

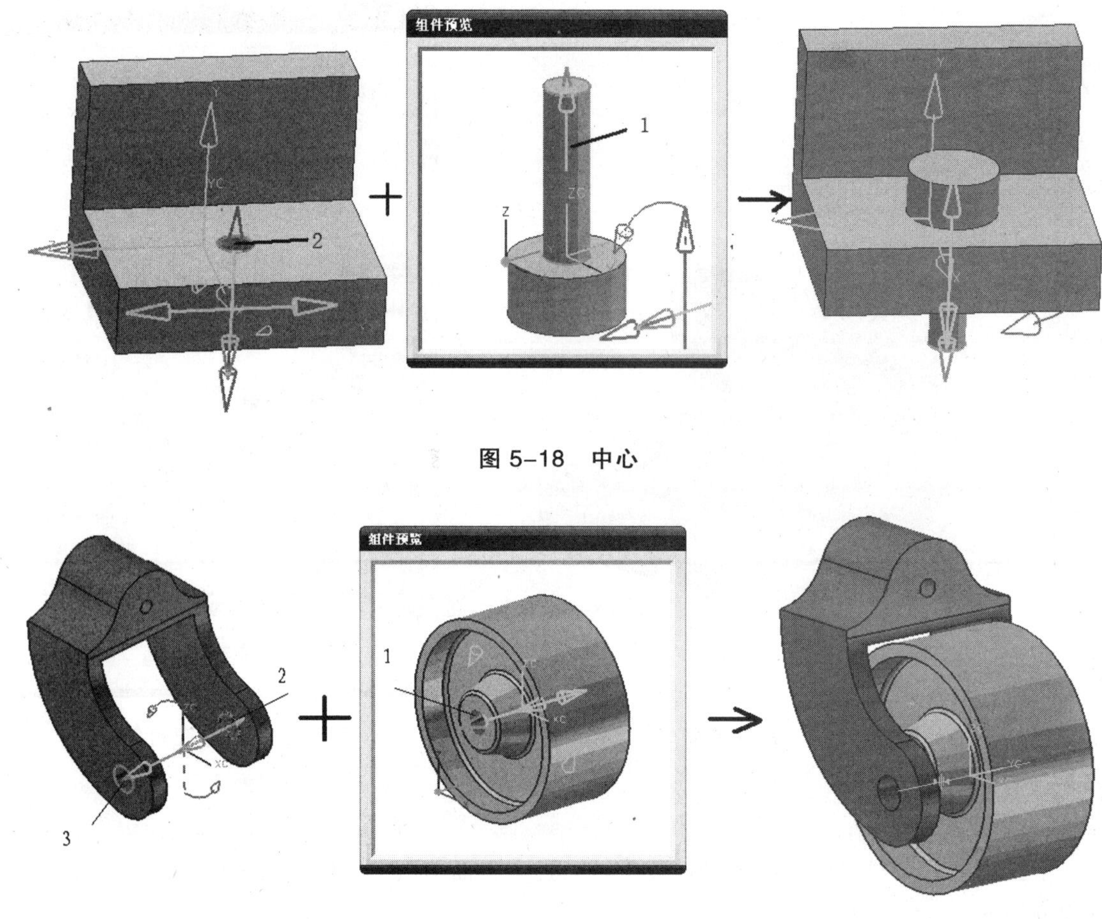

图 5-18　中心

图 5-19　中心

【2 对 1】: 将相配组件中的两个对象的对称中心定位到基础组件的一个对象中心位置处。此时,【选择步骤】中，只有从、至以及第 2 个从，共 3 个图标被激活。

【2 对 2】: 将相配组件的两个对象与基础组件中的 2 个对象成对称布置。此时,【选择步骤】中，从、至以及第 2 个从，第 2 个至，共 4 个图标全部被激活。

5.5.8　距离

该配对类型用于指定两个相关联对象间的最小三维距离，距离可以是正值也可以是负值。

如果选择【距离】配对类型，在【配对条件】对话框中的选项距离表达式被激活。距离表达式显示当前距离约束表达式的名称和数值，如果表达式不存在，则产生一个新的表达式。在距离表达式文本输入框中可以改变表达式的名称和数值。显示当前偏置值。在约束类型对话框中,【类型】选择【 】, 如图 5-20 所示/选择【相配组件的表面 1】/选择【基础组件的内孔表面 2】/单击【确定】, 如图 5-21 所示 。

图 5-20　距离配对条件

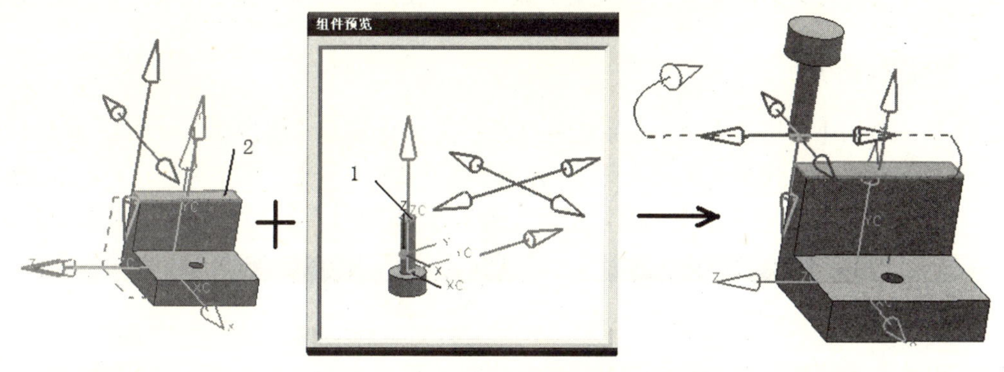

图 5-21　距离

5.5.9 相切

该配对类型定义两个对象相切。

从【配对条件】上选择几何对象与基础组件上的几何对象相配的步骤。

【从一个面】：当该图标激活时，可选择相配组件上的第 1 个几何对象。

【至另一个面】：当该图标激活时，可选择基础组件上的第 1 个几何对象。

【从第 2 个面】：当该图标激活时，可选择相配组件上的第 2 个几何对象。

【至第 2 个面】：当该图标激活时，可选择基础组件上的第 2 个几何对象。当在一个【选择步骤】中选择几何对象时，下一个选择步骤图标自动激活。当然，也可以直接单击步骤图标来选择相应的步骤。【从第 2 个面】和【至第 2 个面】图标，只有在某些特定条件下才能被激活。

5.6 装配引用集

装配引用集可以减少由于部件中含有草图和基准数据的混淆，提高机器的运行速度。

5.6.1 引用集

引用集是用户在零件中定义的部分几何体，它代表相应的零部件参与装配。

5.6.2 默认引用集

每个部件有 2 个默认的引用集。

1. 整个部件默认

该默认引用集表示整个部件，即引用部件的全部几何数据。在添加部件到装配中时，如果不选择其他引用集，默认是使用该引用集。

2. 空默认

该默认引用集为空的引用集。空的引用集是不含任何几何对象的引用集，当部件以空的引用集形式添加到装配中时，在装配中看不到该部件。

如果部件几何对象不需要在装配模型中显示，可使用空的引用集，以提高显示速度。

5.6.3 创建引用集

选择【格式】/【引用集】命令，系统将打开如图 5-22 所示【引用集】对话框/单击【 】，新建引用集/选择某一引用集，单击【 】，弹出如图 5-23 所示【引用集属性】对话框/输入新的名称/单击【确定】/选择某一引用集，单击【 】，弹出如图 5-24 所示【引用集信息】窗口。

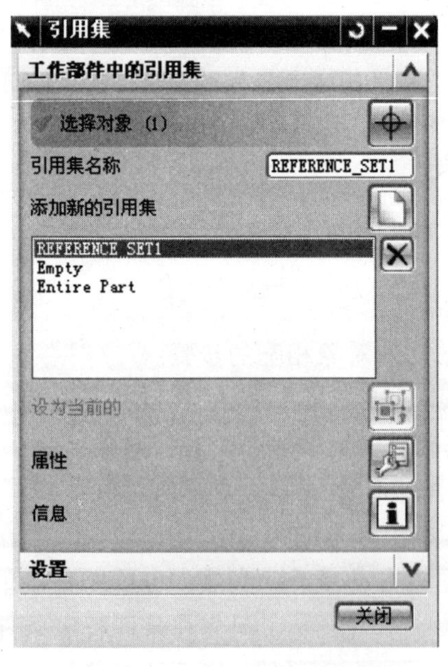

图 5-22　【引用集】对话框

图 5-23　【引用集属性】对话框

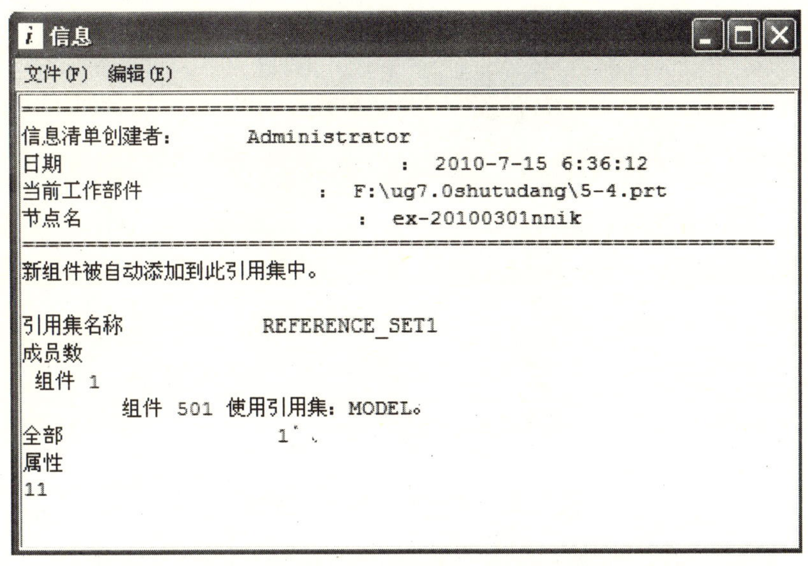
信息
文件(F)　编辑(E)
==
信息清单创建者：　　Administrator
日期　　　　　　　　　　　　　　：　2010-7-15 6:36:12
当前工作部件　　　　　　　　：　F:\ug7.0shutudang\5-4.prt
节点名　　　　　　　　　　　　：　ex-20100301nnik
==
新组件被自动添加到此引用集中。

引用集名称　　　　　REFERENCE_SET1
成员数
　组件 1
　　　　组件 501 使用引用集：MODEL。
全部　　　　　　　　1
属性
11

图 5-24　【引用集信息】窗口

5.6.4　删除引用集

在如图 5-22 所示【引用集】对话框里，选择某一引用集，单击【 】。

5.7　装配方法

5.7.1　自底向上装配

自底向上装配是先逐一设计好装配中所需的部件，再将部件添加到装配体中去，由底向上逐级进行装配。使用这个方法的前提条件是完成所有组件的建模操作。使用这种装配方法执行逐级装配顺序清晰，便于准确定位各个组件在装配体的位置。

5.7.2　示例：用配对条件的方法自底向上装配零件

1. 新建文件

单击【文件】/单击【 】，弹出【新建】对话框/【类型】选择【装配】/在【名称】文本框中输入文件的名称【lz-01（assm）】/选定储存的路径【F:\ug7.0\】/单击【确定】。

2. 装配基础组件轴

单击如图 5-25 所示中的【 】，弹出如图 5-26 所示【部件名】对话框/选择【lz-001】/单击【OK】，弹出如图 5-27 所示轴【组件预览】对话框/【定位】选择【绝对原定】/单击【确定】，如图 5-28 所示。

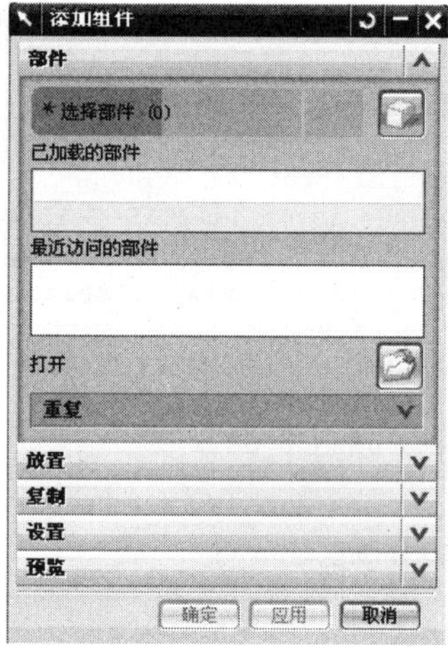

图 5-25　【添加组件】对话框

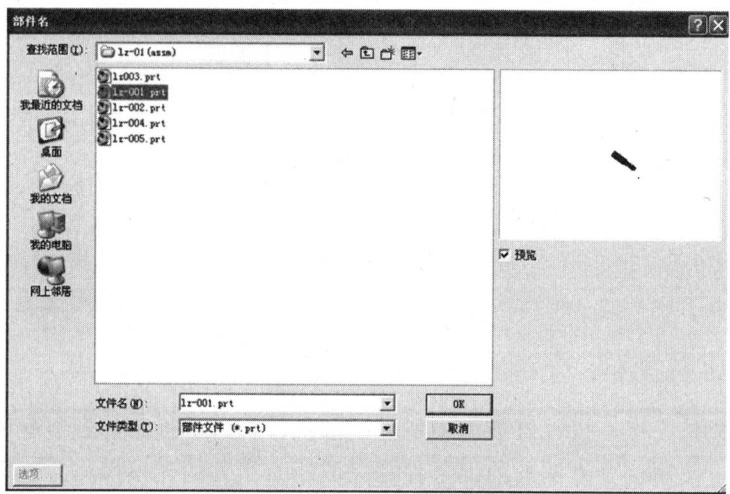

图 5-26　【部件名】对话框

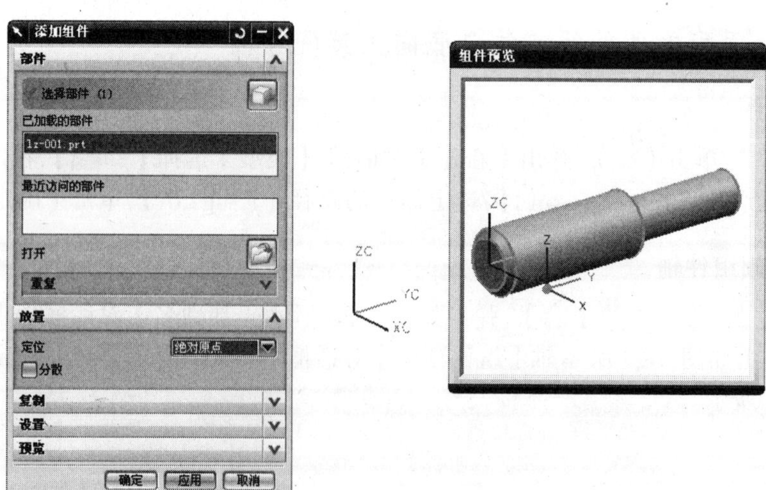

图 5-27　轴【组件预览】对话框

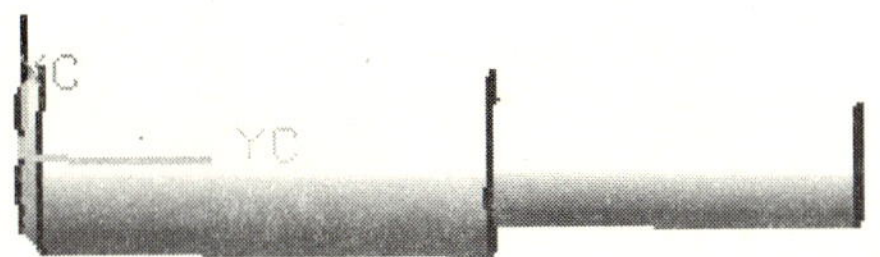

图 5-28　装配基础组件轴

3. 装配轴与垫片

单击如图 5-27 中的【 】，弹出【部件名】对话框/选择【lz-002】/单击【OK】，弹出如图 5-29 所示垫片【组件预览】对话框/【定位】选择【配对】/单击【确定】，弹出如图 5-30 所示【配对条件】对话框/【配对类型】选择【 】，选择【垫片内孔 1】，选择【轴的圆柱面 2】/单击【应用】，如图 5-31 所示/【配对类型】选择【 】，选择【垫片顶部平面 1】，选择【轴肩平面 2】/单击【确定】，如图 5-32 所示。

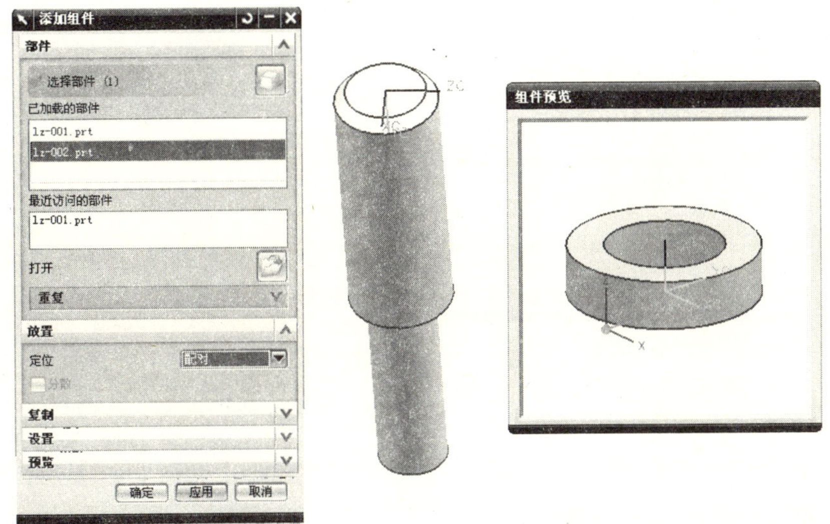

图 5-29　垫片【组件预览】对话框

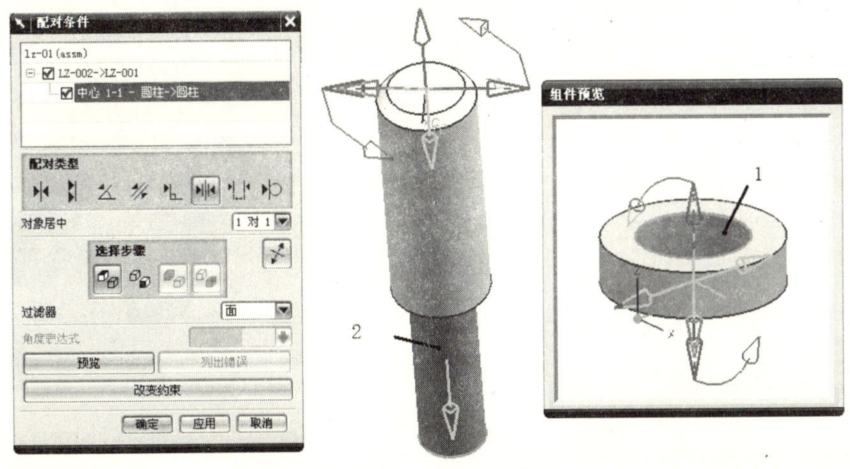

图 5-30　轴与垫片

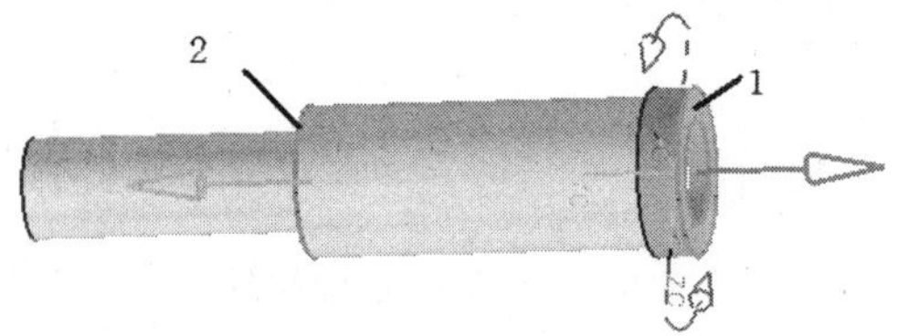

图 5-31　轴与垫片

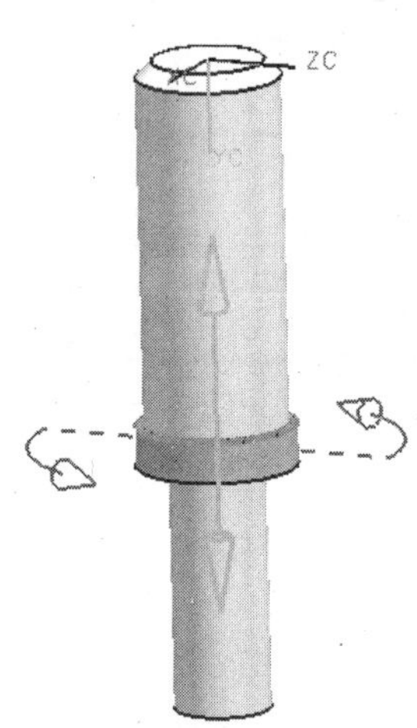

图 5-32　轴与垫片

4. 装配叉架

单击图 5-33 中的【】，弹出【部件名】对话框/选择【lz-003】/单击【OK】，弹出如图 5-33 所

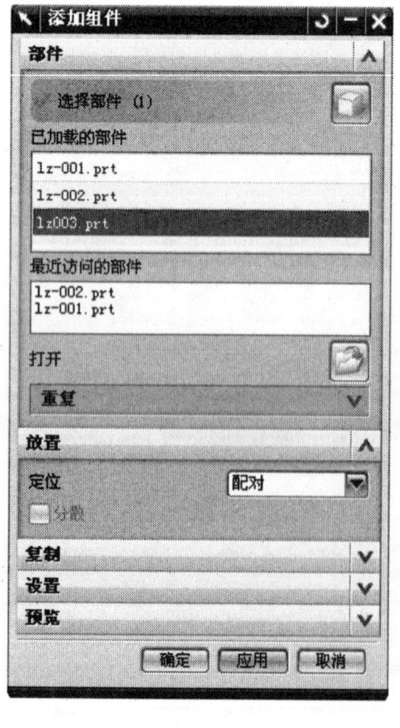

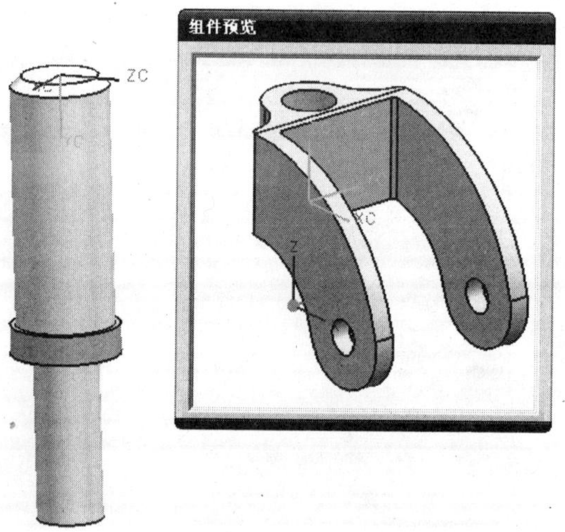

图 5-33　叉架【组件预览】对话框

示叉架【组件预览】对话框/【定位】选择【配对】/单击【确定】，弹出如图 5-34 所示【配对条件】对话框/【配对类型】选择【 】，选择【叉架内孔 1】，选择【轴的圆柱面 2】/单击【应用】，如图 5-35 所示/【配对类型】选择【 】，选择【叉架顶部平面 1】，选择【垫片下端 2】，图 5-36/单击【确定】，如图 5-37 所示。

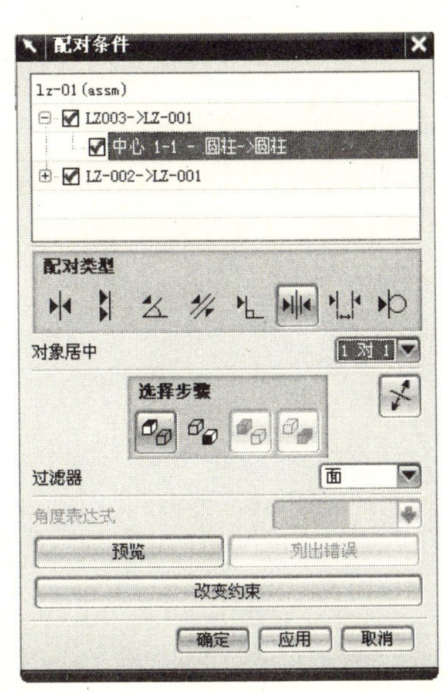

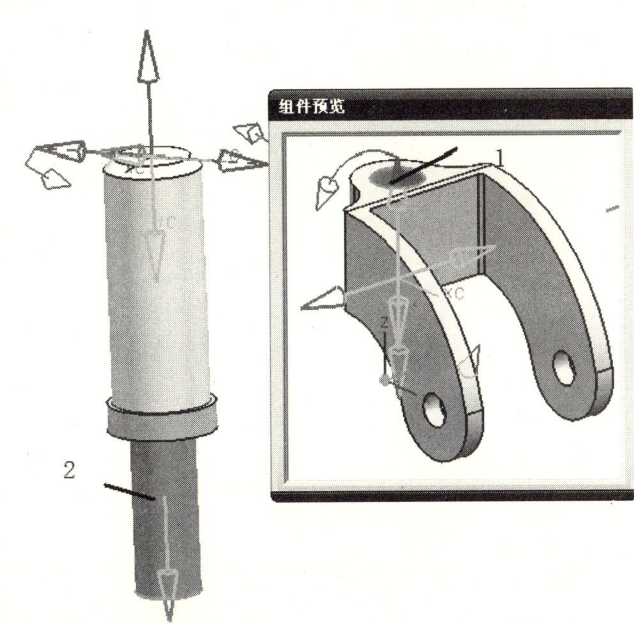

图 5-34　轴与叉架

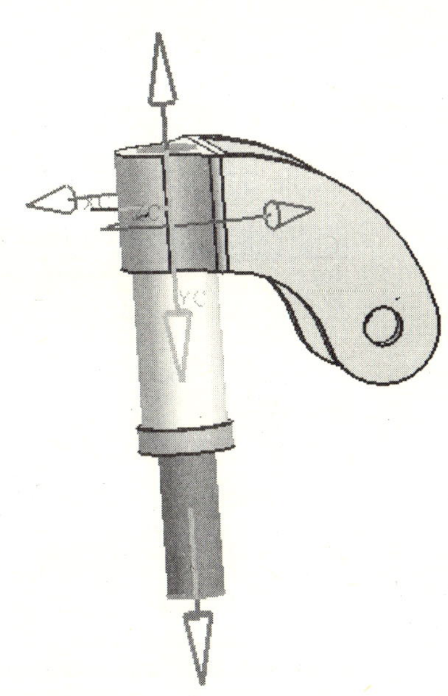

图 5-35　轴与叉架

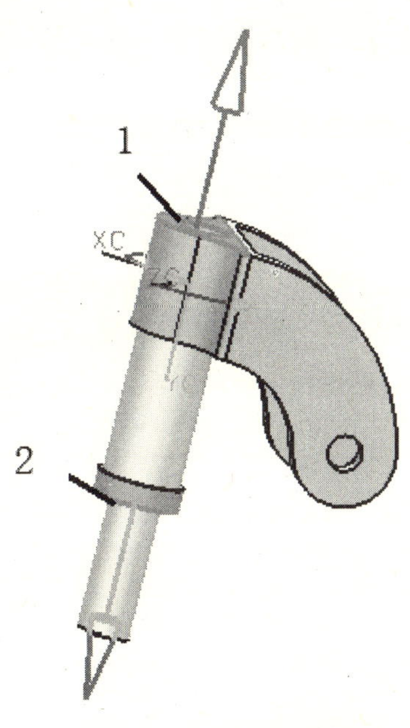

图 5-36　轴与叉架

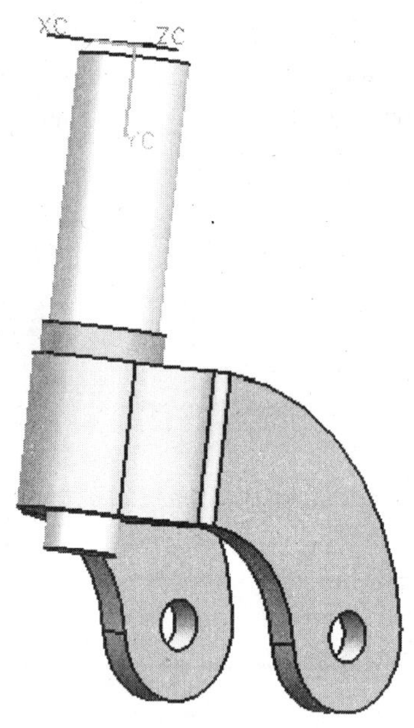

图 5-37　轴与叉架

5. 装配轮子

单击如图 5-38 所示中的【 】，弹出【部件名】对话框/选择【lz-004】/单击【OK】，弹出如图 5-38 所示轮子【组件预览】对话框/【定位】选择【配对】/单击【确定】，弹出如图 5-39 所示【配对条件】对话框/【配对类型】选择【 】，【对象居中】选择【1 对 2】，选择【轮子内孔面 1】，选择【叉架孔圆柱面 2】/单击【确定】，如图 5-40 所示。

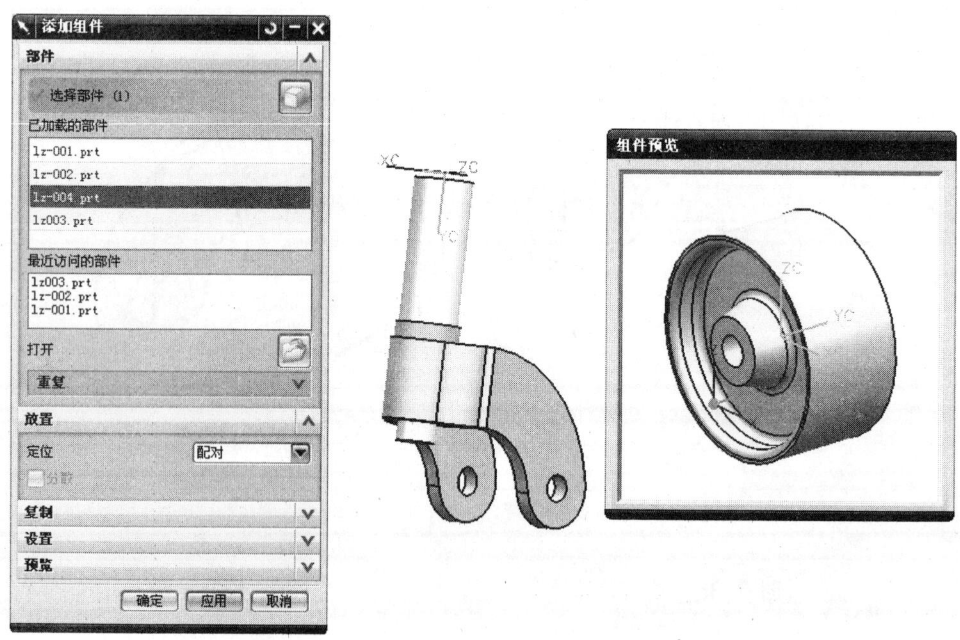

图 5-38　轮子【组件预览】对话框

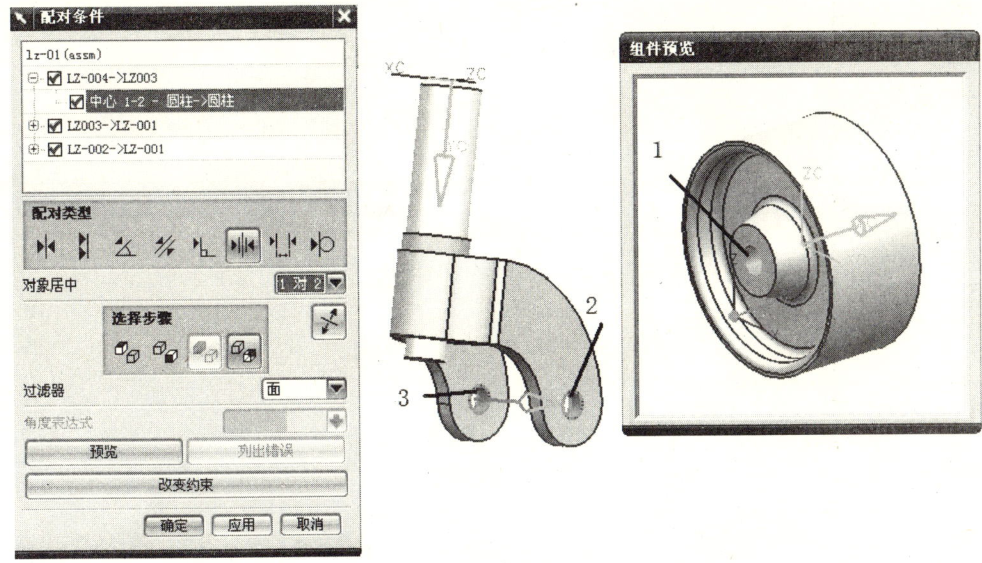

图 5-39　轮子

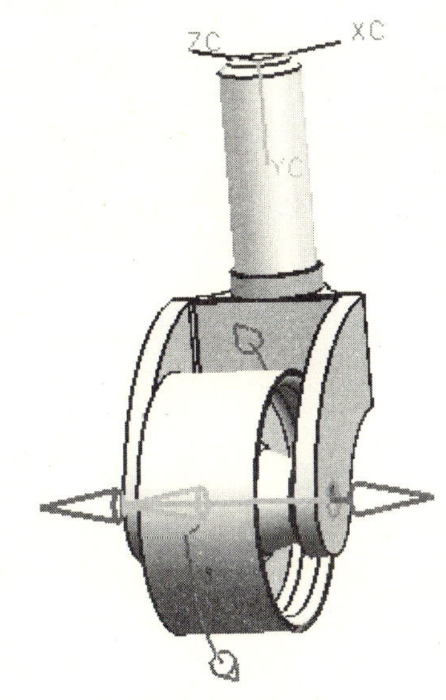

图 5-40　轮子

6. 装配轮轴

单击如图 5-41 所示中的【 】，弹出【部件名】对话框/选择【lz-005】/单击【OK】，弹出如图 5-41 所示轮子轴【组件预览】对话框/【定位】选择【配对】/单击【确定】，弹出如图 5-42 所示【配对条件】对话框/【配对类型】选择【 】，【对象居中】选择【2 对 2】，选择【轮子轴端面 1】，选择【叉架侧面 2】，选择【轮子轴端面 3】，选择【叉架侧面 4】/单击【确定】，如图 5-43 所示/在【 】模式下，【对象居中】选择【1 对 1】，选择【轮子轴端面 1】，选择【叉架内孔 2】，如图 5-44 所示/单击【确定】，如图 5-45 所示。

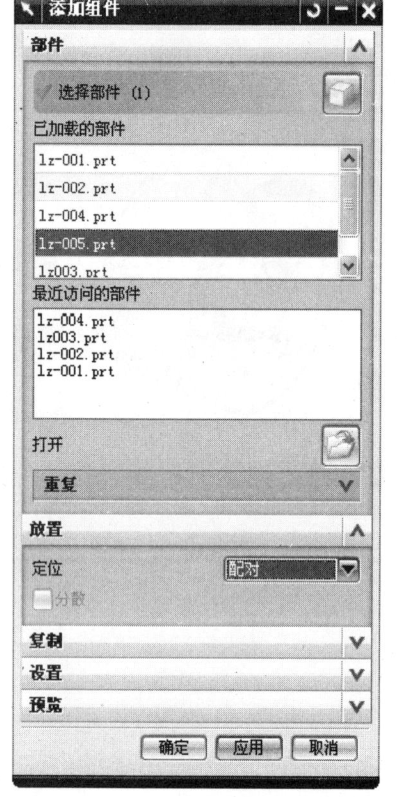

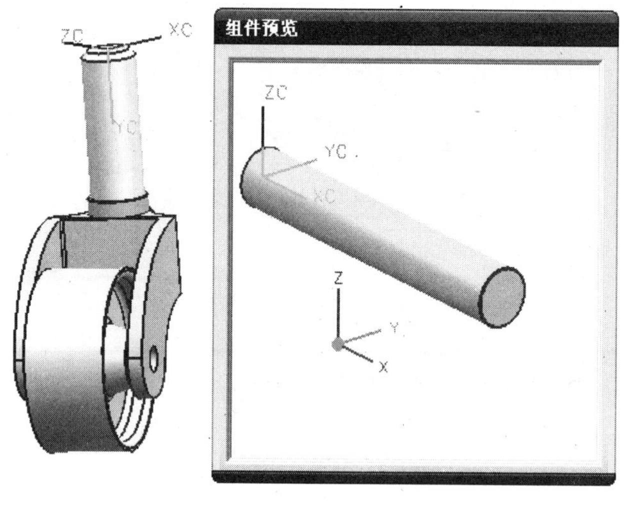

图 5-41　轮子轴【组件预览】对话框

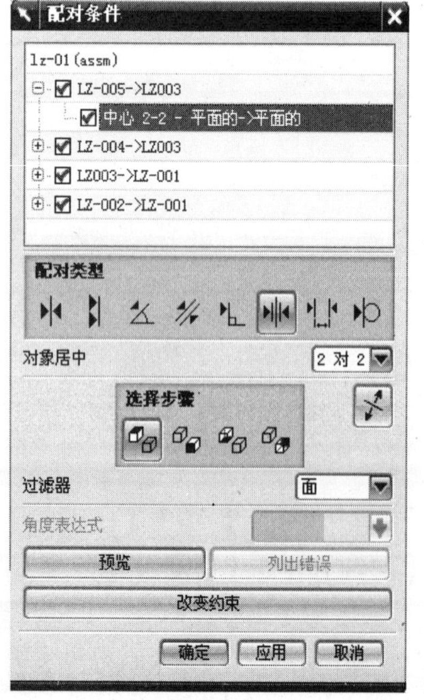

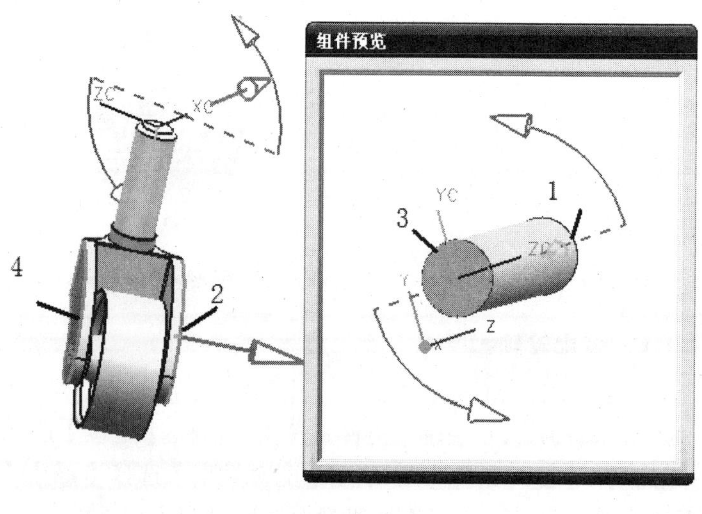

图 5-42　轮子轴

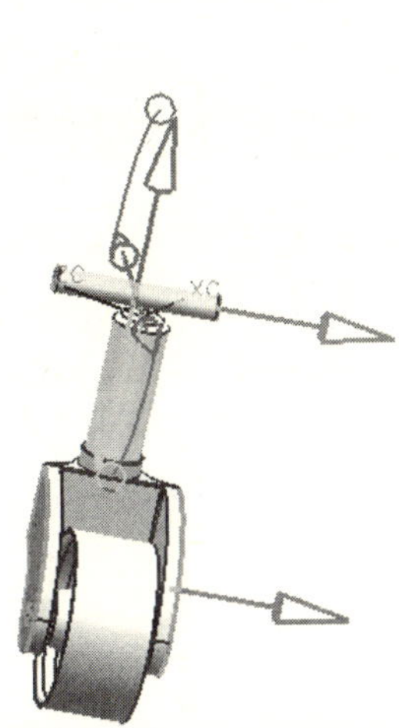

图 5-43　轮子轴

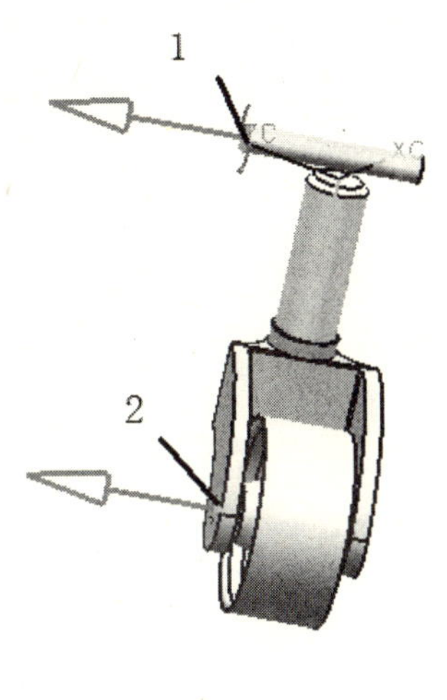

图 5-44　轮子轴

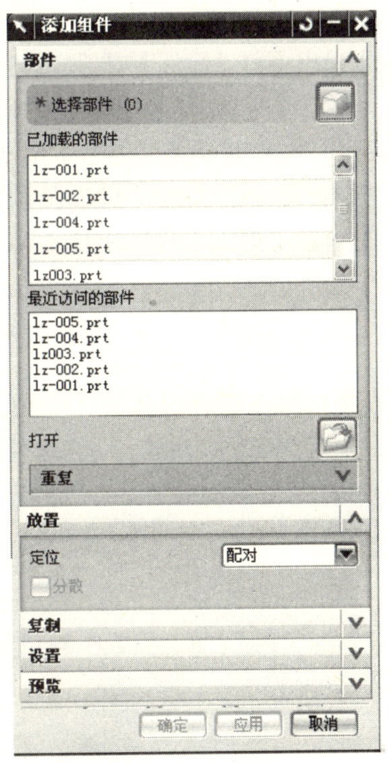

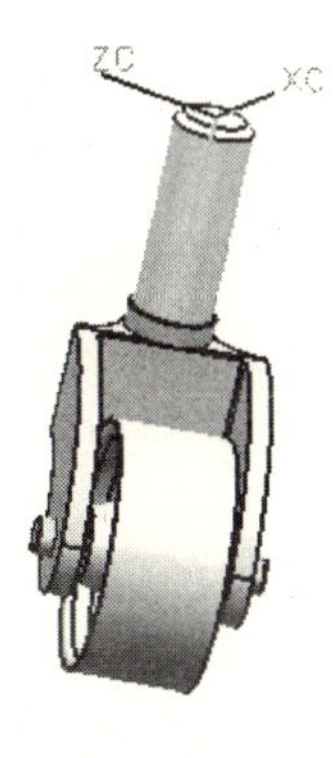

图 5-45　轮子轴

5.7.3　示例：用装配约束的方法自底向上装配零件装配笔

操作步骤：

1. 添加组件

单击【 】，弹出如图 5-46 所示【添加组件】对话框/单击【部件】栏中的【打开】右侧的【 】，弹出【部件名】对话框/选择 bitong.prt/单击【OK】/【定位】选择【绝对原点】/单击【应用】，完成笔筒的加载/单击【部件】栏中的【打开】右侧的【 】，弹出【部件名】对话框/选择 bixin.prt/单击【OK】/【定位】选择【选择原点】/单击【应用】，弹出【点构造器】对话框/输入【XC】的坐标【50】、【YC】的坐标【0】、【ZC】的坐标【0】/单击【确定】，完成笔芯的加载/单击【部件】栏中的【打开】右侧的【 】，弹出【部件名】对话框/选择 bihouduangai.prt//单击【OK】/【定位】选择【选择原点】/单击【应用】，弹出【点构造器】对话框/输入【XC】的坐标【100】、【YC】的坐标【0】、【ZC】的坐标【0】/单击【确定】，完成笔后端盖的加载/单击【部件】栏中的【打开】右侧的【 】，弹出【部件名】对话框/选择 biqianduangai.prt/单击【OK】/【定位】选择【选择原点】/单击【应用】，弹出【点构造器】对话框/输入【XC】的坐标【150】、【YC】的坐标【0】、【ZC】的坐标【0】/单击【确定】，完成笔前端盖的加载。

2. 移动组件

单击【 】/弹出如图 5-47 所示【移动部件】对话框/在【类型】面板中选择【绕轴旋转】/单击【要移动的组件】栏中的【选择组件】，在图形区域用鼠标左键选中笔芯，单击【旋转轴】栏下【指定矢量】中的 /选择 X 轴/【指定点】中选择（50，0，0）点，在【绕轴的角度】栏下的【角度】中输入 180，单击 Entre 健，单击【确定】退出【移动组件】对话框，完成笔芯的旋转。

单击【 】/弹出【移动部件】对话框/在【类型】栏下选择【绕轴旋转】/单击【要移动的组件】栏中的【选择组件】，在图形区域用鼠标左键选中笔后端盖，单击【旋转轴】栏下【指定矢量】中的 /选择 X 轴/【指定点】中选择（100，0，0）点，在【绕轴的角度】栏下的【角度】中输入 180，单击 Entre 健，单击【确定】退出【移动组件】对话框，完成笔后端盖的旋转。如图 5-47 所示。

3. 装配约束

（1）笔芯的装配。单击【 】/弹出【装配约束】对话框/在【类型】栏下选择【中心】/在【要约束的几何体】栏下【子类型】中选择【2 对 2】，单击【选择对象】/鼠标左键单击笔芯的中心线/鼠标左键单击笔芯前端圆柱中心线/单击笔筒中心线/单击笔筒所处坐标系的 Z 轴/单击【确定】，完成后，如图 5-48 所示。

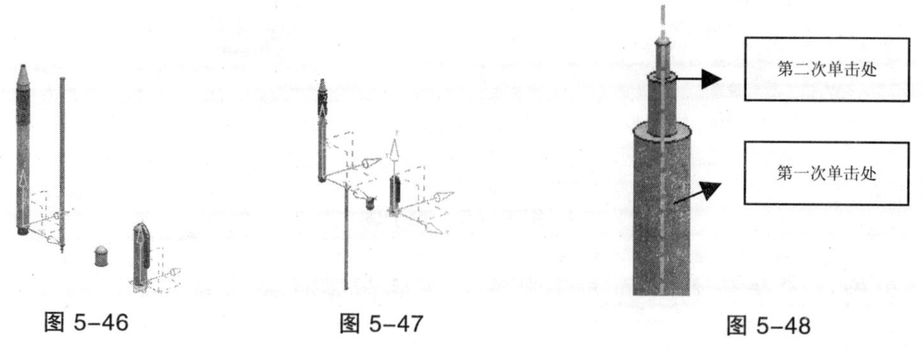

图 5-46　　图 5-47　　图 5-48

单击【编辑】下拉菜单【对象显示】改变笔筒、笔后端盖、笔前端盖的透明度和笔芯的颜色。

单击【 】/弹出【装配约束】对话框/在【类型】栏下选择【距离】/在【要约束的几何体】栏下单击【选择两个对象】，第一个选择的对象为笔筒的前端面（如图 5-50 箭头所示），第二个选择的对象是笔芯的前端面（如图 5-51 箭头所示），【距离】输入 2 单击【确定】，完成笔芯的装配，如图 5-52 所示。

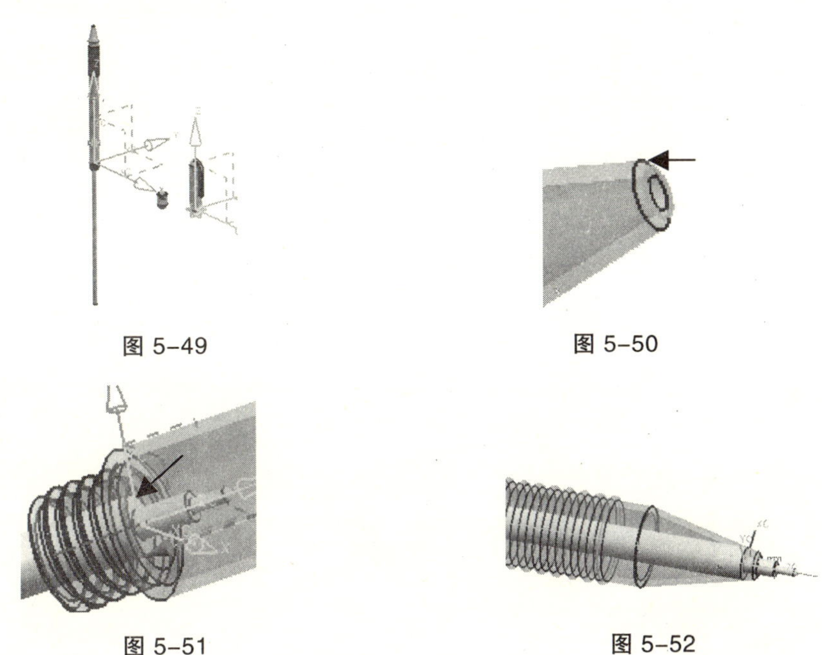

图 5–49　图 5–50

图 5–51　图 5–52

（2）笔后端盖的装配。单击【 】/弹出【装配约束】对话框/在【类型】栏下选择【接触对齐】/在【要约束的几何栏】的【方位】中选择【首选接触】，单击【选择两个对象】/单击笔后端盖的端面（如图 5-53 所示箭头所示）/单击笔筒后端面（如图 5-54 所示箭头所示）/单击【确定】完成后端盖的装配，结果如图 5-55 所示。

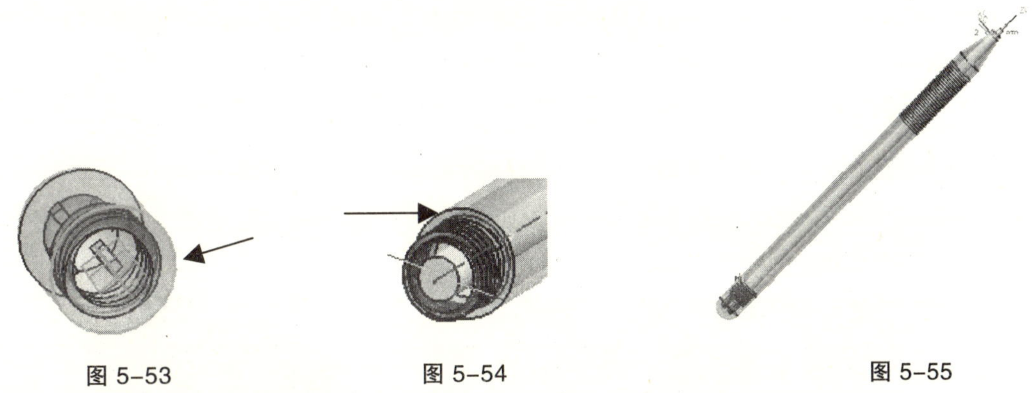

图 5–53　图 5–54　图 5–55

（3）前端盖的装配。单击【 】/弹出【装配约束】对话框/在【类型】栏下选择【距离】/在【要约束的几何体】栏下单击【选择两个对象】/单击笔筒前端面（如图 5-56 所示箭头所示）/单击笔前端盖前端面（如图 5-57 所示箭头所示）/【距离】输入-30/单击【应用】/在【类型】栏下选择【中心】/在【要约束的几何体】栏下【子类型】中选择【2 对 2】，单击【选择对象】/鼠标左键单击笔前端盖的中心线（如图 5-58 所示箭头所示）/单击笔前端盖所在坐标系的 Z 轴/单击笔筒中心线/单击笔后端盖中心线/单击【确定】，完成笔前端盖的装配。

至此整个笔的装配完成，完成后的效果图如图 5-59 所示。

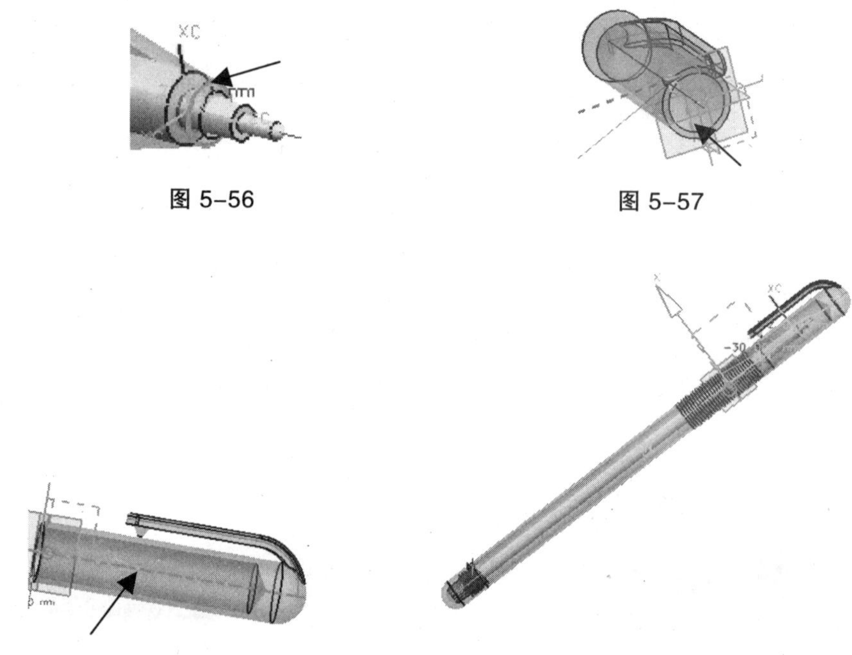

图 5-56　图 5-57

图 5-58　图 5-59　最终效果图

5.7.4　自顶向下装配

自顶向下装配是在装配体中直接创建新组件的一种装配建模方法。

1. 打开部件

打开部件【cover_assembly.prt】/打开装配导航器，右键【cover_top】/【设为工作部件】，此部件仅有一个基准坐标系。

2. 拉伸特征

在特征工具栏，单击【】拉伸按钮进行拉伸/在选择工具条设置过滤为【整个装配】并按下链接按钮，如图 5-60 所示/选择上表面，如图 5-61 所示/其他参数设置如图 5-62 所示/单击【确定】，如图 5-63 所示。

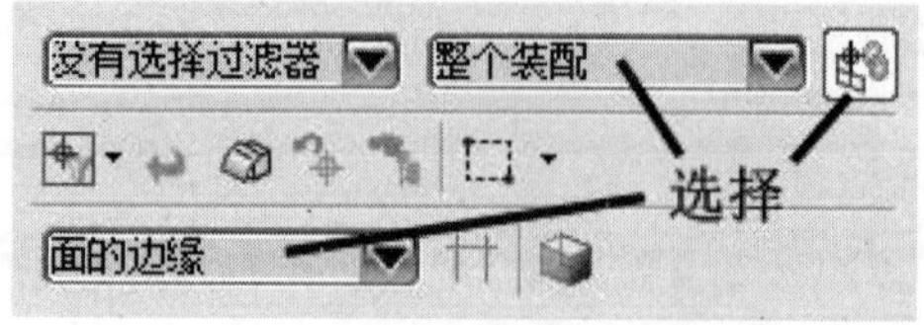

图 5-60　选择过滤和链接

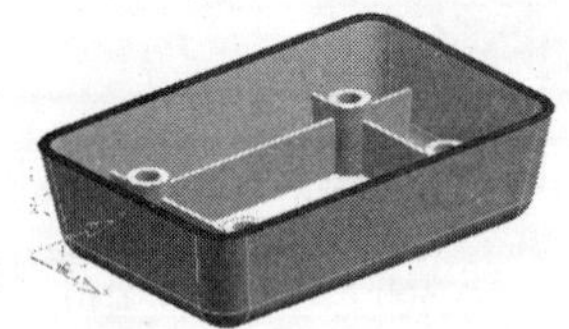

图 5-61　选择面边缘

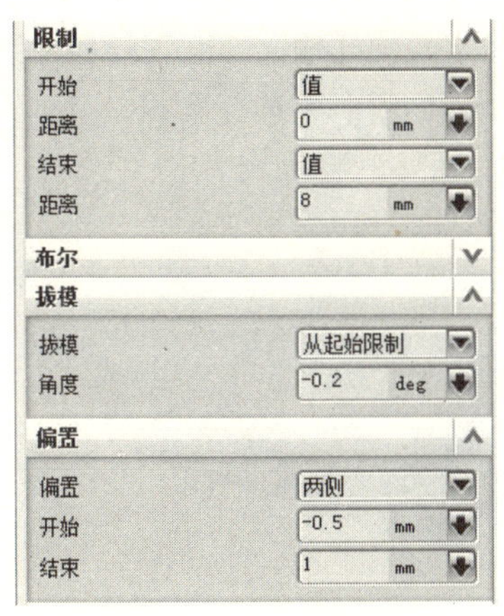

图 5-62　拉伸设置

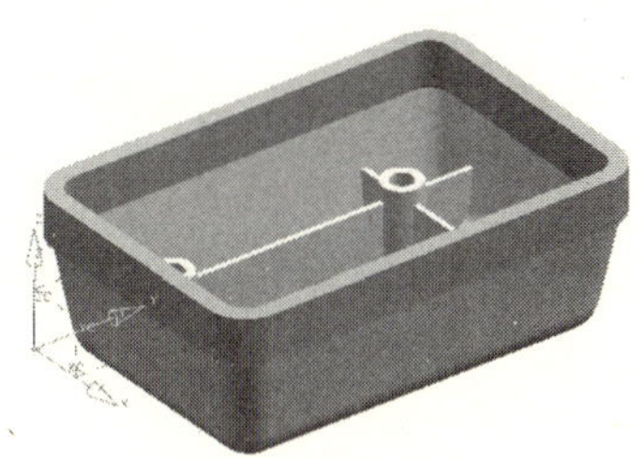

图 5-63　拉伸结果

3. 拉伸特征

在特征工具栏，单击【 】拉伸按钮/再次拉伸选择，如图 5-64 所示，设置如图 5-65 所示，其他值默认/更改对象显示透明度为 65%，如图 5-66 所示。

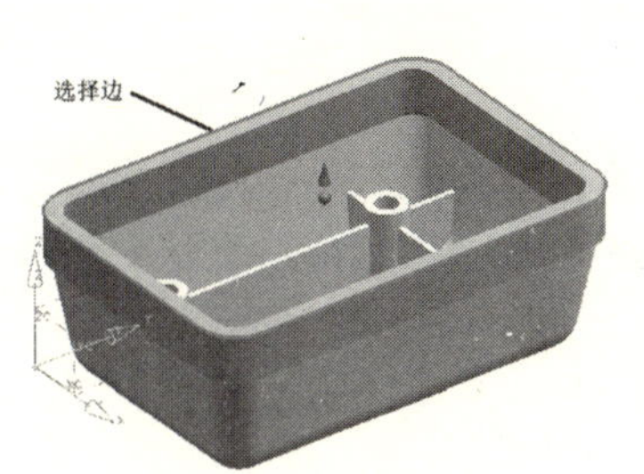

图 5-64　拉伸选择边

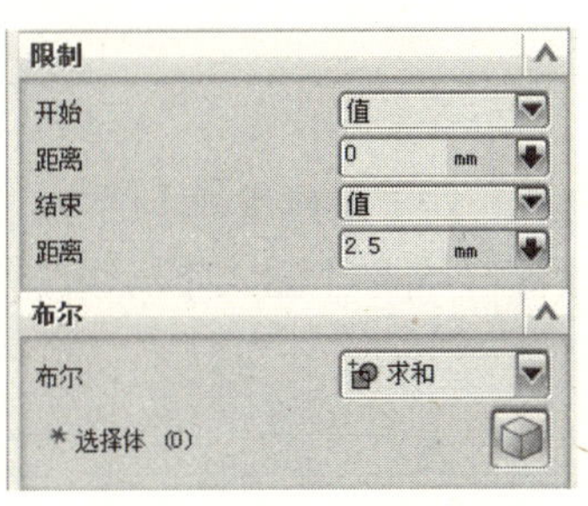

图 5-65　拉伸设置

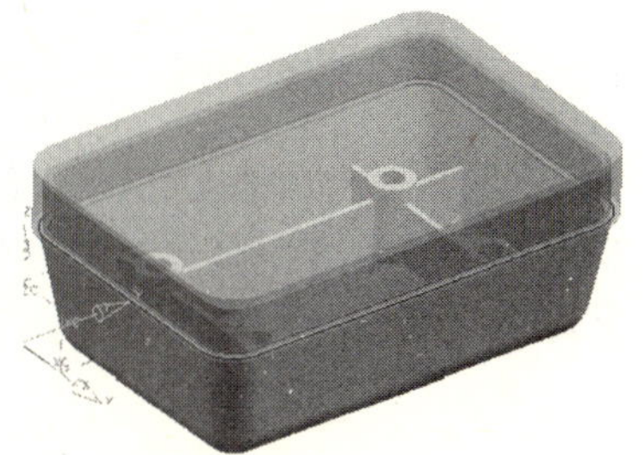

图 5-66　对象显示

4. 拉伸特征

在特征工具栏，单击【 】拉伸按钮/再次拉伸选择如图 5-67 所示，设置如图 5-68 所示，其他值默认。

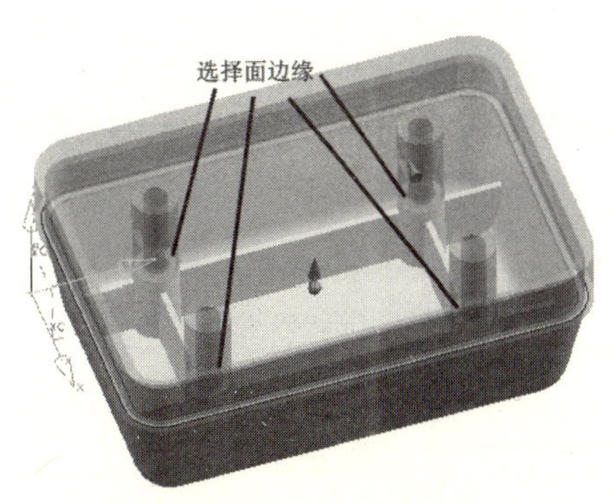

图 5-67　选择面边缘

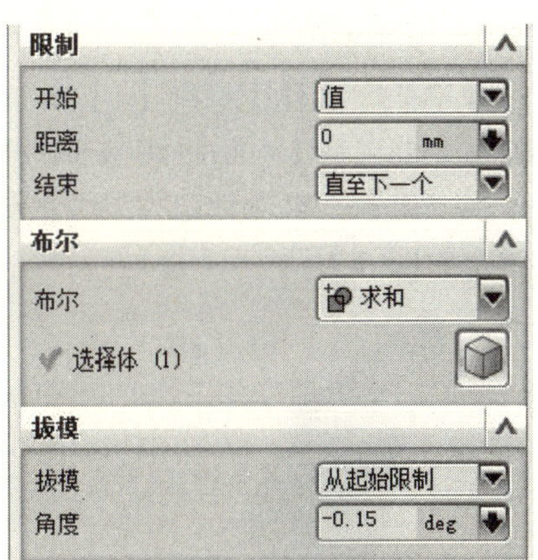

图 5-68　拉伸设置

5. 设为工作部件

打开装配导航器，右键【cover_bottom】/【设为工作部件】/打开菜单【工具】/【表达式】，修改 P0 为 100/单击【确定】/观察【cover_top】部件的变化，参考图如图 5-69 所示。

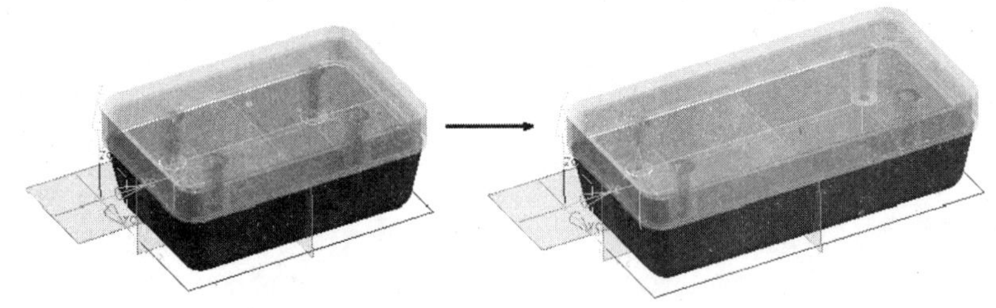

图 5-69　部件更新

5.8 爆炸视图

爆炸视图是在装配模型中按照装配关系偏离原来的位置的拆分图形。

5.8.1 创建爆炸视图

在菜单栏中选择【装配】/【爆炸图】/【新建爆炸】命令，或单击工具栏【】按钮，弹出如图 5-70 所示【创建爆炸图】对话框/【名称】输入【01 或名称默认】/单击【确定】进入爆炸图编辑。

图 5-70　【创建爆炸图】对话框

5.8.2 编辑爆炸视图

1. 自动爆炸组件

在菜单栏中选择【装配】/【爆炸图】/【自动爆炸组件】命令，或单击工具栏【】按钮，弹出【类选择】对话框/单击其中的【全选】按钮，可对整个装配创建爆炸图。或者用鼠标选中多个组件，实现对这些组件的炸开。在【gunlun】文件中，选择如图 5-71 中的【轮子】，系统弹出如图 5-72 所示【爆炸距离】对话框/输入【爆炸距离】值【150】/【确定】。

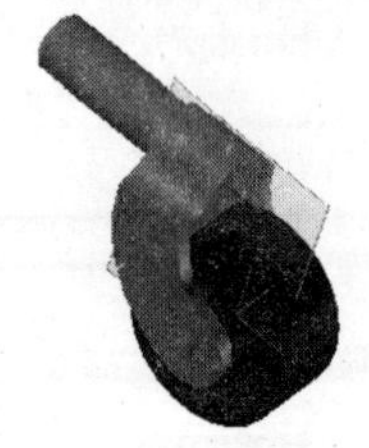

图 5-71　选择组件

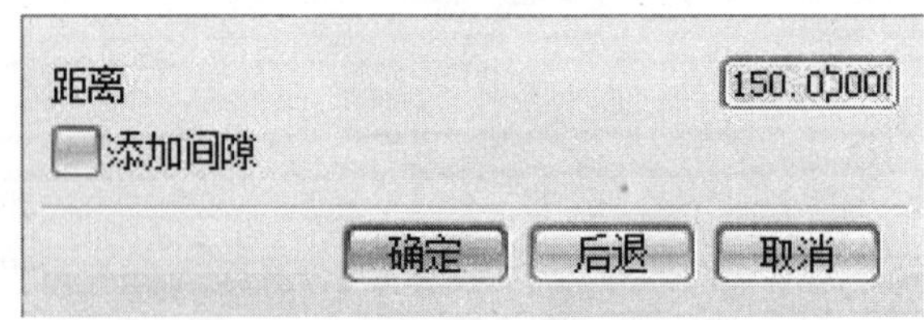

图 5-72　【爆炸距离】对话框

该对话框中选项的含义如下：

【距离】：用于设置自动爆炸组件之间的距离，爆炸方向由输入值的正负控制。

【添加间隙】：用于设置增加爆炸组件之间的间隙。如果取消选中该复选框，指定的距离为绝对距离。如果选中该复选框，则每个组件移动的距离为间隙和输入距离之和。

2. 编辑爆炸图

采用自动爆炸，一般不能取得理想的效果，还需要对爆炸图进行调整。

在菜单栏中选择【装配】/【爆炸图】/【自动爆炸组件】命令，或单击工具栏【】按钮，系统弹出如图 5-73 所示【编辑爆炸图】对话框/在装配导航器中选择整个名为【gunlun2】组件/将编辑爆炸图对话框选项改为【移动对象】，如图 5-74 所示/此时刚选择的组件上出现移动手柄，如图 5-75 所示/用鼠标拖动坐标轴 X、Y、Z 的小圆锥，可以使组件向对应的坐标方向移动，拖动小圆球，则可以使组件旋转角度，如图 5-76 所示。也可以在对话框中输入【角度】和【捕捉增量】值来调整组件的位置。如图 5-77 所示为通过编辑得到的滚轮爆炸图。

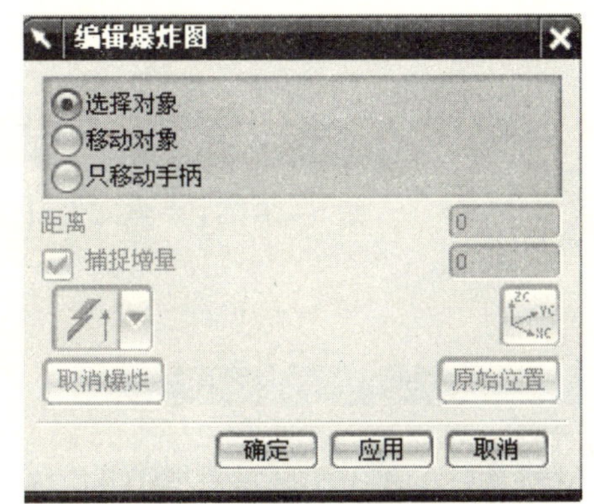

图 5-73　【编辑爆炸图】对话框

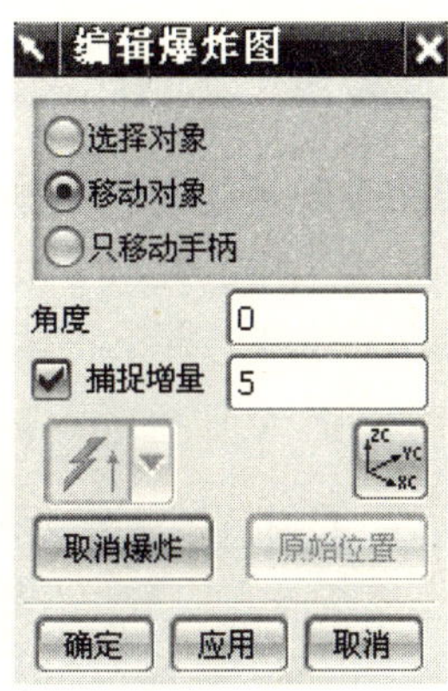

图 5-74　【编辑爆炸图】对话框

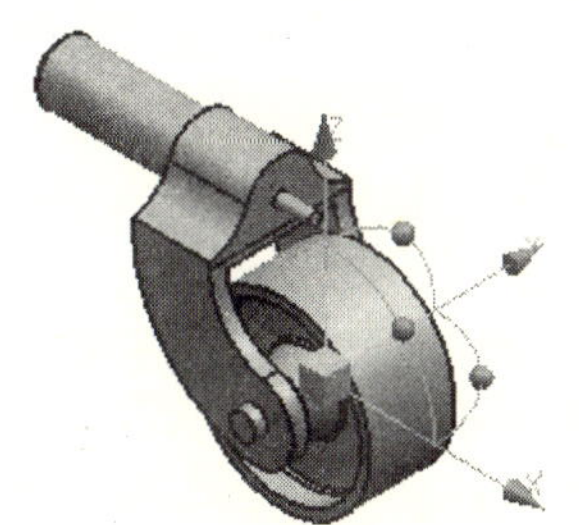

图 5-75　移动手柄

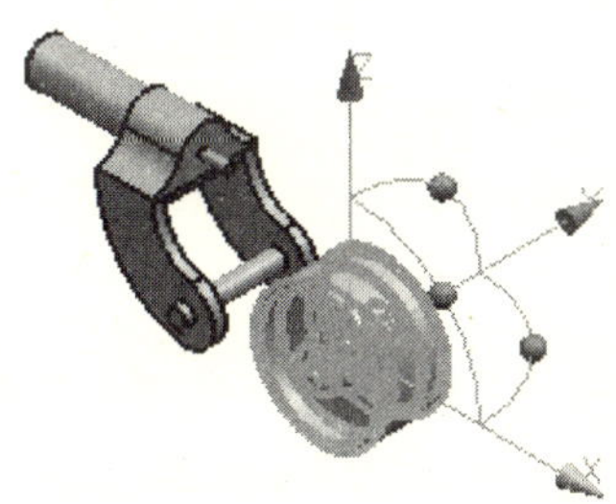

图 5-76　拖动坐标轴效果图

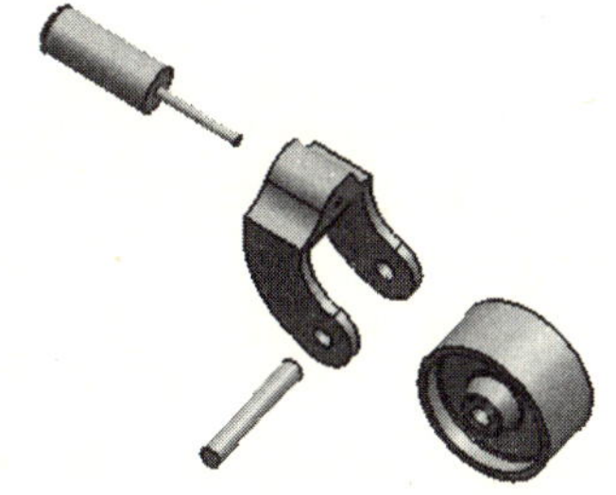

图 5-77　爆炸图

【编辑爆炸图】对话框中部分选项的含义如下。

【选择对象】：选取进行编辑操作的组件。

【移动对象】：使用鼠标可将选取的对象在绘图工作区拖动。

【只移动手柄】：只能移动对象的手柄，不能移动对象。

5.8.3 取消爆炸组件

取消爆炸组件主要用于取消组件的爆炸操作，将分离的零部件恢复到原装配位置。

在菜单栏中选择【装配】/【爆炸图】/【取消爆炸组件】]命令，或单击工具栏【 】按钮，弹出【类选择器】对话框/在绘图工作区选择爆炸分开的组件/单击【确定】按钮，所选组件恢复到原装配位置。

5.8.4 删除爆炸视图

删除爆炸视图主要用于删除指定的爆炸图。

在菜单栏中选择【装配】/【爆炸图】/【删除爆炸图】命令，或单击工具栏【 】按钮，弹出如图 5-78 所示【爆炸图】对话框/该对话框中列出了所有的爆炸视图名称，选取需要删除的爆炸视图/单击【确定】按钮，即可删除。

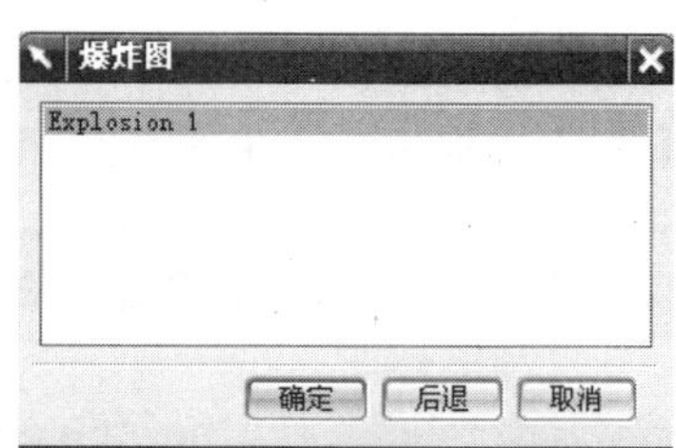

图 5-78 【爆炸图】对话框

5.8.5 隐藏爆炸视图

主要用于隐藏当前的爆炸图，使组件以原装配位置显示在图形窗口中。此时【爆炸图】工具栏中的【工作视图爆炸】下拉列表框中将显示【无爆炸】，且爆炸相关编辑命令将处于不可编辑状态，如图 5-79 所示。

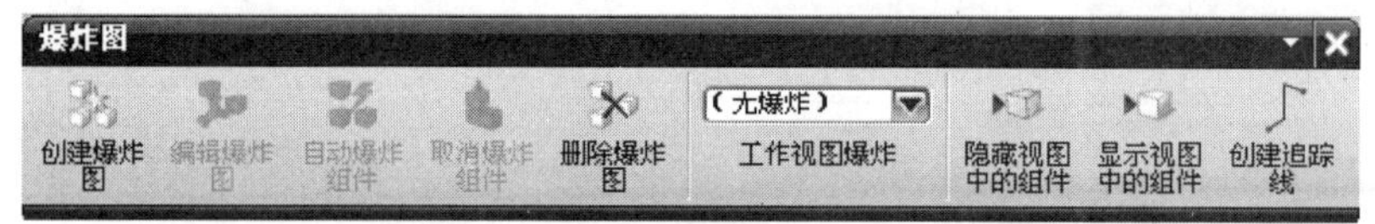

图 5-79 【爆炸图】工具栏

在菜单栏中选择【装配】/【爆炸图】/【隐藏爆炸图】命令，或者在【爆炸图】工具栏中的【工作视图爆炸】下拉列表框中选择【无爆炸】选项。

5.8.6 显示爆炸视图

显示爆炸视图主要用于显示指定的爆炸图，使组件以指定爆炸视图中的位置显示在图形窗口中。

在菜单栏中选择【装配】/【爆炸图】/【显示爆炸图】命令，或者在【爆炸图】工具栏中的【工作视图爆炸】下拉列表框中选择需要显示的爆炸视图。

5.9 综合范例 10：装配电动机

5.9.1 创建电动机总成子装配模型

电动机总成子装配模型（motor.prt）的装配顺序是：首先选择电动机机体（mot.prt）零

件为第一个元件，然后装配电动机盖（motc.prt）和轴（shaft.prt），接着再在轴上装配两个弹性挡圈（s_r.prt），最后装配平垫圈（ring_6.prt）、弹簧垫圈（sr_6.prt）和螺栓（m6.prt），完成效果如图 5-80 所示。

图 5-80　爆炸图

1. 新建文件

选择菜单中的【文件】/【新建】命令，或选择【 】【New 建立新文件】图标，系统出现【新建】文件对话框，如图 5-81 所示；选择【装配】模板，在【名称】栏中输入【motor】，在【单位】下拉框中选择【毫米】选项，单击【确定】按钮，建立文件名为【motor.prt】，单位为毫米的装配文件。

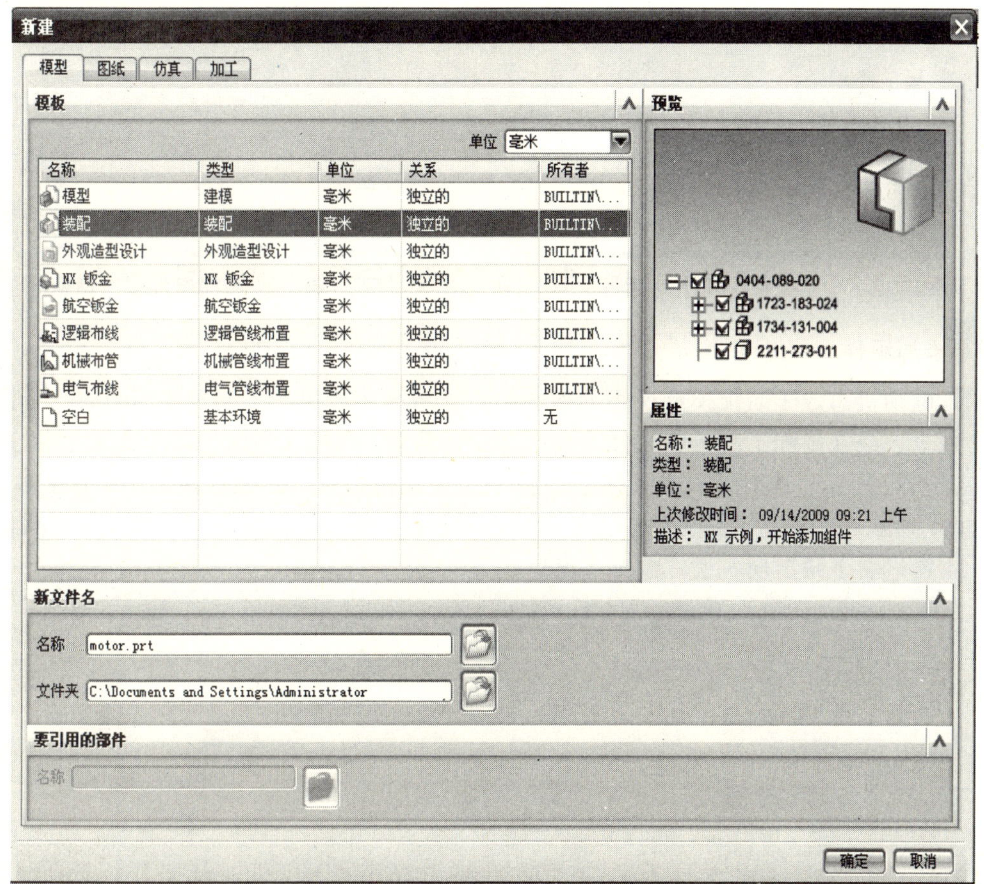

图 5-81　【新建】文件对话框

2. 设置装配首选项

选择菜单中的【首选项】/【装配】命令，系统出现【装配首选项】对话框，如图 5-82 所示；在【装配定位】/【交互】下拉框中选择【配对条件】选项，单击【确定】按钮，完成设置装配首选项。

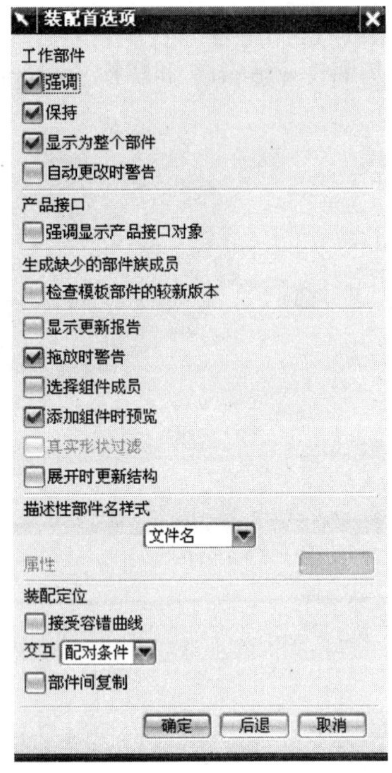

图 5-82　【装配首选项】对话框

图 5-83　【添加组件】对话框

3. 添加组件

调入电动机总成子装配模型所需的各个组件，选择菜单中的【装配】/【组件】/【添加组件】命令，或在装配工具条中选择【】(添加组件）图标，系统出现【添加组件】对话框，如图 5-83 所示；在对话框中选择【】(打开）图标，系统出现选择【部件名】对话框，如图 5-84 所示；在光盘文件夹【zp】下选择电动机机体【mot.prt】零件，然后单击【OK】按钮，主窗口右下角出现一组件预览小窗口。

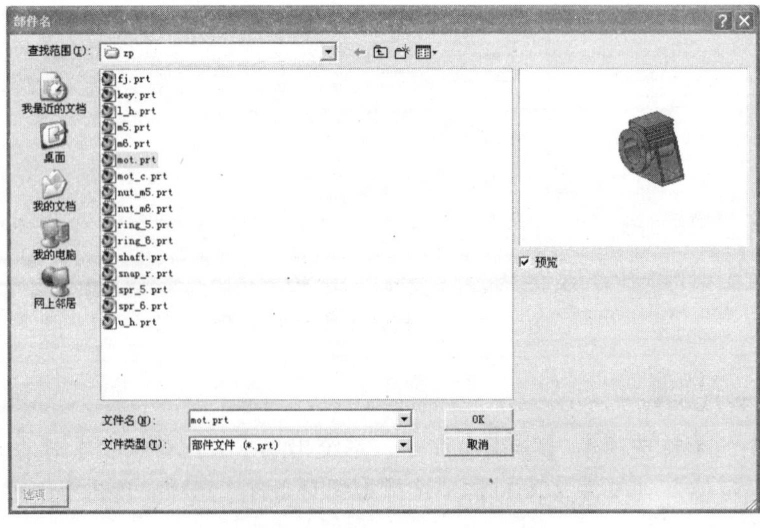

图 5-84　【部件名】对话框

4. 定位组件

系统出现【添加组件】对话框，如图 5-85 所示。在【定位】下拉框中选择【绝对原点】选项，然后在对话框的【Reference Set】【引用集】下拉框中选择【模型】选项，单击【确定】按钮，这样就添加了第一个组件，如图 5-86 所示。

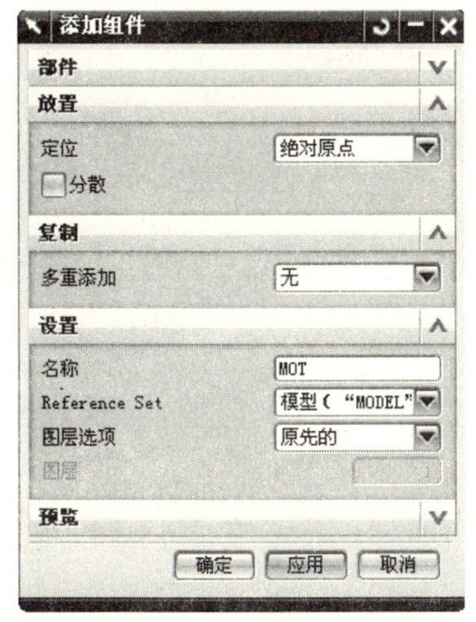

图 5-85　【添加组件】对话框

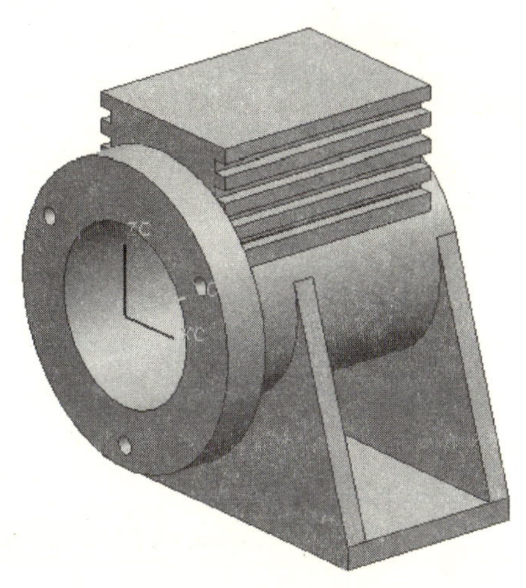

图 5-86　组　件

5. 装配电动机盖（mot_c. prt）

按照步骤 3 同样的方法添加电动机盖（mot_c.prt）零件，然后再进行定位，系统出现【添加组件】对话框，如图 5-87 所示；在【定位】下拉框中选择【配对】选项，在【Reference Set】【引用集】下拉框中选择【模型】选项，单击【确定】按钮，系统出现【配对条件】对话框，如图 5-88 所示；在此对话框的【配对类型】工具条中选择【】（配对）图标，然后在组件预览窗口将模型旋转至适当位置，选择如图 5-89 所示的零件底面，接着在主窗口选择如图 5-90 所示的模型面，完成配对约束，如图 5-91 所示。

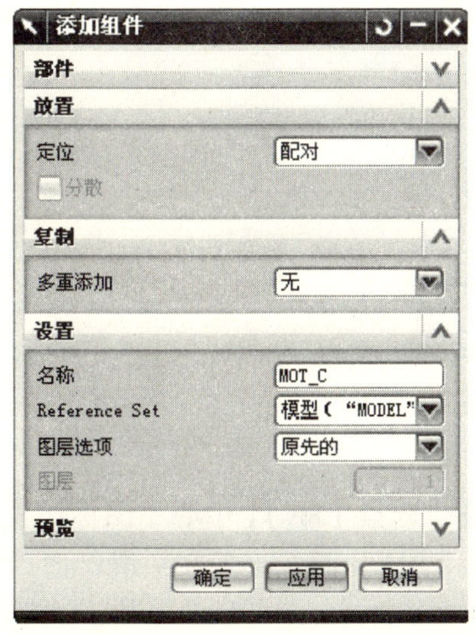

图 5-87

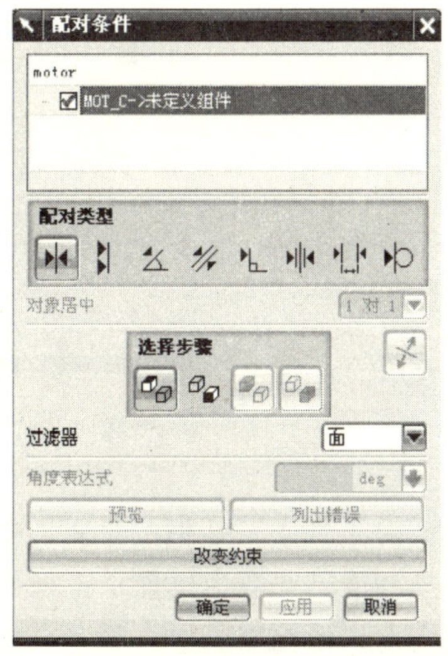

图 5-88

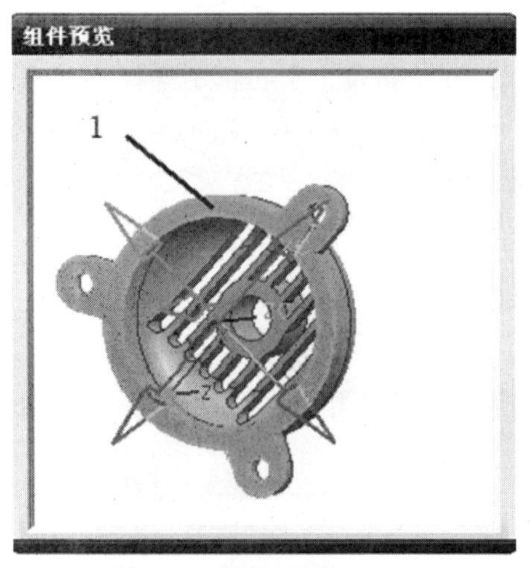

图 5–89

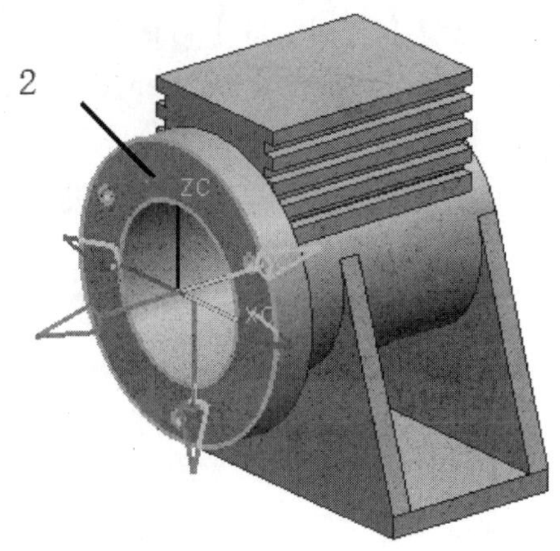

图 5–90

配对条件
motor
MOT_C->MOT
配对 - 平面的->平面的
配对类型
对象居中　1 对 1
选择步骤
过滤器　面
角度表达式
预览　列出错误
改变约束
确定　应用　取消

图 5–91

在【配对条件】对话框的【配对类型】工具条中选择【】【中心】图标，先在组件预览窗口将模型旋转至适当位置，选择如图 5-92 所示的圆孔面，接着在主窗口选择如图 5-93 所示的圆孔面，系统完成中心对齐，如图 5-94 所示。

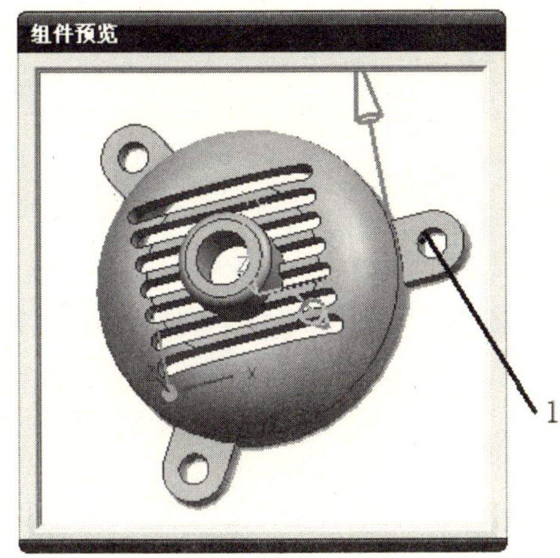

图 5-92

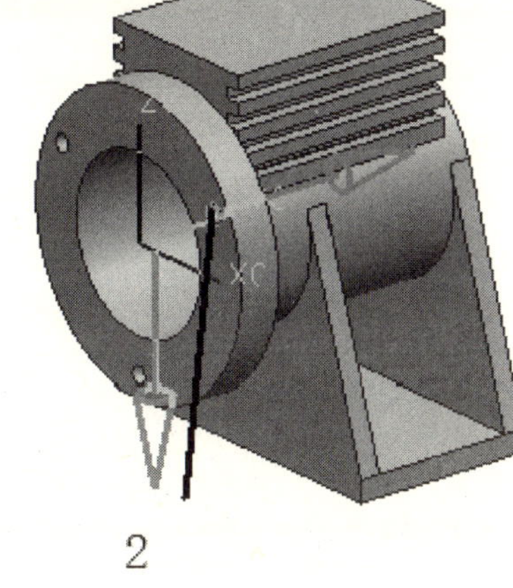

图 5-93

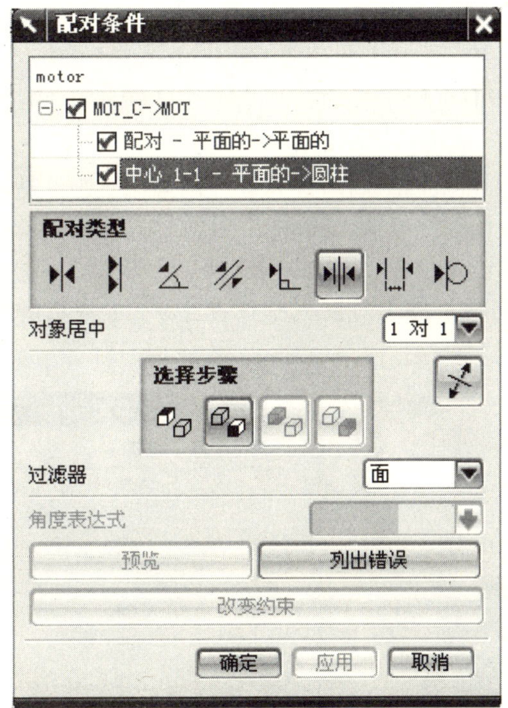

图 5-94

继续进行另一个孔的中心对齐。先在组件预览窗口将模型旋转至适当位置，选择如图 5-95 所示的圆孔面，接着在主窗口选择如图 5-96 所示的圆孔面，系统完成中心对齐，此时窗口状态栏出现【配对条件已完全约束】提示，然后单击【确定】按钮，再次单击【确定】按钮，这样就完成添加了第二个组件，如图 5-97 所示。

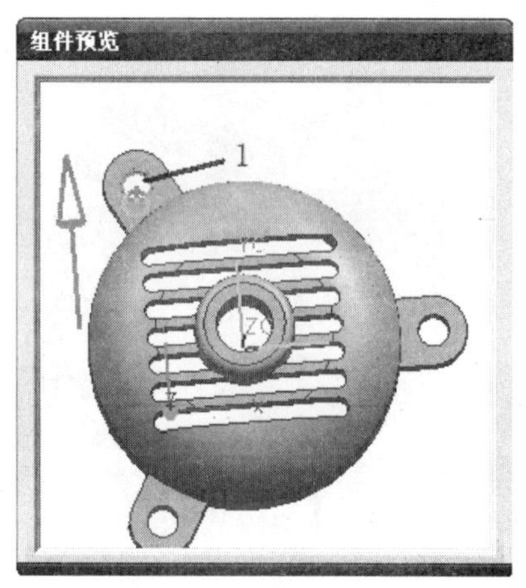

图 5–95

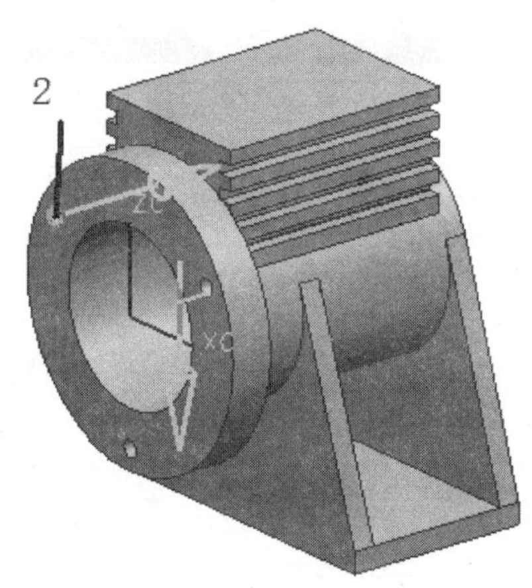

图 5–96

6. 装配轴（shaft.prt）

按照步骤 3 同样的方法添加轴【shaft.prt】零件，然后再进行定位，系统出现【添加组件】对话框，如图 5-98 所示；在【定位】下拉框中选择【配对】选项，在【Reference Set】【引用集】下拉框中选择【模型】选项，然后单击【确定】按钮，系统出现【配对条件】对话框，如图 5-99 所示；在此对话框的【配对类型】工具条中选择【 】【距离】图标，然后在组件预览窗口将模型旋转至适当位置，选择如图 5-100 所示的零件面，接着在主窗口选择如图 5-101 所示的面，在【配对条件】对话框的【距离表达式】栏中输入【1.7】，如图 5-102 所示；最后单击【应用】按钮，图形中出现如图 5-103 所示的装配预览，显然不符合要求；之后在【配对条件】对话框中选择【 】【备选解】图标，图形已转换成如图 5-104 所示。

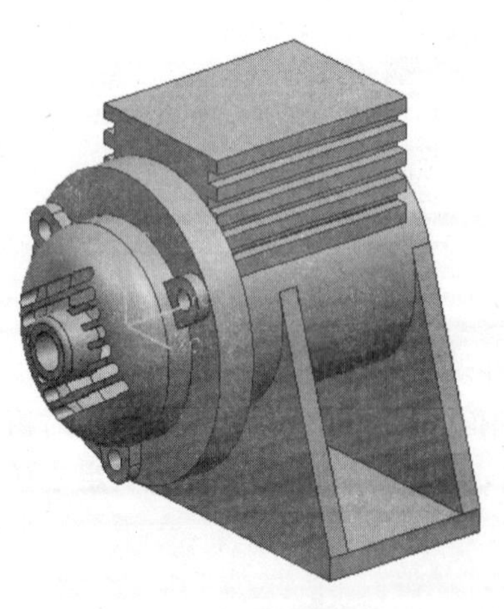

图 5–97

图 5–98

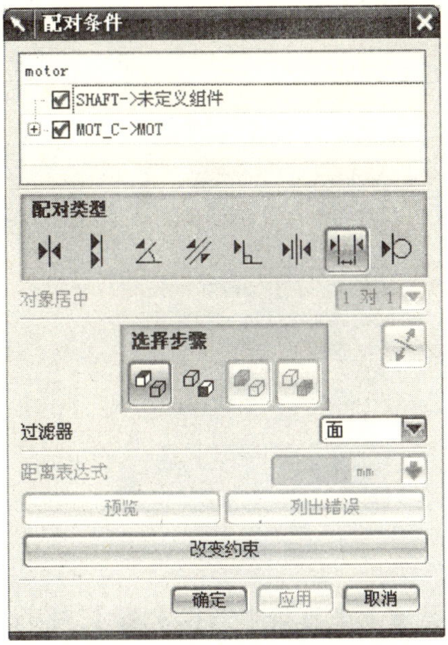

配对条件
motor
SHAFT->未定义组件
MOT_C->MOT
配对类型
对象居中
1 对 1
选择步骤
过滤器
面
距离表达式
mm
预览
列出错误
改变约束
确定
应用
取消

图 5-99

组件预览
1

图 5-100

2

图 5-101

配对条件
motor
SHAFT->MOT
距离 - 平面的->平面的
MOT_C->MOT
配对类型
对象居中
1 对 1
选择步骤
过滤器
面
距离表达式
1.7
mm
预览
列出错误
改变约束
确定
应用
取消

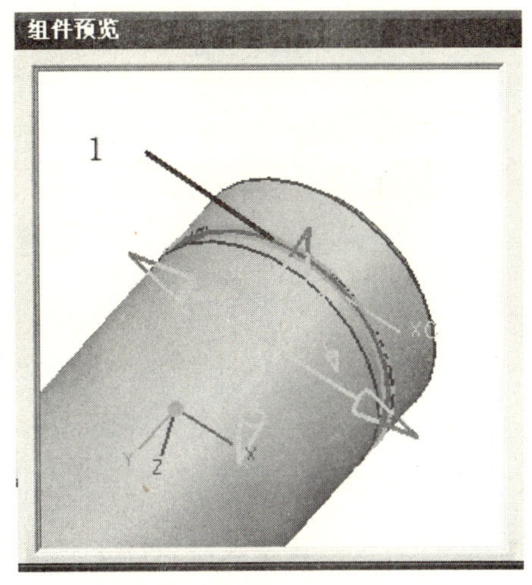

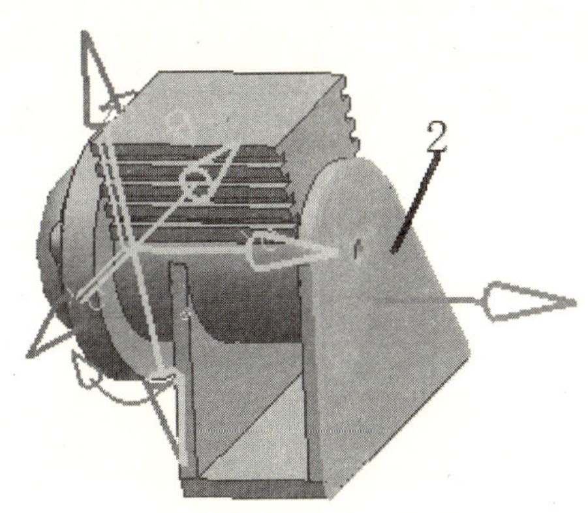

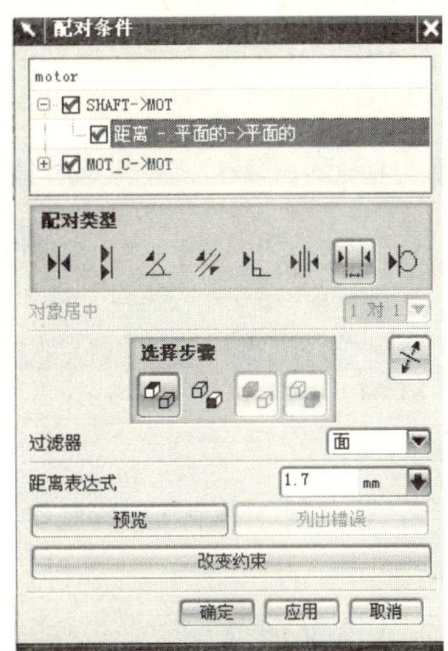

图 5-102

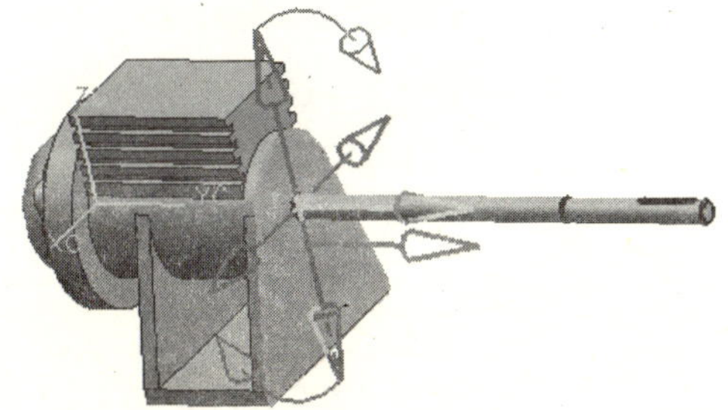

图 5-103

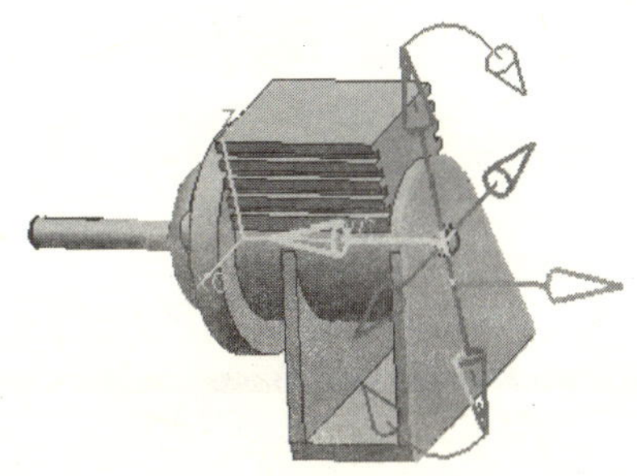

图 5-104

继续进行约束。在【配对条件】对话框的【配对类型】工具条中选择【】【中心】图标，选择如图 5-105 所示轴的圆柱面，接着选择如图 5-106 所示的电动机的圆孔面，系统完成中心对齐，中心对齐约束已建立，如图 5-107 所示。

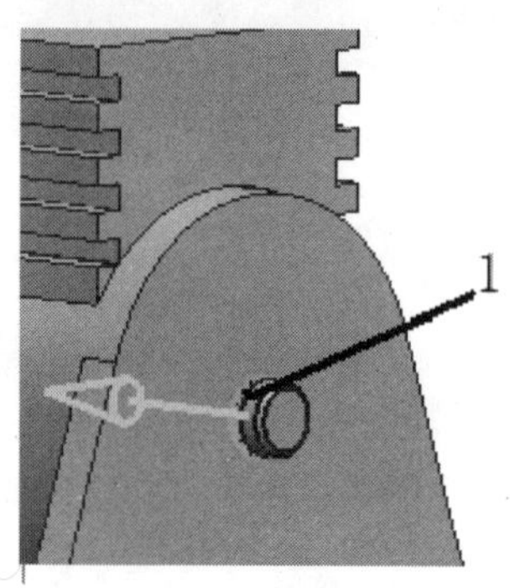

图 5–105

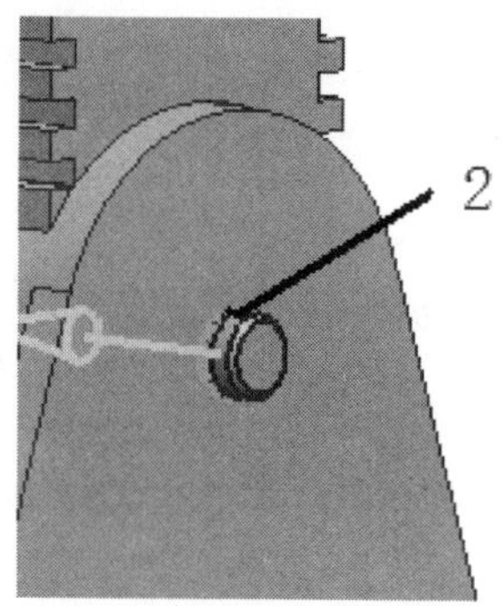

图 5–106

继续进行约束。在【配对条件】对话框的【配对类型】工具条中选择【】【平行】图标，如图 5-107 所示；选择如图 5-108 所示轴的键槽底面，接着选择如图 5-109 所示的电动机的顶面，此时窗口状态栏中出现【配对条件已完全约束】提示，然后单击【确定】按钮，再次单击【确定】按钮，完成添加第三个组件，如图 5-110 所示。

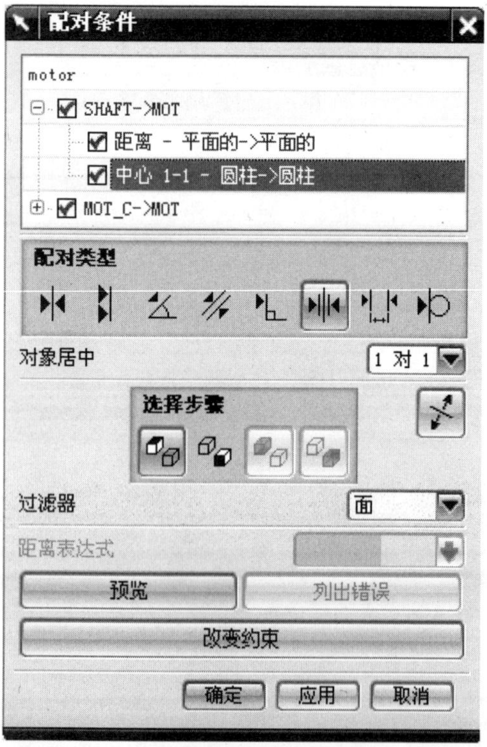

配对条件
motor
SHAFT->MOT
距离 - 平面的->平面的
中心 1-1 - 圆柱->圆柱
MOT_C->MOT
配对类型
对象居中　1 对 1
选择步骤
过滤器　面
距离表达式
预览　列出错误
改变约束
确定　应用　取消

图 5–107

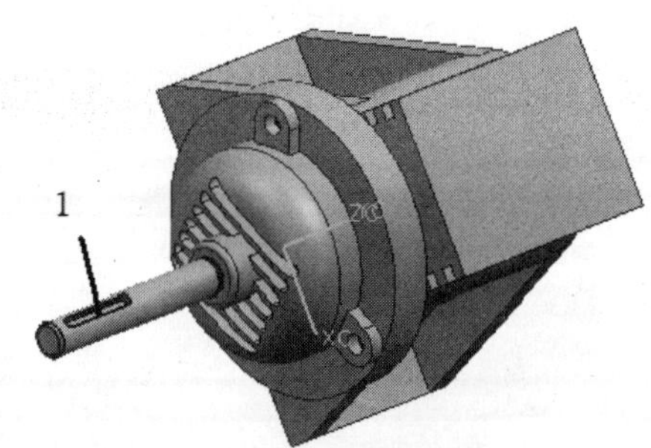

图 5–108

图 5-109

图 5-110

7. 装配两个弹性挡圈（snap_r.prt）

按照步骤 3 同样的方法添加弹性挡圈【snap_r.prt】零件，然后再进行定位. 系统出现【添加组件】对话框，如图 5-111 所示；在【定位】下拉框中选择【配对】选项，在【Reference Set】【引用集】下拉框中选择【模型】选项，然后单击【确定】按钮，系统出现【配对条件】对话框；如图 5-112 所示；在此对话框的【配对类型】工具条中选择【 】【配对】图标，然后在组件预览窗口将模型旋转至适当位置，选择如图 5-113 所示的零件面。接着在主窗口选择如图 5-114 所示的面，完成配对约束，如图 5-115 所示。

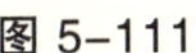

图 5-111

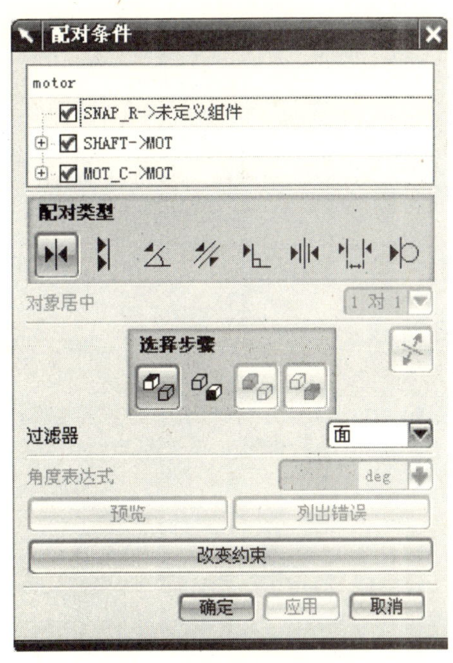

图 5-112

继续进行约束。在【配对条件】对话框的【配对类型】工具条中选择【 】【中心】图标，选择如图 5-116 所示圆孔面，接着选择如图 5-117 所示的轴的圆柱面，系统完成中心对齐，中心对齐约束已建立，如图 5-118 所示。

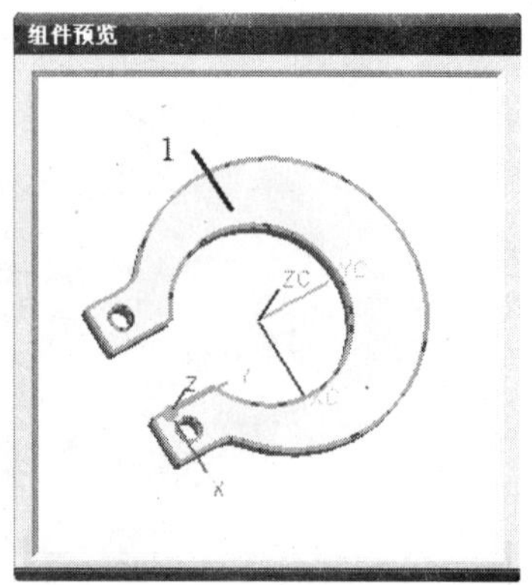

图 5-113

图 5-114

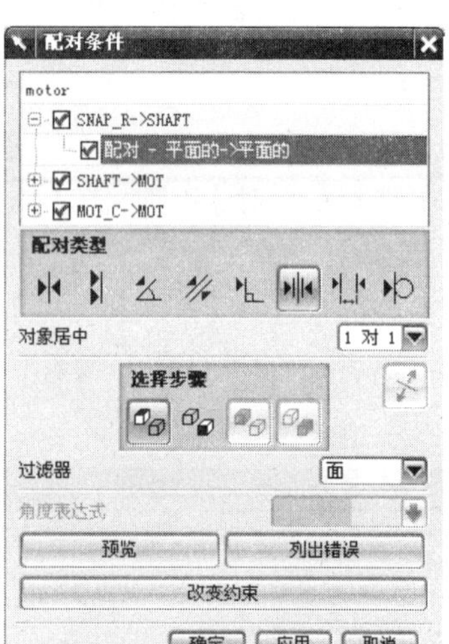

图 5-115

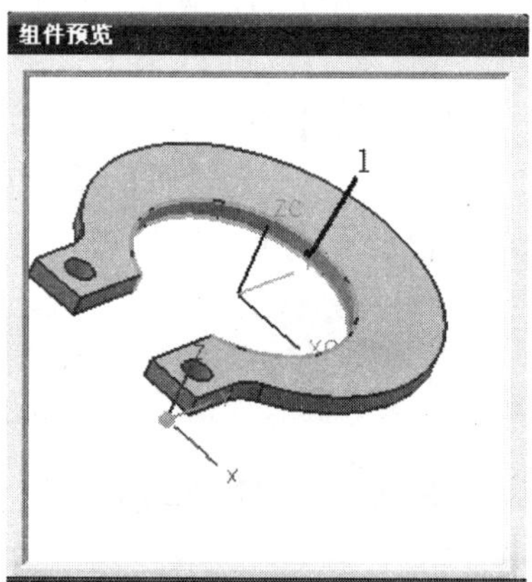

图 5-116

图 5-117

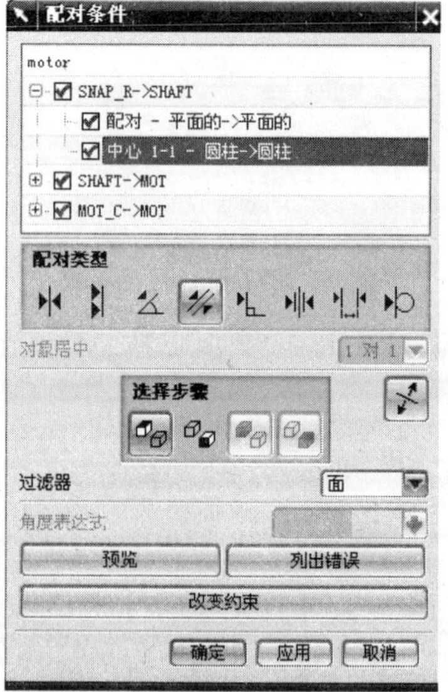

图 5-118

继续进行约束。在【配对条件】对话框的【配对类型】工具条中选择选择【 】【平行】图标，如图 5-118 所示；选择如图 5-119 所示弹性挡圈侧面，接着选择如图 5-120 所示的电动机的顶面，此时窗门状态栏中出现【配对条件已完全约束】提示，然后单击【确定】按钮，再次单击【确定】按钮，完成添加第四个组件，如图 5-121 所示。

按照上述方法，在轴的另一端加上第二个弹性挡圈，完成效果如图 5-122 所示。

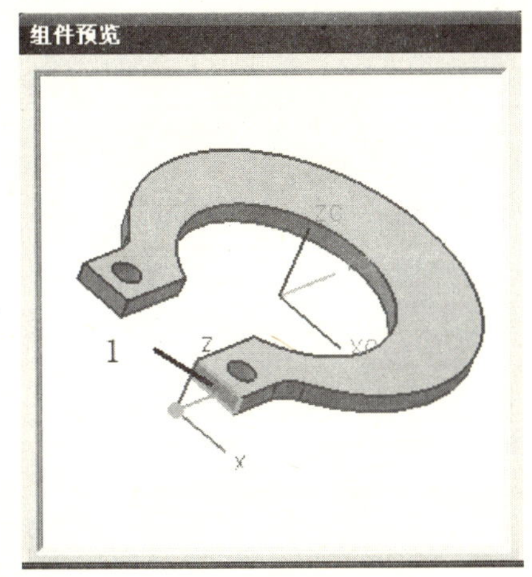

图 5–119

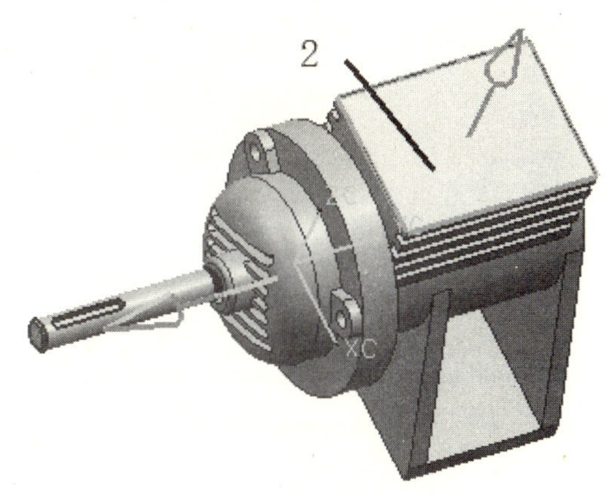

图 5–120

图 5–121

图 5–122

8. 装配平垫圈（ring_6.prt）

按照步骤 3 同样的方法添加平垫圈【ring_6.prt】零件，然后再进行定位，系统出现【添加组件】对话框，如图 5-123 所示；在【定位】下拉框中选择【配对】选项，在【Reference Set】【引用集】下拉框中选择【模型】选项，然后单击【确定】按钮，系统出现【配对条件】对话框，如图 5-124 所示；在此对话框的【配对类型】工具条中选择【 】【配对】图标，然后在组件预览窗口将模型旋转至适当位置，选择如图 5-125 所示的零件面，接着在主窗口选择如图 5-126 所示的电动机盖支耳面，完成配对约束，如图 5-127 所示。

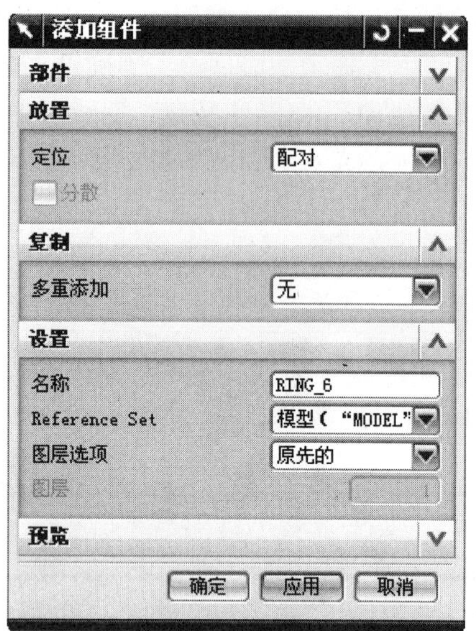

图 5-123

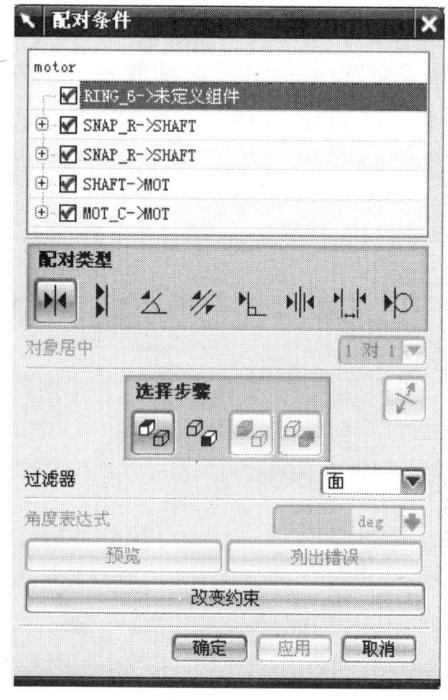

图 5-124

图 5-125

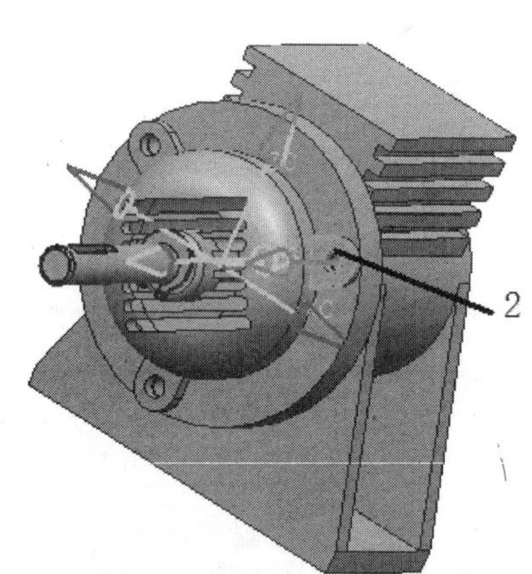

图 5-126

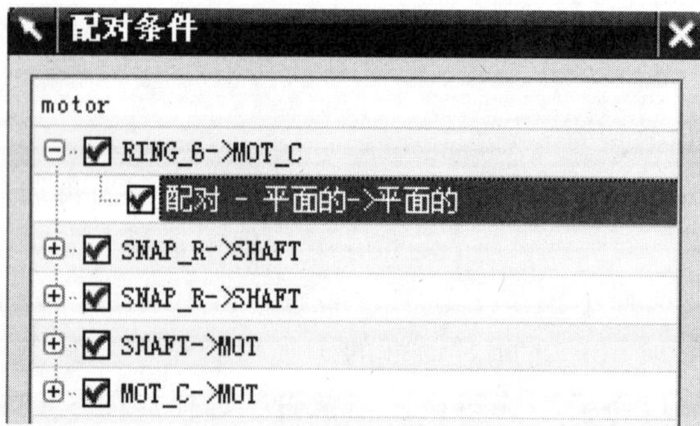

图 5-127

继续进行约束。在【配对条件】对话框的【配对类型】工具条中选择【】【中心】图标，选择如图 5-128 所示圆孔面，接着选择如图 5-129 所示的支耳圆孔面，系统完成中心对齐，中心对齐约束已建立如图 5-130 所示。

在【配对条件】对话框中单击【确定】按钮，再次单击【确定】按钮，完成添加第五个组件，如图 5-131 所示。

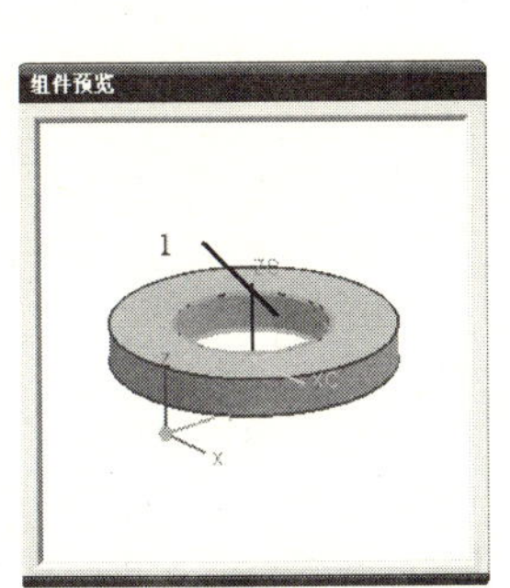

图 5-128

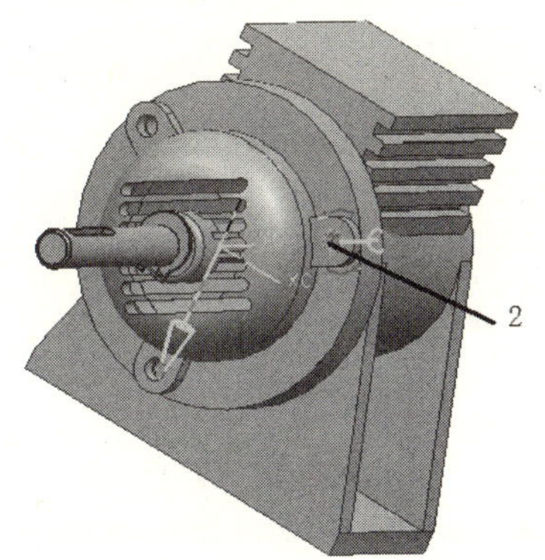

图 5-129

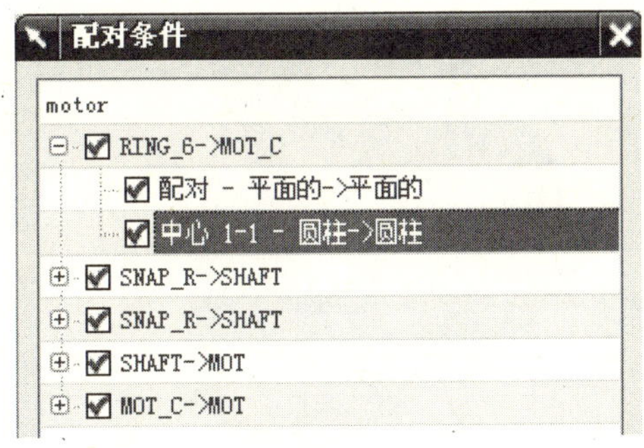

图 5-130

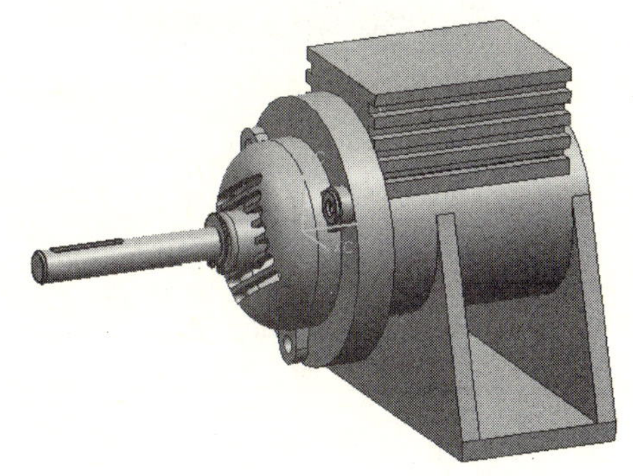

图 5-131

按照上述方法，在电动机盖另外两个支耳加上平垫圈，也可以采用创建组件阵列的方法加上平垫圈，本书采用创建组件阵列的方法加上其他平垫圈。

9. 装配弹簧垫圈（spr_6.prt）

按照步骤 3 同样的方法添加弹簧垫圈【spr_6.prt】零件，然后再进行定位，系统出现【添加组件】对话框，如图 5-132 所示；在【定位】下拉框中选择【配对】选项，在【Reference Set】【引用集】下拉框中选择【模型】选项，然后单击【确定】按钮，系统出现【配对条件】对话框，如图 5-133 所示；在此对话框的【配对类型】工具条中选择【】【配对】图标，然后在组件预览窗口将模型旋转至适当位置，选择如图 5-134 所示的零件面，接着在主窗口选择如图 5-135 所示的面，完成配对约束，如图 5-136 所示。

继续进行约束。在【配对条件】对话框的【配对类型】工具条中选择【】【中心】图标，选择如图 5-137 所示圆孔面，接着选择如图 5-138 所示的平垫圈圆孔面，系统完成中心对齐，中心对齐约束已建立，如图 5-139 所示。

图 5-132

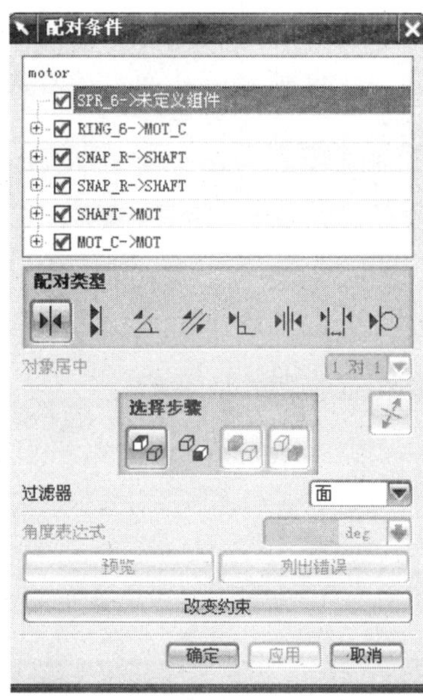

图 5-133

图 5-134

图 5-135

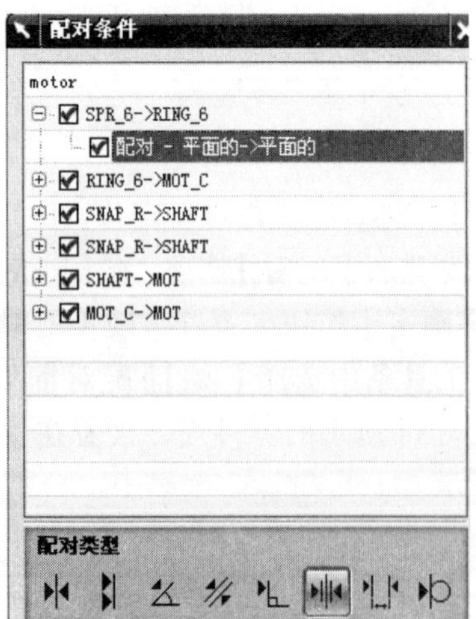

图 5-136

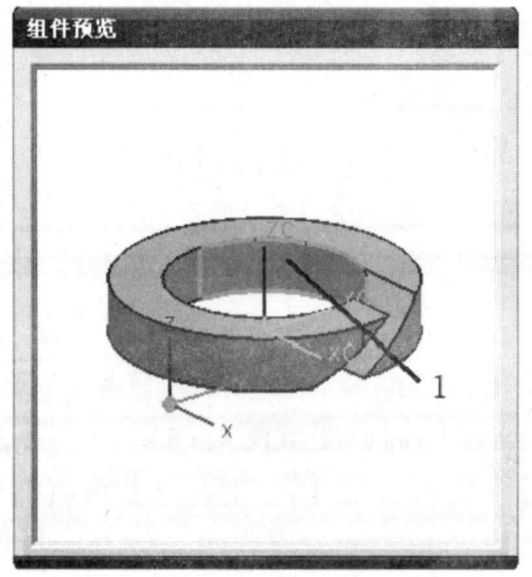

图 5-137

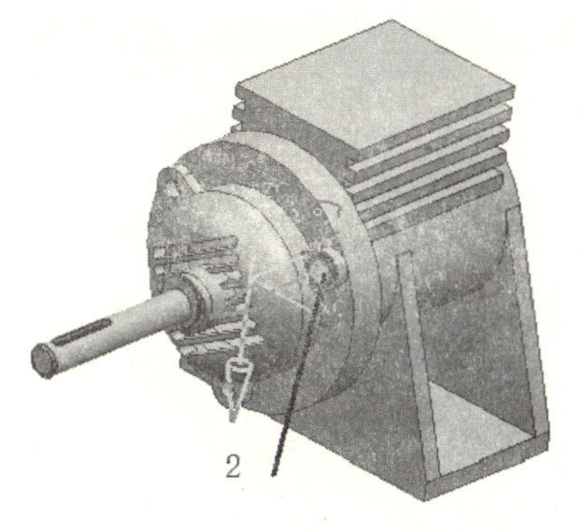

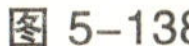
图 5-138

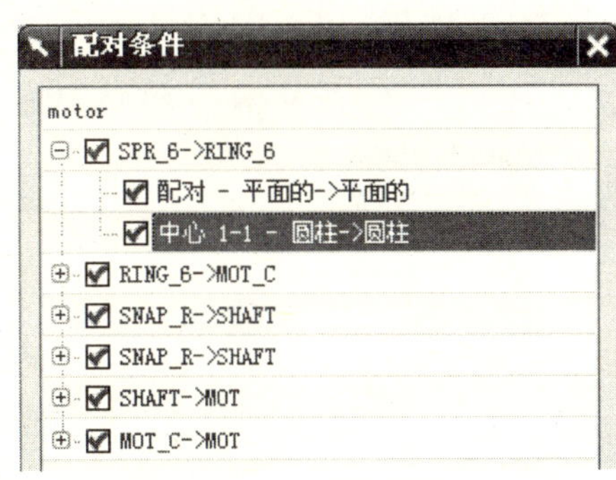

图 5-139

在【配对条件】对话框中单击【确定】按钮，再次单击【确定】按钮，完成添加第六个组件，如图 5-140 所示。

图 5-140

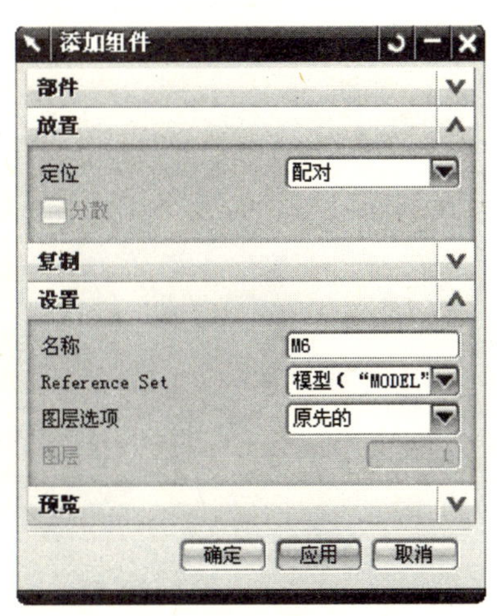

图 5-141

10. 装配螺栓（m6.prt）

按照步骤 3 同样的方法添加螺栓【m6.prt】零件，然后再进行定位，系统出现【添加组件】对话框，如图 5-141 所示；在【定位】下拉框中选择【配对】选项，在【Reference Set】【引用集】下拉框中选择【模型】选项，然后单击【确定】按钮，系统出现【配对条件】对话框，如图 5-142 所示；在此对话框的【配对类型】工具条中选择【▶◀】【配对】图标，然后在组件预览窗口将模型旋转至适当位置，选择如图 5-143 所示的零件面，接着在主窗门选择如图 5-144 所示的面，完成配对约束，如图 5-145 所示。

继续进行约束。在【配对条件】对话框的【配对类型】工具条中选择【▶|◀】【中心】图标，选择如图 5-146 所示螺纹圆柱面，接着选择如图 5-147 所示的弹簧垫圈圆孔面，系统完成中心对齐，中心对齐约束已建立，如图 5-148 所示。

在【配对条件】对话框中单击【确定】按钮，再次单击【确定】按钮，完成添加第七个组件，如图 5-149 所示。

图 5-142

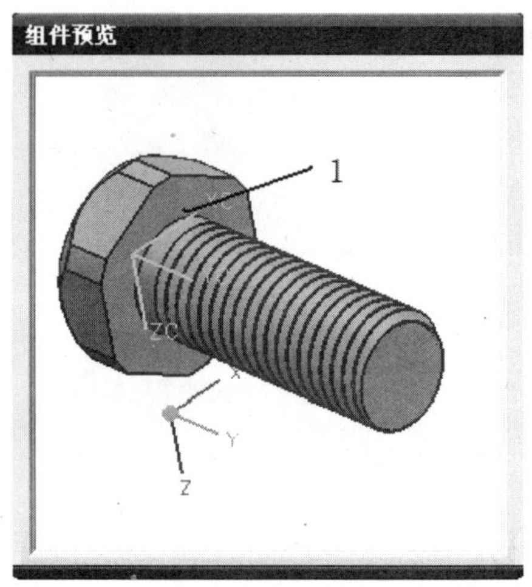

图 5-143

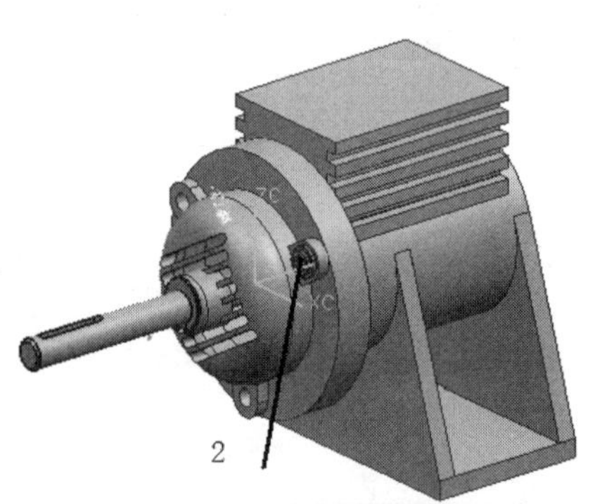

图 5-144

图 5-145

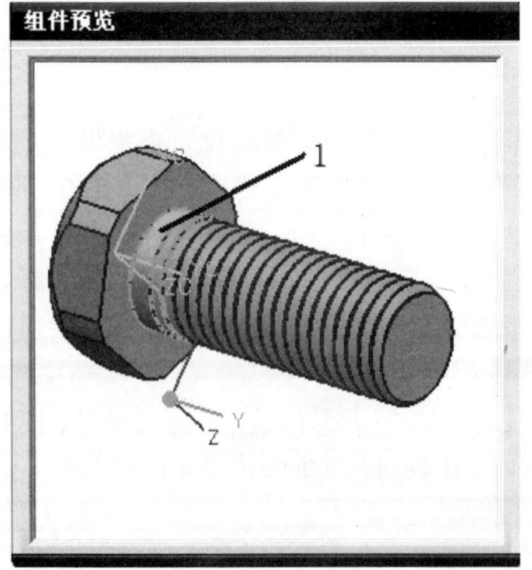

图 5-146

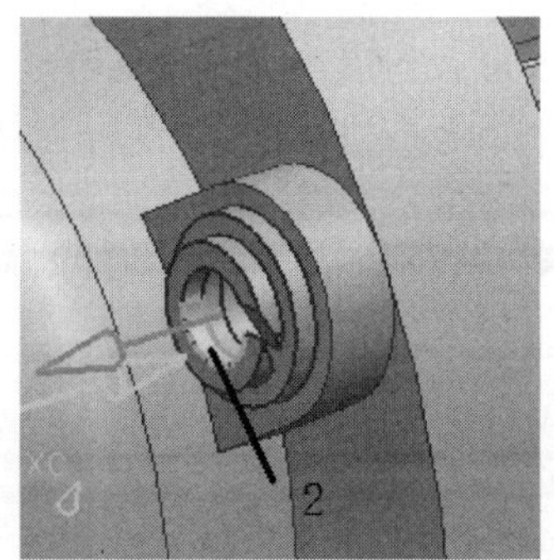

图 5-147

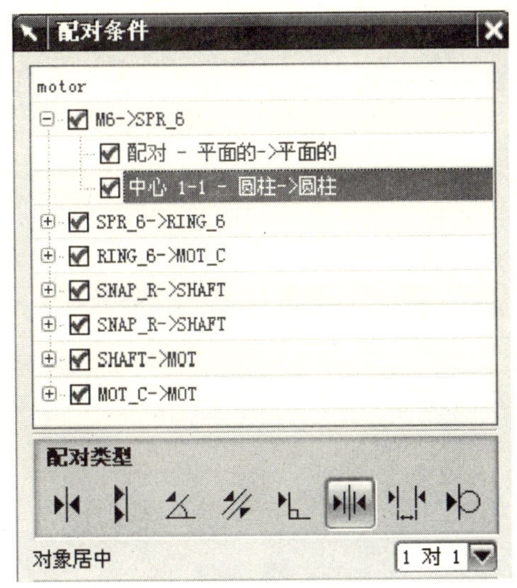

图 5-148

图 5-149

11. 创建组件【平垫圈、弹簧垫圈和螺栓】阵列

选择菜单中的【装配】/【组件】/【创建阵列】命令，或在装配工具条中选择【 】【创建组件阵列】图标，系统出现【类选择】对话框，如图 5-150 所示；在图形中依次选择如图 5-151 所示的平垫圈、弹簧垫圈和螺栓，然后在【类选择】对话框中单击【确定】按钮，系统出现【创建组件阵列】对话框，如图 5-152 所示；在【阵列定义】选项中选择【圆形】选项，单击【确定】按钮，系统出现【创建圆形阵列】轴定义对话框，如图 5-153 所示；在【轴

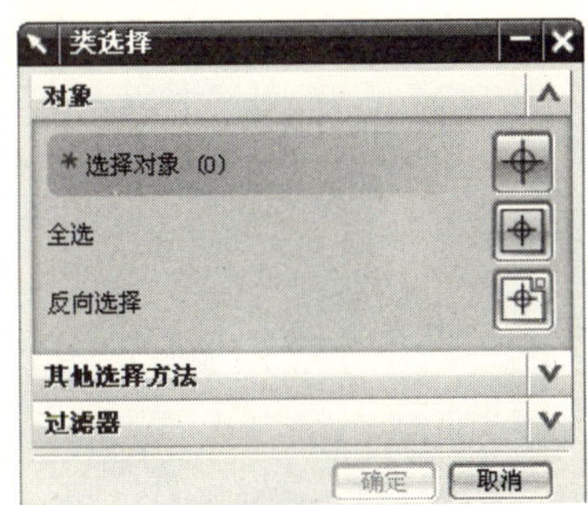

图 5-150

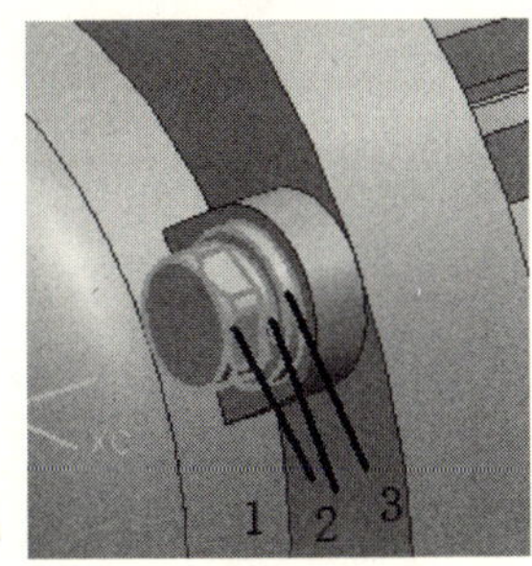

图 5-151

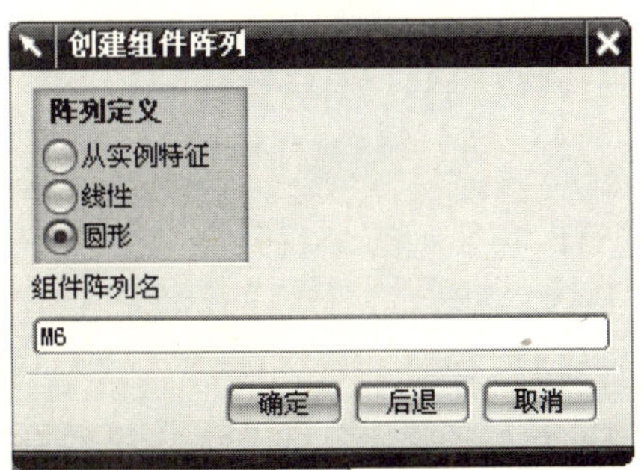

图 5-152

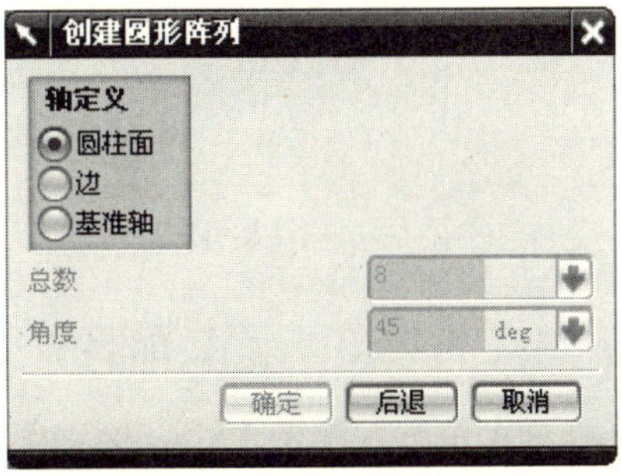

图 5-153

定义】选项中选择【圆柱面】选项，在图形中选择如图 5-154 所示的圆柱面；当选择好圆柱面后，【创建圆形阵列】轴定义对话框中的阵列参数栏激活，在【总数】、【角度】栏中输入【3】、【120】，如图 5-155 所示；然后单击【确定】按钮，完成平垫圈的阵列，如图 5-156 所示。

在【创建圆形阵列】轴定义对话框中再次单击【确定】按钮，完成弹簧垫圈的阵列，如图 5-157 所示；再次单击【确定】按钮，完成螺栓的阵列，如图 5-158 所示。

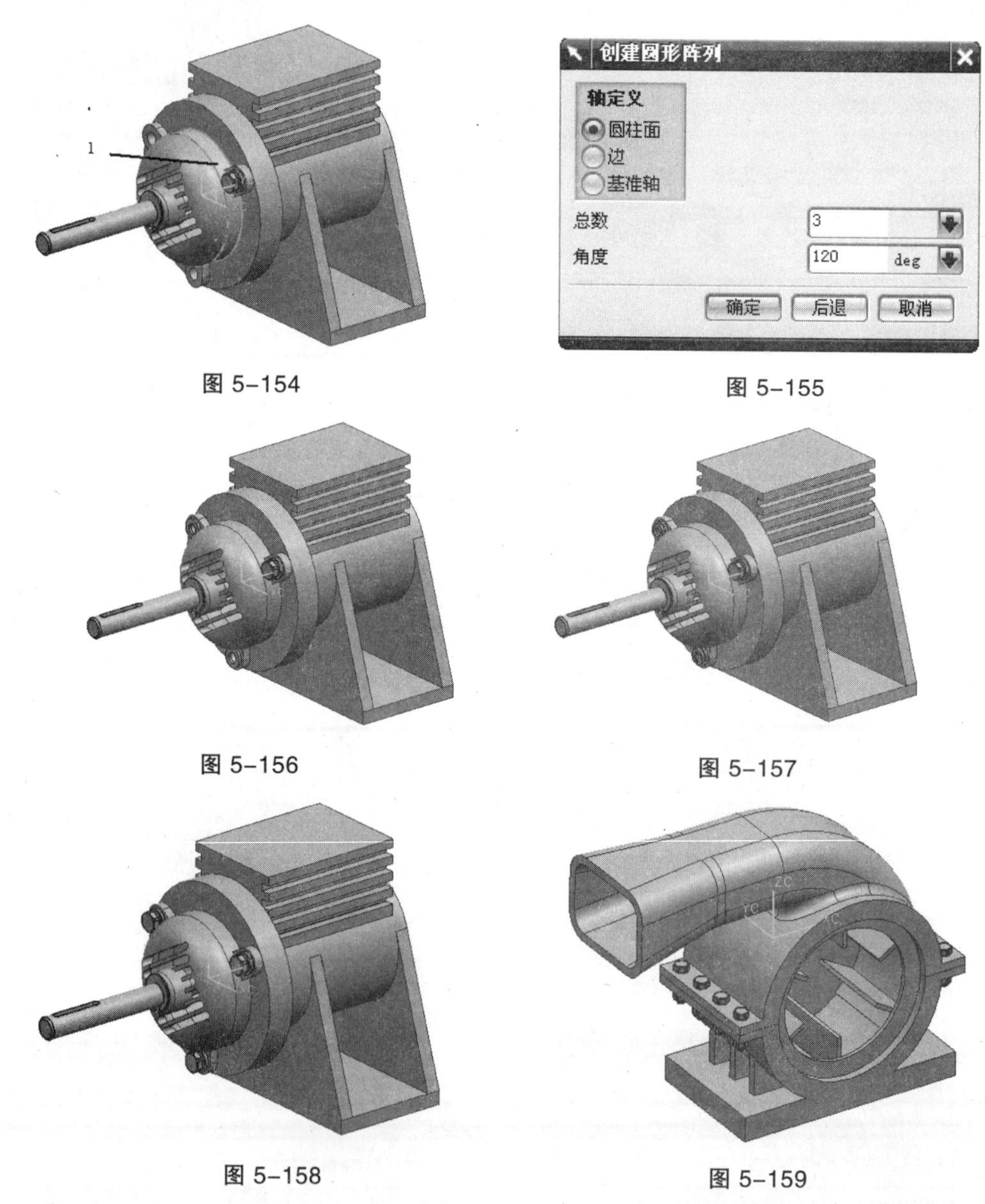

图 5-154　　图 5-155

图 5-156　　图 5-157

图 5-158　　图 5-159

5.9.2　创建风机总成子装配模型

风机总成子装配模型【blowcr.prt】的装配顺序是：首先选择下箱体【1_h】零件为第一个元件，然后装配风机【fj.prt】和上箱体【u_h】，最后装配连接上箱体和下箱体的螺栓【m5.prt】、平垫圈【ring_5.prt】、弹簧垫圈【spr_5.prt】和螺母【nut_5. prt】完成效果如图 5-159 所示。

1. 新建文件

选择菜单中的【文件】/【新建】命令，或选择【 】【New 建立新文件】图标，系统出现【新建】文件对话框；选择【装配】模板，在【名称】栏中输入【fanl-10】，在【单位】下拉框中选择【毫米】选项，单击【确定】按钮，建立文件名为【fanl-10.prt】，单位为毫米的装配文件。

2. 设置装配首选项

选择菜单中的【首选项】/【装配】命令，系统出现【装配首选项】对话框，如图 5-160 所示；在【装配定位】/【交互】下拉框中选择【配对条件】选项，单击【确定】按钮，完成设置装配首选项。

3. 添加组件

调入风机总成子装配模型所需的各个组件，选择菜单中的【装配】/【组件】/【添加组件】命令，或在装配工具条中选择【 】(添加组件)图标，系统出现【添加组件】对话框，如图 5-161 所示；在对话框中选择【 】(打开)图标，系统出现选择【部件名】对话框，如图 5-162 所示；在光盘文件夹[zp]下选择电动机机体【1_h.prt】零件，然后单击【OK】按钮，主窗口右下角出现一组件预览小窗口。

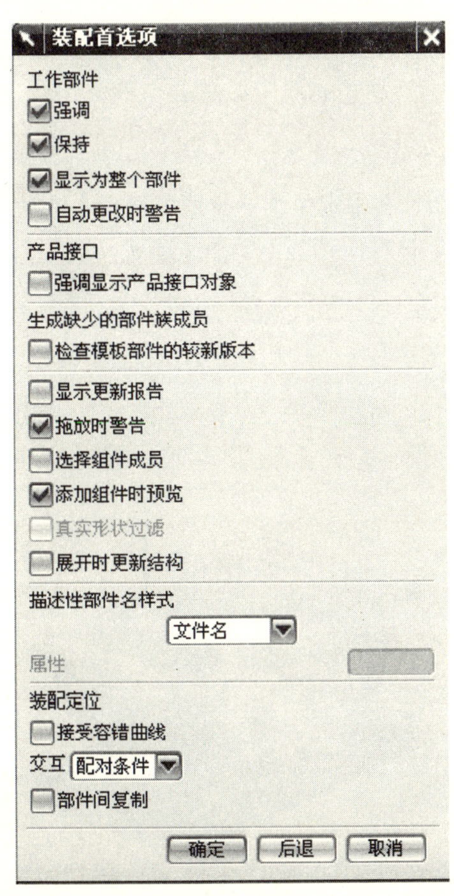

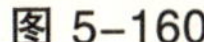
图 5-160

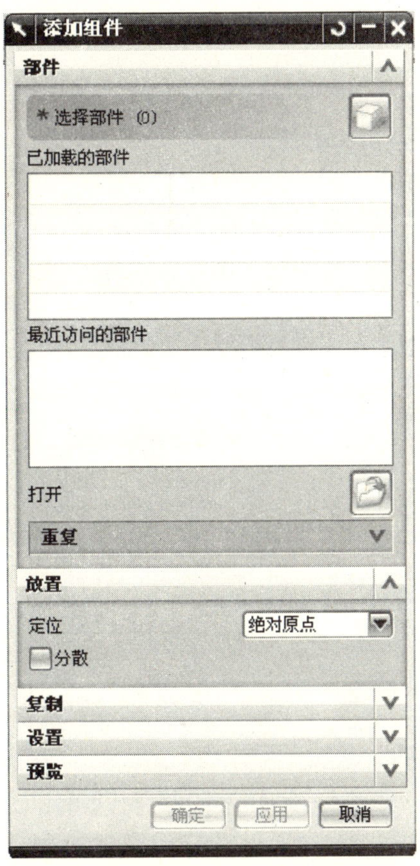

图 5-161

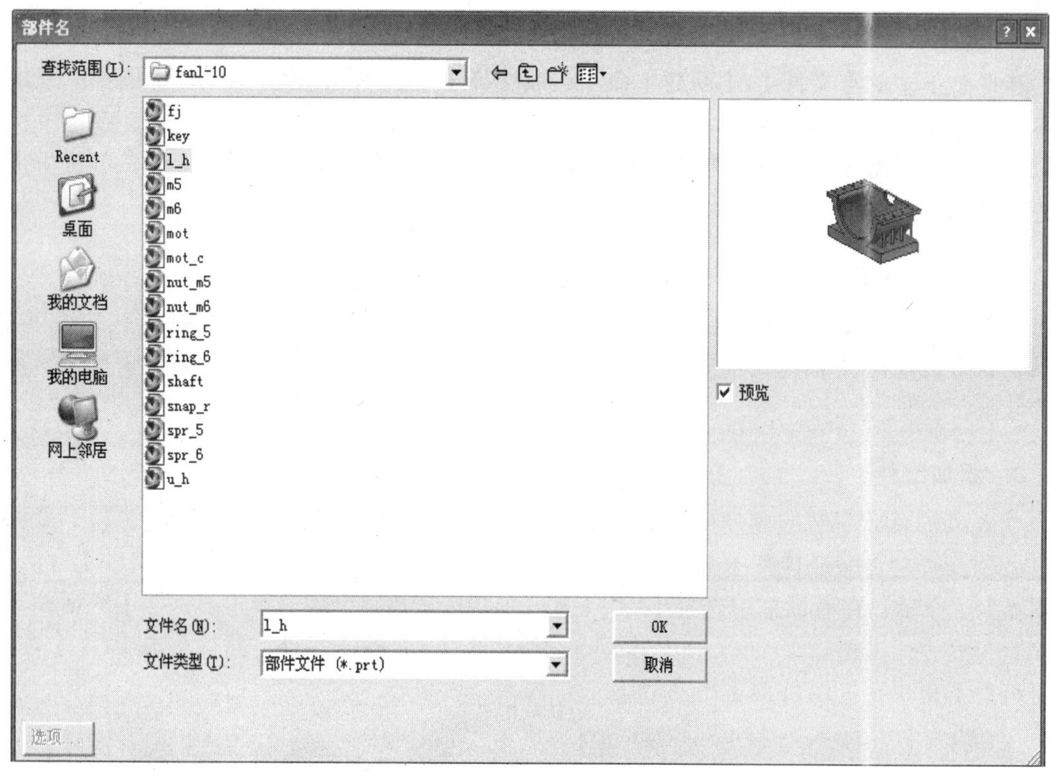

图 5-162

4．定位组件

系统出现【添加组件】对话框，如图 5-163 所示：在【定位】下拉框中选择【绝对原点】选项，然后在对话框的【Reference Set】【引用集】下拉框中选择【模型】选项，单击【确定】按钮，这样就添加了第一个组件，如图 5-164 所示。

添加组件
部件
放置
定位　绝对原点
分散
复制
设置
名称　L_H
Reference Set　模型（"MODEL"
图层选项　原先的
图层
预览
确定　应用　取消

图 5-163

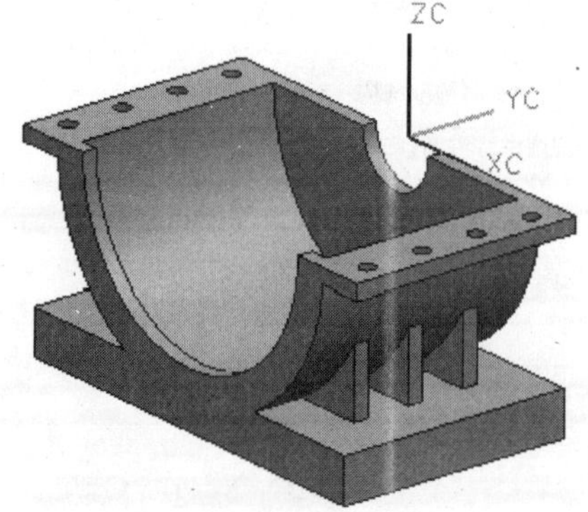

图 5-164

5. 装配风机【fj.prt】

按照步骤 3 同样的方法添加风机【fj.prt】零件，然后再进行定位，系统出现【添加组件】对话框，如图 5-165 所示；在【定位】下拉框中选择【配对】选项，在【Reference Set】【引用集】下拉框中选择【模型】选项，然后单击【确定】按钮，系统出现【配对条件】对话框，如图 5-166 所示；在此对话框的【配对类型】工具条中选择【 】(距离)图标，然后在组件预览窗口将模型旋转至适当位置，选择如图 5-167 所示的零件面，接着在主窗口选择图 5-168 所示的面，在【配对条件】对话框的【距离表达式】栏中输入【2，5】，如图 5-169 所示；单击【确定】按钮，图形中出现如图 5-170 所示的装配预览。

添加组件
部件
放置
定位　配对
分散
复制
设置
名称　FJ
Reference Set　模型（"MODEL"
图层选项　原先的
图层
预览
确定　应用　取消

图 5-165

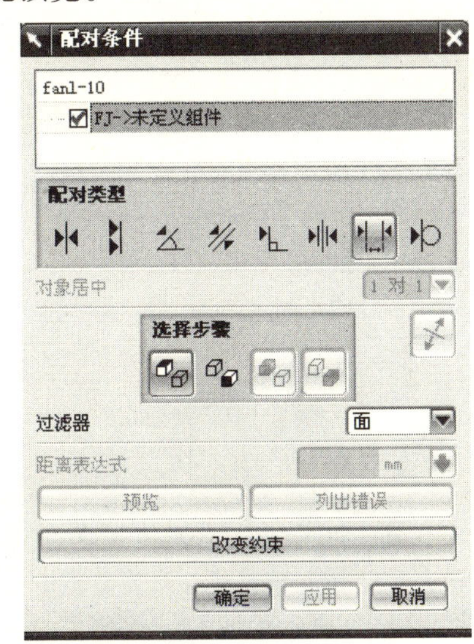

图 5-166

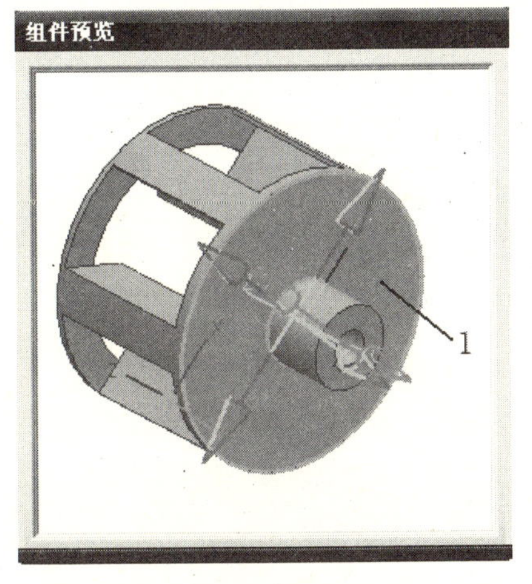

图 5-167

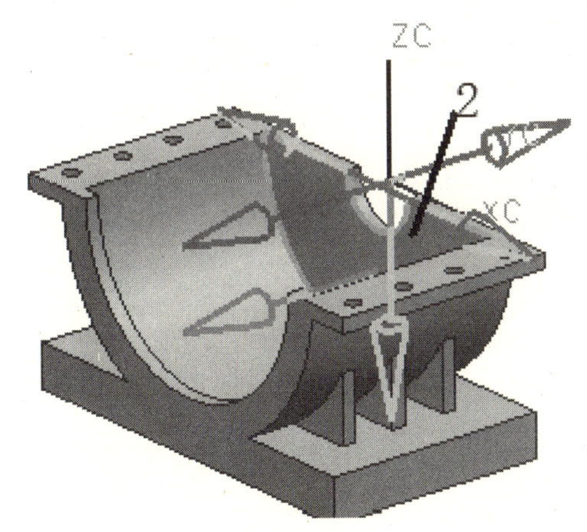

图 5-168

继续进行约束。在【配对条件】对话框的【配对类型】工具条中选择【 】【中心】图标，选择如图 5-171 所示风机的圆柱面，接着选择如图 5-172 所示的下箱体的圆孔面，系统完成中心对齐，中心对齐约束已建立，如图 5-173 所示。

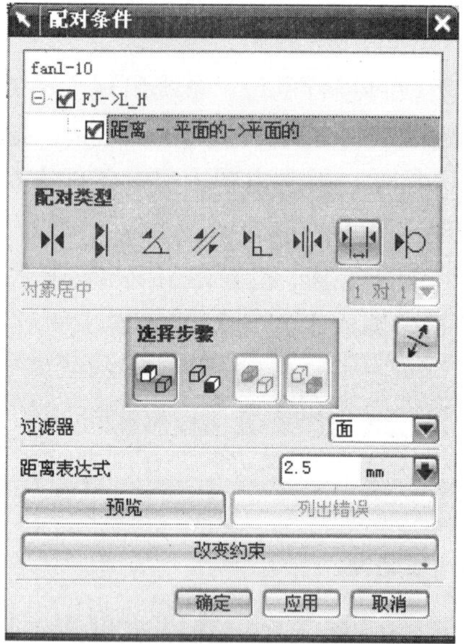

图 5-169

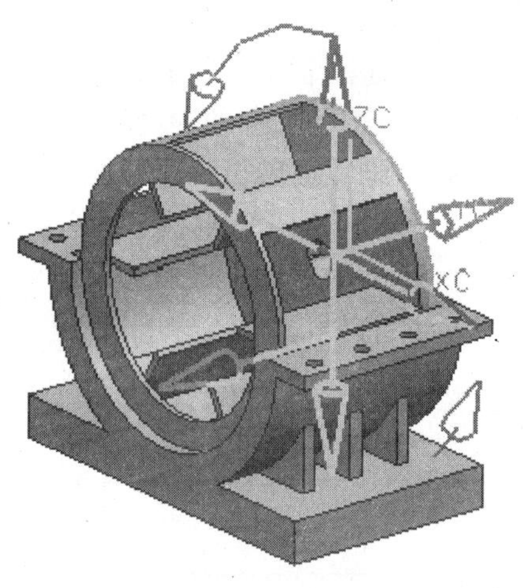

图 5-170

图 5-171

图 5-172

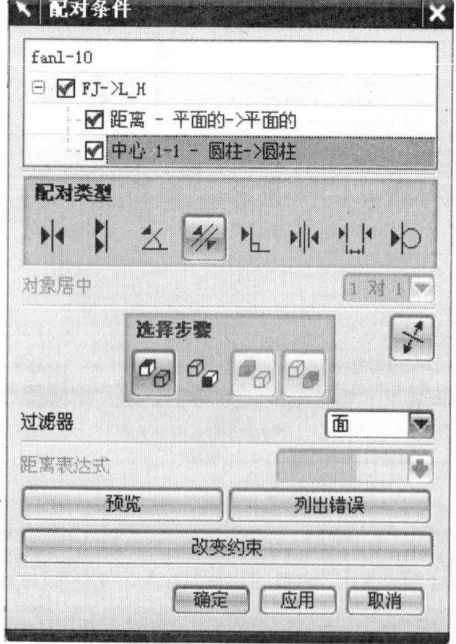

图 5-173

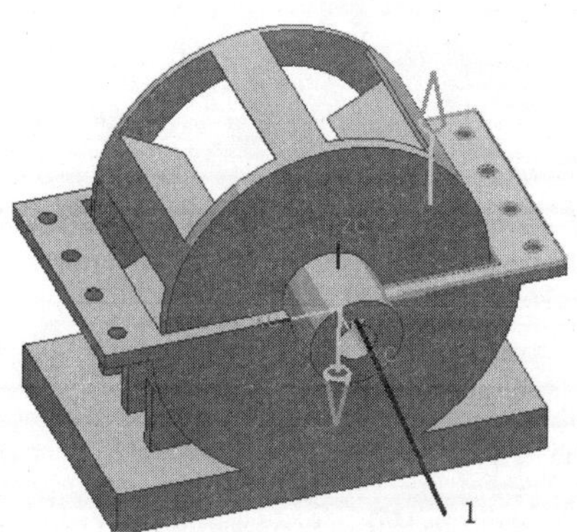

图 5-174

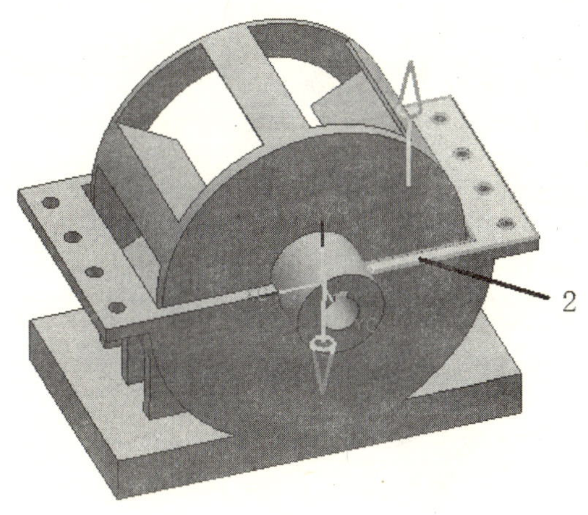

图 5-175

图 5-176

6. 装配上箱体【U_H】

按照步骤 3 同样的方法添加上箱体（U_H）零件，然后再进行定位，系统出现【添加组件】对话框。如图 5-177 所示；在【定位】下拉框中选择【配对】选项，在【Reference Set】【引用集】下拉框中选择【模型】选项，然后单击【确定】按钮，系统出现【配对条件】对话框，如图 5-178 所示；在此对话框的【配对类型】工具条中选择【 】【配对】图标，然后在组件预览窗口将模型旋转至适当位置，选择如图 5-179 所示的零件底面，接着在主窗口选择如图 5-180 所示的面，完成配对约束，如图 5-181 所示。

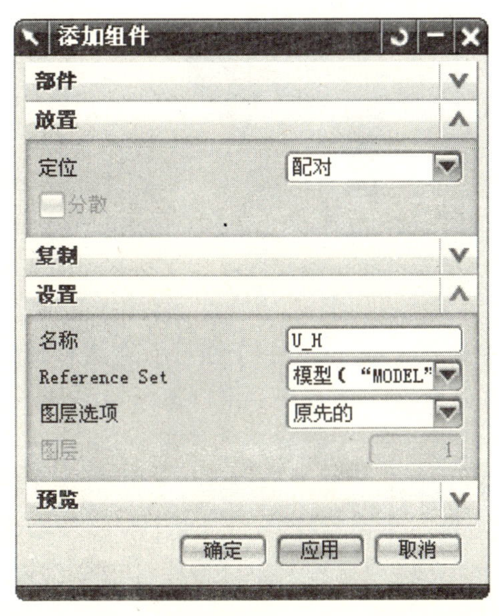

图 5-177

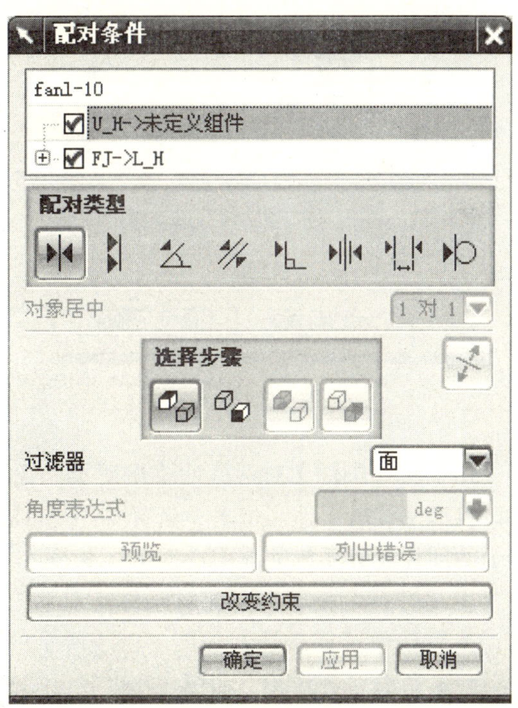

图 5-178

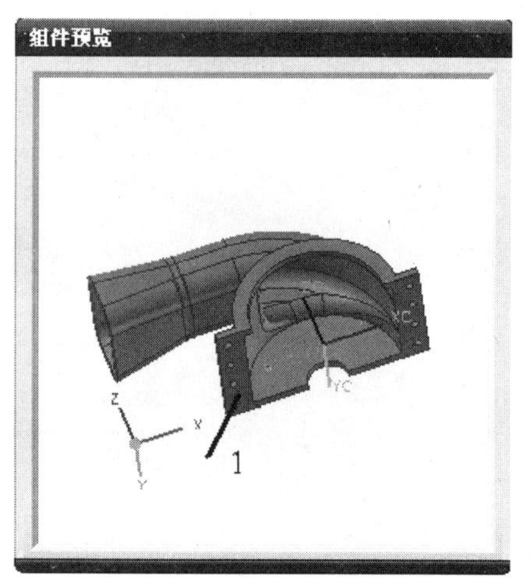

图 5-179

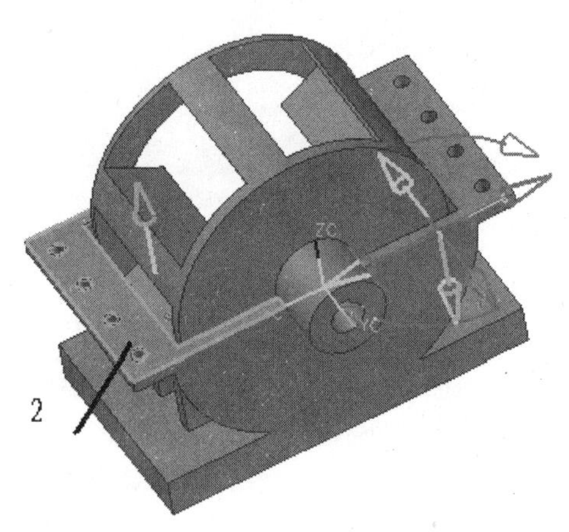

图 5-180

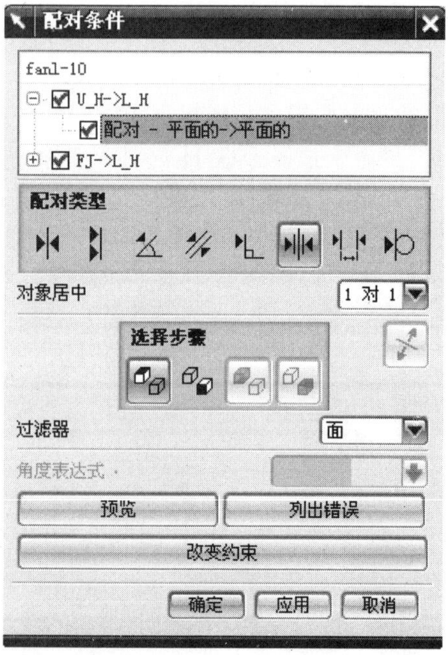

配对条件

fanl-10

U_H->L_H

配对 - 平面的->平面的

FJ->L_H

配对类型

对象居中　1 对 1

选择步骤

过滤器　面

角度表达式

预览　列出错误

改变约束

确定　应用　取消

图 5-181

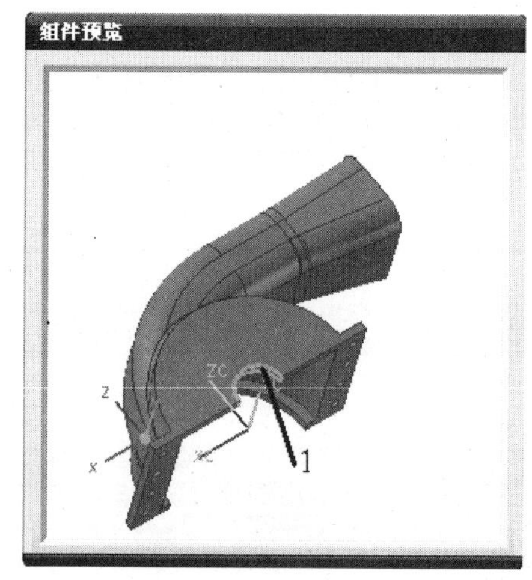

图 5-182

在【配对条件】对话框的【配对类型】工具条中选择【 】【中心】图标，在组件预览窗口将模型旋转至适当位置，选择如图 5-182 所示的圆孔面，接着在主窗口选择如图 5-183 所示的圆柱面，系统完成中心对齐，如图 5-184 所示。

继续进行约束。在【配对条件】对话框的【配对类型】工具条中选择【 】【对齐】图标，在组件预览窗口选择如图 5-185 所示的侧面，接着在主窗口选择如图 5-186 所示的侧面，系统完成对齐约束，如图 5-187 所示；此时窗口状态栏中出现【配对条件已完全约束】提示，然后单击【确定】按钮，再次单击【确定】按钮，完成添加第三个组件，如图 5-188 所示。

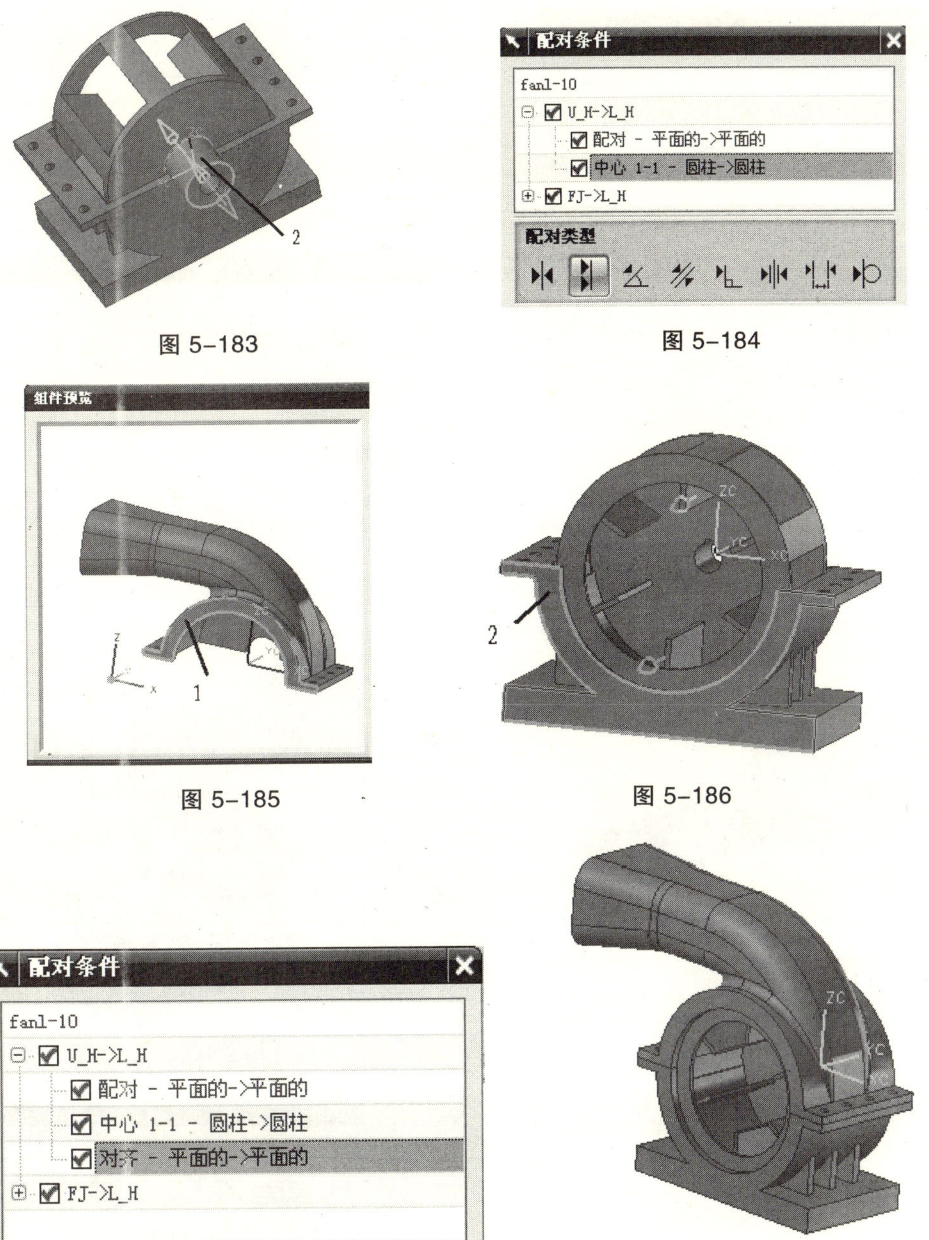

图 5-183

图 5-184

图 5-185

图 5-186

图 5-187

图 5-188

7. 装配螺栓【m5.prt】

按照步骤 3 同样的方法添加螺栓【m5.prt】零件，然后再进行定位，系统出现【添加组件】对话框，如图 5-189 所示；在【定位】下拉框中选择【配对】选项，在【Reference Set】【引用集】下拉框中选择【模型】选项，然后单击【确定】按钮，系统出现【配对条件】对话框，如图 5-190 所示；在此对话框的【配对类型】工具条中选择【▸◂】【配对】图标，然后在组件预览窗口将模型旋转至适当位置，选择如图 5-191 所示的零件面，接着在主窗口选择如图 5-192 所示的上箱体翼板面，完成配对约束，如图 5-193 所示。

图 5-189

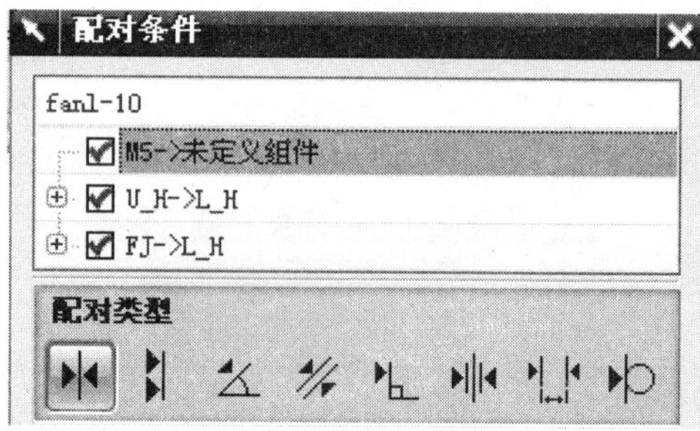

图 5-190

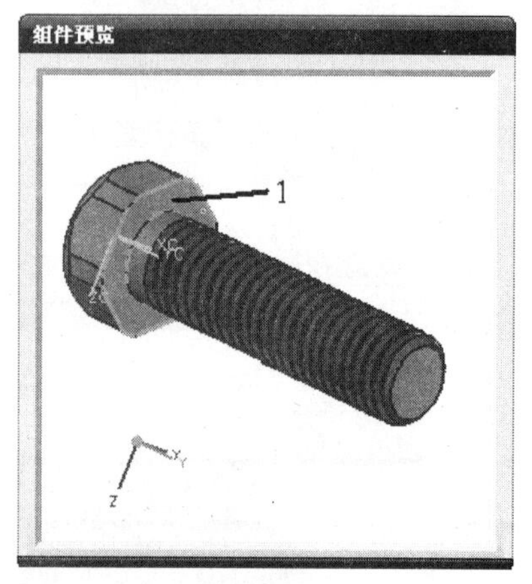

图 5-191

图 5-192

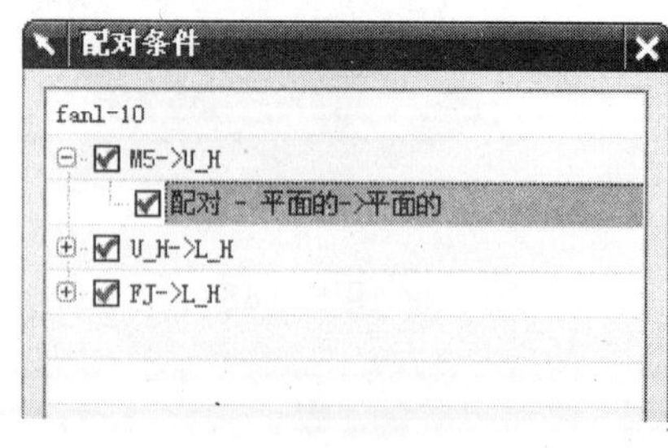

图 5-193

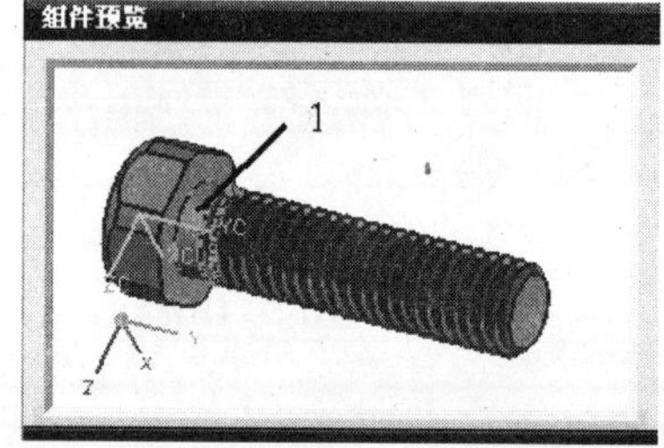

图 5-194

继续进行约束。在【配对条件】对话框的【配对类型】工具条中选择【 】【中心】图标，选择如图 5-194 所示螺纹柱面，接着选择如图 5-195 所示的圆孔面，系统完成中心对齐，中心对齐约束已建立，如图 5-196 所示。

在【配对条件】对话框中单击【确定】按钮，再次单击【确定】按钮，完成添加第四个组件，如图 5-197 所示。

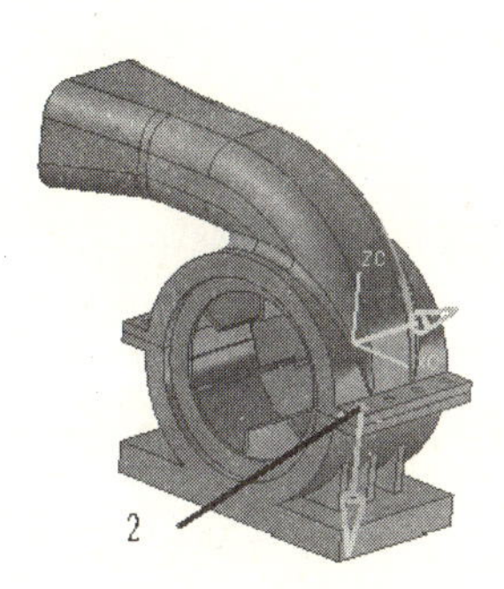

图 5-195

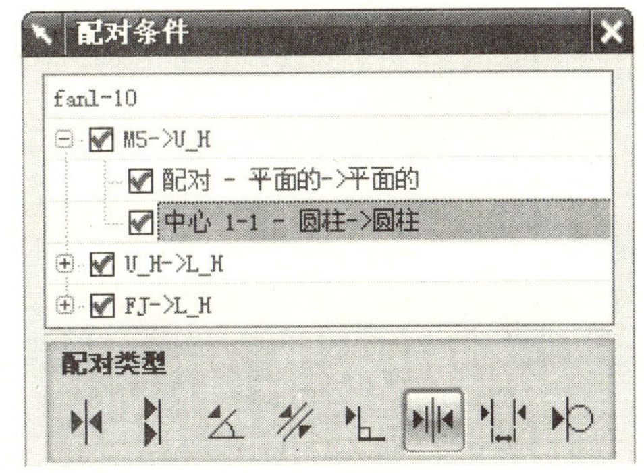

图 5-196

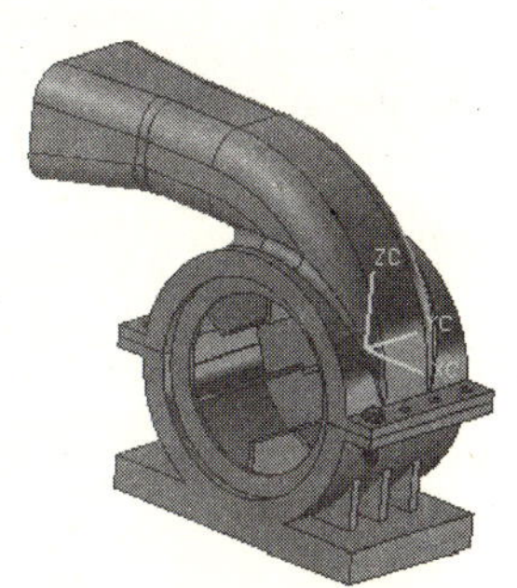

图 5-197

8. 装配平垫圈【ring_5.prt】

按照步骤 3 同样的方法添加平垫圈【ring_5.prt】零件，然后再进行定位，系统出现【添加组件】对话框，如图 5-198 所示；在【定位】下拉框中选择【配对】选项，在【Reference Set】【引用集】下拉框中选择【模型】选项，然后单击【确定】按钮，系统出现【配对条件】对话框，如图 5-199 所示；在此对话框的【配对类型】工具条中选择【】【配对】图标，然后在组件预览窗口将模型旋转至适当位置，选择如图 5-200 所示的零件面，接着在主窗口选择如图 5-201 所示的面，完成配对约束，如图 5-202 所示。

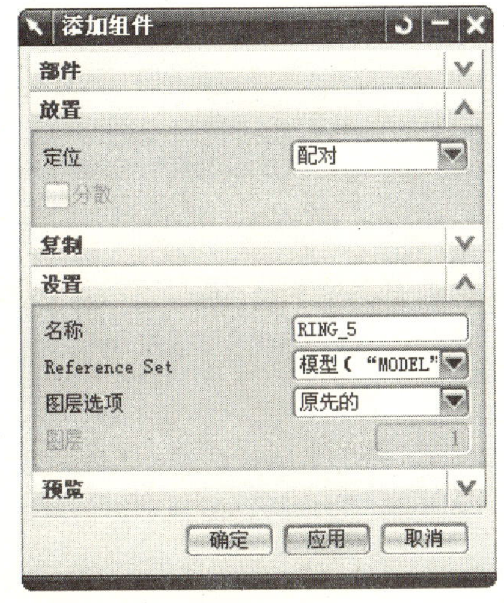

图 5-198

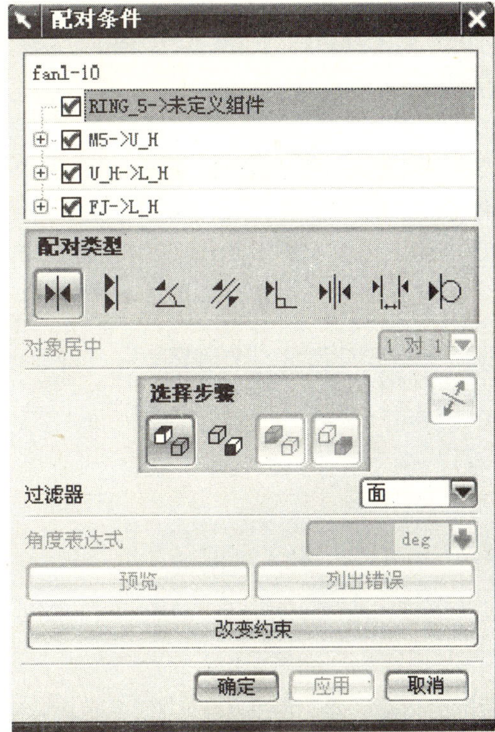

图 5-199

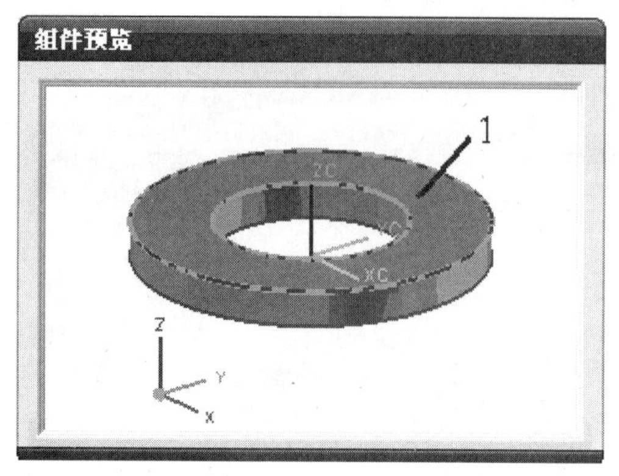

图 5-200

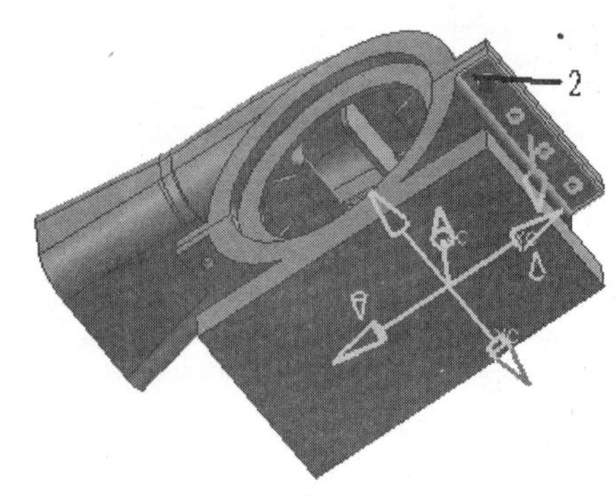

图 5-201

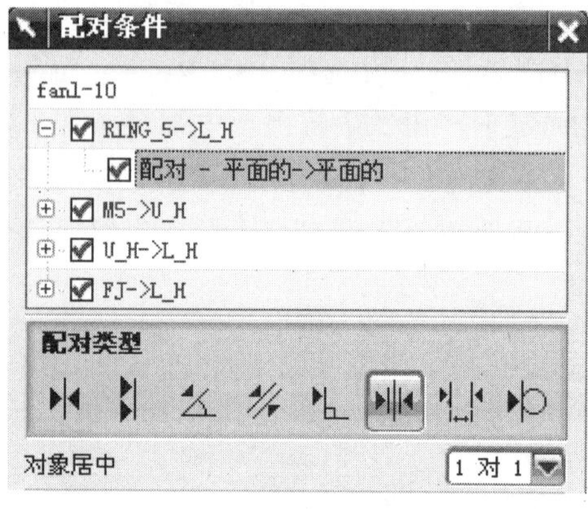

图 5-202

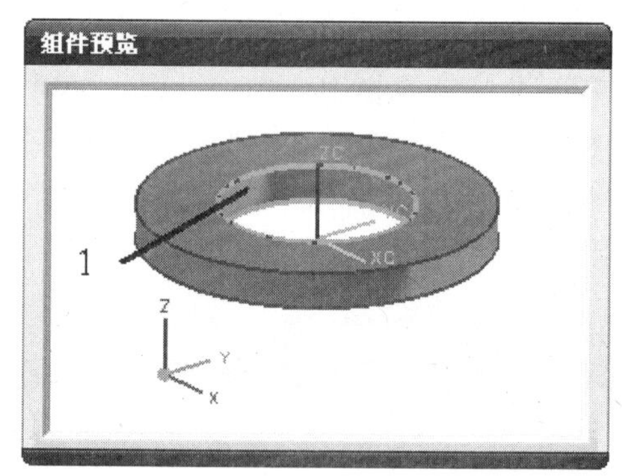

图 5-203

继续进行约束。在【配对条件】对话框的【配对类型】工具条中选择【 】【中心】图标，选择如图 5-203 所示圆孔面，接着选择如图 5-204 所示螺栓的圆柱面，系统完成中心对齐，中心对齐约束已建立，如图 5-205 所示。

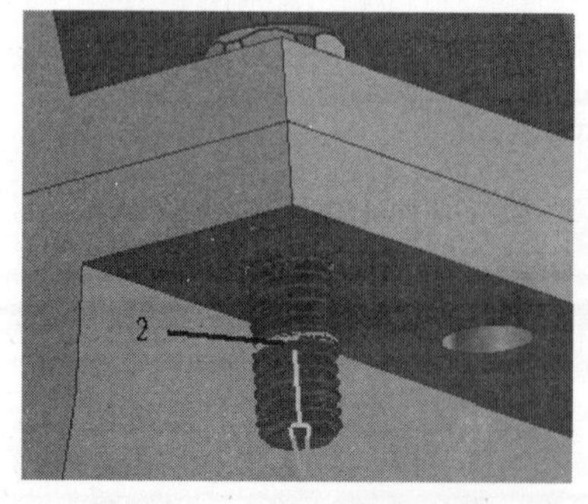

图 5-204

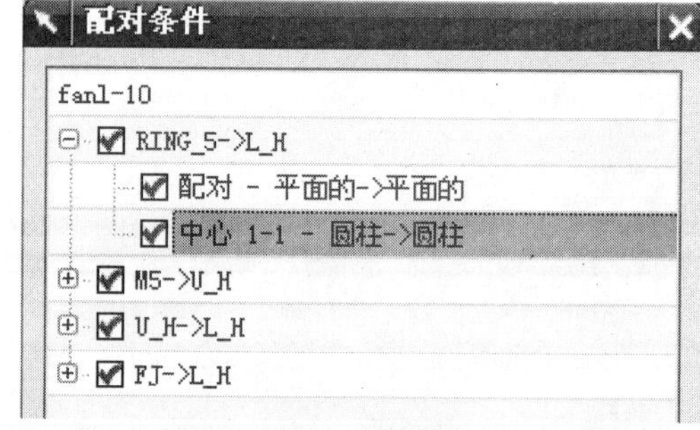

图 5-205

在【配对条件】对话框中单击【确定】按钮，再次单击【确定】按钮，完成添加第五个组件，如图 5-206 所示。

9. 装配弹簧垫圈【spr_5.prt】

按照步骤 3 同样的方法添加弹簧垫圈【spr_5.prt】零件，然后再进行定位，系统出现【添加组件】对话框，如图 5-207 所示；在【定位】下拉框中选择【配对】选项，在【Reference Set】【引用集】下拉框中选择【模型】选项，然后单击【确定】按钮，系统出现【配对条件】对话框，如图 5-208 所示；在此对话框的【配对类型】工具条中选择【 】【配对】图标，然后在组件预览窗口将模型旋转至适当位置，选择如图 5-209 所示的零件面，接着在主窗口选择如图 5-210 所示平垫圈面，完成配对约束，如图 5-211 所示。

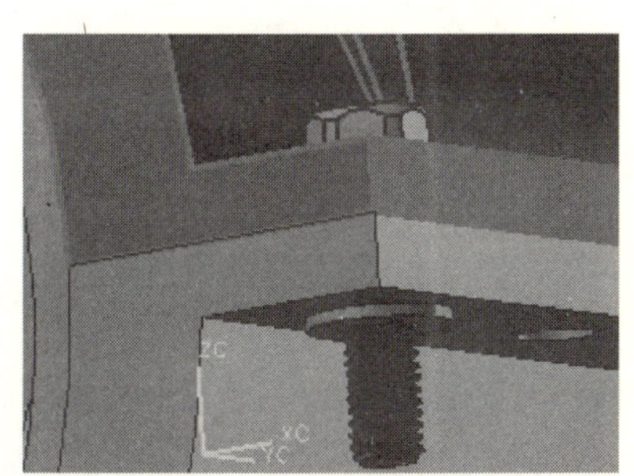

图 5-206

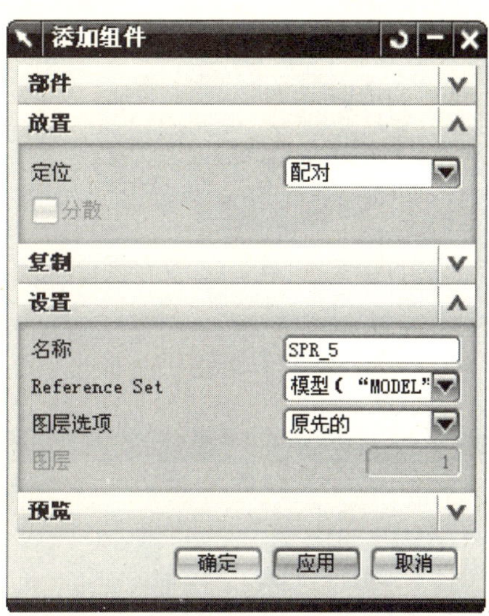

图 5-207

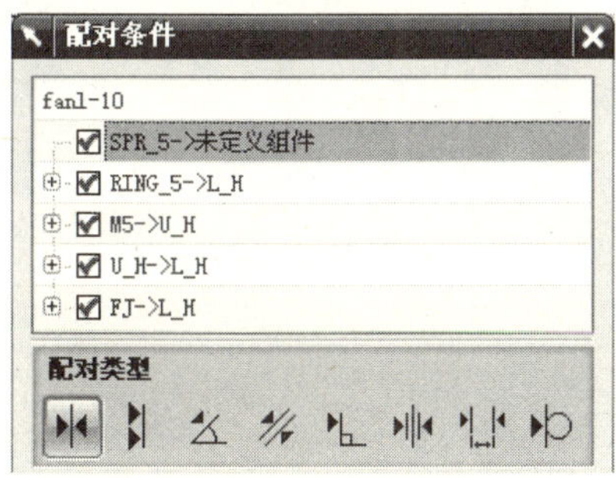

图 5-208

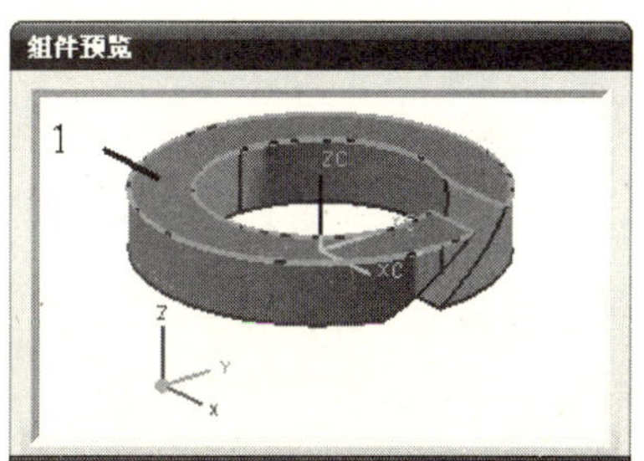

图 5-209

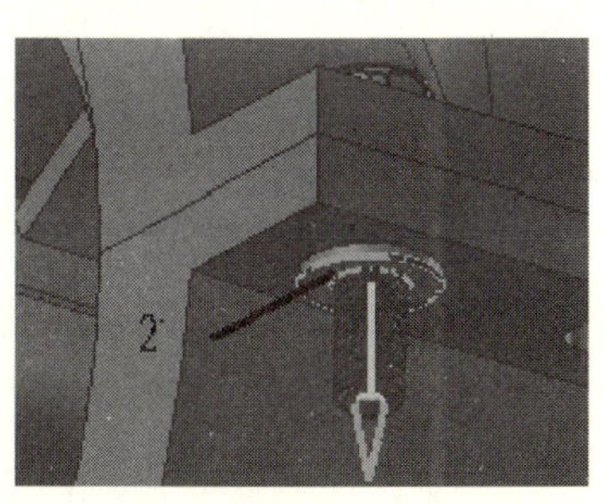

图 5-210

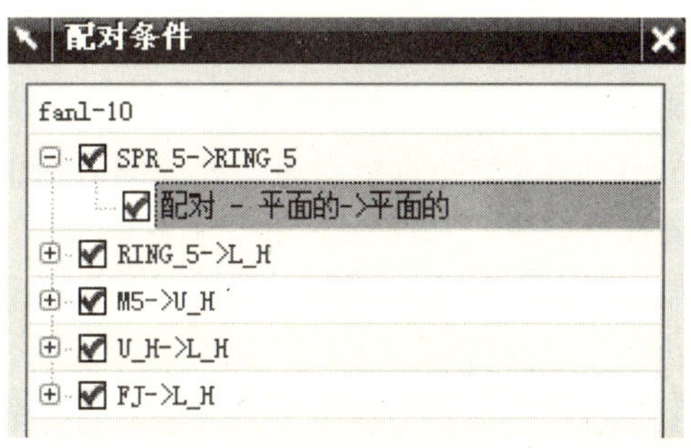

图 5-211

继续进行约束。在【配对条件】对话框的【配对类型】工具条中选择【】【中心】图标，选择如图 5-212 所示圆孔面，接着选择如图 5-213 所示螺栓圆柱面，系统完成中心对齐，中心对齐约束已建立，如图 5-214 所示。

在【配对条件】对话框中单击【确定】按钮，再次单击【确定】按钮，完成添加第六个组件，如图 5-215 所示。

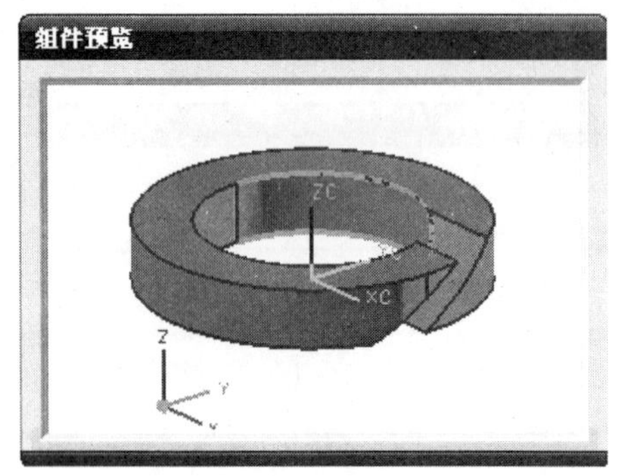

图 5-212

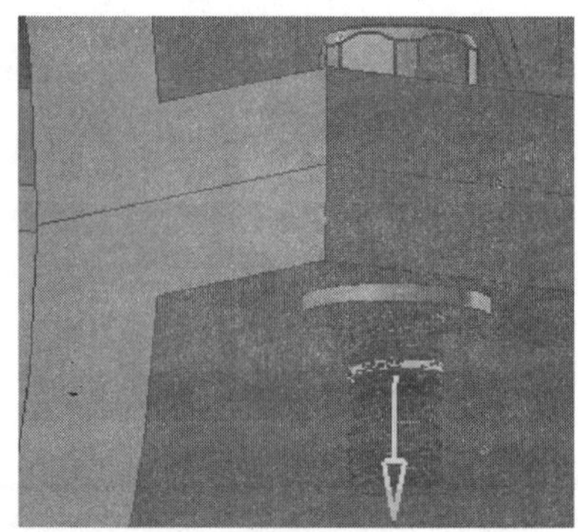

图 5-213

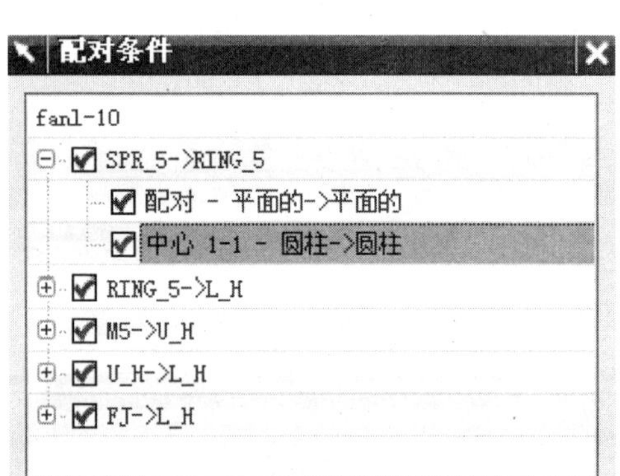

图 5-214

图 5-215

10. 装配螺母【nut_m5】

按照步骤 3 同样的方法添加螺母【nut_m5】零件，然后再进行定位，系统出现【添加组件】对话框，如图 5-216 所示；在【定位】下拉框中选择【配对】选项，在【Reference Set】【引用集】下拉框中选择【模型】选项，然后单击【确定】按钮，系统出现【配对条件】对话框，如图 5-217 所示；在此对话框的【配对类型】工具条中选择【】【配对】图标，然后在组件预览窗口将模型旋转至适当位置，选择如图 5-218 所示的螺母上面，接着在主窗口选择如图 5-219 所示的弹簧垫圈面，完成配对约束，如图 5-220 所示。

继续进行约束。在【配对条件】对话框的【配对类型】工具条中选择【】【中心】图标，选择如图 5-221 所示螺母圆孔面，接着选择如图 5-222 所示的螺栓圆柱面，系统完成中心对齐，中心对齐约束已建立，如图 5-223 所示。

在【配对条件】对话框中单击【确定】按钮，再次单击【确定】按钮，完成添加第七个组件，如图 5-224 所示。

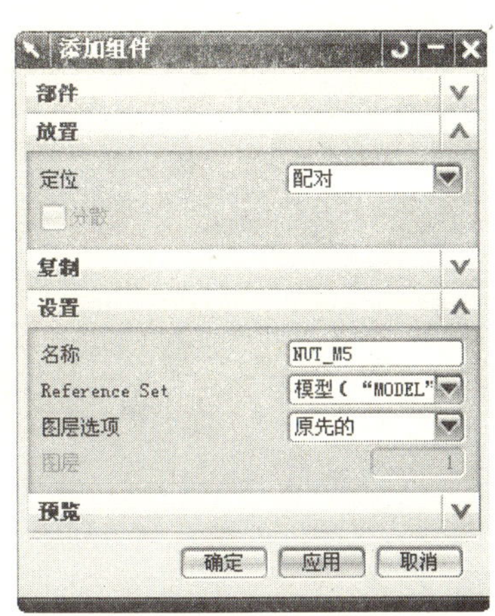

图 5-216

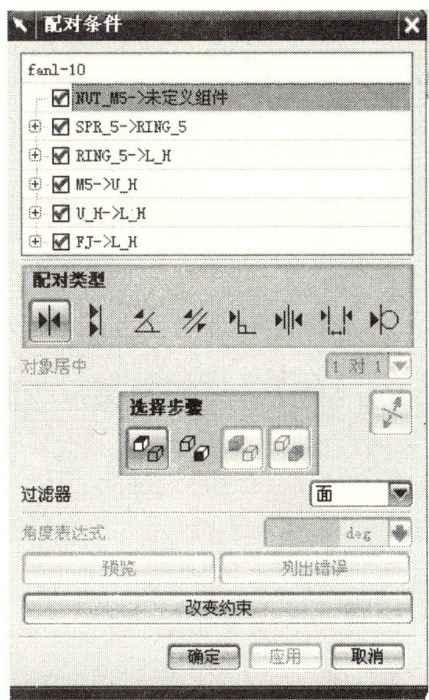

图 5-217

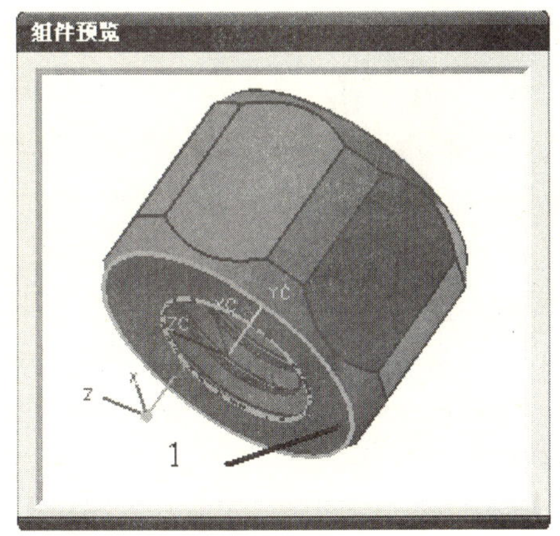

图 5-218

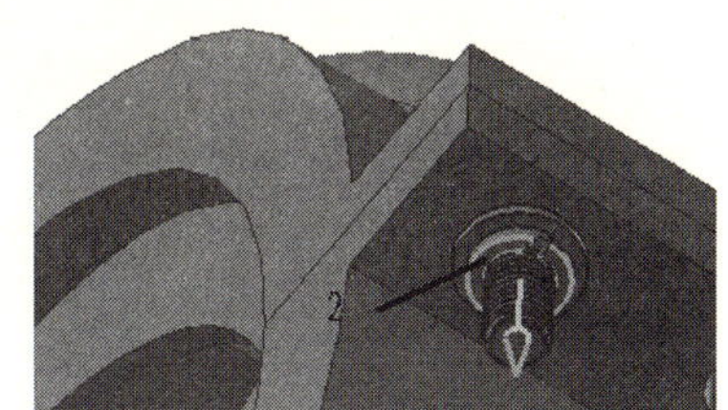

图 5-219

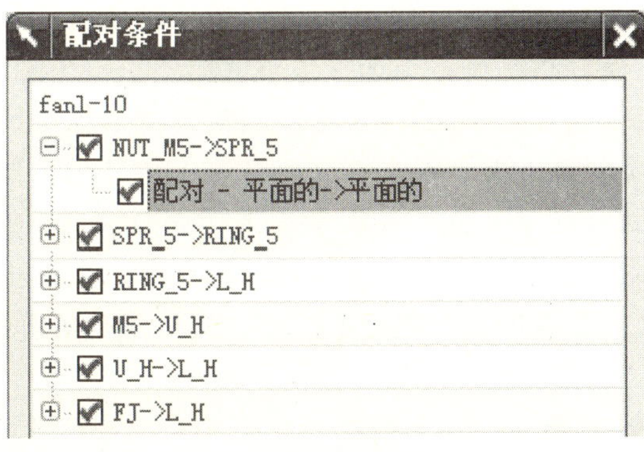

图 5-220

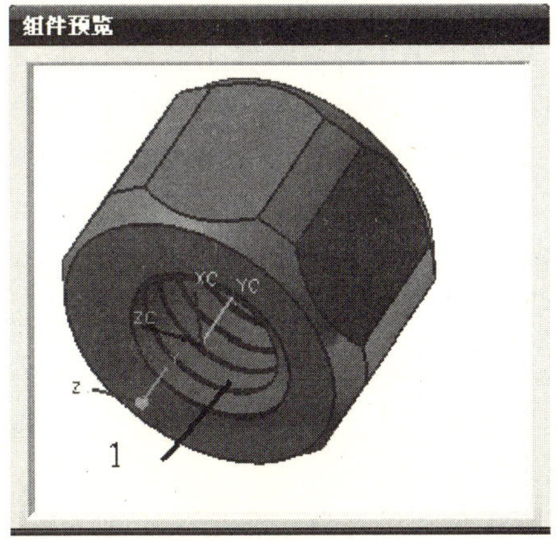

图 5-221

图 5-222

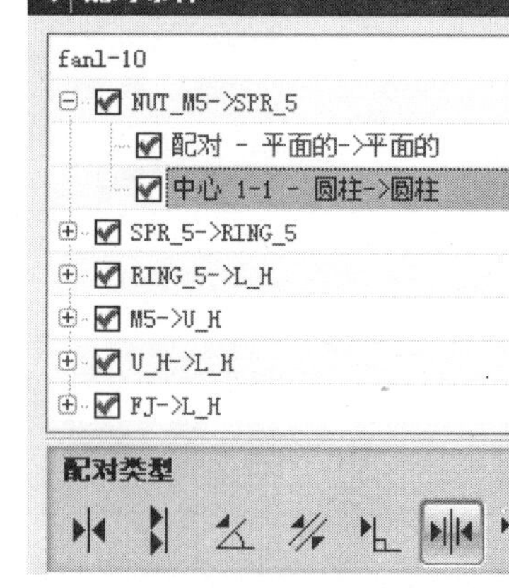

图 5-223

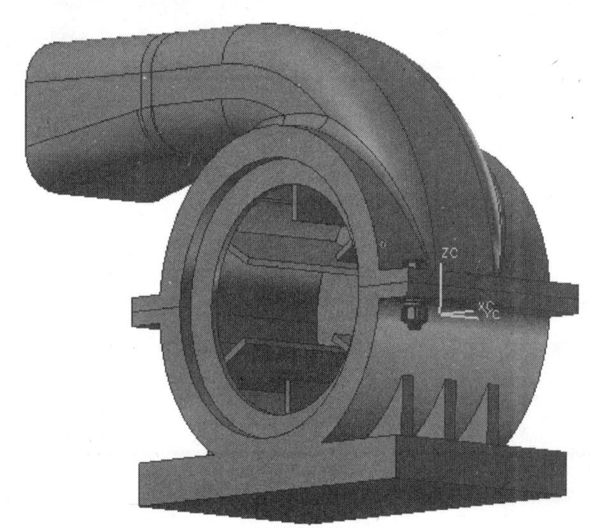

图 5-224

11. 创建组件【螺栓、平垫圈、弹簧垫圈和螺母】线性阵列

选择菜单中的【装配】/【组件】/【创建阵列】命令，或在装配工具条中选择【　】【创建组件阵列】图标，系统出现【类选择】对话框，如图 5-225 所示；在图形中依次选择如图 5-226 所示的螺栓、平垫圈、弹簧垫圈和螺栓，然后在【类选择】对话框中单击【确定】按钮，系统出现【创建组件阵列】对话框，如图 5-227 所示；在【阵列定义】选项中选择【线性】选项，单击【确定】按钮，系统出现【创建线形阵列】定义 X 方向对话框，如图 5-228 所示；在【方向定义】选项中选择【边】选项，然后在图形中选择如图 5-229 所示的实体边；此时【创建线形阵列】定义方向对话框中的阵列参数栏激活；在【总数】、【偏置】栏中输入【4】、【-20】，如图 5-230 所示；然后单击【确定】按钮，完成螺栓的阵列，如图 5-231 所示。

在【创建线性阵列】定义方向对话框中再次单击【确定】按钮，完成平垫圈的阵列，如图 5-232 所示。

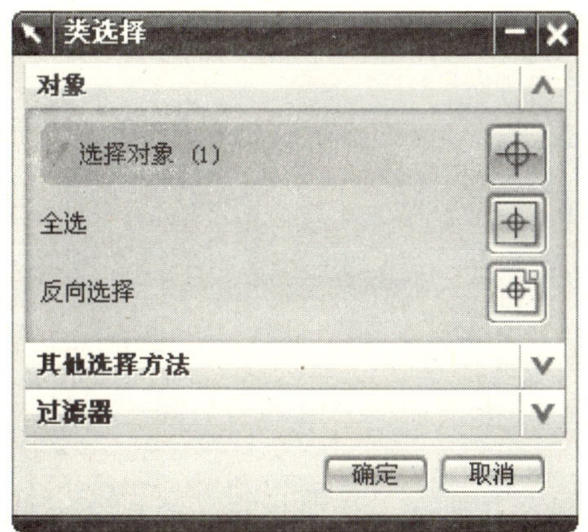

图 5-225

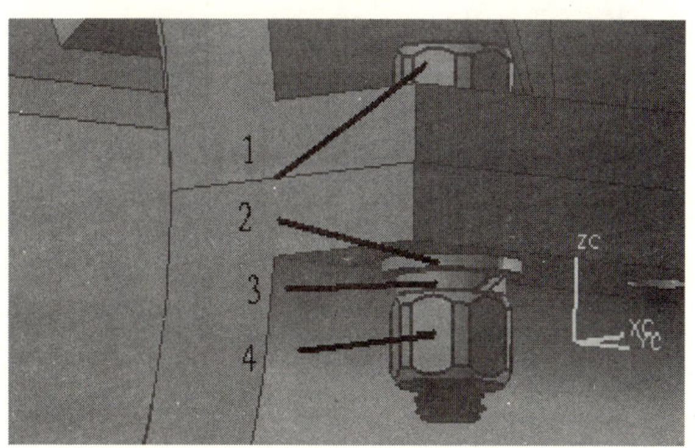

图 5-226

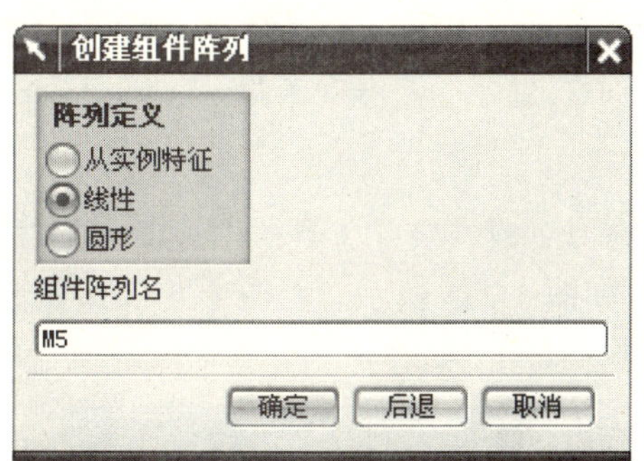

图 5-227

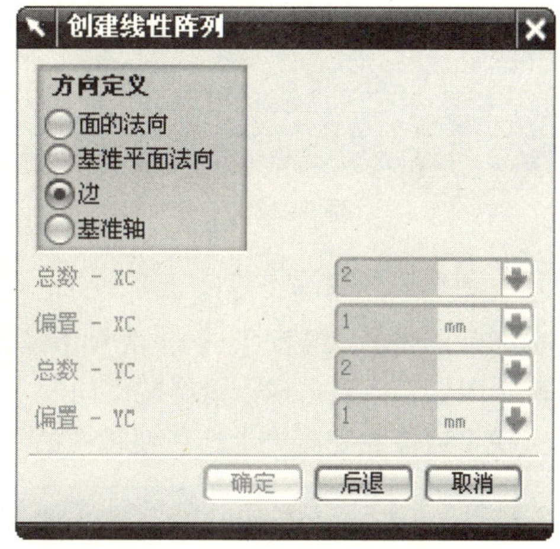

图 5-228

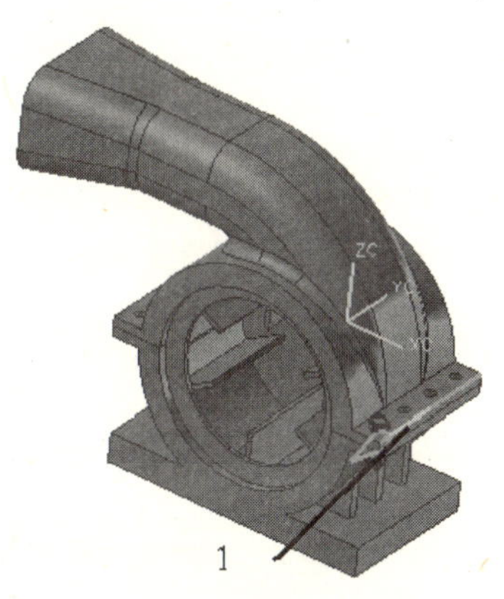

图 5-229

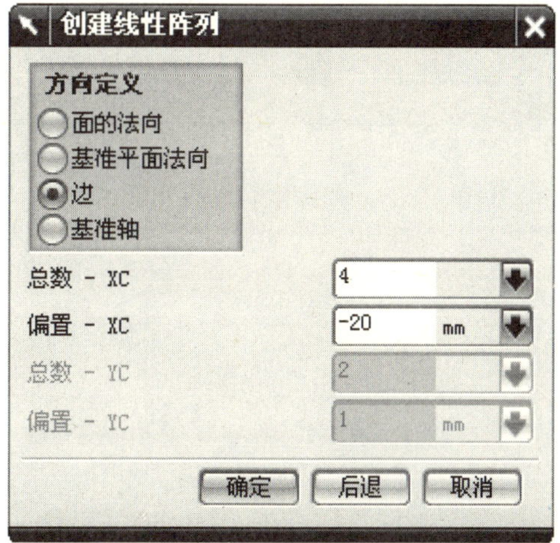

图 5-230

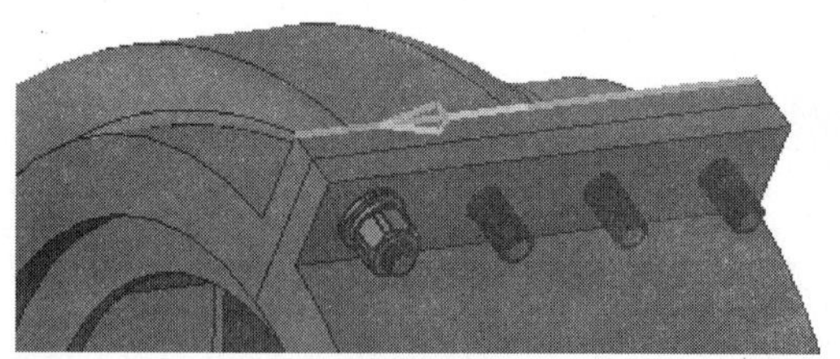
图 5-231

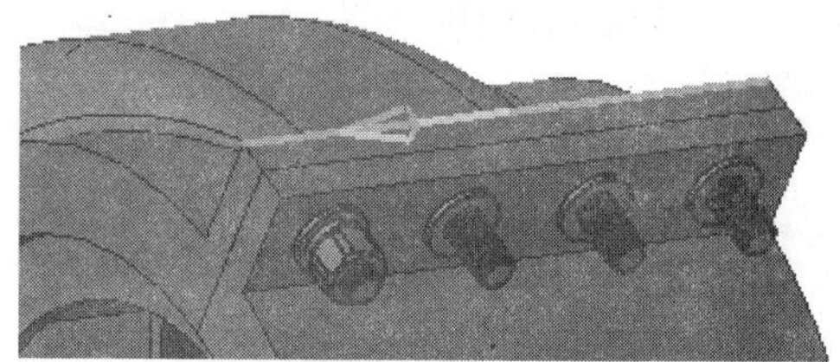
图 5-232

在【创建线性阵列】定义方向对话框中再次单击【确定】按钮，完成弹簧垫圈的阵列。如图 5-233 所示。

在【创建线性阵列】定义方向对话框中再次单击【确定】按钮，完成螺母的阵列。如图 5-234 所示。

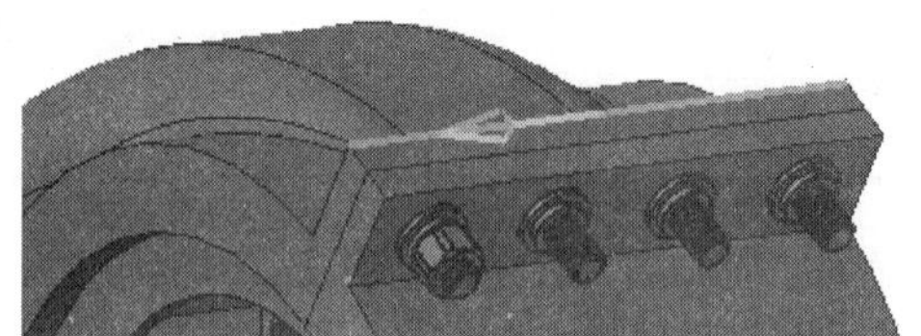
图 5-233

图 5-234

12. 创建镜像装配

选择菜单中的【装配】/【组件】/【镜像装配】命令，或在装配工具条中选择【 】【镜像装配】图标，系统出现【镜像装配向导】对话框，如图 5-235 所示；点击【下一步】按钮，系统出现【镜像装配向导】选择要镜像的组件对话框，如图 5-236 所示；在装配导航器中选

图 5-235

图 5-236

择螺栓【m5.prt】、平垫圈【rimg_5.prt】、弹簧垫圈【spr_5.prt】和螺母【nut_m5.prt】各 4 个，一共 16 个零件，如图 5-237 所示；可以首先选择第一个【nut_m5.prt】，按住【shift】键后再选择最下面的【m5.prt】，然后在【镜像装配向导】选择要镜像的组件对话框。单击【下一步】按钮，如图 5-238 所示，系统出现【镜像装配向导】指定镜像平面对话框，如图 5-239 所示；选择【 】【创建基准平面】图标，系统出现【基准平面】对话框，如图 5-240 所示；在【类型】下拉框中选择【 YC-ZC 平面】选项，单击【确定】按钮，建立基准平面，如图 5-241 所示。

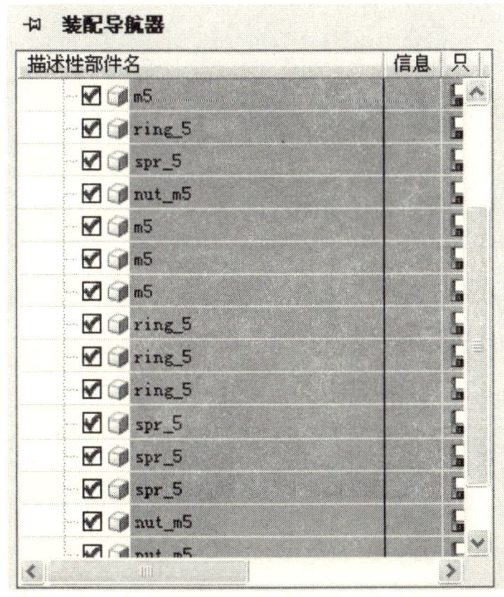

图 5-237

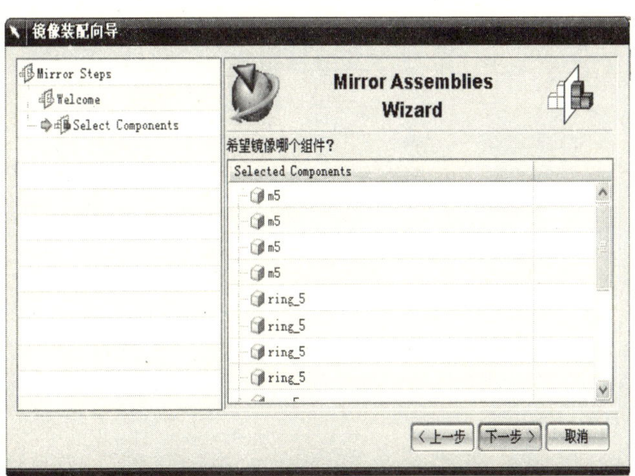

图 5-238

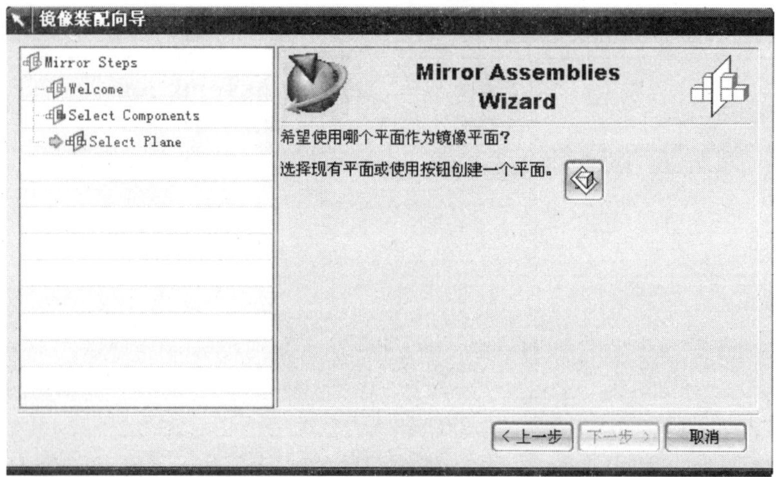

图 5-239

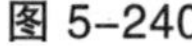
图 5-240

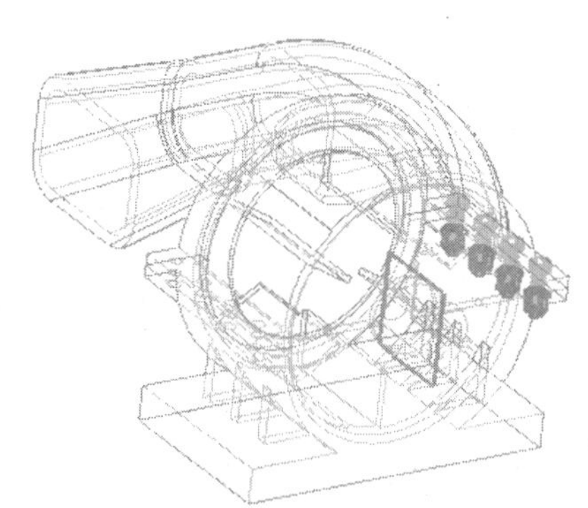

图 5-241

系统返回【镜像装配向导】指定镜像平面对话框，点击【下一步】按钮，如图 5-242 所示。

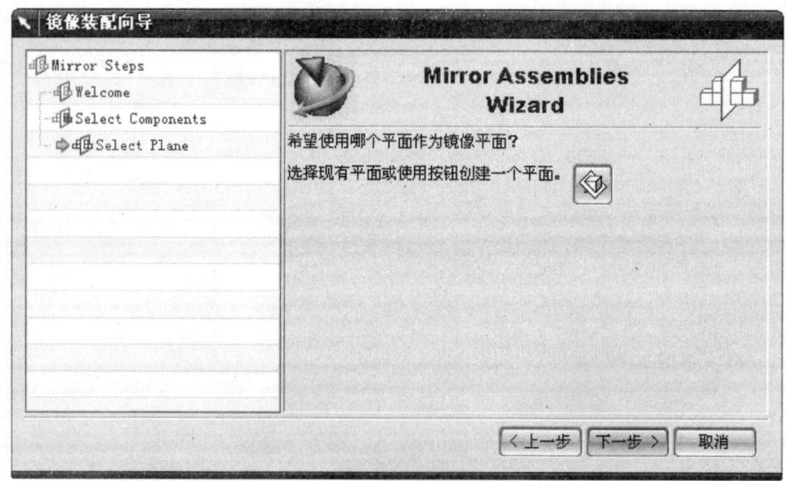

图 5-242

接着，系统出现【镜像装配向导】是否更改组件对话框，如图 5-243 所示；单击【下一步】按钮，系统经过较长时间的计算后，逐一完成镜像装配组件，系统出现【镜像装配向导】完成对话框，如图 5-244 所示；单击【完成】按钮，完成组件的镜像装配，如图 5-245 所示。

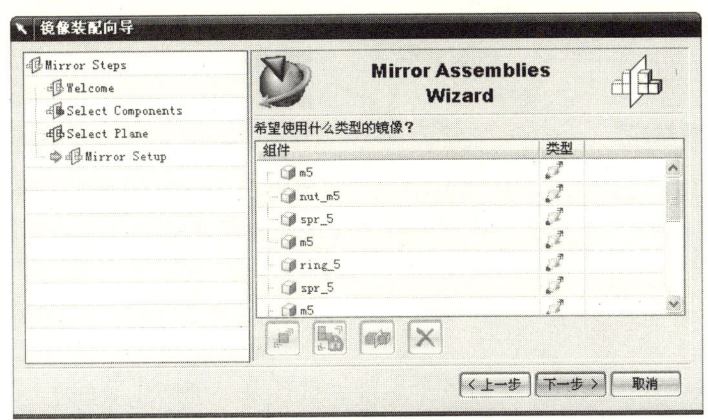

图 5-243

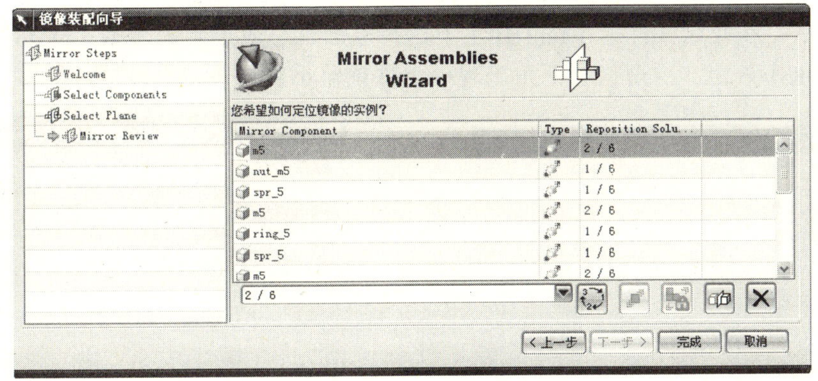

图 5-244

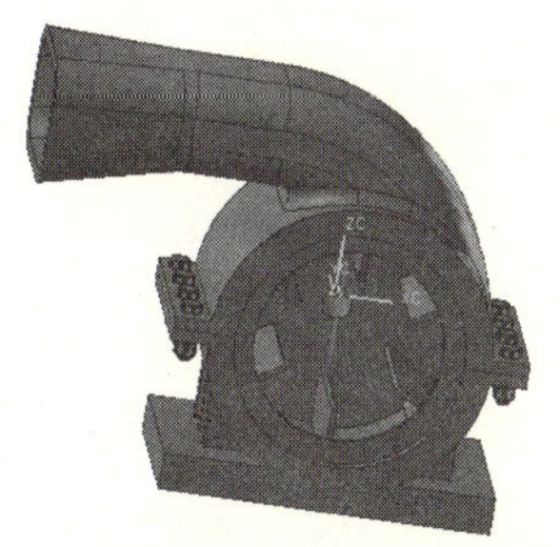

图 5-245

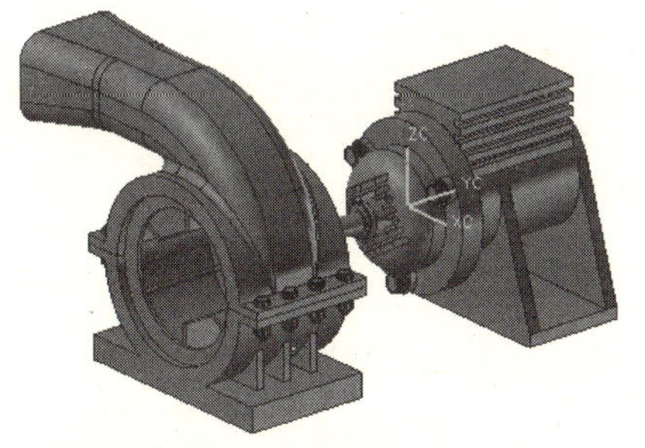

图 5-246

5.9.3 创建电动机-风机总成装配模型

电动机-风机总成装配模型【motor_fani-10.prt】的装配顺序是：首先选择电动机总成子装配模型【motor.prt】为第一个元件，然后在电动机轴上装配平键【key】，最后将风机总成子装配模型【fani-10.prt】与电动机总成子装配模型连接起来，完成效果如图 5-246 所示。

1. 新建文件

选择菜单中的【文件】/【新建】命令，或选择【 】【New 建立新文件】图标，系统出现【新建】文件对话框；选择【装配】模板，在【名称】栏中输入【motor_ fani-10】，在【单位】下拉框中选择【毫米】选项，单击【确定】按钮，建立文件名为【motor_ fani-10.prt】，单位为毫米的装配文件。

2. 设置装配首选项

选择菜单中的【首选项】/【装配】命令，系统出现【装配首选项】对话框，如图 5-247 所示；在【装配定位】/【交互】下拉框中选择【配对条件】选项，单击【确定】按钮，完成设置装配首选项。

3. 添加组件

调入风机总成子装配模型所需的各个组件，选择菜单中的【装配】/【组件】/【添加组件】命令，或在装配工具条中选择【 】【添加组件】图标，系统出现【添加组件】对话框，如图 5-248 所示；在对话框中选择【 】【打开】图标，系统出现选择【部件名】对话框，如图 5-249 所示；在光盘文件夹【fanl-10】下选择电动机总成子装配模型【motor.prt】零件，然后单击【OK】按钮，主窗口右下角出现一组件预览小窗口。

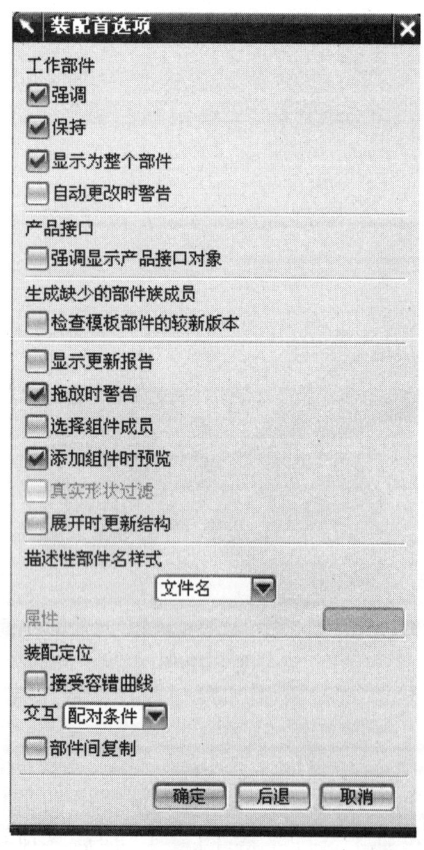

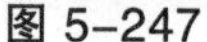
图 5-247

图 5-248

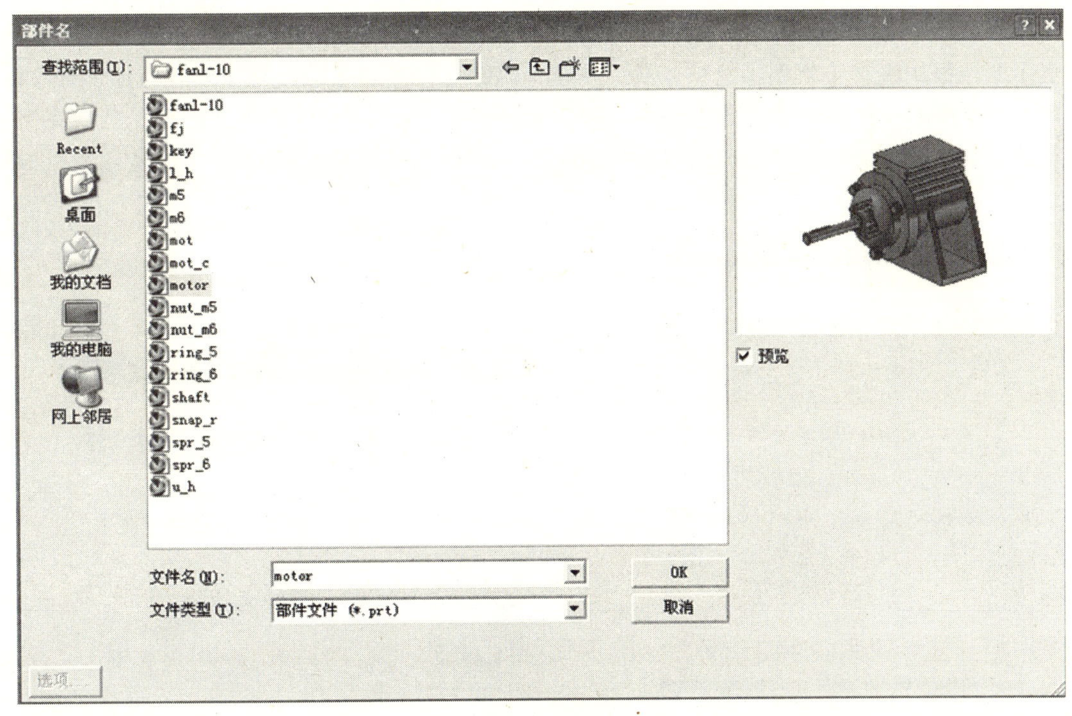

图 5-249

4. 定位组件

系统出现【添加组件】对话框，如图 5-250 所示。在【定位】下拉框中选择【绝对原点】选项，然后在对话框的【Reference Set】【引用集】下拉框中选择【模型】选项，单击【确定】按钮，这样就添加了第一个组件，如图 5-251 所示。

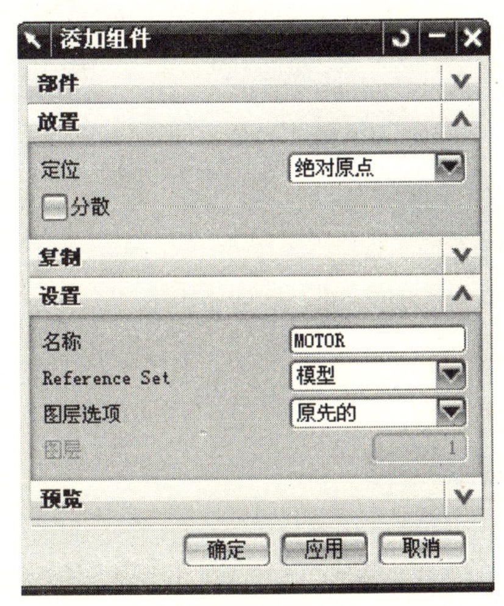

图 5-250

图 5-251

5. 装配平键【key】

按照步骤 3 同样的方法添加平键【key】零件，然后再进行定位，系统出现【添加组件】

对话框，如图 5-252 所示；在【定位】下拉框中选择【配对】选项，在【Reference Set】【引用集】下拉框中选择【模型】选项，然后单击【确定】按钮，系统出现【配对条件】对话框，如图 5-253 所示；在此对话框的【配对类型】工具条中选择【 】【配对】图标，然后在组件预览窗口将模型旋转至适当位置，选择如图 5-254 所示的零件面，接着在主窗口选择如图 5-255 所示的键槽底面，完成配对约束，如图 5-256 所示。

图 5-252

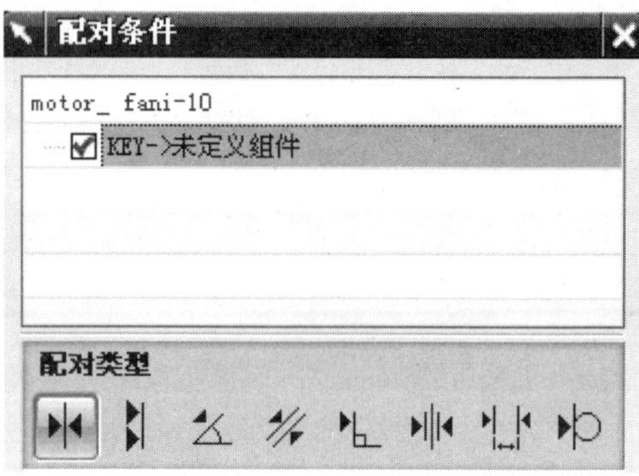

图 5-253

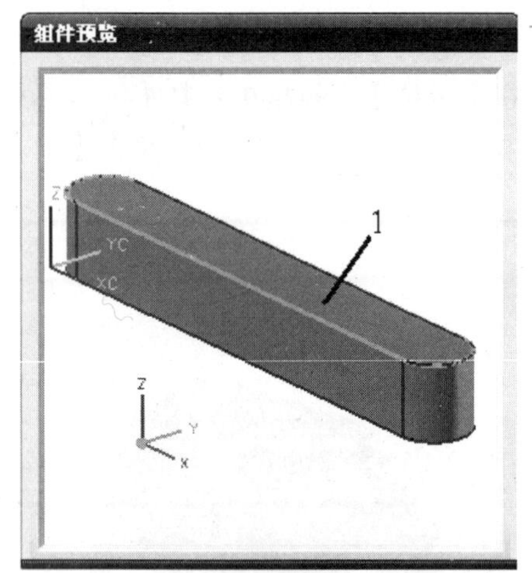

图 5-254

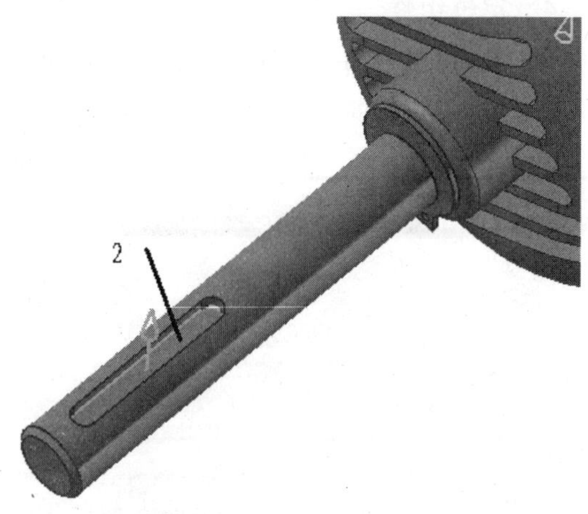

图 5-255

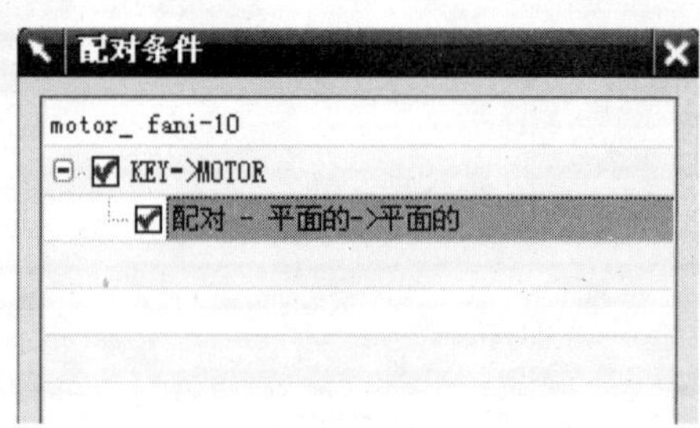

图 5-256

继续进行约束。在【配对条件】对话框的【配对类型】工具条中选择【 】【中心】图标，选择如图 5-257 所示平键圆柱面，接着选择如图 5-258 所示的键槽孔壁面，系统完成中心对齐，中心对齐约束已建立，如图 5-259 所示。

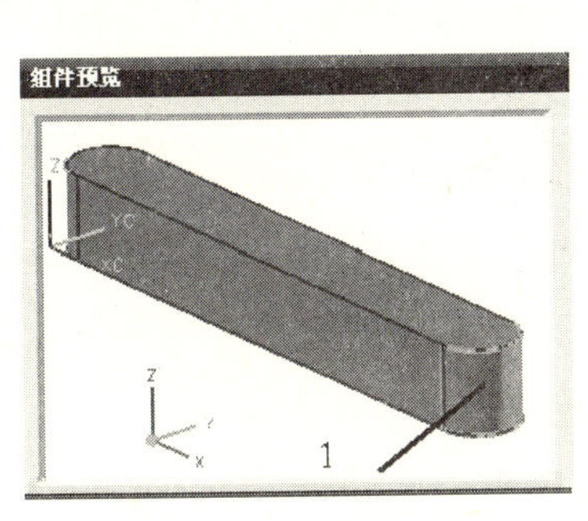

图 5-257

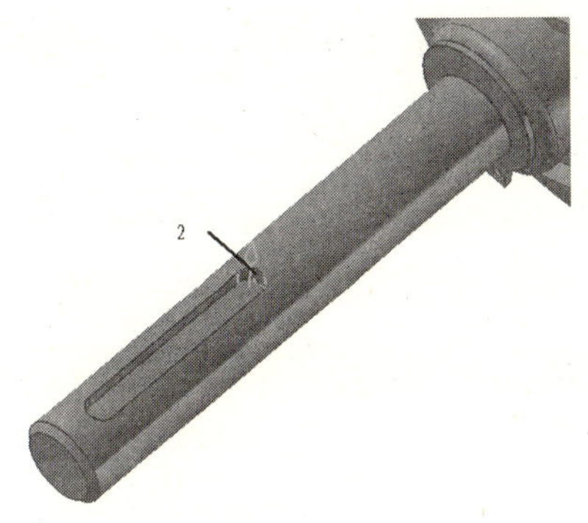

图 5-258

继续进行约束。在【配对条件】对话框的【配对类型】工具条中选择选择【 】【平行】图标，如图 5-259 所示；选择如图 5-260 所示平键的侧面，接着选择如图 5-261 所示的键槽侧面，此时窗口状态栏中出现【配对条件已完全约束】提示，然后单击【确定】按钮，再次单击【确定】按钮，完成添加第二个组件，如图 5-262 所示。

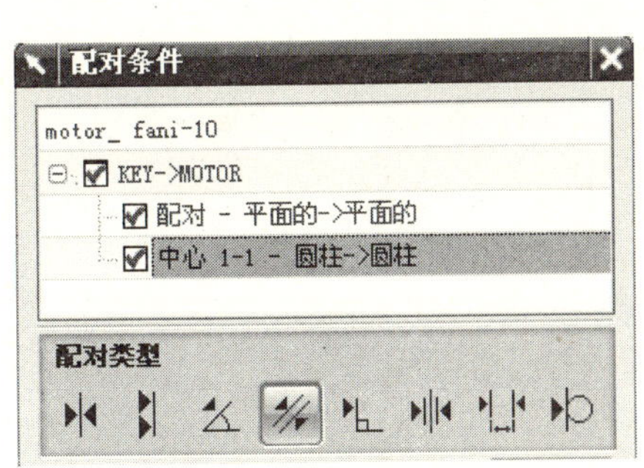

图 5-259

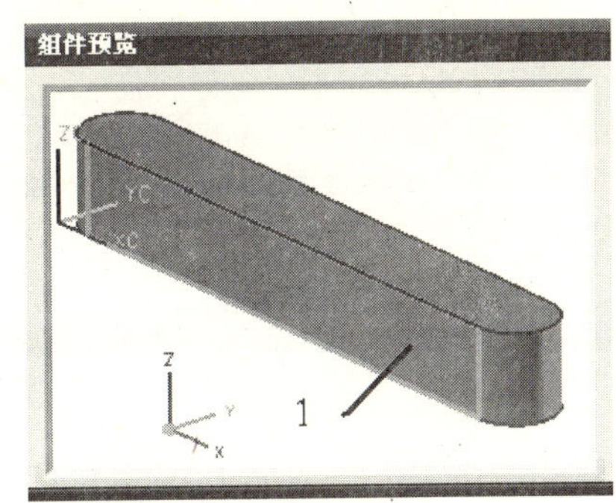

图 5-260

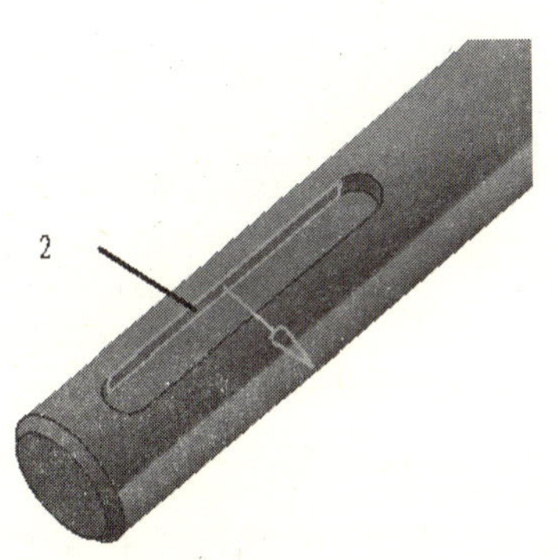

图 5-261

图 5-262

6. 装配风机总成子装配模型【fani-10.prt】

按照步骤 3 同样的方法添加风机总成子装配模型 fani-10.prt），然后再进行定位，系统出现【添加组件】对话框，如图 5-263 所示；在【定位】下拉框中选择【配对】选项，在【Reference Set】【引用集】下拉框中选择【模型】选项，然后单击【确定】按钮，系统出现【配对条件】对话框，如图 5-264 所示；在【配对条件】对话框的【配对类型】工具条中选择【 】【中心】图标，然后在组件预览窗口将模型旋转至适当位置，选择如图 5-265 所示轴孔面，接着选择如图 5-266 所示的风机轴面，系统完成中心对齐，中心对齐约束已建立，如图 5-267 所示。

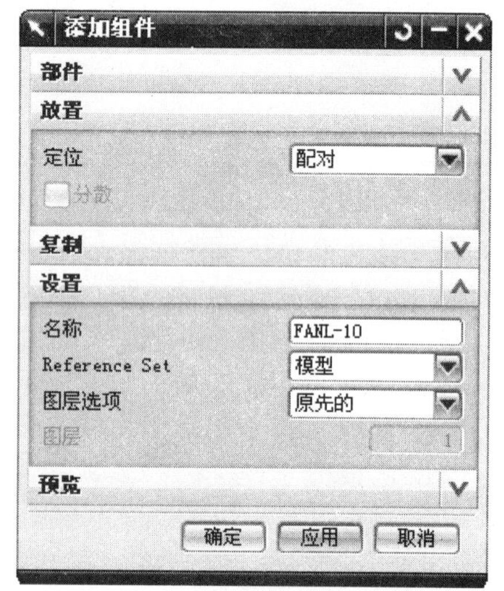

图 5-263

图 5-264

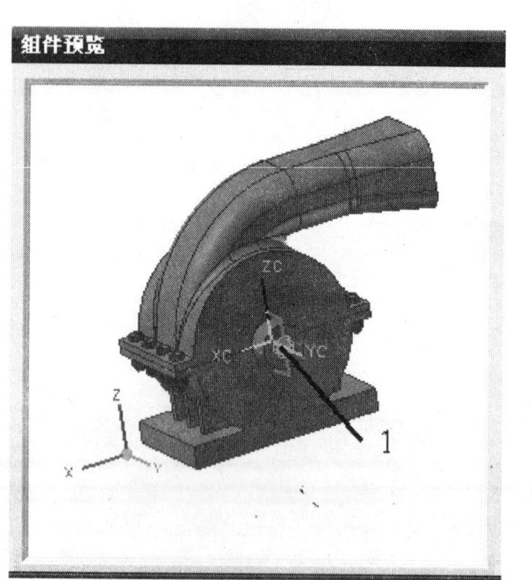

图 5-265

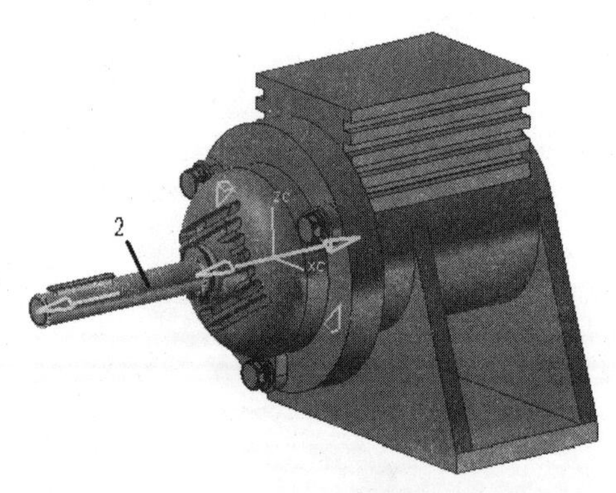

图 5-266

继续进行约束。在【配对条件】对话框的【配对类型】工具条中选择选择【 】【平行】图标，如图 5-267 所示；选择如图 5-268 所示风机装配模型的面，接着选择如图 5-269 所示的电动机装配模型顶面，系统完成平行对齐，平行对齐约束已建立，如图 5-270 所示。

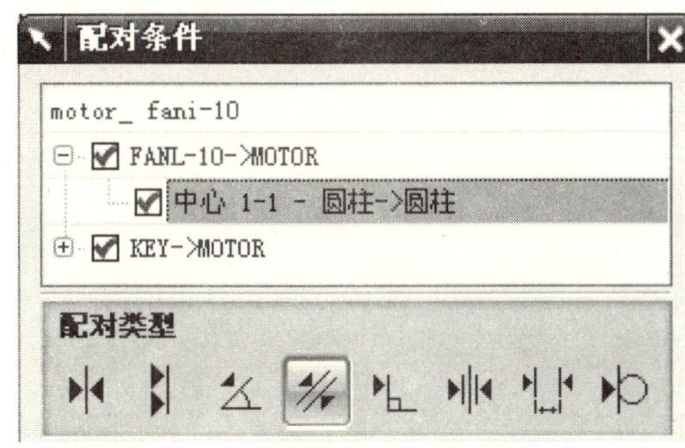

图 5-267

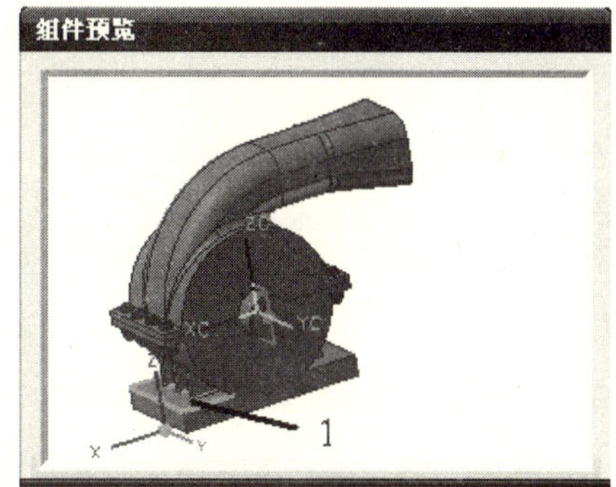

图 5-268

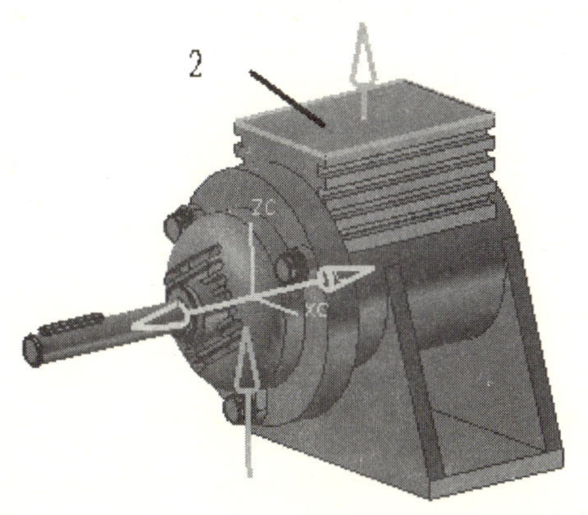

图 5-269

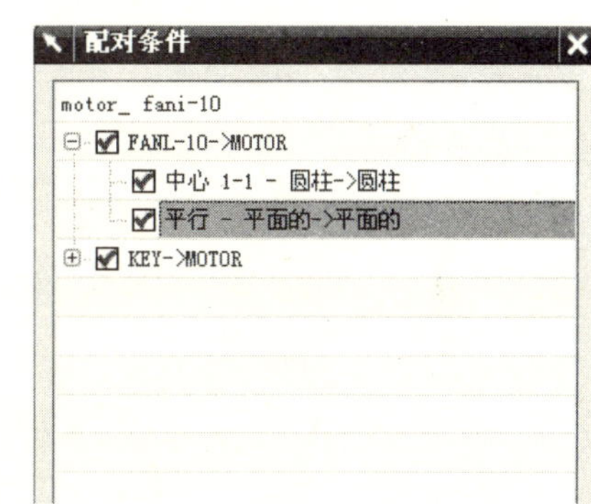

图 5-270

继续进行约束。在【配对条件】对话框的【配对类型】工具条中选择选择【 】【距离】图标，然后在组件预览窗口将模型旋转至适当位置，选择如图 5-271 所示风机内侧面，接着在主窗口选择如图 5-272 的电动机轴的端面，在【配对条件】对话框的【距离表达式】栏中输入【 -5】，如图 5-273 所示，然后单击【确定】按钮，再次单击【确定】按钮，完成添加第三个组件，创建电动机-风机总成装配模型，如图 5-274 所示。

图 5-271

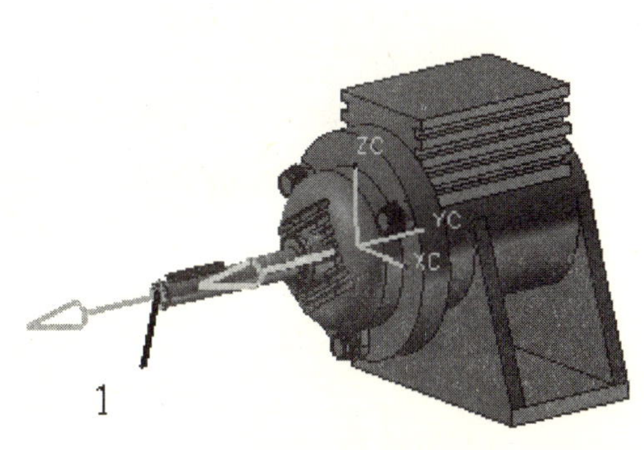

图 5-272

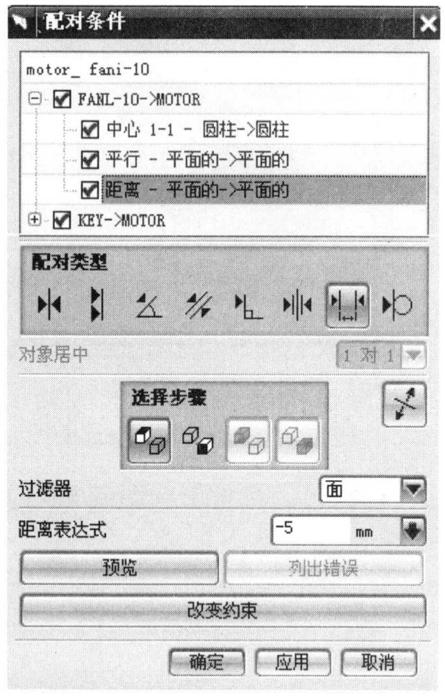

图 5-273

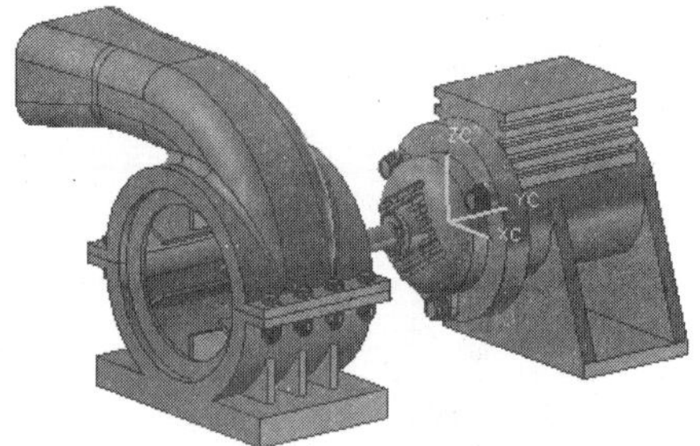

图 5-274

习　题

【练习 5-1】如练习 5-1 图所示，打开文件【huqian】用自底向上装配方法装配虎钳。

练习 5-1 图

【练习 5-2】如练习 5-2 图所示，打开文件【mifengfa】装配密封阀。

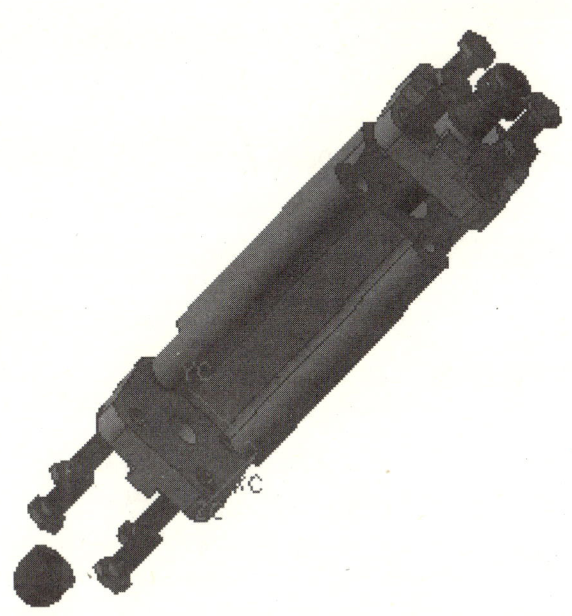

练习 5-2 图

第 6 章　UG NX7.0 零件工程图

UG 零件工程图是将建模功能中创建的三维实体模型引入到制图环境生产的二维图。

6.1　工程图参数预设置

为了准确有效地绘制工程图，需事先设置工程图基本参数，例如线条的粗细、隐藏的显示与否、视图边界线的显示和颜色设置等。通过选择【首选项】菜单下的各命令可进行各项参数的设置。

6.1.1　制图首选项

在菜单栏中选择【首选项】/【制图】命令，弹出如图 6-1 所示【制图首选项】对话框，它包括 4 个选项卡，其含义如下。

【常规】：用于图纸的版次、图纸工作流以及图纸设置方面的有关设置。

【预览】：用于对视图样式和注释样式的设置。

【视图】：用于对视图的更新、边界和视觉有关设置。

【注释】：可以设置当模型改变时是否删除相关的注释，可以利用线宽、线型和颜色来设置工程图对象的显示参数，以及删除模型改变前保留下来的相关对象。

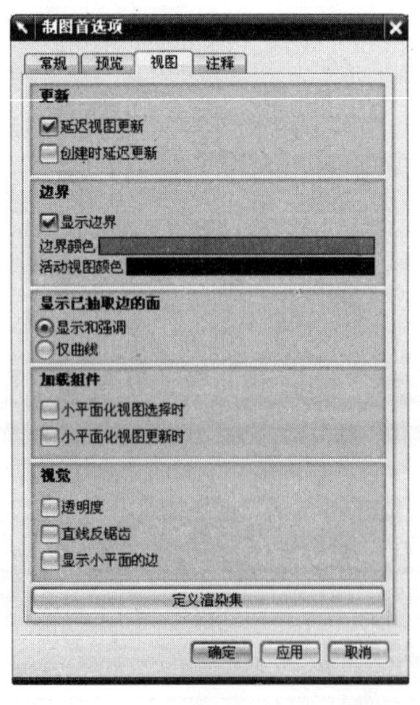

图 6-1　【制图首选项】对话框

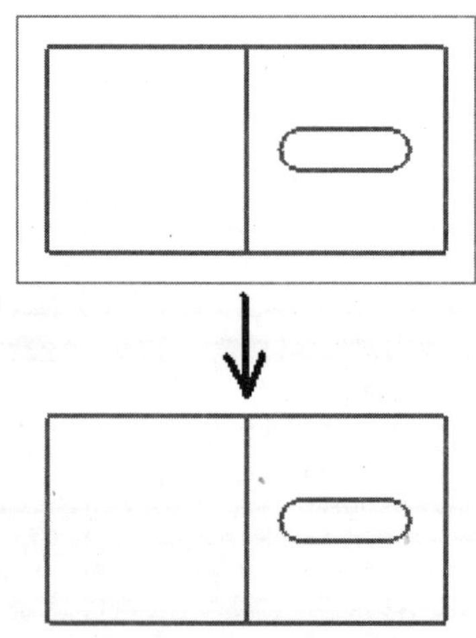

图 6-2　视图边界

在【制图首选项】对话框中选择【视图】选项卡，利用【边界】选项组中的【显示边界】和【边界颜色】选项，可以控制是否显示视图边界和设置视图边界的颜色，结果如图 6-2 所示。

6.1.2　注释首选项

在菜单栏中选择【首选项】/【注释】命令，弹出如图 6-3 所示【注释首选项】对话框。该对话框用于对尺寸、文字、符号、单位和填充/剖面线等参数进行设置。一般采用默认设置，或者根据具体情况进行修改。

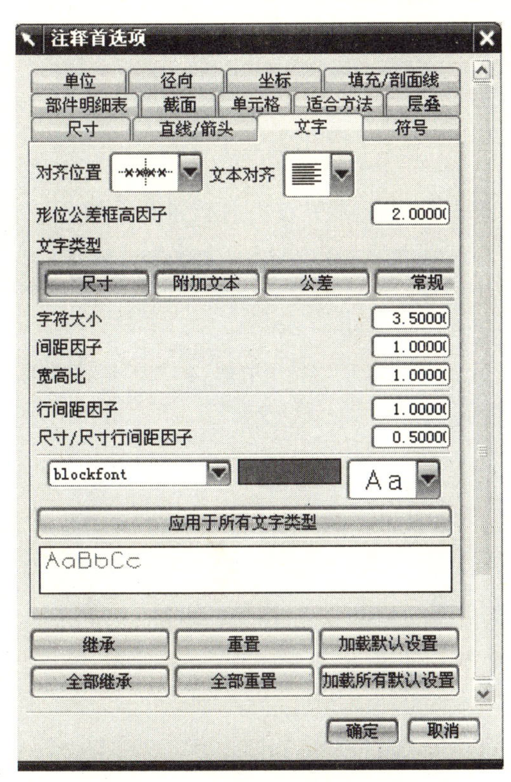

图 6-3　【注释首选项】对话框

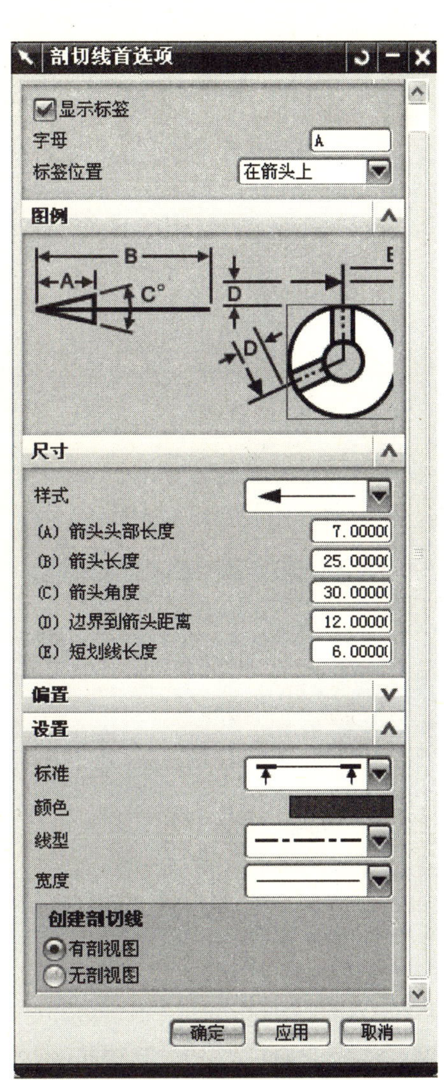

图 6-4　【剖切线首选项】对话框

6.1.3　剖切线首选项

在菜单栏中选择【主选项】/【剖切线】命令，弹出如图 6-4 所示【剖切线首选项】对话框。该对话框用于对剖切线有关参数进行设置。一般采用默认设置，或者根据具体情况进行修改。

6.1.4　视图首选项

在菜单栏中选择【首选项】/【视图】命令，弹出如图 6-5 所示【视图首选项】对话框。该对话框用于对可见线、隐藏线、螺纹等有关参数进行设置。

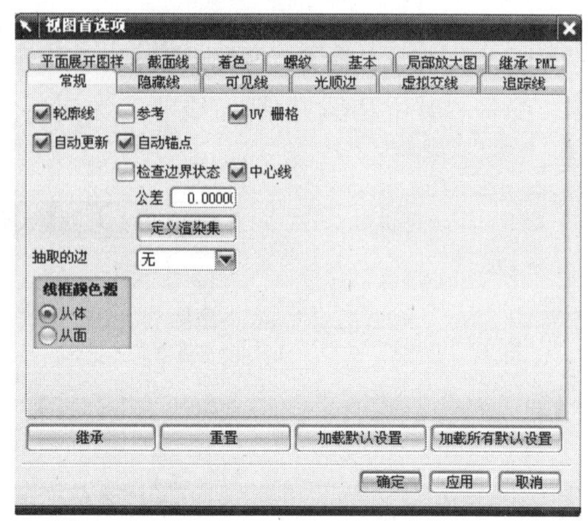

图 6-5　【视图首选项】对话框

6.1.5　视图标签首选项

在菜单栏中选择【首选项】/【视图标签】命令，弹出如图 6-6 所示【视图标签首选项】对话框。该对话框用于对视图标签的位置、字母格式、大小等有关参数进行设置。

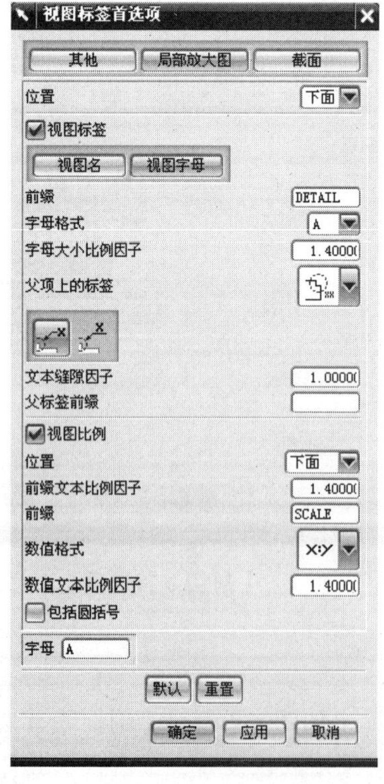

图 6-6　【视图标签首选项】对话框

图 6-7　【片体】对话框

6.2 工程图的管理

6.2.1 创建图纸

在菜单栏中选择【插入】/【图纸页】命令，弹出如图 6-7 所示的【片体】对话框。选取各选项，单击【确定】按钮，创建图纸页。

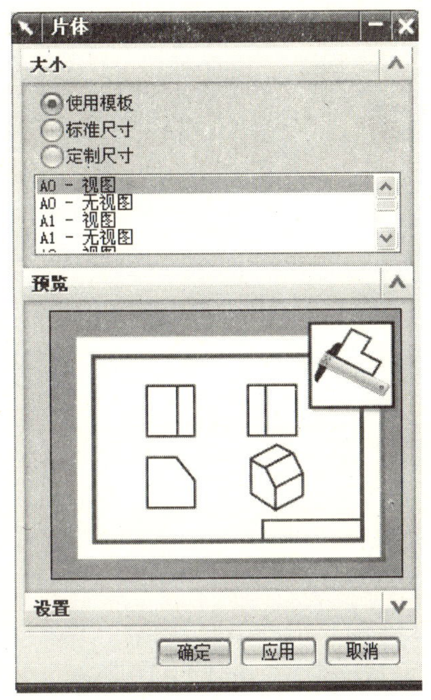

图 6-8 【片体】对话框

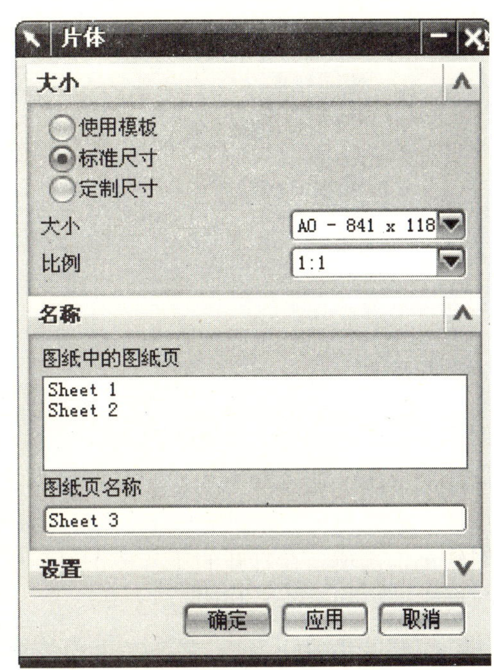

图 6-9 【片体】对话框

各主要选项的用法。

【使用模板】：该选项可以直接在对话框的【图纸页模板】列表框中选取所需的图纸名称，然后直接应用于当前的工程图模块中，如图 6-8 所示。

【标准尺寸】：该选项可以在对话框的【大小】下拉列表框中，选取从 A0~A4 这 5 种标准图纸中的任一种作为当前的工程图纸，并且可以对图纸的比例、名称、单位以及视图的投影视角进行所需的设置，如图 6-9 所示。

【定制尺寸】：该选项可以自定义设置图纸的大小和比例。

【投影】：该选项用于设置视图的投影角度方式，包括第一象限角投影方式【 】和第三象限角投影方式【 】。

6.2.2 删除图纸

在图纸导航器中右击所要删除的图纸名称，弹出如图 6-10 所示快捷菜单，选择其中的【删除】命令，即可删除该图纸。如果要删除当前绘图工作区已打开的工程图，可在绘图上作区中将光标移动到该图纸的边线上右击，弹出如图 6-11 所示快捷菜单，选择其中的【删除】命令，即可删除该图纸。

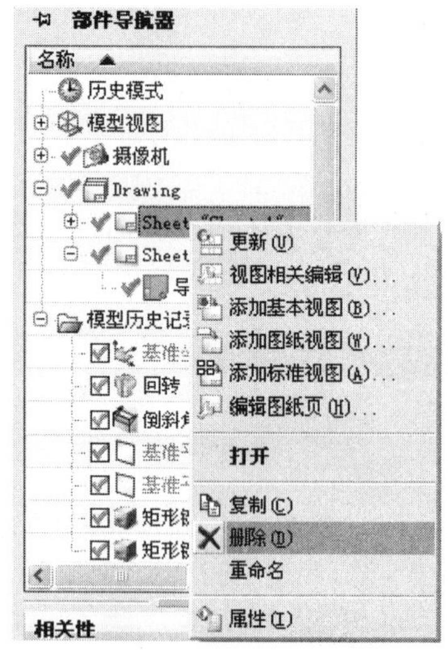

图 6-10　删除图纸操作

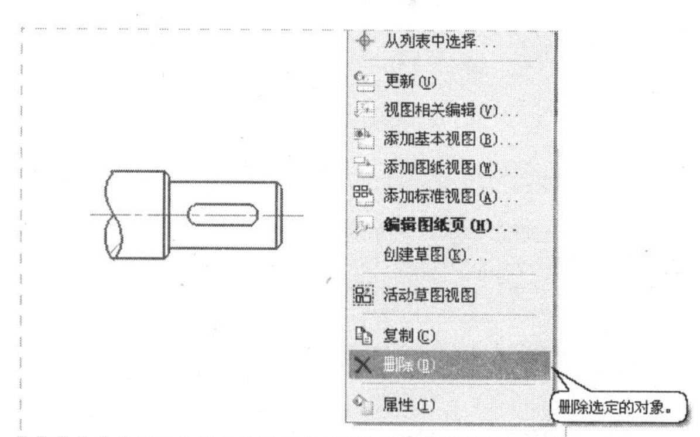

图 6-11　选取图纸边界删除图纸的操作

6.2.3　编辑图纸

在创建工程图过程中，若发现原来设置的工程图参数不符合要求，如图纸的规格、比例不符合设计要求等，在工程图环境中都可以对其有关参数进行相应的修改和编辑。在图纸导航器中选择要进行编辑的图纸，单击鼠标右键，弹出如图 6-12 所示的快捷菜单，选择其中的【编辑图纸页】选项，在打开的【片体】对话框中，可对图纸的名称、尺寸的大小、比例以及单位等进行编辑和修改，如图 6-13 所示。

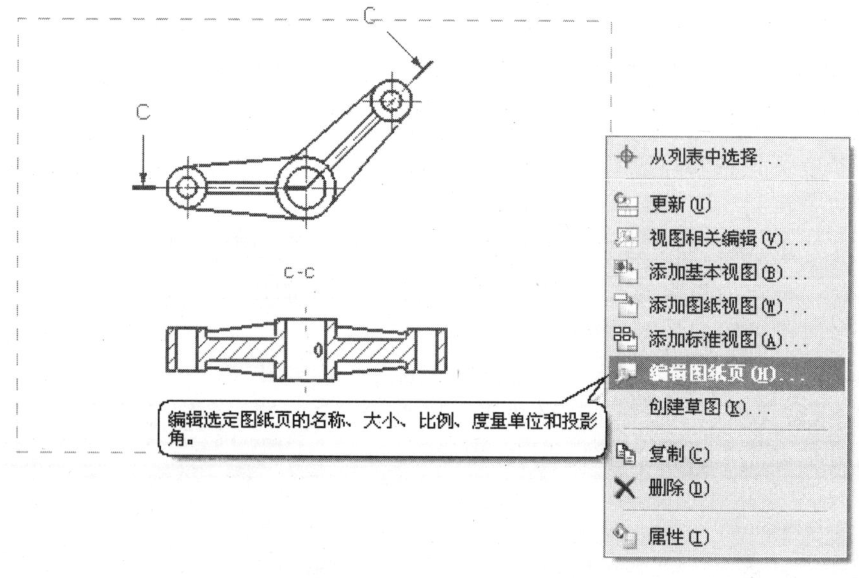

图 6-12　编辑图纸页

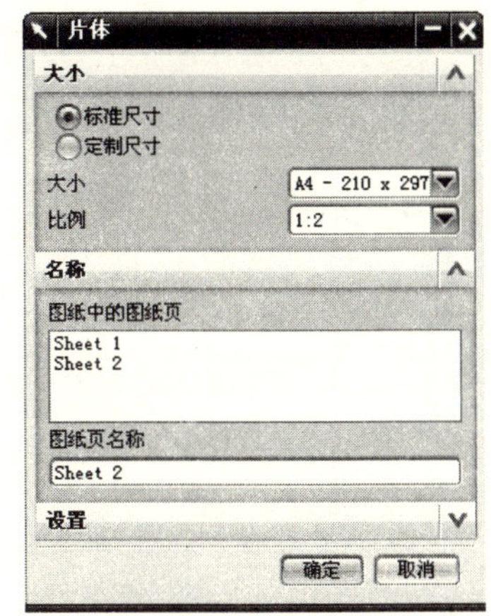

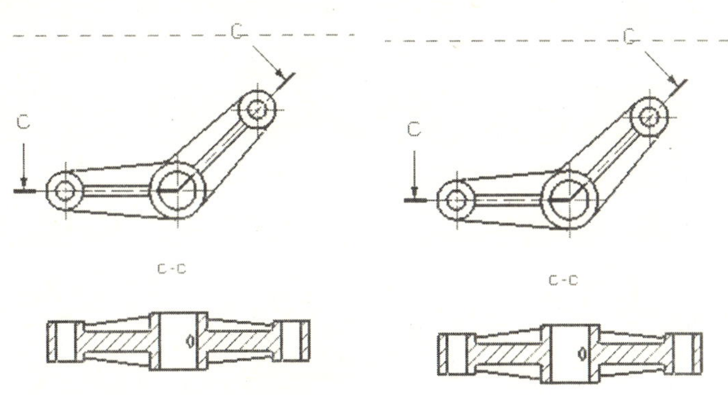

图 6-13　编辑图纸页效果图

6.3　添加视图

在工程图中，视图是组成工程图的最基本的元素。图纸空间内的视图都是在模型视图中复制，而且仅存在于所显示的视图上，添加视图操作就是一个生成模型视图的过程，也就是说向图纸空间放置各种基本视图。一个工程图中可以包含若干个基本视图，这些视图可以是主视图、投影视图、剖视图等，通过这些视图的组合可进行三维实体模型的描述。

6.3.1　添加基本视图

基本视图是零件向基本投影面投影所得的图形。它包括零件模型的主视图、后视图、俯视图、仰视图、左视图、右视图、等轴测图等。一个工程图中至少包含一个基本视图，因此在生成工程图时，应该尽量生成能反映实体模型的主要形状特征的基本视图。在菜单栏中选择【插入】/【视图】/【基本视图】命令，或者单击【图纸】工具栏中的【　】按钮，弹出如图 6-14 所示【基本视图】对话框，在鼠标的前头有一个矩形框，该矩形框就是为了放置视图。在图纸上用鼠标将矩形框拖到适当的位置，单击鼠标中键，即可在选择点创建一个基本视图，如图 6-15 所示。还可以用【　】确定基本视图的方向，单击【基本视图】对话框中的【　】按钮，弹出如图 6-16 所示【定向视图】预览框。移动光标至预览框范围内，按住鼠标

图 6-14　【基本视图】对话框

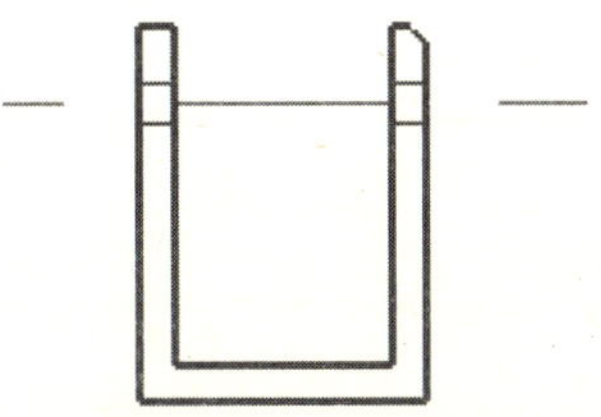

图 6-15　基本视图

中键不放，旋转主模型到合适的位置，单击【确定】按钮。再移动光标至适当位置单击，即可添加定向视图，如图 6-17 所示。

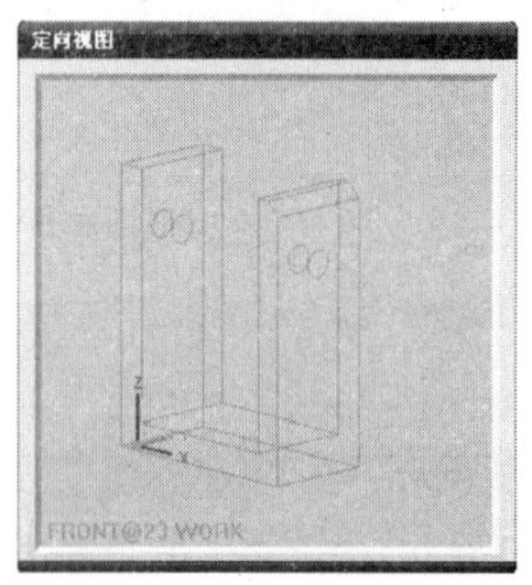

图 6-16 【定向视图】预览框

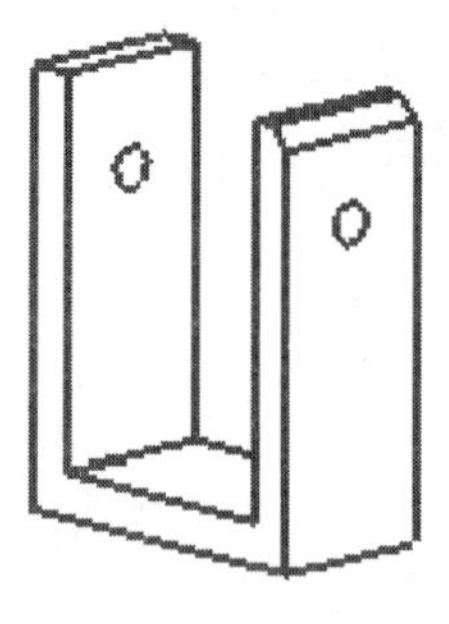

图 6-17 定向视图

6.3.2 添加投影视图

一般情况下，单一的基本视图是很难将一个复杂实体模型的形状表达清楚的，在添加完成基本视图后，还需要对其视图添加相应的投影视图才能够完整地将实体模型的形状和结构特征表达清楚。其中投影视图是从父项视图产生的正投影视图。在菜单栏中选择【插入】/【视图】/【投影视图】命令，或者单击【图纸】工具栏中的【 】按钮，弹出如图 6-18 所示【投影视图】对话框，出现一个【红色】的投影箭头，在鼠标的前头有一个矩形框，该矩形框就是为了放置视图。在图纸上用鼠标将矩形框拖到适当的位置，单击鼠标中键，即可在选择点创建一个得投影视图，可一次生成各个方向的视图和同时预览三维实体，如图 6-19 所示。

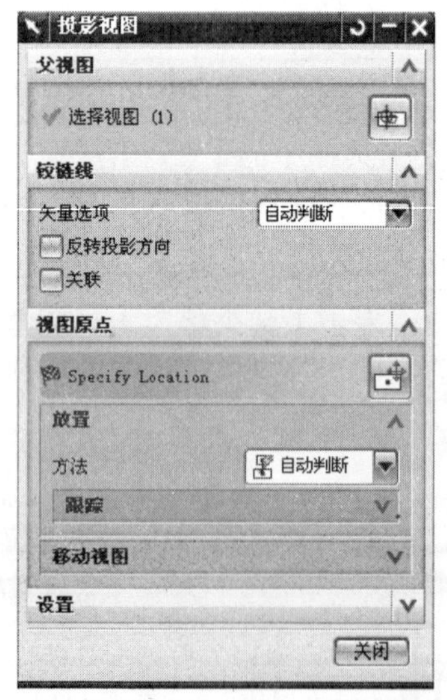

图 6-18 【投影视图】对话框

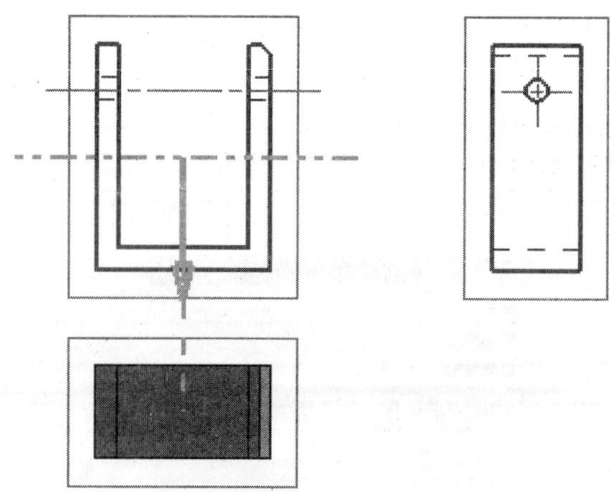

图 6-19 投影视图

下面介绍各主要选项的用法。

【父视图】：系统默认自动选择上一步添加的视图为主视图来生成其他视图，但可以单击【选择视图】按钮【 】选择相应的主视图。

【铰链线】：系统自动默认在主视图的中心位置出现一条折页线，同时可以拖动鼠标方向来改变折页线的法线方向，以此来判断并预览生成的视图。

【移动视图】：用于在视图放定位置后，重新移动视图。

6.3.3　例 1：创建基本视图（见光盘 part6 \ shilil.prt 文件）

1. 打开部件文件

通过菜单【文件】/【打开】命令，打开【shilil.prt】，如图 6-20 所示。在下拉菜单中选择【开始】/【制图】，弹出如图 6-21 所示【片体】对话框/【大小】选择【标准尺寸】，【A3】图幅，【比例】选择【1：2】，【单位】选择【毫米】，单击【第一象限角投影】按钮/单击【确定】按钮，进入制图环境。

图 6-20　shilil

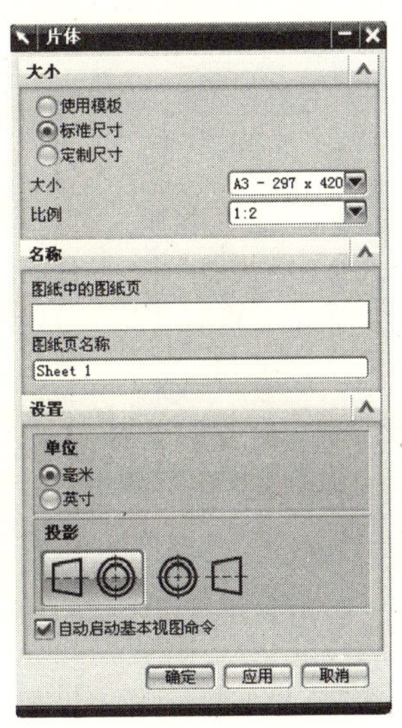

图 6-21　【片体】对话框

2. 设置制图参数

在菜单栏中选择【首选项】/【视图】命令，弹出如图 6-22 所示【视图首选项】对话框/单击【隐藏线】选项卡设置【隐藏线】为【虚线】/在【光顺边】选项卡中设置取消选择【光顺边】复选框，如图 6-23 所示/单击【确定】按钮，关闭对话框。

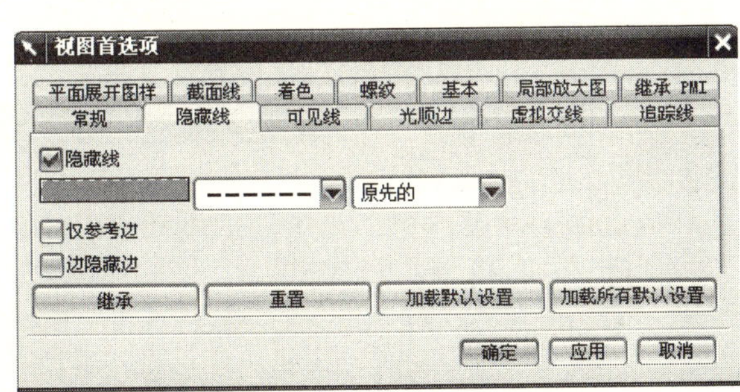

图 6-22　【视图首选项】对话框

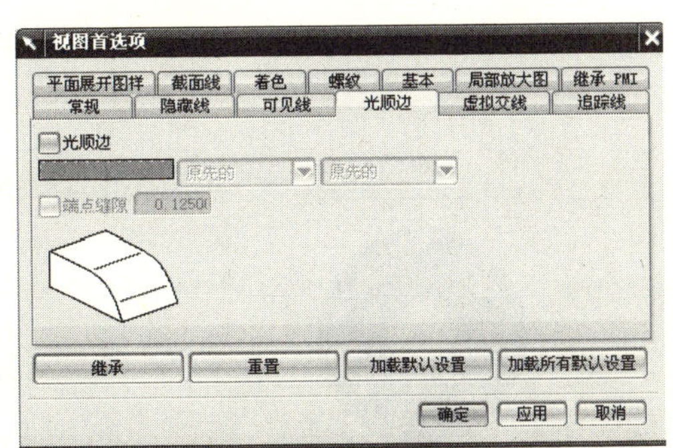

图 6-23　【视图首选项】对话框

3. 添加视图

通过菜单【插入】/【视图】/【基本视图】或者单击【图纸】工具栏中的【 】按钮，弹出如图 6-24 所示【基本视图】对话框/选择视图方向为【TOP】，比例为【1：2】，移动光标可看到视图随光标移动，光标移动到合适位置后单击鼠标左键，如图 6-25 所示，创建视图作为主视图，如图 6-26 所示。然后水平向右移动鼠标，此时显示如图 6-27 所示的折页线和投影方向，在合适的位置单击鼠标左键创建左视图，然后向下移动鼠标，在主视图的下方创建俯视图，如图 6-28 所示，最后单击鼠标中键。单击【确定】按钮结束添加视图，如图 6-29 所示。

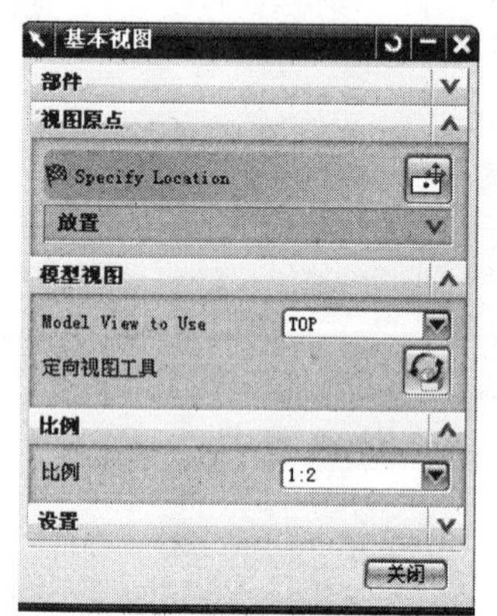

图 6-24　【基本视图】对话框

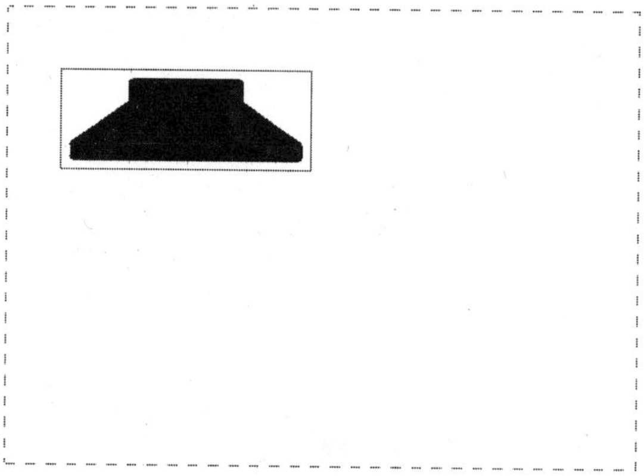

图 6-25　选择放置位置

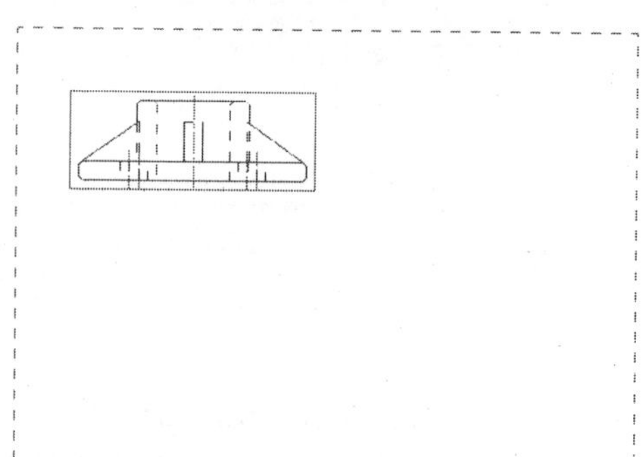

图 6-26　主视图

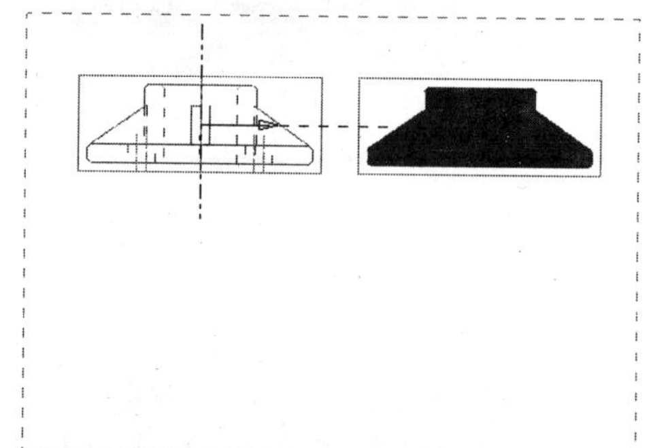

图 6-27　左视图放置位置

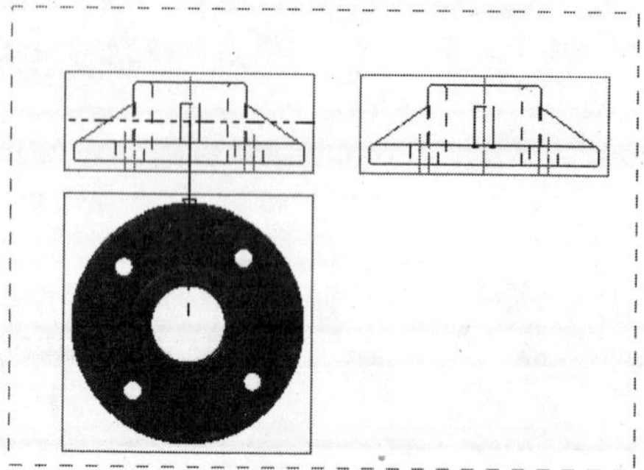

图 6-28　俯视图放置位置

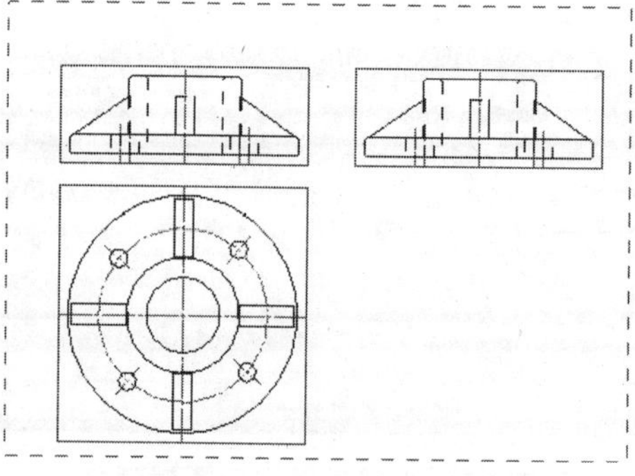

图 6-29　基本视图

6.4 编辑视图

6.4.1 移动/复制视图

在 UG NX 中，工程图中任何视图的位置都是可以改变的，其中移动和复制视图操作都可以改变视图在图形窗口中的位置。两者的不同之处是：前者是将原视图直接移动到指定的位置，后者是在原视图的基础上新建一个副本，并将该副本移动到指定的位置。在菜单栏中选择【编辑】/【视图】/【移动/复制视图】命令，或者单击【图纸】工具栏中的【 】按钮，弹出【移动/复制视图】对话框，如图 6-30 所示。

下面介绍各主要选项的用法。

【至一点】：将所选视图移动或复制到某指定点，该点可用光标或坐标指定。

【水平】：将所选视图沿水平方向移动或复制到某一位置。

【竖直】：将所选视图沿竖直方向移动或复制到某一位置。

【垂直于直线】：将所选视图沿某一直线的垂直方向移动或复制到某一位置。

【至另一图纸】：将所选视图移动或复制到另一张图纸中。

【复制视图】：选中该复选框，用于复制视图，否则为移动视图。

【距离】：选中该复选框，用于输入移动或复制后的视图与原视图之间的距离值，否则可移动光标或输入坐标值指定视图位置。

实例（moveview.prt）操作步骤：在进行移动或复制视图操作时，先在视图列表框或绘图工作区中选择要移动的视图，再确定视图的操作方式：移动或复制，并拖动视图边框到理想位置。如图 6-31 所示的就是利用垂直于直线方式移动视图的示例。

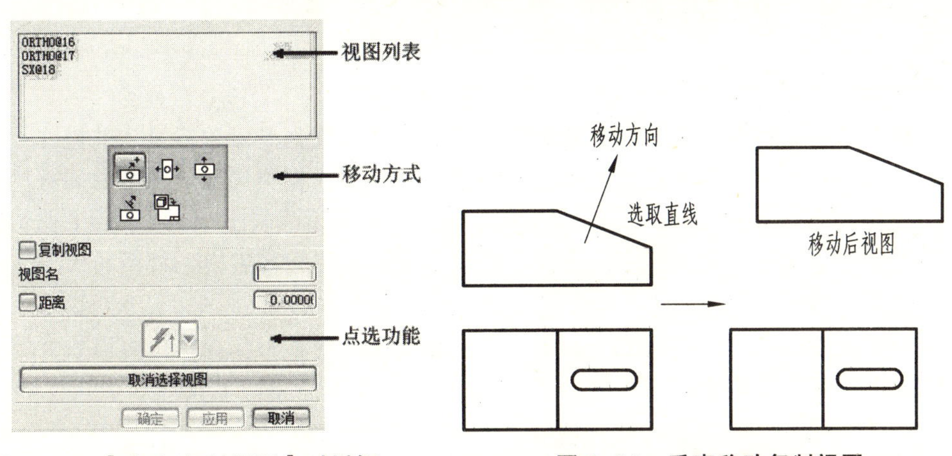

图 6-30 【移动/复制视图】对话框　　图 6-31 垂直移动复制视图

6.4.2 对齐视图

在 UG NX 中，对齐视图是指选择一个视图作为参照，使其他视图以参照视图进行水平或竖直方向对齐。在菜单栏中选择【编辑】/【视图】/【对齐视图】命令，或者单击【图纸】工具栏中的【 】按钮，弹出如图 6-32 所示【对齐视图】对话框。

下面介绍各主要选项的用法。

【叠加】：将所选视图重叠放置。

【水平】：将所选视图以水平方式对齐。

【竖直】：将所选视图以竖直方式对齐。

【垂直于直线】：将所选视图与一条指定的参考直线垂直对齐。

【自动判断】：自动判断所选视图可能的对齐方式。

【模型点】：选择模型上的点对齐视图。

【视图中心】：选择视图中心对齐视图。

【点到点】：分别在不同的视图上选择点对齐视图。以第一个视图上的点作为固定点，其他视图上的点以某一对齐方式向固定点对齐。

实例（moveview.prt）操作步骤：如图 6-32 所示移动视图结果，单击对齐视图，选择对齐位置为【视图中心】并选择【TOP】顶视图，再选择【ORTHO】主视图，单击竖直则结果为如图 6-33 所示。

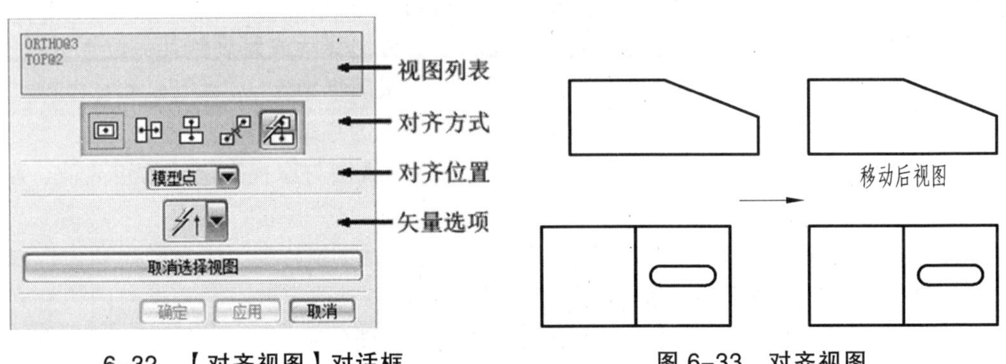

6-32　【对齐视图】对话框

图 6-33　对齐视图

6.4.3　编辑视图边界

定义视图边界是将视图以所定义的矩形线框或封闭曲线为界限进行显示的操作。在创建工程图的过程中，经常会遇到定义视图边界的情况，例如在创建局部剖视图的局部剖边界曲线时，需要将视图边界进行放大操作等。在菜单栏中选择【编辑】/【视图】/【视图边界】命令，或者单击【图纸】工具栏中的【】按钮，或者直接在要编辑的视图边界上右击，在弹出的快捷菜单中选择【视图边界】命令，弹出如图 6-34 所示【视图边界】对话框。该对话框用于重新定义视图边界，可以缩小视图边界只显示视图的某一部分，也可以放大视图边界显示所有视图对象。缩小视图边界的示意图如图 6-35 所示。

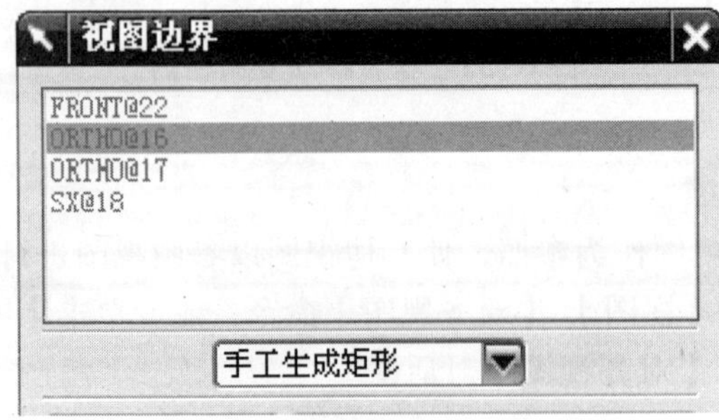

图 6-34　【视图边界】对话框

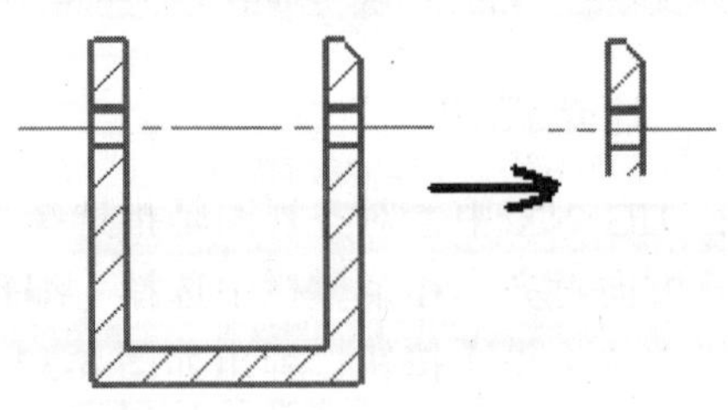

图 6-35　缩小视图边界的示意图

6.4.4　视图相关编辑

视图相关编辑是对视图中图形对象的显示进行编辑，同时不影响其他视图中同一对象的显示。与有关视图操作相类似，不同之处是：有关视图操作是对工程图的宏观操作，而视图相关编辑是对工程图做更为详细的编辑。在菜单栏中选择【编辑】/【视图】/【视图相关编辑】命令，或者单击【制图编辑】工具栏中的【 】按钮，弹出如图 6-36 所示【视图相关编辑】对话框/单击【 】按钮/在视图中选取对象/单击【确定】。

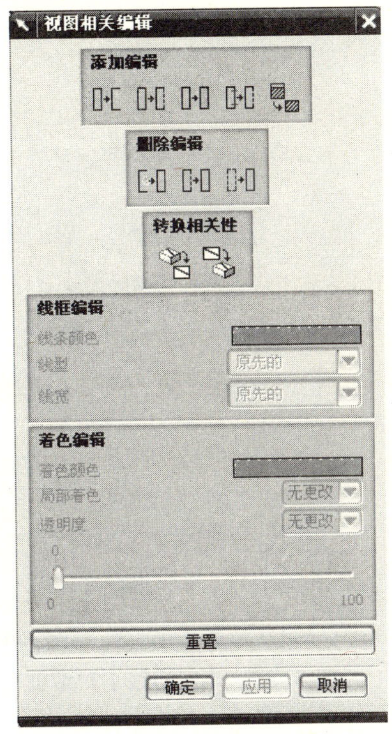

图 6-36　【视图相关编辑】对话框

下面介绍各主要选项的用法。

【擦除对象】：擦除选择的对象，如曲线、边等。擦除并不是删除，只是不可见，使用【删除擦除】命令可使对象重新显示。

【编辑完全对象】：编辑整个对象的显示方式，包括颜色、线型和线宽。

【编辑着色对象】：编辑部分对象着色的显示颜色。

【编辑对象段】：编辑部分对象的显示方式。

【编辑剖视图的背景】：编辑剖视图背景线，在建立剖视图时，可以有选择地保留背景线，还可以增加新的背景线。

【删除选择的擦除】：恢复被擦除的对象。

【删除选择的修改】：恢复部分对象在原视图中的显示方式。

【删除所有修改】：恢复所有对象在原视图中的显示方式。

【模型转换到视图】：转换模型中单独存在的对象到指定视图中。

【视图转换到模型】：转换视图中单独存在的对象到模型中。

6.4.5 剖切线

剖切线是用来编辑剖切线的式样的。在菜单栏中选择【编辑】/【视图】/【剖切线】命令，弹出如图 6-37 所示【剖切线】对话框，在工作区中选择要编辑的剖切线，然后在对话框中选择要编辑的选项，单击【确定】。

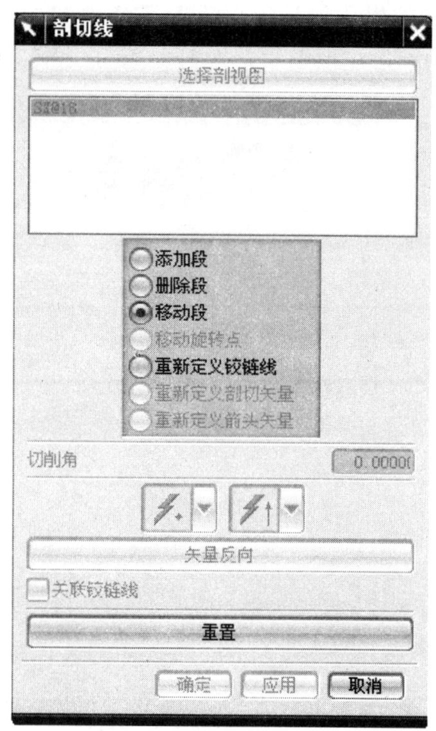

图 6-37　【剖切线】对话框

下面介绍各主要选项的用法。

【列表框】：显示工作窗口中的剖视图名称。

【添加段】：对剖切线进行适当的添加，使剖视图的表达更加完整，同时对话框中的点构造器将会被激活。

【删除段】：对视图中多余的剖切线进行删除处理。

【移动段】：通过移动定义参照点的位置来移动端点附近的曲线。

【移动旋转点】：对剖切线的定义点进行调整。

【重新定义铰链线】：对话框中的矢量选项将会被激活，然后可以对剖切线的矢量方向进行定义。

【重新定义剖切矢量】：对视图的剖切矢量进行重新定义。

【切削角】：在右侧文本框中输入数值，可以对视图的切削角进行定义。

【点构造器】：选择【添加段】选项时，将被激活，然后可以对需添加的剖切线进行点的定义。

【矢量选项】：被激活后可以定义剖切线的矢量方向，以及单击【矢量反向】按钮可以改变矢量方向。

【关联铰链线】：选中该选项后，铰链线之间将存在关联性。

【重置】按钮：取消进行的相关操作，返回剖切线定义前的状态。

6.4.6 更新视图

在创建工程图的过程中，当需要工程图和实体模型之间切换，或者需要去掉不必要的显示部分时，可以应用视图的显示和更新操作。所有的视图被更新后将不会有高亮的视图边界。反之，未更新的视图会有高亮的视图边界。在菜单栏中选择【编辑】/【视图】/【更新视图】命令，弹出如图 6-38 所示【更新视图】对话框/在工作区中选择要更新视图/单击【确定】。

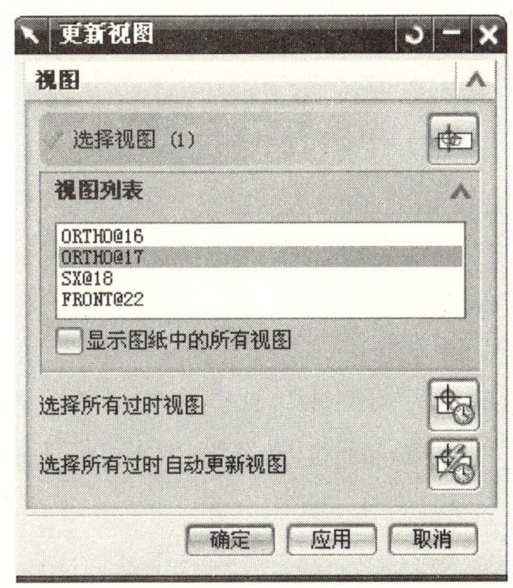

图 6-38　【更新视图】对话框

6.5 添加剖视图

当零件的内部结构较为复杂时，视图中就会出现较多的虚线，致使图形表达不够清晰，给看图、作图以及标注尺寸带来了困难。此时，就可以利用 UG NX 中提供的剖切视图的工具创建工程图的剖视图，以便更清晰、更准确地表达零件内部的结构特征。

6.5.1 全剖视图

全剖视图是以一个假想平面为剖切面，对视图进行整体的剖切操作。当零件的内形比较复杂、外形比较简单或外形已在其他视图上表达清楚时，可以利用全剖视图工具对零件进行剖切。在菜单栏中选择【插入】/【视图】/【剖视图】命令，或者单击【图纸】工具栏中的【 】按钮，弹出如图 6-39 所示【剖视图】对话框。当选择父视图后，【剖视图】对话框发生转变，如图 6-40 所示/在打开的【剖切首选项】对话框中可以设置剖切线箭头的大小、样式、颜色、线型、线宽以及剖切符号名称等参数/选取要剖切的基本视图，然后拖动鼠标在绘图区放置适当位置即可完成，效果如图 6-41 所示。

图 6-39 【剖视图】对话框

图 6-40 【剖视图】对话框

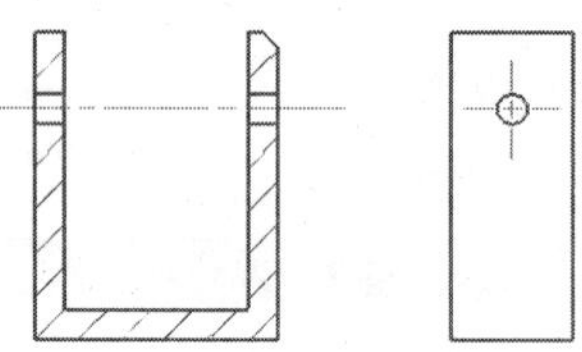

图 6-41 全剖视图

下面介绍各主要选项的用法。

【自动判定铰链线】：自动判定铰链线的位置。

【定义铰链线】：指定铰链线的位置。

【铰链线】：指定铰链线的方向。

【添加段】：用于添加剖切段和创建阶梯剖视图，不能添加弯边段和箭头段。

【删除段】：用于删除剖切段，不能删除弯边段和箭头段。该命令在创建了多个段时有效。

【移动段】：用于移动剖切段、弯边段和箭头段。

【剖切线样式】：用于设置剖切线的样式。

例 2：创建剖视图【见光盘 part\jiandanpou.prt 文件】。

操作步骤：

1. 打开部件文件

通过菜单【文件】/【打开】命令，打开【jiandanpou.prt】，如图 6-42 所示。在下拉菜单中选择【开始】/【制图】，弹出如图 6-21 所示【片体】对话框/【大小】选择【标准尺寸】，【A3】图幅，【比例】选择【1：2】，【单位】选择【毫米】，单击【第一象限角投影】按钮/单击【确定】按钮，进入制图环境。

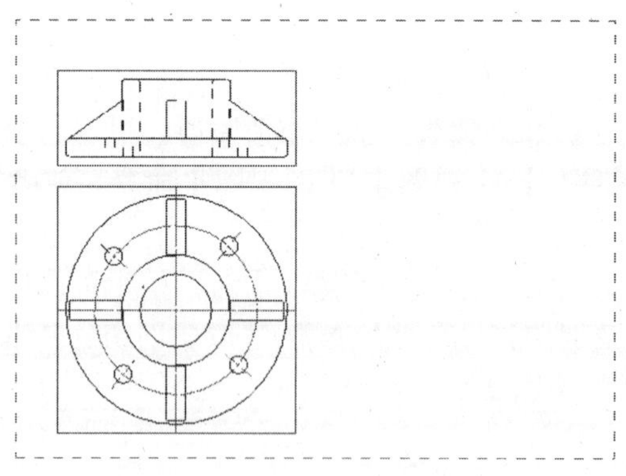

图 6-42 jiandanpou.prt

2. 添加剖视图

在菜单栏中选择【插入】/【视图】/【剖视图】命令，或者单击【图纸】工具栏中的【　】按钮，弹出如图 6-39 所示【剖视图】对话框/单击【　】，弹出图 6-43【剖切首选项】对话框/设置【颜色】为【红色】，【显示】选择【标准】的【　　】/单击【确定】按钮，关闭对话框/当选择【主视图】作为父视图后，【剖视图】对话框发生转变，如图 6-40 所示/选择主视图作为标注剖切符号试图，然后通过【选择】工具条上的过滤器选择俯视图的圆心作为【折页线】放置位置，通过【反向】按钮【　】控制投影方向，向右移动鼠标，选择适当的位置单击鼠标左键创建剖视图，如图 6-44 所示。

图 6-43　【剖切首选项】对话框

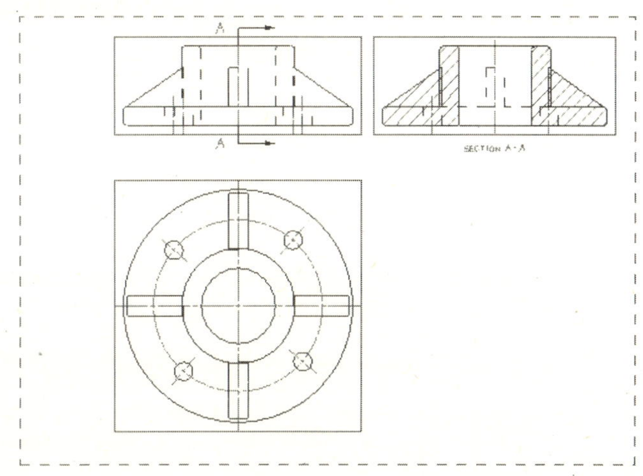

图 6-44　剖视图

6.5.2　半剖视图

半剖视图是指当零件具有对称平面时，向垂直于对称平面的投影面上投影所得到的图形。由于半剖视图既充分地表达了机件的内部形状，又保留了机件的外部形状，所以常采用它来表达内外部形状都比较复杂的对称机件。当机件的形状接近于对称，且不对称的部分已另有图形表达清楚时，也可以利用半剖视图来表达。半剖视图用于建立一个一半剖切、另一半不剖切的视图。在菜单栏中选择【插入】/【视图】/【半剖视图】命令，或者单击【图纸】工具栏中的【　】按钮，弹出如图 6-45 所示【半剖视图】对话框/当选择父视图后，【半剖视图】对话框发生转变，如图 6-46 所示/【父视图】选择【TOP】顶视图/指定【铰链线】的位置，如图 6-47 所示点 A、B /拖动鼠标将其半剖视图放置到图纸中的理想位置，单击鼠标左键，如图 6-48 所示。

图 6-45　【半剖视图】对话框

图 6-46　【半剖视图】对话框

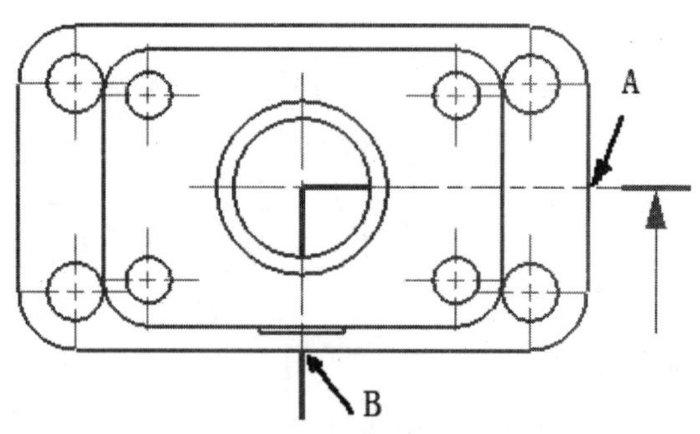

图 6–47 铰链线位置

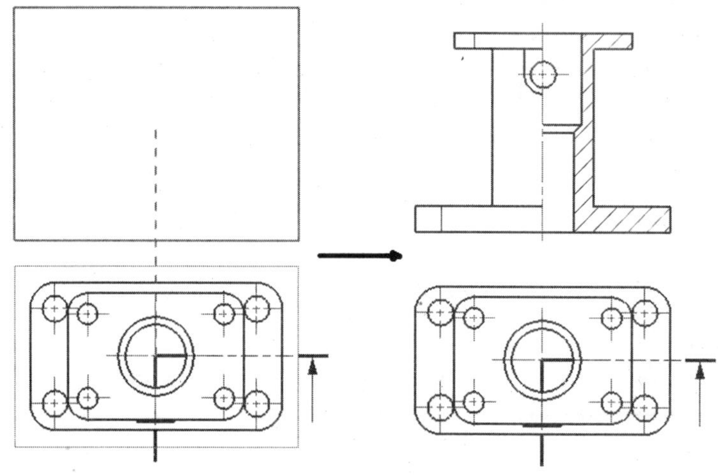
图 6–48 半剖视图

例 3：创建半剖视图【见光盘 part\banpou.prt 文件】。

操作步骤：

1. 打开部件文件

通过菜单【文件】/【打开】命令，打开【banpou.prt】，如图 6-49 所示。在下拉菜单中选择【开始】/【制图】，弹出【片体】对话框/【大小】选择【标准尺寸】，【A3】图幅，【比例】选择【1：2】，【单位】选择【毫米】，单击【第一象限角投影】按钮/单击【确定】按钮，进入制图环境。

2. 添加半剖视图

单击【图纸】工具栏中的【 】按钮，弹出如图 6-45 所示【半剖视图】对话框/单击【 】，弹出如图 6-43 所示【剖切首选项】对话框/设置【颜色】为【红色】，【显示】选择【标准】的【 】/单击【确定】按钮，关闭对话框/当选择【主视图】作为父视图后，【剖视图】对话框发生转变，如图 6-50 所示/在主视图中指定剖切位置，通过【选择】工具条上的过滤器选择俯视图的圆心作为【折页线】放置位置，如图 6-46 所示/选择转折位置，如图 6-51 所示/拖动鼠标将其半剖视图放置到图纸中的理想位置，单击鼠标左键，如图 6-52 所示。

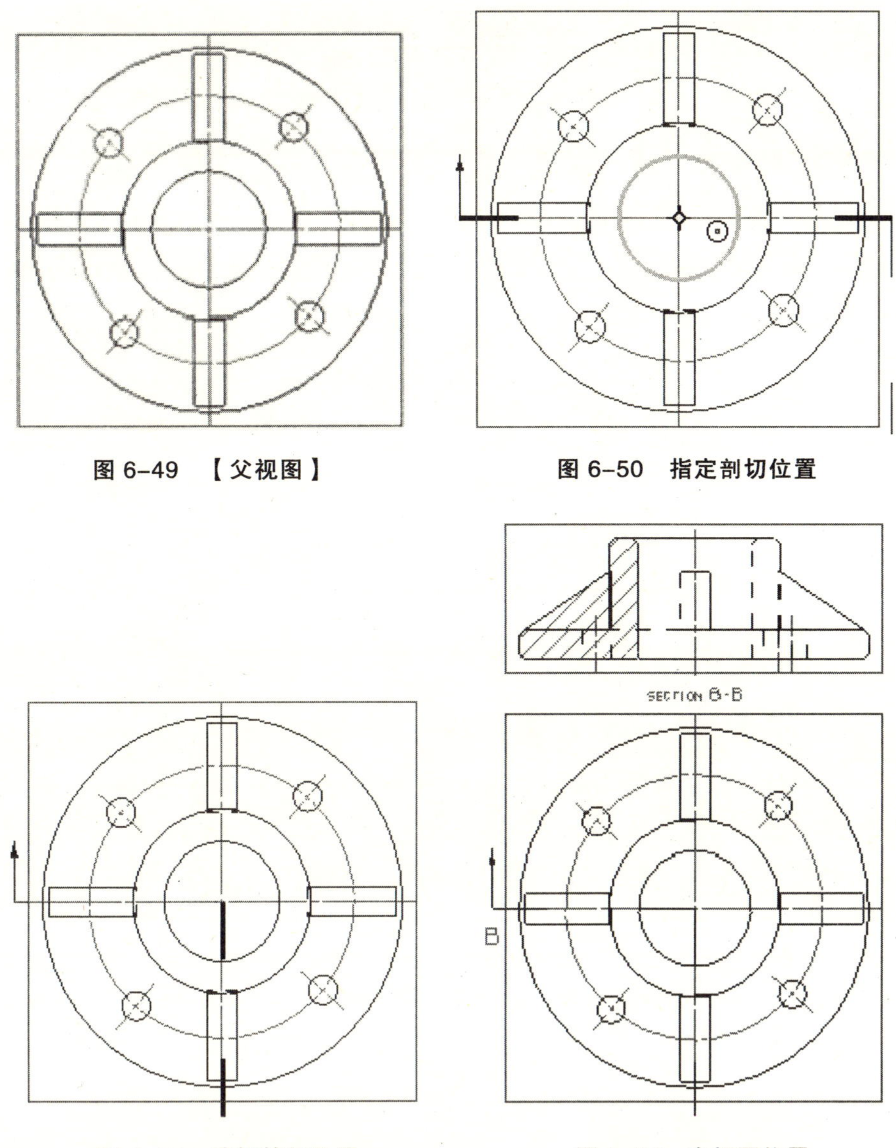

图 6-49　【父视图】

图 6-50　指定剖切位置

图 6-51　选择转折位置

图 6-52　定视图位置

6.5.3　旋转剖视图

用两个成一定角度的剖切面（两平面的交线垂直于某一基本投影面）剖开机件，以表达具有回转特征机件的内部形状的视图，称为旋转剖视图。旋转剖视图用于建立一个绕一点旋转的剖切视图。在菜单栏中选择【插入】/【视图】/【旋转剖视图】命令，或者单击【图纸】工具栏中的【 】按钮，弹出如图 6-53 所示【旋转剖视图】对话框/当选择父视图后，【旋转剖视图】对话框发生转变，如图 6-54 所示/在绘图区中选择要剖切的视图/在视图中选择旋转点，并在旋转点的一侧指定剖切的位置和剖切线的位置，用矢量功能指定铰链线，然后在旋转点的另一侧设置剖切位置，完成剖切位置的指定/拖动鼠标将剖视图放置在适当的位置即可，如图 6-55 所示。

图 6–53 【旋转剖视图】对话框

图 6–54 【旋转剖视图】对话框

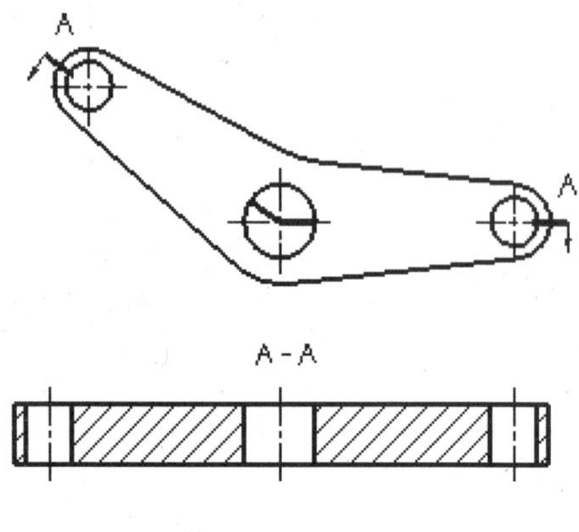

图 6–55 旋转剖视图

例 4：创建简单剖视图【见光盘 part\xuanzhuanpou.prt 文件】。

操作步骤：

1. 打开部件文件

通过菜单【文件】/【打开】命令，打开【xuanzhuanpou.prt】，通过菜单【起始】/【制图】进入制图模块，如图 6-56 所示。

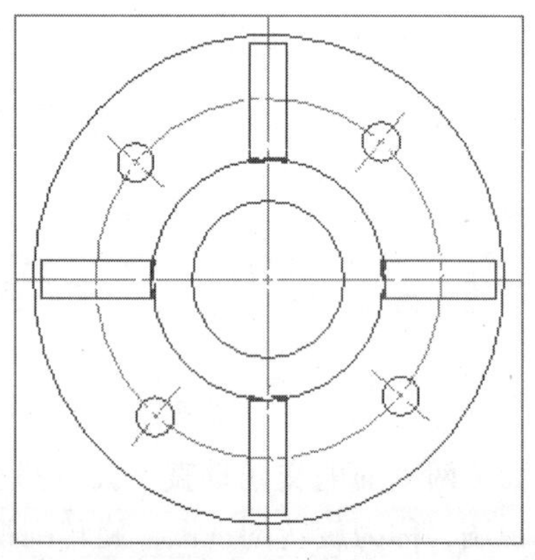

图 6–56 选择【父视图】

2. 添加旋转剖视图

单击【图纸】工具栏中的【 】按钮，弹出如图 6-53 所示【旋转剖视图】对话框/单击【 】，弹出如图 6-43 所示【剖切首选项】对话框/设置【颜色】为【红色】，【显示】选择【标准】的【 】/单击【确定】按钮，关闭对话框/当选择【俯视图】作为父视图后，【旋转剖视图】对话框发生转变，如图 6-54 所示/选择如图 6-57 所示的圆心为剖切旋转位置点，水平方向为第一条剖切段位置，如图 6-58 所示，选择如图 6-59 所示的孔的圆心设定第二条割切段位置，设定投影方向向上投影，在合适的位置上单击鼠标左键，即可创建旋转剖视图，如图 6-60 所示。

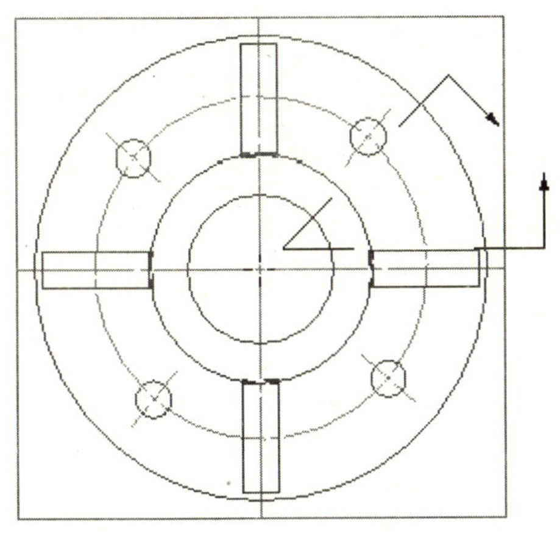

图 6-57　选择剖切旋转位置点

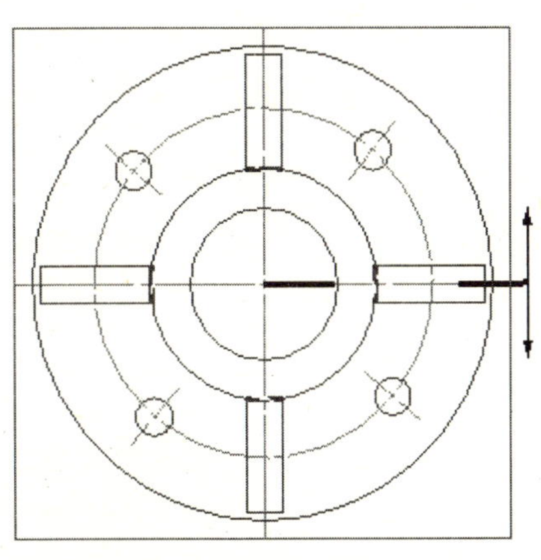

图 6-58　设定第一条剖切段位置

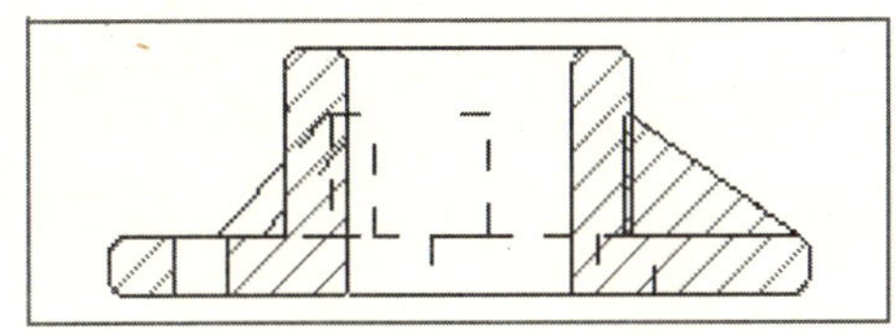

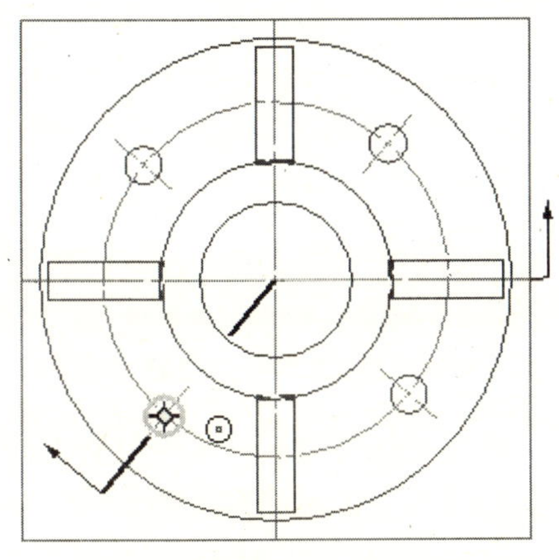

图 6-59　设定第二条剖切段位置

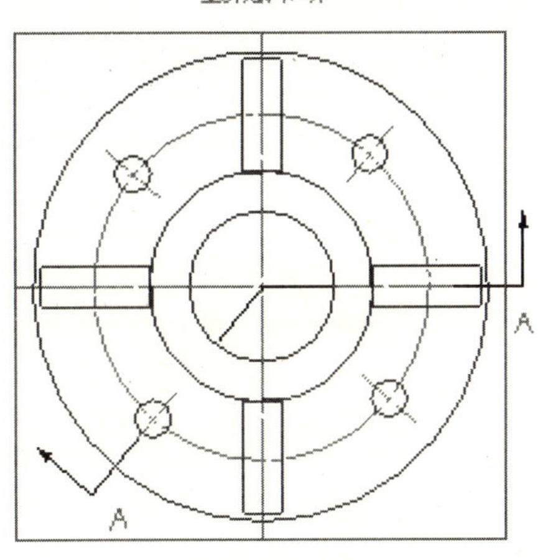

图 6-60　旋转剖视

6.5.4　局部剖视图

局部剖视图是用剖切平面局部地剖开机件所得的视图。局部剖视图用于表达零件某一局部的内部结构。在绘制工程图时，有时候一些局部特征，在视图中表达清楚，可能需要增加 1 个或多个视图，为了减少视图数量，一般采取局部剖视图来处理。

在进行局部剖之前，需要做一步准备工作，在创建局部视图的视图上创建一个局部剖的边界，即波浪线的位置。选中需要创建局部视图的视图，单击鼠标右键，在弹出的快捷菜单中选择【扩展成员视图】，进入成员视图编辑状态，通过菜单【插入】/【曲线】/【样条曲线】在图中局部剖位置划出边界曲线，如图 6-61 所示。然后单击鼠标右键，在快捷菜单中选择去调【扩展】前面的【V】，返回到扩展前的状态。

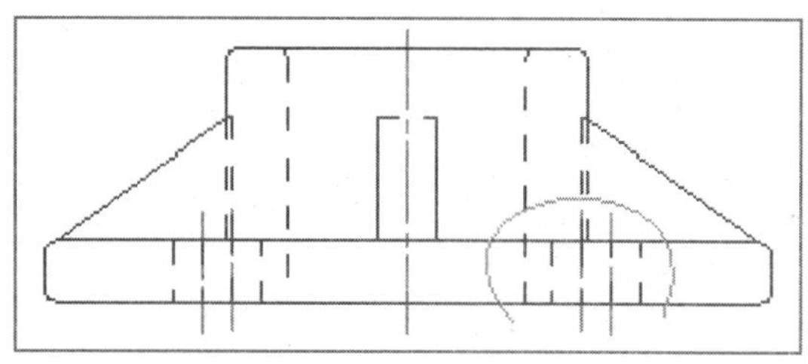

图 6-61　创建局部剖边界曲线

单击【图纸】工具条上的【局部剖视图】按钮【　】，将弹出图 6-62 所示的【局部剖】对话框，通过该对话框，可以创建一个剖视图，或对已存在局部剖视图进行编辑或删除操作。

选择【创建】单选按钮，然后选择生成局部剖视图的视图即选择【父视图】后，【局部剖】对话框将变成如图 6-63 所示状态，【　】按钮为选中状态，系统提示设置基点，即选择剖切位置，单击【指出拉伸矢量】按钮【　】，设置投影方向，单击【选择曲线】按钮【　】，选择局部剖边界线，单击【修改边界曲线】按钮【　】，编辑边界曲线，可单击选中边界曲线，通过鼠标拖动，调整边界曲线，单击【确定】按钮，即可创建局部剖。

图 6-62　【局部剖】对话框

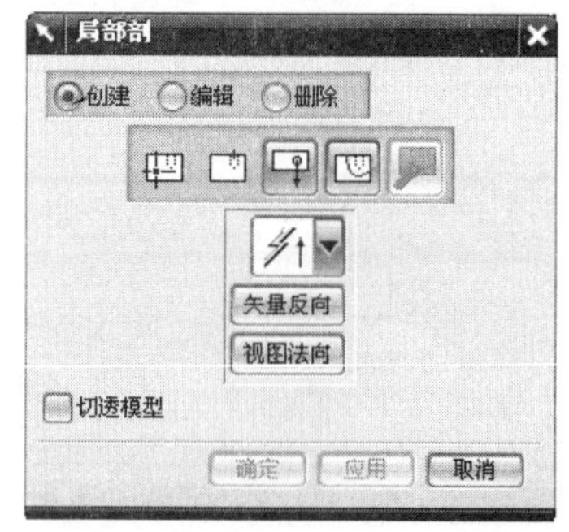

图 6-63　【局部剖】对话框

例 5：创建局部剖视图【见光盘 part\jubupou.prt 文件】。

操作步骤：

1. 打开部件文件

通过菜单【文件】/【打开】命令，打开【jubupou.prt】，通过菜单【起始】/【制图】进入制图模块，如图 6-64 所示。

2. 绘制局部剖的边界曲线

在主视图上单击鼠标右键，在弹出的快捷菜单上选择【扩展成员视图】，通过【曲线】工具绘制局部剖的边界曲线，只需包含所要表达的特征即可，如图 6-61 所示。在空白处单击鼠标右键，在弹出的快捷菜单中取消【扩展】的选择，返回到制图状态。

3. 添加局部剖视图

单击【图纸】工具条上的【局部剖视图】按钮【 】，弹出如图 6-62 所示的【局部剖】对话框中选择【创建】单选按钮，选择生成局部剖的视图，选择主视图，系统自动进入下一步【选择基点】，选中俯视图中的右边圆孔的圆心，如图 6-65 所示，单击对话框中的【矢量反向】可以更换投影方向，单击鼠标中键，接着选择第二步创建的边界曲线，如图 6-66 所示，单击鼠标中键编辑边界曲线，如图 6-67 所示，单击【确定】按钮，即可完成局部剖的创建，如图 6-68 所示。

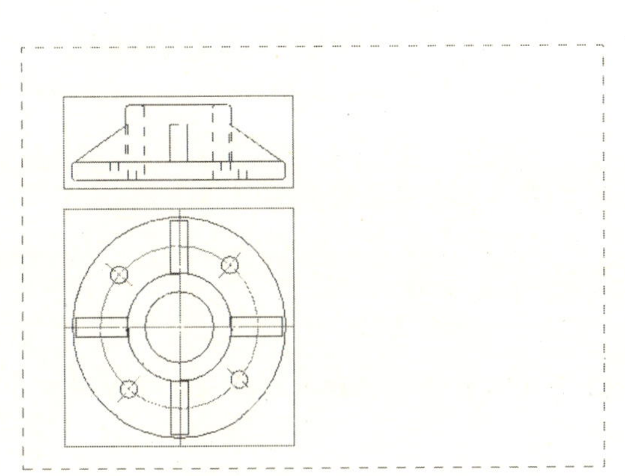

图 6-64　jubupou.prt

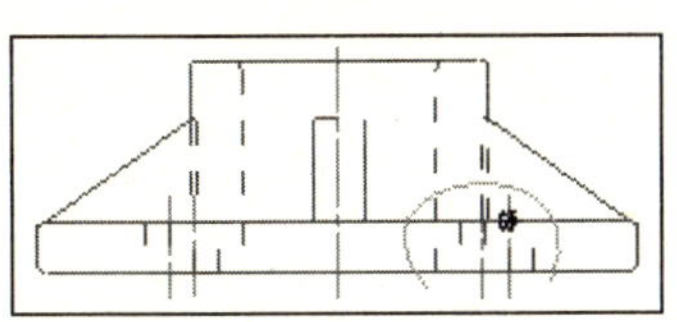

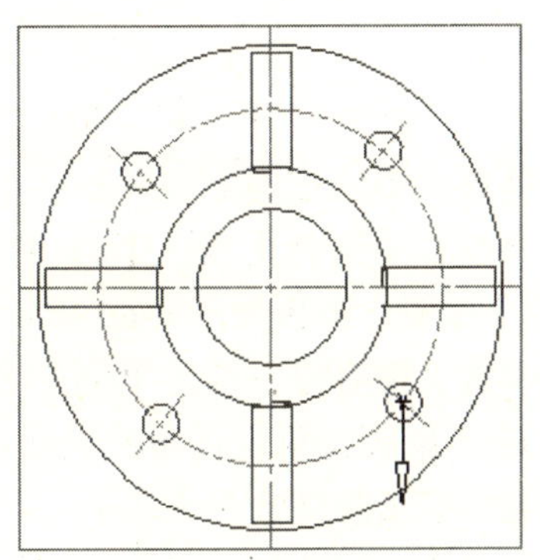

图 6-65　选择基点

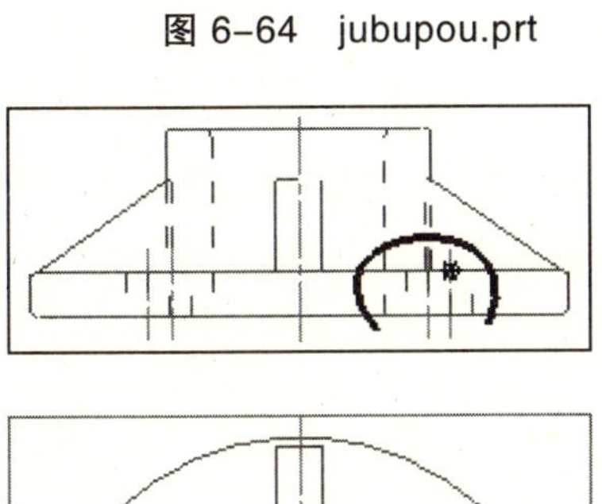

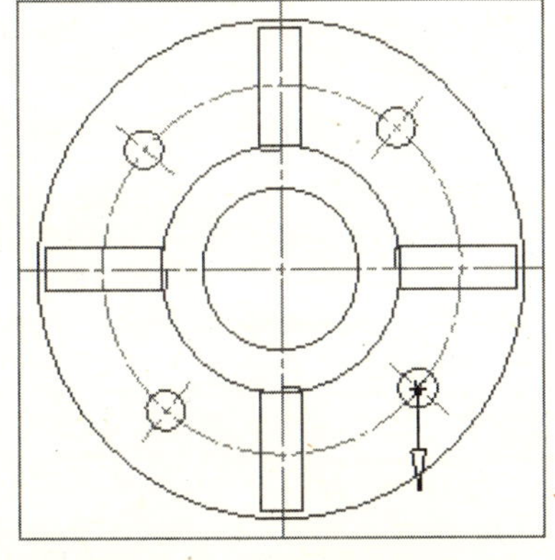

图 6-66　选择边界曲线

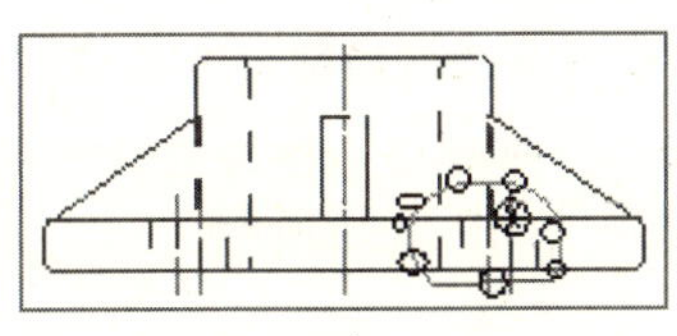

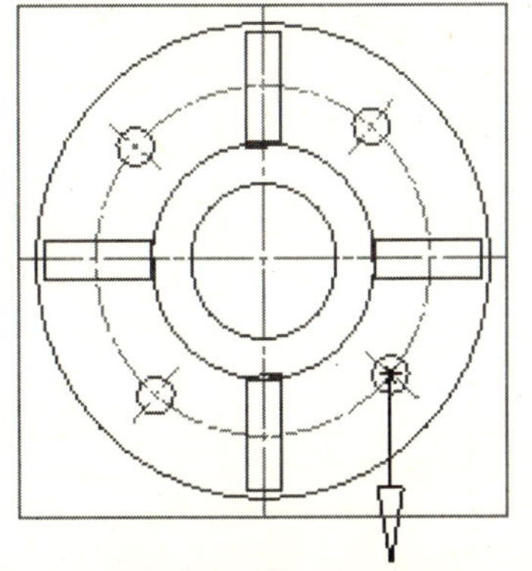

图 6-67　编辑边界曲线

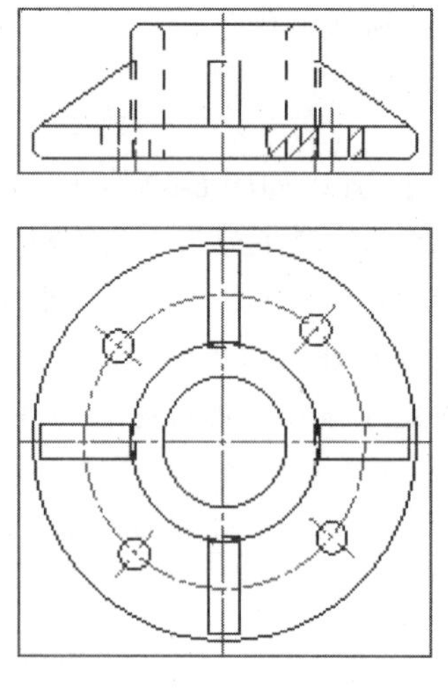

图 6-68　局部剖视图

图 6-69　【局部放大图】对话框

6.5.5　局部放大视图

局部放大图的作用是为了显示在当前视图比例下无法清楚表达的细节部分。

在菜单栏中选择【插入】/【视图】/【局部放大图】命令，或者单击【图纸】工具栏中的【 】按钮，弹出如图 6-69 所示【局部放大图】对话框。

局部放大图有以下两种类型。

【矩形】：用于指定视图的矩形边界。可以选择矩形中心点和边界点来定义矩形大小，也可拖动鼠标定义视图边界大小。

【圆形】：用于指定视图的圆形边界。可以选择圆形中心点和边界点来定义圆形大小，也可拖动鼠标定义视图边界大小。

单击【图纸】工具条上的【局部放大图】按钮【 】，弹出如图 6-69 所示【局部放大图】对话框。在父视图上选择局部放大的位置点，然后拖动鼠标画圆，圆内部分即为放大部分，如图 6-70 所示。移动鼠标，鼠标前有一个圆形的局部放大图，在适当的位置单击鼠标左键，创建局部放大图，如图 6-71 所示。

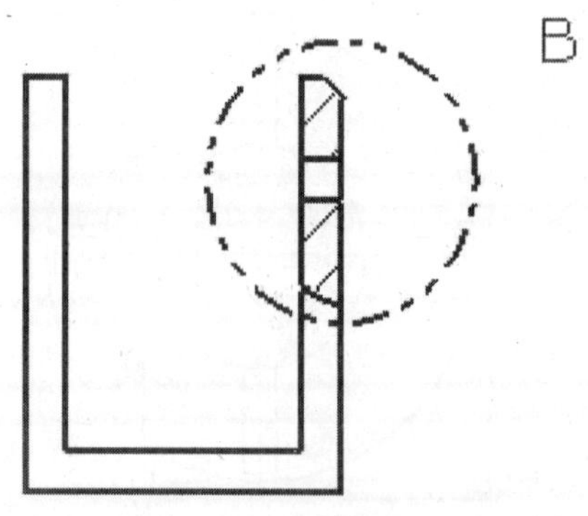

图 6-70　选择局部放大的位置

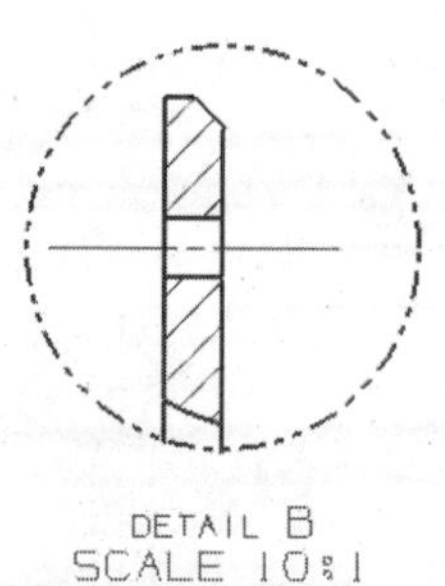

图 6-71　局部放大图

6.5.6　断开视图

对于细长的轴类零件，通常采用断开的画法，即将中间相同的部分假设截断。在菜单栏中选择【插入】/【视图】/【断开剖视图】命令，或者单击【图纸】工具栏中的【 】按钮，弹出如图 6-72 所示【断开视图】对话框。选择其中的【曲线类型】为【 】（实心杆状断裂），然后在视图中选择合适的点形成一个封闭的包围圈，如图 6-73 所示。单击【确定】，如图 6-74 所示。

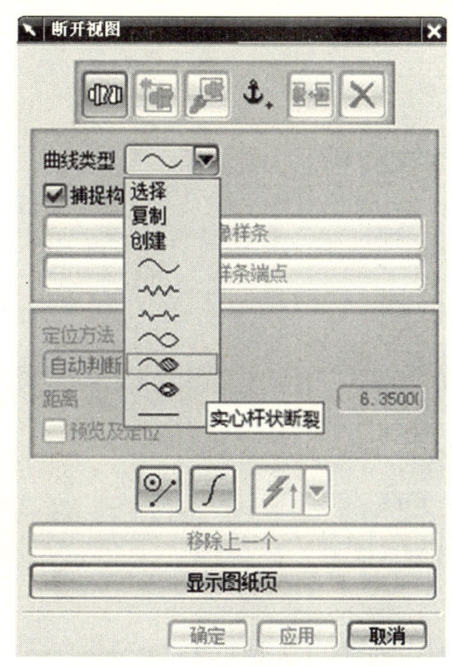

图 6-72　【断开视图】对话框

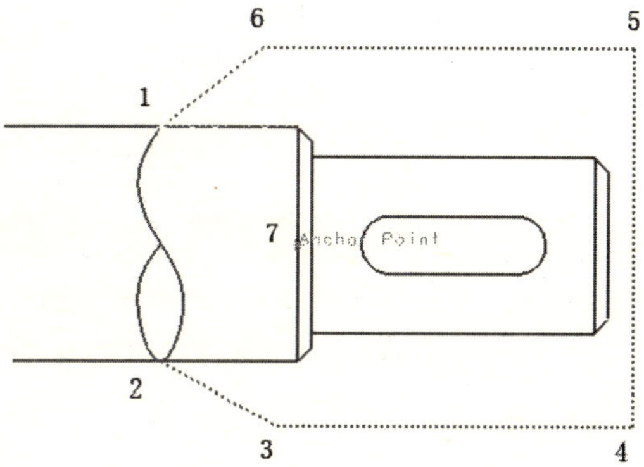

图 6-73　边界曲线

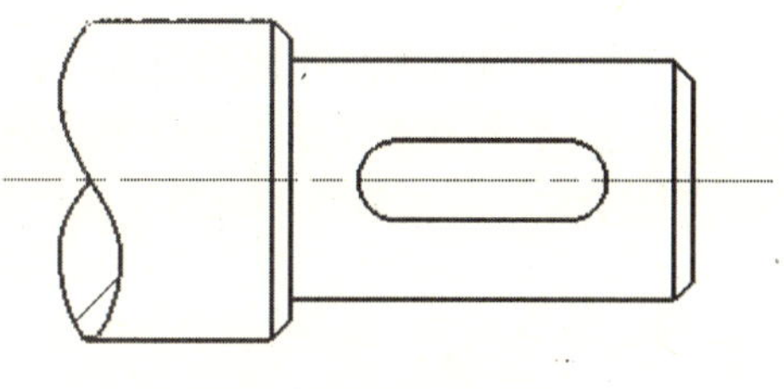

图 6-74　断开视图

6.6　工程图标注

6.6.1　尺寸标注

1. 尺寸预设值

为了提高效率，在尺寸标注前，应作一定的【预设置】，单击【制图首选项】工具条上【注释首选项】按钮，弹出如图 6-75 所示的【注释首选项】对话框。

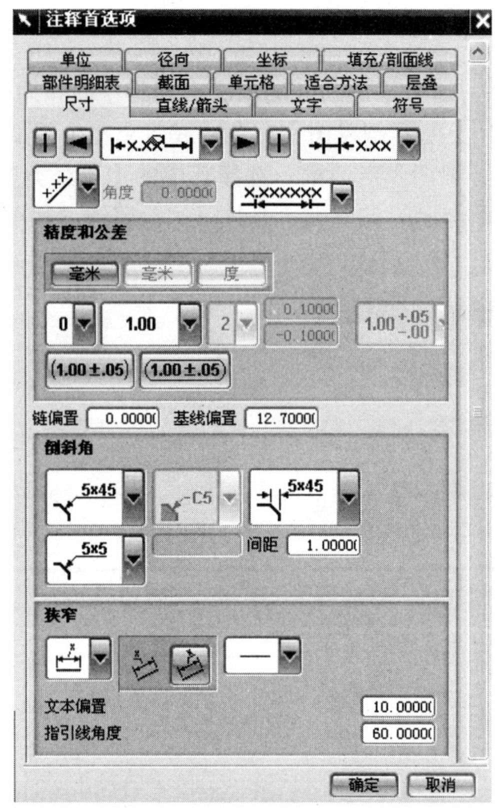

图 6-75　【注释首选项】对话框

（1）尺寸样式：

【显示第 1 边延伸线和箭头】：控制尺寸线第一边的尺寸界线和箭头的显示。

【显示第 2 边延伸线和箭头】：控制尺寸线第二边的尺寸界线和箭头的显示。

（2）文本放置方式：

【手动放置-箭头在内】：手动放置尺寸值的位置，箭头在尺寸界线的内侧。

【手动放置-箭头在外】：手动放置尺寸值的位置，箭头在尺寸界线的外侧。

【自动放置】：标注尺寸时，尺寸值自动放置在尺寸线中间。

（3）尺寸线上的文本：

【水平】：尺寸值水平放置在尺寸线的中间。

【对齐的】：尺寸值与尺寸线平行，在尺寸线的中间。

【尺寸线上方的文本】：尺寸值与尺寸线平行，在尺寸线的上方。

【垂直】：尺寸值与尺寸线垂直，在尺寸线的中间。

【角度】：尺寸值与尺寸线成一定角度放置，选择此选项，将会激活后面的【角度】文本框，用于控制尺寸值与尺寸线的夹角。

（4）精度和公差：

【名义尺寸】：控制尺寸值小数点后的位数。

【公差】：用于设定公差显示的样式。

（5）参考【包含公差】：

(1.00±.05)：控制参考尺寸的显示。

（6）检测：

(1.00±.05)：控制检测尺寸的显示。

（7）倒角：

用于设定倒角的样式。

5×45 文本样式：确定倒角文本的样式。

文本与指引线位置关系：确定文本与指引线的放置位置样式。

（8）窄尺寸：

标注尺寸距离过小，尺寸值无法放在尺寸线内时的处理方式。

2. 尺寸标注方法

尺寸标注可通过菜单【插入】/【尺寸】下的下拉菜单或单击【尺寸】工具条上的图标按钮来实现的，如图 6-76 所示。

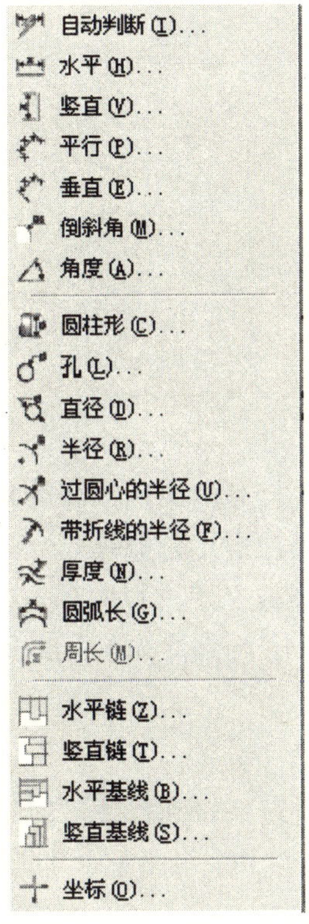

图 6–76　【尺寸】子菜单

例 6：尺寸标注。

打开 moveview.prt，进入制图模块。

选择菜单命令【插入】/【尺寸】/【自动判断】或在工具栏中单击按钮，弹出如图 6-77 所示对话框，其中【值】格式设置参考如图 6-78 所示，【值】精度设置参考图 6-78。选择如图 6-79 所示标号为 1 的直线进行标注。竖直标注，选择 2，平行标注，选择 3，角度标注，选择 3、1（注意选择顺序）。标注结果如图 6-80 所示。

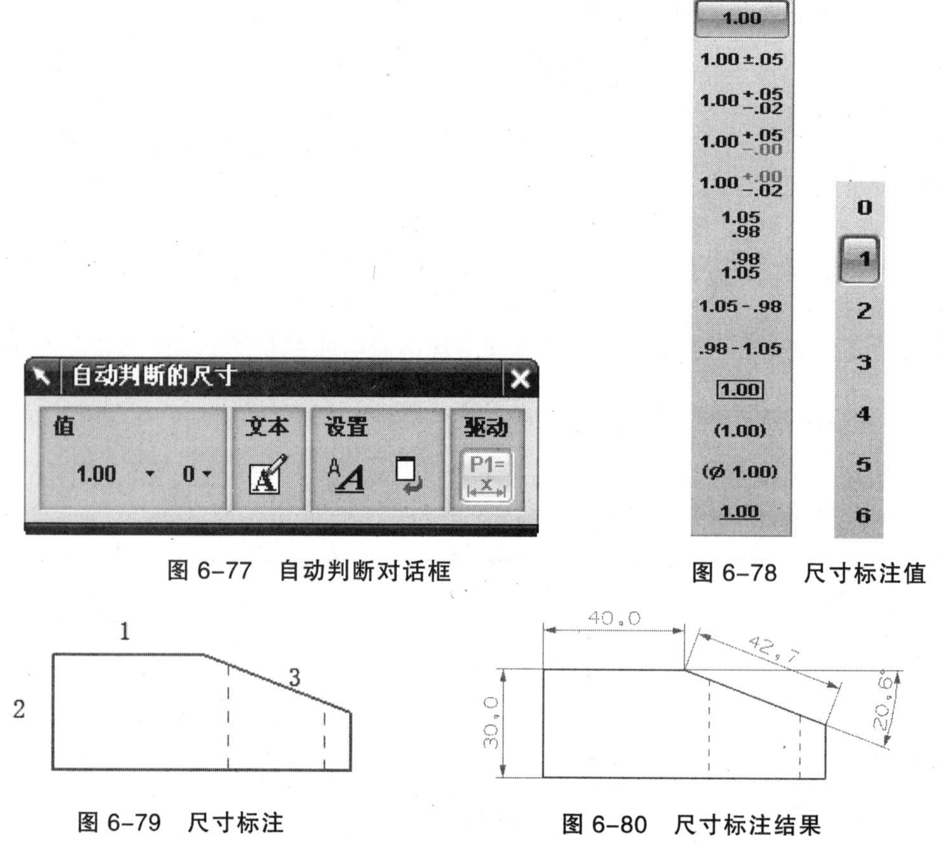

图 6–77　自动判断对话框

图 6–78　尺寸标注值

图 6–79　尺寸标注

图 6–80　尺寸标注结果

6.6.2　文本标注

文本标注用于工程图中零件基本尺寸的表达，各种技术要求的有关说明，以及用于表达特殊结构尺寸，定位部分的制图符号和形位公差等。

选择菜单命令【插入】/【注释】或在工具栏中单击按钮，弹出如图 6-81 所示【注释】对话框，【文本输入】/【格式化】可输入相关文本，展开【符号】条可添加其他文本符号。

6.6.3　编辑文本

编辑文本是对已经存在的文本进行编辑和修改，通过编辑文本使文本符合注释的要求。当需要对文本做更为详细的编辑时，可在【制图编辑】工具栏中单击【编辑文本】按钮【　】，打开“文本”对话框，如图 6-82 所示。

6.6.4　形位公差标注

在菜单栏中选择【插入】/【特征控制框】命令，或者单击【注释】工具栏中的【　】按钮，弹出【特征控制框】对话框，如图 6-83 所示。在该对话框相关的栏中选择符号、代号和公差值，便可形成所需要的形位公差符号，如图 6-84 所示。选择要标注的图形，按住鼠标左键拖动，拖出引导线，可将形位公差符号放置在合适的位置。

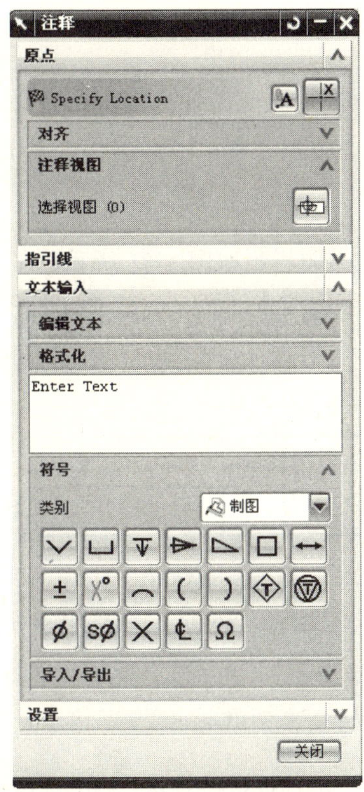

图 6-81　【注释】对话框

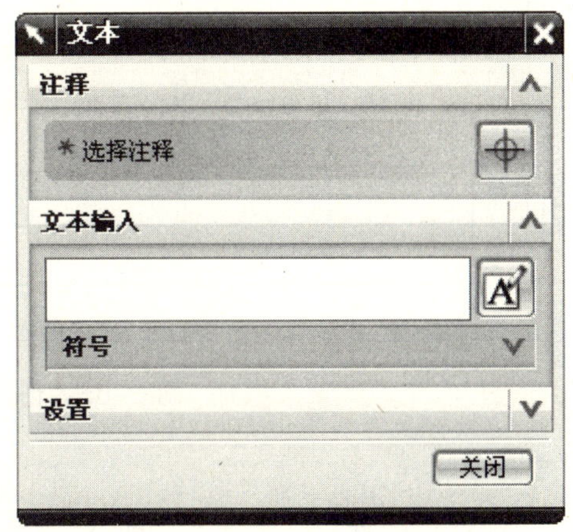

图 6-82　【文本】对话框

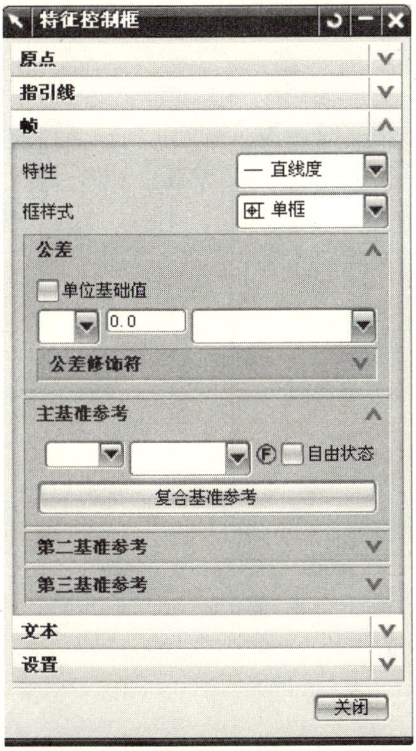

图 6-83　【特征控制框】对话框

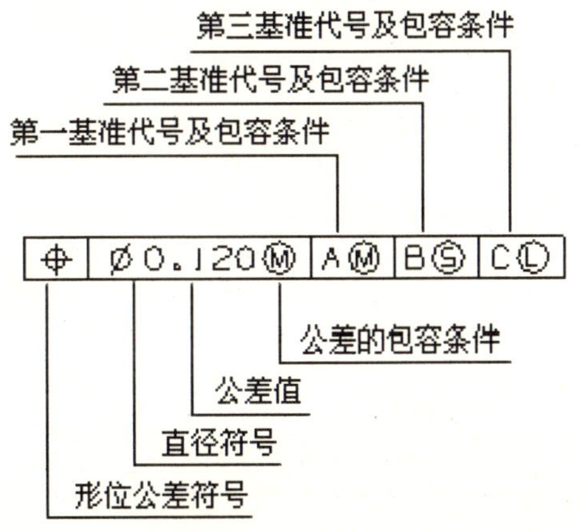

图 6-84　形位公差符号

6.6.5　添加图框、标题栏

绘制一张完整的工程图，图框是必不可少的。将图框绘制成图样文件，在需要时可以随时调用，就会方便很多。

1. 创建标题栏图样

在制图模块中，利用直线、矩形和注释等命令创建标题栏，如图 6-85 所示。在菜单栏中选择【文件】/【选项】/【保存选项】命令，弹出【保存选项】对话框，选择【仅图样数据】选项，单击【确定】按钮，关闭对话框。

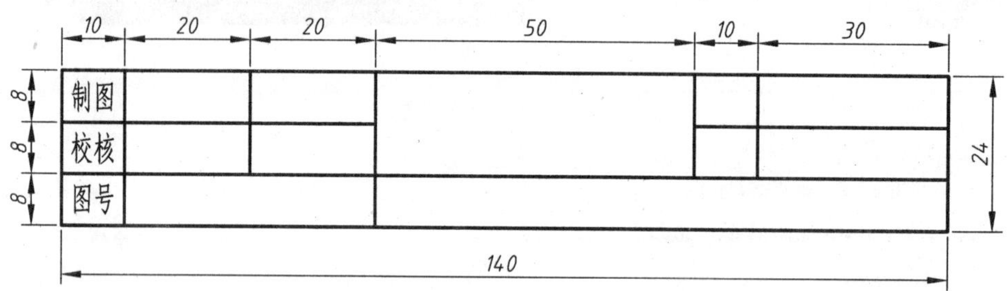

图 6-85　创建标题栏

2. 创建图框图样

国家标准规定的图纸规格有 5 种，即 A4-210×297、A3-297×420、A2-420×594、A1-594×841、A0-841×1189。这里以 A4 图纸为例，创建图框如图 6-86 所示。在菜单栏中选择【文件】/【选项】/【保存选项】命令，弹出【保存选项】对话框，选择【仅图样数据】选项，单击【确定】按钮，关闭对话框。

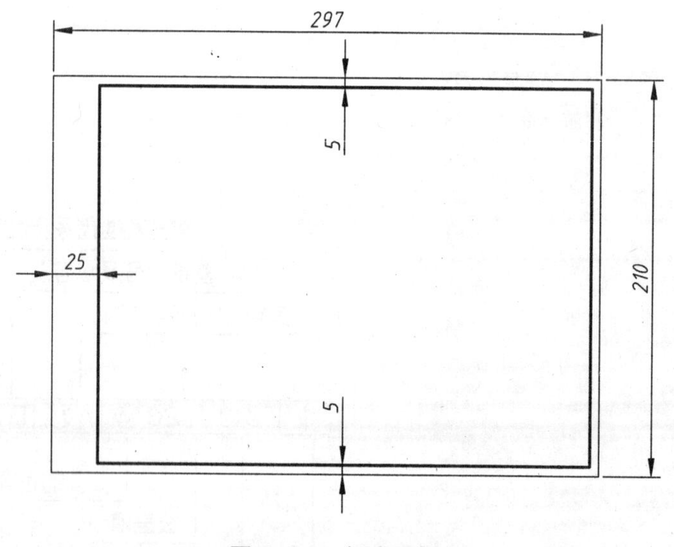

图 6-86　创建图框

3. 调用图样

在菜单栏中选择【文件】/【导入】/【部件】命令，弹出【导入部件】对话框，单击【确定】按钮，转换为另一个【导入部件】对话框。选择其中的 6-85.prt 文件，单击【OK】按钮，弹出【点】对话框，输入调用点的坐标【152，5，0】，单击【确定】按钮，如图 6-87 所示。在菜单栏中选择【文件】/【另存为】命令，以文件名 A4.prt 保存文件。

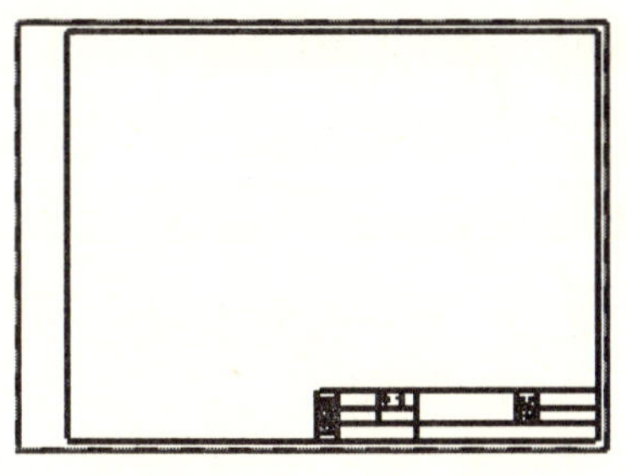

图 6-87　调用标题栏

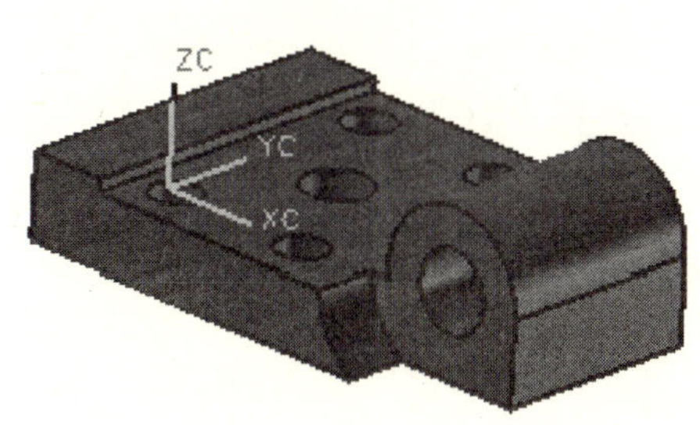

图 6-88　drafting

6.7　综合范例 11（绘制【drafting】零件的工程图）

操作步骤：

1. 打开部件文件

通过菜单【文件】/【打开】命令，打开【drafting】，如图 6-88 所示。在下拉菜单中选择【开始】/【制图】，弹出如图 6-89 所示【片体】对话框/【大小】选择【标准尺寸】，【A3】图幅，【比例】选择【1：2】，【单位】选择【毫米】，单击【第三象限角投影】按钮/单击【确定】按钮，进入制图环境。

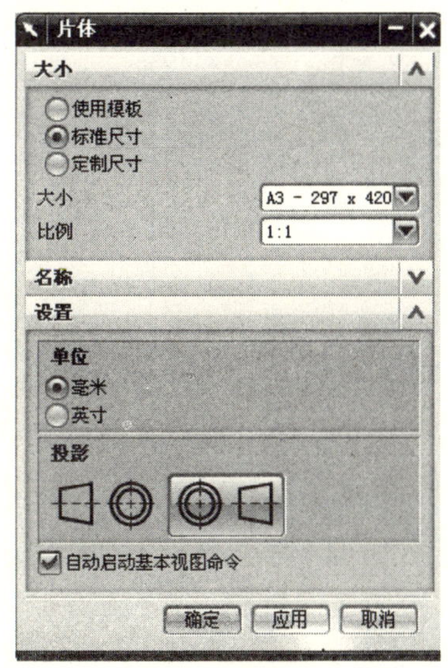

图 6-89　【片体】对话框

图 6-90　【基本视图】对话框

2. 添加基本视图

单击【图纸】工具栏中的【　】按钮，弹出如图 6-90 所示【基本视图】对话框/选择视图方向为【TOP】，比例为【1∶1】，移动光标可看到视图随光标移动，光标移动到合适位置后单击鼠标左键，创建视图作为俯视图。然后向下移动鼠标，在俯视图的下方创建主视图，最后单击鼠标中键。单击【确定】按钮结束添加视图，如图 6-91 所示。

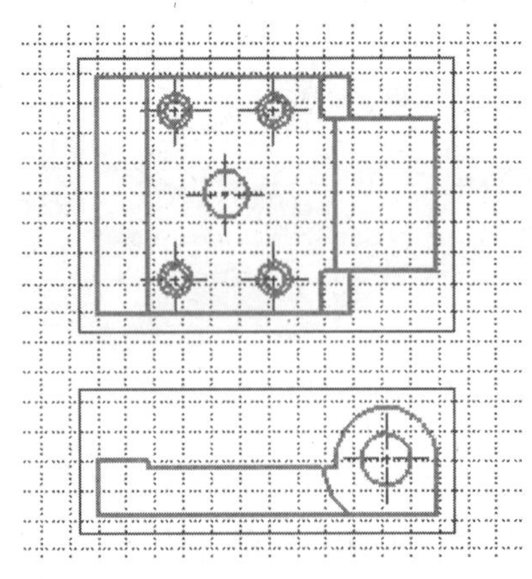

图 6-91　基本视图

图 6-92　【基本视图】对话框

3. 添加正等侧视图

单击【图纸】工具栏中的【 】按钮，弹出如图 6-92 所示【基本视图】对话框/选择视图方向为【TFR-ISO】，比例为【1：1】，移动光标可看到视图随光标移动，光标移动到合适位置后单击鼠标左键，创建正等侧视图。单击【确定】按钮结束添加视图，如图 6-93 所示。

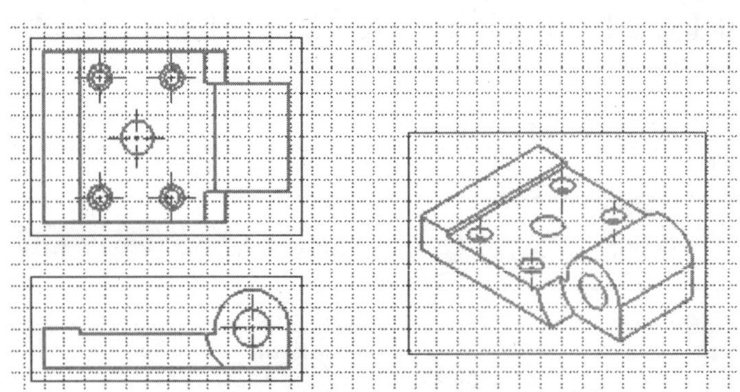

图 6-93　正等侧视图

4. 添加阶梯剖视图

单击【图纸】工具栏中的【 】按钮，弹出如图 6-94 所示【剖视图】对话框/单击【 】，弹出如图 6-95 所示【剖切首选项】对话框/设置【颜色】为【红色】,【显示】选择【标准】的【 】/单击【确定】按钮，关闭对话框/当选择【俯视图】作为父视图后，【剖视图】对话框发生转变，如图 6-96 所示/单击【铰链线】项目的第 2 个图标【 】，选择俯视图中的一条水平边缘线。如果发现箭头方向朝下，则单击【反向】按钮【 】，然后选择俯视图的大圆的圆心，再单击【剖切线】项目的第 1 个按钮【 】，选择俯视图左下角的同心圆的圆心，单击鼠标中键，再在俯视图的正上方的适当位置单击鼠标左键，然后单击按【 】，将【剖视图】工具条关闭，加入一个阶梯剖视图此时的图形窗口，如图 6-97 所示。

图 6-94 【剖视图】对话框

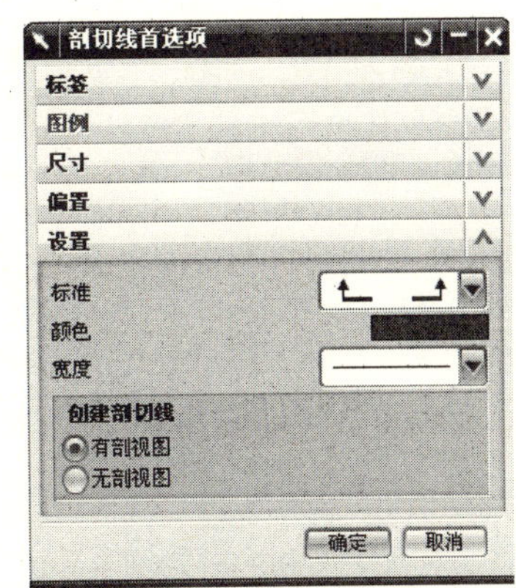

图 6-95 【剖切首选项】对话框

图 6-96 【剖视图】对话框

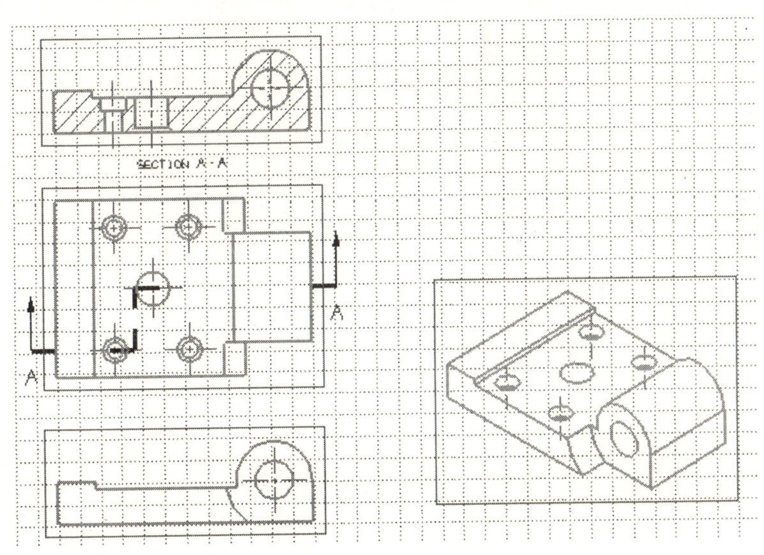

图 6-97 阶梯剖视图

4. 修改工程图设置

选择【首选项】/【栅格和工作平面】命令，在弹出如图 6-98 所示【栅格和工作平面】对话框的【栅格设置】选项卡中取消选中【显示】复选框，然后单击【确定】按钮。

选择【首选项】/【制图】命令，在弹出如图 6-99 所示的【制图首选项】对话框的【视图】选项卡中取消选中【显示边界】复选框，然后单击【确定】按钮。

选择【首选项】/【可视化】命令，在弹出如图 6-100 所示的【可视化首选项】对话框的【颜色设置】选项卡中单击【背景】按钮，并在弹出的【颜色】对话框中单击选中白色的小方框，然后单击【确定】/【确定】按钮，此时的工程图如图 6-101 所示。

图 6-98 【栅格和工作平面】对话框

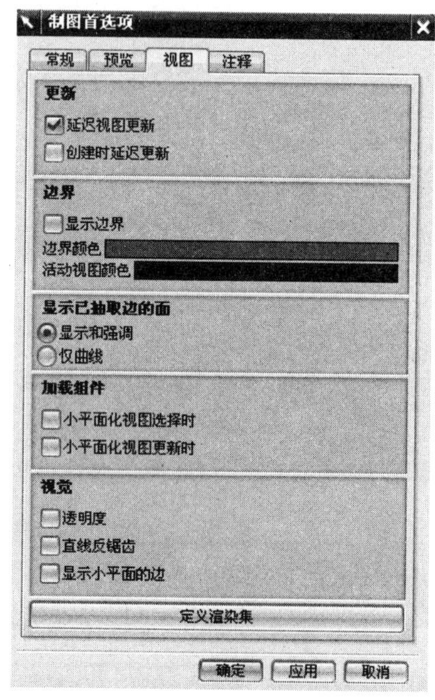

图 6-99 【制图首选项】对话框

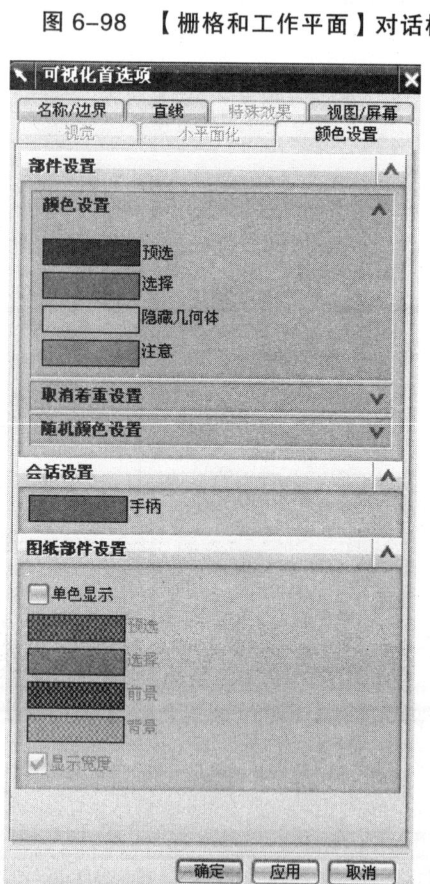

图 6-100 【可视化首选项】对话框

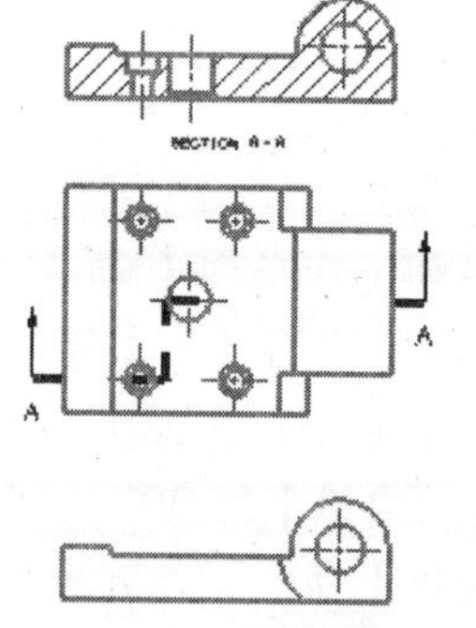

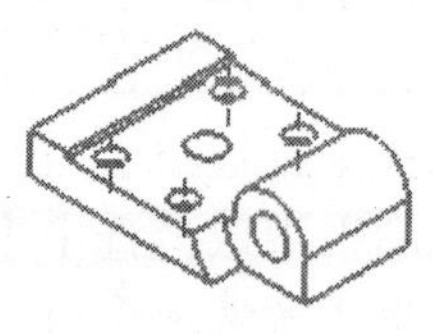

图 6-101 工程图

5. 修改剖切线

用鼠标双击削切线，打开【剖切首选项】对话框，修改设置如图 6-102 所示。将阶梯剖视图的中心埋头孔的靠近底部的局部放大，此时可发现线段并未与底面连上，如图 6-103 所示。选择【编辑】/【视图】/【剖切线】命令，打开【剖切线】对话框，然后在图形窗口中选择剖切线，再选择中间竖直的剖切线段，修改对话框的设置。然后单击位于两个圆之间的大致位置，如图 6-104 所示（注意：竖直线不能与两个圆相交），再单击【应用】/【取消】按钮。

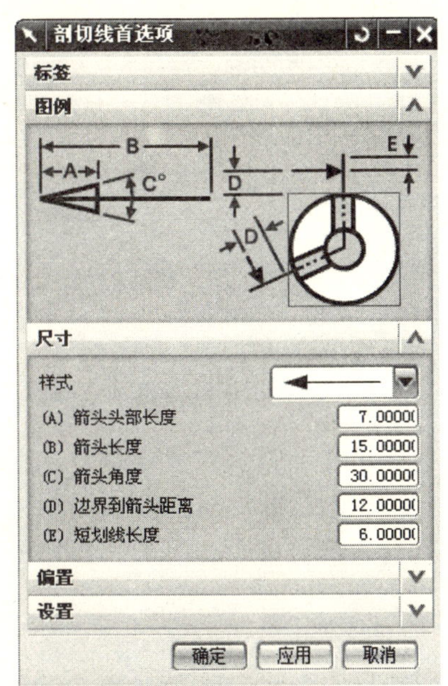

图 6-102　【剖切首选项】对话框

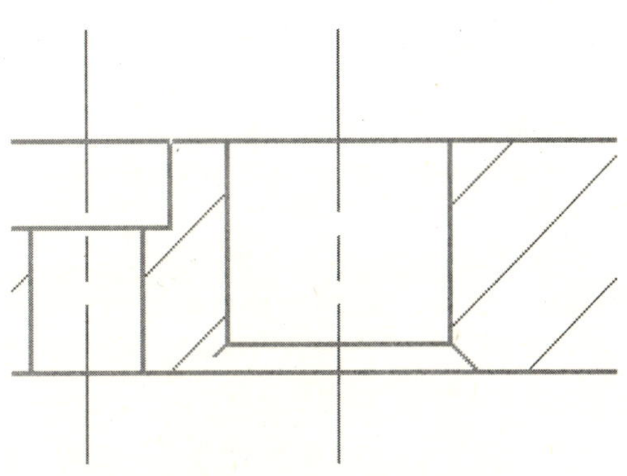

图 6-103　局部放大图

图 6-104　剖切线

单击【图纸布局】工具条中的【 】按钮，然后单击【确定】按钮，将阶梯剖视图更新。此时放大观察相同的位置，可发现线段和底面已经连上。

6. 标注尺寸

选择【首选项】/【注释】命令，在弹出的对话框中选择【单位】选项卡，对其进行如图 6-105 所示的设置；选择【尺寸】选项卡，对其进行如图 6-106 所示的设置，然后单击【确定】按钮。

图 6-105　【注释首选项】对话框

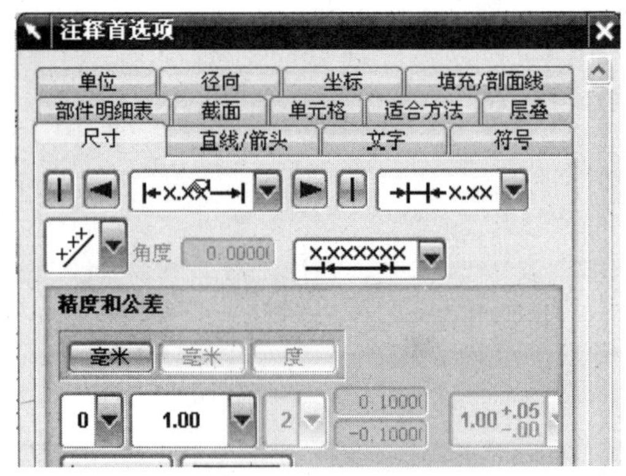

图 6-106　【注释首选项】对话框

单击【尺寸】工具条中的【 】按钮，选择所要标注尺寸的直线对象或两个端点，标注所有的水平或竖直尺寸。注意：标注时如需移动剖切线字母 A 和剖视图符号 section A-A，则可以先单击鼠标左键，然后按住鼠标左键并将之拖动到合适的位置。此时的图形如图 6-107 所示。

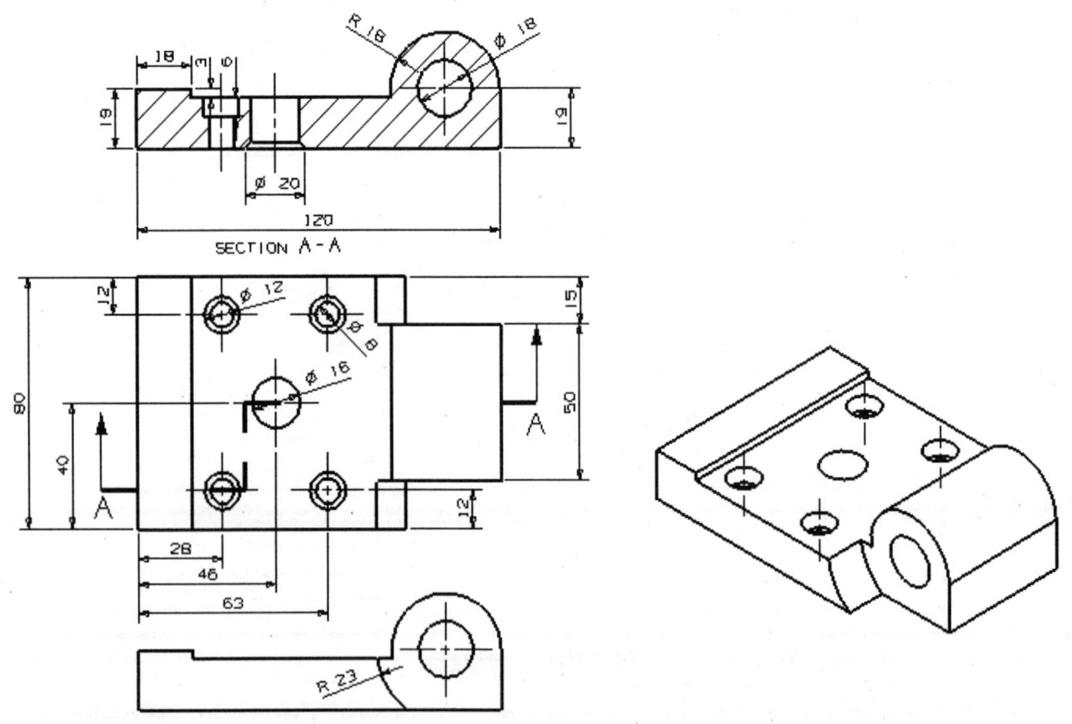

图 6-107　工程图

单击【尺寸】工具条中的【 】按钮，然后依次选择要标注直径的各个圆，标注所要的径向尺寸。

单击【尺寸】工具条中的【 】按钮旁边的小三角形，然后在弹出的下拉菜单中选择【过圆心的半径】选项，标注两个半径尺寸。

单击【尺寸】工具条中的【 】按钮，然后标注埋头孔 Ø20 的尺寸。

习　　题

【练习 6-1】如练习 6-1 图所示，打开 LX6-1a，创建工程图。

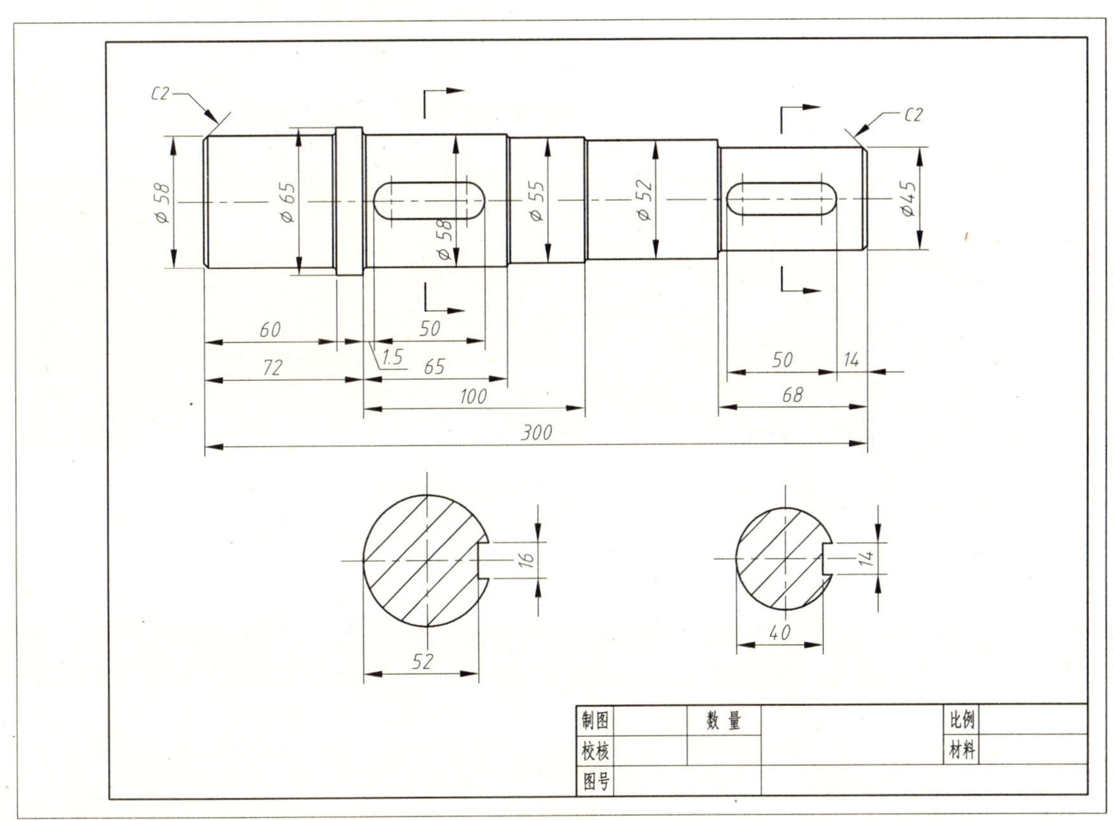

练习 6–1 图

【练习 6-2】如练习 6-2 图所示，打开 LX6-2a，创建工程图。

【练习 6-3】如练习 6-3 图所示，打开 LX6-3a，创建工程图。

45
20
F
90°
φ 120
φ 60
E
E
SECTION F-F
φ 10
φ30
15
5
φ 15
SECTION E-E

练习 6-2 图

135°
115°
R3.81
R1.27
R3.81
A
A
φ6.35
59.728
41.056
21.68
6.35
φ3.81
70.501
SECTION A-A

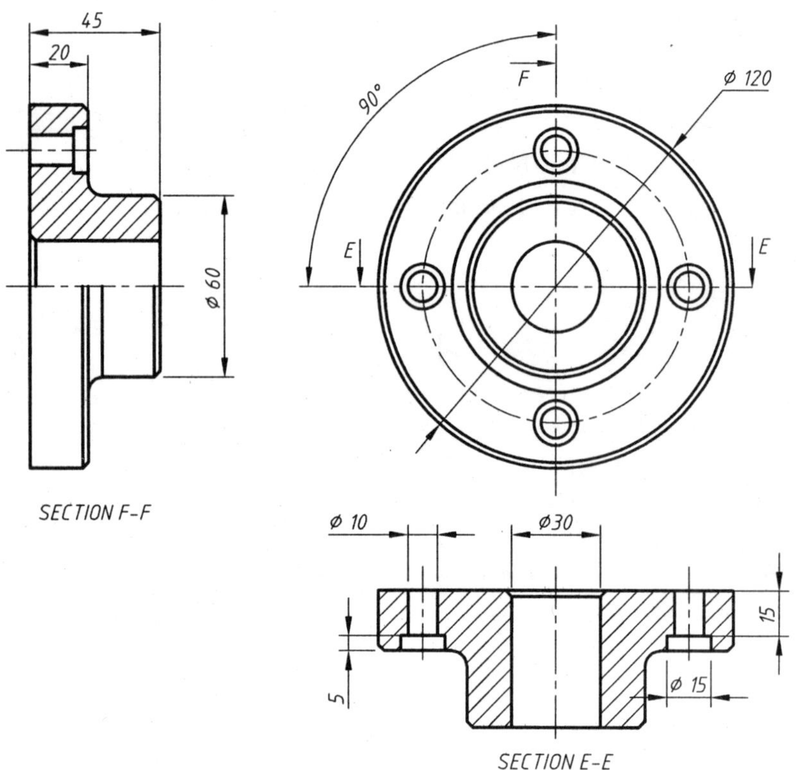

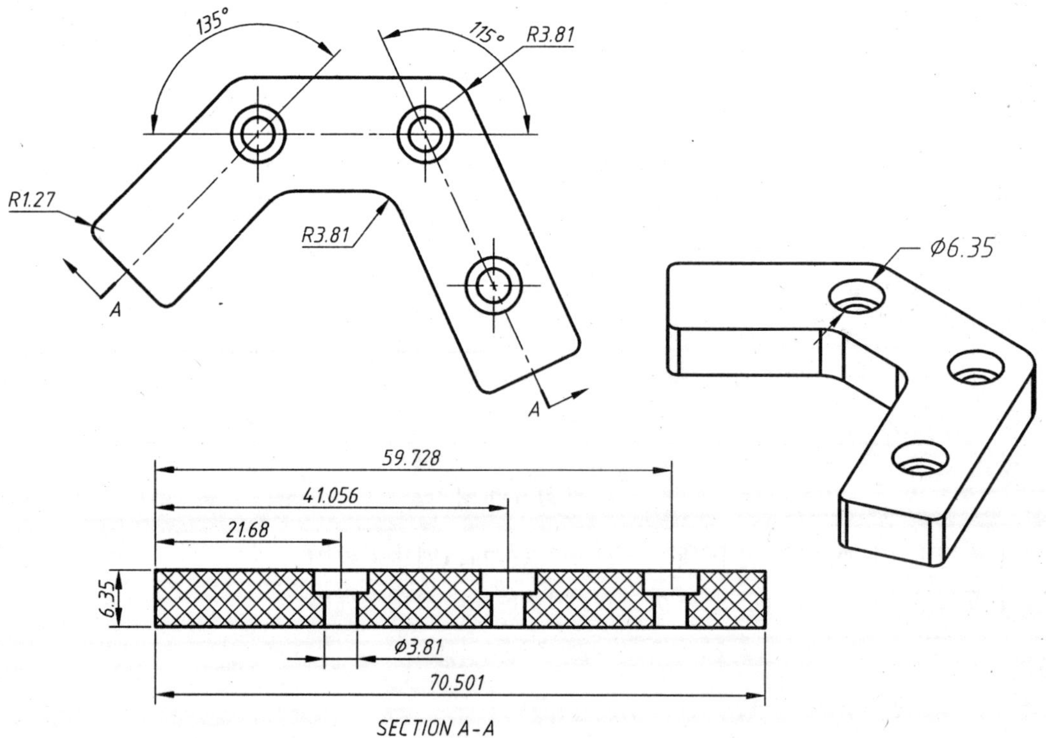

练习 6-3 图

【练习 6-4】如练习 6-4 图所示，打开 LX6-4a，创建工程图。

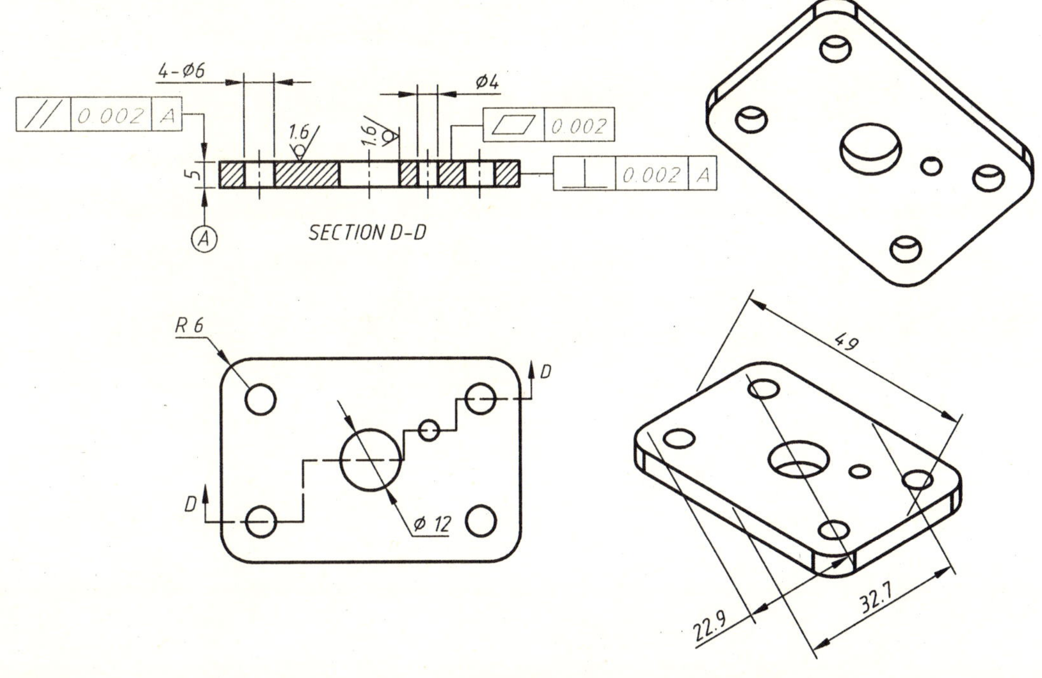

练习 6-4 图

【练习 6-5】如练习 6-5 图所示，打开 LX6-5a，创建工程图。

84
A
0.002 A
18
54
Ø 62
B
B
17
22
C
C
107.5
37.12
R 10
R 12.5
22.84
SECTION C-C
18
0.002 A
Ø 49
Ø 23.5
97.13
Ø215
SECTION B-B
Ø5
0.002
Ø64
Ø54
未注表面粗糙度为3.2

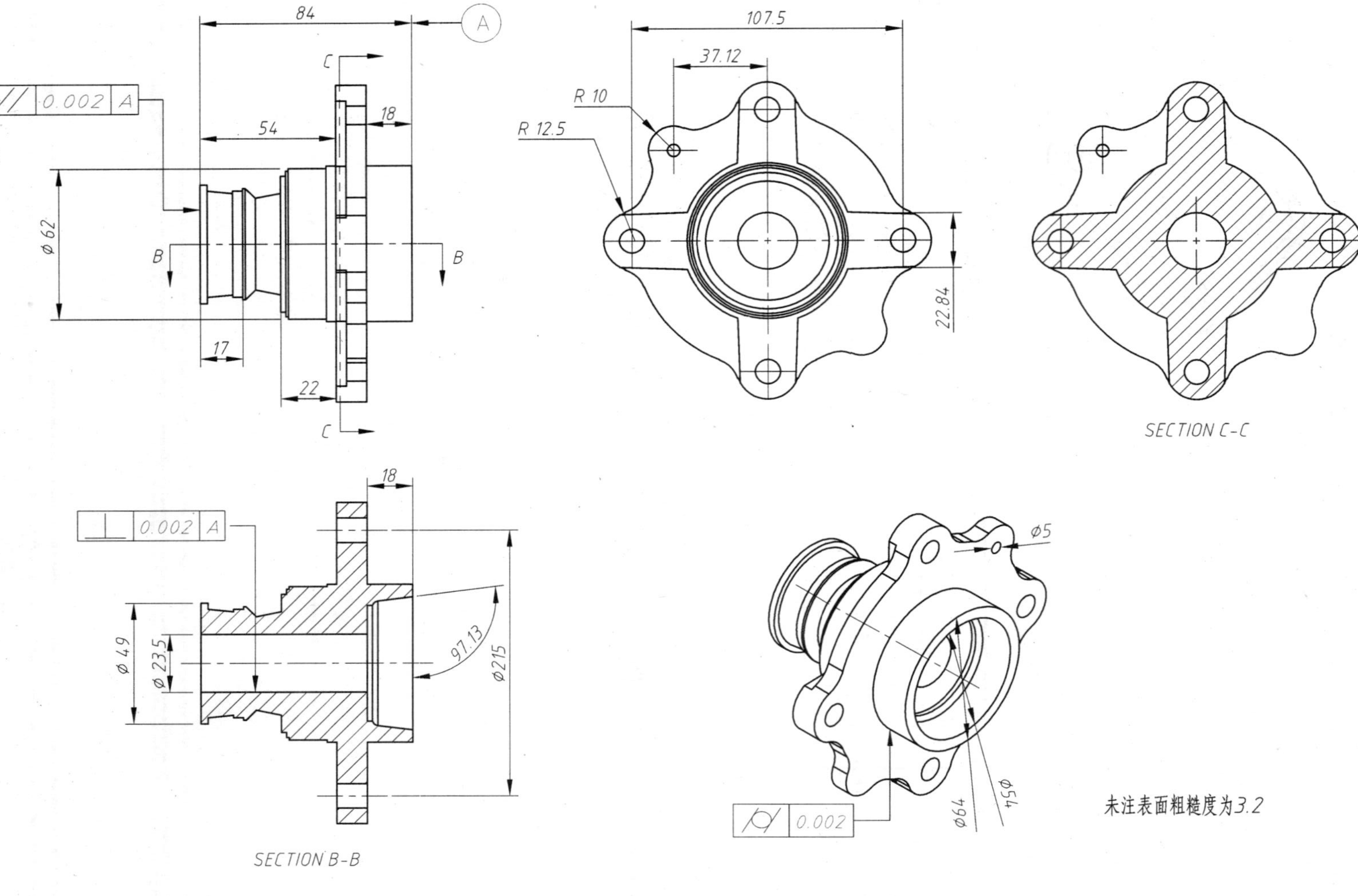

练习 6-5 图

参 考 文 献

[1] 林清安. 零件设计基础篇(上、下)[M]. 北京：清华人学出版社，2001.

[2] 林清安. 零件设计高级篇(上、下)[M]. 北京：清华大学出版社，2001.

[3] 夸克工作室. UnigraphicsVl6 实体域组合应用[M]. 北京：科学出版社，2001.

[4] 夸克工作室. UnigraphicsVl6 曲面设计应用[M]. 北京：科学出版社，2001.

[5] 黄俊明，吴运明，詹永裕. UnigraphicsU 模型设计[M]. 北京：中国铁道出版，2002.

[6] 黄贵东，韦志林，范建文. UG 范例教程：[M]. 北京：清华大学出版社，2002.

[7] 老虎工作室. 机械设计习题精解[M]. 北京：人民邮电出版社，2003.

[8] 张幼军，王世杰. UG CAD/CAM 基础教程. 北京：清华大学出版社，2006.

[9] 谢龙汉，钟翠霞. UG NX5 三维设计快速入门. 北京：清华大学出版社，2007.

[10] 李长春. UG NX4.0 基础教程. 北京：人民邮电出版社，2007.

[11] 龙马工作室. 新编 UG bix4.0 中文版从入门到精通. 北京：人民邮电出版社，2008.

[12] 李元园. UG NX4 中文版自学手册·实例应用篇. 北京：人民邮电出版社，2008.

[13] 户朝晖，赵自豪，钟廷志. UGNX5 中文版基础教程. 北京：人民邮电出版社，2008.

[14] 暴风创新科技. UG NX5 中文版从入门到精通. 北京；人民邮电出版社，2008.

[15] 何华妹. UG NX 5 中文版三维造型实例精讲. 北京：人民邮电出版社，2008.

[16] 胡仁喜. UG NX6. 0 中文版标准教程. 北京：清华大学出版社，2008.

[17] 郝生根，康亚鹏. UG NX5 中文版基础教程. 北京：人民邮电出版社，2008.

[18] 杨晓琦，胡仁喜. UG NX6.0 中文版标准教程. 北京：清华大学出版社，2008.

[19] 袁锋. UG 机械设计工程. 北京：机械工业出版社，2008.

[20] 刘江涛. UG NX6.0 数控加工. 北京：人民邮电出版社，2008.

[21] 屈福康. 模具 CAD/CAM(UG). 北京：清华人学出版社，2009.

[22] 朱光力. UG 产品造型及注塑模具设计实践教程. 北京：人民邮电出版社，2010.